高等学校教材

化工容器设计

第三版

王志文　蔡仁良　编著

化学工业出版社

·北京·

图书在版编目（CIP）数据

化工容器设计/王志文，蔡仁良编著．—3 版．—北京：化学工业出版社，2005.5（2021.3 重印）

高等学校教材

ISBN 978-7-5025-7168-9

Ⅰ．化… Ⅱ．①王… ②蔡… Ⅲ．化工设备-容器-设计-高等学校-教材 Ⅳ．TQ053.2

中国版本图书馆 CIP 数据核字（2005）第 054063 号

责任编辑：程树珍

责任校对：顾淑云　李　军　　　　封面设计：潘　峰

出版发行：化学工业出版社（北京市东城区青年湖南街 13 号　邮政编码 100011）

印　　装：涿州市般润文化传播有限公司

787mm×1092mm　1/16　印张 18¾　字数 459 千字　　2021 年 3 月北京第 3 版第 17 次印刷

购书咨询：010-64518888　　　　售后服务：010-64518899

网　　址：http://www.cip.com.cn

凡购买本书，如有缺损质量问题，本社销售中心负责调换。

定　　价：59.00 元

序

能否独立自主地设计、制造和安全运用压力容器，反映了一个国家的综合经济与技术的实力。

1949年以前，我国重要的压力容器都是从西方国家进口的。在20世纪50年代初期，压力容器的需求量大增，但重要的压力容器要依靠从前苏联和东欧国家进口。1956年，我国试制成功了第一台多层卷板式高压容器——永利宁厂（今南京化肥厂前身）三号合成塔，这是一个里程碑，是我国自力更生设计与制造重要压力容器的起点。20世纪70年代我国制造了大直径三层热套式的吴泾化工厂30万吨氨合成塔，90年代制成了单层锻焊的热壁加氢反应器，300MW核反应容器等。在设计规范方面，我国从1959年和1960年的几个部颁标准到1967年提出《钢制石油化工压力容器设计规定（征求意见稿）》，并在1977年、1979年、1982年、1985年进行了补充修订，实现了压力容器设计的规范化。后来于1989年形成了国家标准《GB 150——钢制压力容器》，1998年又推出了新版（同时也出版了这一标准的英文版以推向国际）。1984年在旧金山举行的第5届国际压力容器技术会议上，我国的压力容器设计规范第一次在国际学术会议上公开介绍，得到了好评。1988年，第六届国际压力容器技术会议在北京举行。现在，我国不仅有了自己的压力容器设计国家标准，还建立了一系列的相关的法规和技术标准，形成了一个完整的压力容器质量保证体系。总之，在压力容器技术领域内，我国已经与国际接轨了。

在压力容器技术领域中取得的成就，依靠了几代人的努力，而且还要继续努力下去。人才培养靠实践也靠教育，而教材是教育中的一个重要工具。1952年，当初我国创建化工机械专业的时候，我们从西方找不到合适的教材，转而将目光转向前苏联，从 Конторовѣил Домашнев 到 Вихман，从中选用了不少有用的材料。1960年开始，我国高等学校着手编写适合我国国情的教材。几十年过去了，在此期间，国际上压力容器技术有了长足的进展，我国的教材也一直在努力反映新的技术进展，与时俱进。

华东理工大学（原华东化工学院）是全国第一批创建化工机械专业的高校之一。这本教材是华东理工大学教师在多年教学经验的基础上，吸收了兄弟院校教学中的长处而编写的。本书的两位主要作者不仅教课多年，而且有丰富的工程实践经验，所以在教材的架构、内容的选择及文辞方面能恰到好处，形成了鲜明的特色。本书的第一版与第二版已被全国化工机械专业作为通用教材用了十余年。

从事压力容器工作的，远不止化工机械专业（今过程装备与控制工程专业）毕业生，还有冶金、机械制造、电力与核能工程等各方面的人士。然而在高等学校课程设置中列入压力容器设计内容的，还是以化工机械专业为多数。这本书为其他专业毕业而现今从事与压力容器有关的工作与项目的工程技术人员，也提供了一个入门与钻研的工具。

吴东棣

2005年3月

第三版前言

我国自20世纪50年代初设立化工机械专业以来已有50多年的发展历史，为适应社会发展的需要，已于90年代将专业名称改为过程装备与控制工程。专业服务面扩大到所有的流程工业，亦称过程工业，包括化工、石化、电力、冶金、轻工等方面。流程工业中所应用到的各种过程装备（process equipment）的外壳几乎都是承受压力的容器。因此“化工容器设计”这门课程历来是该专业学生最重要的必修课之一。本教材是在当时所属高等学校专业教学指导委员会的组织领导下，以招投标方式获得了编写权，其第一版于1989年问世，第二版于1998年出版，均成为当时全国过程装备与控制工程专业的通用教材，深受各高校师生欢迎。第一版于1996年获得全国普通高校优秀教材化工部一等奖。第二版编写时被列为上海市“九五”期间面向21世纪教材建设项目，并于2001年获得上海市优秀教材二等奖。近年来由于国内外压力容器规范与相关技术的发展，特别是欧盟标准的问世出现了许多新的情况，并同时也收集了各方面提出的宝贵意见，在化学工业出版社的大力支持下，对本教材再次进行了修订，形成了现在的第三版。

第三版的编写仍保持前两版在结构上的特点，即以化工容器的工程设计方法为主线，以此阐述有关的压力容器应力分析理论与设计计算方法；不仅论述受压零部件个体的设计计算方法，还强调各受压零部件组装为压力容器整体后出现的各种问题，如边缘应力问题、局部应力问题等。这一做法回归了压力容器工程设计的本来面貌。本教材的重点放在中低压及外压容器的规则设计方法，高压容器则以厚壁筒体结构和密封结构阐述为主，也介绍应力分析和设计计算方法，这不仅符合学生毕业后的工作实际，也是为学生打好基础。同时，为学生今后能力的发展，能适应21世纪的技术进步，适当介绍了诸如压力容器的应力分类与分析设计、疲劳设计、防脆断设计与缺陷评定、高温与低温容器设计等压力容器的设计新理论新方法等技术进展。第三版中增加了超高压容器的介绍，也强调对焊缝安全性的综合分析。

欧洲标准化组织于2002年正式颁布了非直接火压力容器标准（EN 13445），其中有不少新的设计思想。本教材在相关章节也简单作了些介绍。

本教材的第一版与第二版成稿之后均由大连理工大学贺匡国教授审定，为本教材质量的提高起到了重要作用。本教材的第一章、第六章第五、六节由吴东棣教授编写。第二章，第三章中的第三、四节，以及第四章由蔡仁良教授编写。第三章的第一、二、五节，第五章及第六章的第一、二、三、四节由王志文教授编写。各章中关于欧盟标准相关内容的介绍由王正东教授编写。这一版中还适当列入了一些习题。全书由王志文教授统编。

本教材在修订过程中得到了戴树和教授、吴东棣教授、贺匡国教授、李培宁教授、柳曾典教授、丁信伟教授、潘家祯教授、经树栋教授、郑津洋教授、安源胜副教授和惠虎副教授的热情帮助，感谢他们对大纲的修订、内容的修改提出了许多宝贵的意见，并提供了许多有用的资料。由于作者的知识具有局限性，错误与不当之处难免，恳切希望同行专家、学者及读者对本书提出宝贵意见。

编著者
2005 年 4 月

第二版前言

我国自20世纪50年代初设立化工设备与机械专业，已有四十多年的历史。在我国化学工业及相关工业的建设中起了重要作用。然而，多年来这个专业一直存在着教学负担过重的问题，而且随着近代技术的发展，新增的内容越来越多，反而影响了学生能力的培养，这就需要我们按照正确的教育思想，改革教学内容与教学方法，以面向企业为主，着重培养学生理论联系实际，解决工程实际问题的能力。教材建设是其中一个重要环节。

化工容器设计一直是化工设备与机械类专业人才的一项基本功。压力容器技术是一门综合性的技术科学，它涉及到力学、材料学、制造工艺学等许多方面，包括这些学科的基础理论问题。我们认为，在讲授化工容器设计这门课时，应当着重在“综合”方面，利用学生已有的基础知识和技术基础知识，引导学生学会如何全面考虑、分析和解决工程实际问题。

本教材以介绍化工容器的工程设计方法为主要内容。化工容器设计应以安全为前提，综合考虑质量保证的各个方面，并尽可能做到经济合理。我们的目标是使学生在学完本课程以后能初步建立起完整的容器设计思想。

本教材的编写以化工容器的工程设计方法为主线，结合这条主线来阐述有关的容器应力分析理论。本教材的重点放在按规范设计与中低压容器设计，这不仅是为了更好地符合学生毕业后的工作实际，也是为了打好基础。同时，为了学生今后能力的发展，并能适应21世纪初的技术发展，也适当介绍高压容器以及诸如分析设计、疲劳设计、防脆断设计等压力容器设计新理论新方法等新技术进展以及计算机辅助设计方面的进展。

本教材的另一个特点是加强了压力容器总体设计的概念。在阐述了容器的主要零部件之后，从如何组成一个完整的容器的角度，引入了局部应力、支座、开孔以及结构设计等问题的处理。这是一个新的尝试。

本教材的第一版于1989年完稿，经各校多年使用，对本教材给予了热情肯定，并于1996年获化工部优秀教材一等奖。这期间各方面也提出了宝贵意见，同时一些规范也发生了变化。在此基础上又于1997年初完成了修订，形成了第二版。本书得到上海市教育委员会的资助。按上海市教委高教办公室“关于上海普通高校‘九五’重点教材编写出版的若干具体规定”的要求，在本书封、扉、版权页上均署“上海市教育委员会组织编写”。

我们仍然恳切希望国内同行专家对本教材提出宝贵的批评和意见。

编　者
1997年

第一版前言

我国自五十年代初设立化工设备与机械专业，已有三十多年的历史。实践证明，这个专业的适应性强，知识面广，在我国化学工业及相关工业的建设中起了重要作用。然而，多年来这个专业一直存在着教学负担过重的问题，而且随着近代技术的发展，新增的内容越来越多，反而影响了学生能力的培养，这就需要我们按照正确的教育思想，改革教学内容与教学方法，以面向企业为主，着重培养学生理论联系实际，解决工程实际问题的能力。教材建设是其中一个重要环节。

化工容器设计一直是化工设备与机械专业人才的一项基本功。压力容器技术是一门综合性的技术科学，它涉及到力学、材料学、制造工艺学等许多方面，包括这些学科的基础理论问题。我们认为，在讲授化工容器设计这门课时，应当着重在“综合”方面，利用学生已有的基础知识和技术基础知识，引导学生学会如何全面考虑、分析和解决工程实际问题。

本教材以介绍化工容器的工程设计方法为主要内容。化工容器设计应以安全为前提，综合考虑质量保证的各个方面，并尽可能做到经济合理。我们的目标是使学生在学完本课程以后能初步建立起完整的容器设计思想。

本教材的编写以化工容器的工程设计方法为主线，结合这条主线来阐述有关的容器应力分析理论。本教材的重点放在按规范设计与中低压容器设计，这不仅是为了更好地符合学生毕业后的工作实际，也是为了打好基础。同时，为了学生今后能力的发展，也要适当介绍高压容器和诸如分析设计等的压力容器技术新进展。

本教材的另一个特点是加强了压力容器总体设计的概念。在阐述了容器的主要零部件之后，从如何组成一个完整的容器的角度，引入了局部应力、支座、开孔以及结构设计等问题的处理。这是一个新的尝试。

我们恳切希望国内同行专家对本教材提出宝贵的批评和意见。

编　者

1989 年 8 月

目　录

第一章　化工容器设计概论

第一节　绪　　言

一、化工容器的应用及地位

化学工业和其他流程工业的生产离不开容器，所有化工设备的壳体都是一种容器，某些化工机器的部件，如压缩机的气缸，也是一种容器。容器的应用遍及各行各业，诸如航空、航海、机械制造、轻工、动力等行业。然而化工容器又有其本身的特点，它们不仅要适应化学工艺过程所要求的压力和温度条件，还要承受化学介质的作用，要能长期的安全工作，且要保证密封。

容器承受的载荷最主要的是压力载荷。大多数容器承受的压力是内压，这类容器称为内压容器。除内压容器外，还有承受外压载荷的容器。内压容器若按压力的大小可以分为中低压容器、高压容器、超高压容器。受内压的容器其主要失效形式属于弹塑性失效，而外压容器的失效形式则主要是整体失稳。泄漏也是容器失效的一种形式，因为对化工容器来说，由于介质往往有腐蚀性、毒性或易燃易爆，密封则是安全操作的必要条件。容器抵抗化学介质作用的能力主要是通过选择合适的材料（包括保护层）来解决，辅以其他的防腐蚀措施。

出于对安全的考虑，压力容器必须纳入国家质量技术监督机构的安全监察范畴。

尽管化工容器有其自身的特点，但它与一般压力容器的共性大于它的个性。本课程的中心是阐述压力容器的一般设计方法，重在掌握基本原理与设计的思路。具体的设计方法，包括材料选择、结构设计与计算方法是层出不穷的，而且同一设计任务可以有不同的设计方案，好的设计方案总是建立在丰富的实践经验基础上的。

二、化工容器设计的基本要求

化工容器的基本要求是安全性与经济性，安全是核心问题，在充分保证安全的前提下尽可能做到经济。经济性包括材料的节约，经济的制造过程，经济的安装维修，而容器的长期安全运行本身就是最大的经济。对化工厂来说，停工一天所造成的经济损失就可能大大超过单台设备的成本。当然，一台压力容器是否能做到始终安全运行，决定因素还很多，例如操作人员能否严格执行制度，流程中是否有足够的安全措施等，但要讨论的重点是压力容器本身是否安全可靠。应当指出，充分保证安全并不等于保守。例如，不必要地采用过厚的壁厚，不仅浪费材料，而且厚板的材质与焊接质量可能比薄板差。又如近代的特别重要的压力容器（如核容器）由于采用了“按分析设计”的方法，不仅提高了安全可靠性，也节约了材料并降低了制造成本，见图 1-1。

图 1-1 所示的两台压力容器，左面一半是按照美国机械工程师学会（ASME）锅炉与压力容器规范第Ⅷ卷第一分卷（规则设计）设计的压力容器（核用），右面一半是按照该规范第Ⅲ卷（按分析设计）设计的压力容器（核用）。由该图可以看出，“按分析设计”不仅降低了重量，并且使壁厚大大减薄，有利于提高制造质量。

图 1-1 同时也是一个压力容器的典型例子。压力容器通常总是由壳体、封头、接管（开

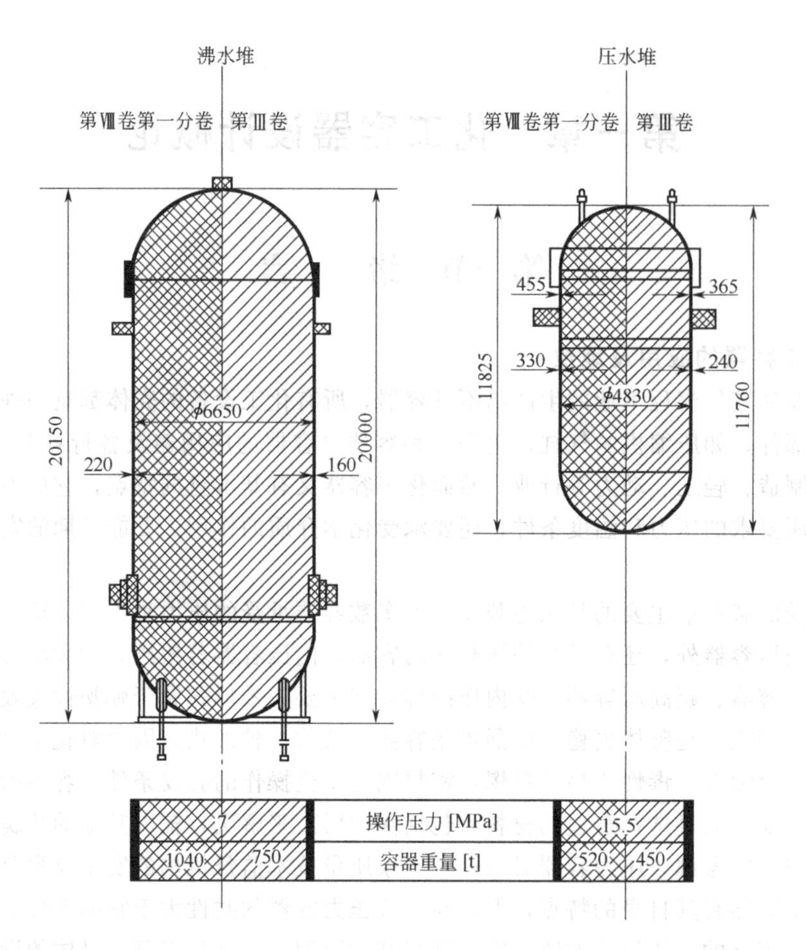

图 1-1　按不同的 ASME 规范设计的核容器比较

孔)、密封件、支座等各种部件组成。在外载荷(如内压等)作用下,在各部件中产生不同的应力,设计者的任务就是要做到各部件中应力的合理分布,并综合考虑材料行为、制造过程、检验方法、运行与维修等各方面的因素,确定合理的结构,提交出施工图纸和必要的设计文件。

压力容器技术是一门综合性的技术科学，在 20 世纪中期有了长足的进展，这是由于工业的广泛需要和工业生产向高技术发展的推动。化工生产的大型化和核电站的商业化是二个重要的促进因素。压力容器技术综合了应用力学、材料科学、冶金工艺、机械制造工艺以至技术物理学等各方面的成就，同时，由于压力容器技术发展的需要也推动了这些学科的发展。设计中计算总是占有重要位置的，但计算不等于全部设计。要成为一个好的压力容器设计师，必须具备有关学科的扎实而广泛的基础，并且努力吸收和积累工程实践经验。

第二节　化工容器的材料

化工容器和各种流程工业所用容器都承受介质的压力作用，同时又会遇到各种各样介质的腐蚀。制造化工容器用的材料多种多样，有黑色金属、有色金属、非金属材料以及复合材料，但使用得最多的还是钢材。通常大型容器遇有较严重的腐蚀介质时可用耐腐蚀材料做衬里（或内壁堆焊，或用复合板材）来解决，而容器的外壳做成为可以承受压力的主体，所以化工容器材料问题便转化为压力容器的材料问题。本节主要从压力容器的角度讨论钢材的选用。

钢材的形式有板材、管材、锻件和铸件，都可以做成为压力容器的受压元件，其中最重要、最主要的是钢板。板材有冷轧薄板与热轧厚板，多数用热轧厚板（4～60mm）。管材亦有冷拔与热拔之分。近代大型压力容器常采用整体锻造筒节与封头、接管。铸件用得较少，主要是用于形状复杂的阀体等部件；离心铸造的合金钢管质地致密，在高温炉管方面获得了良好的应用。对各种形式的钢材，机械工业部门与冶金工业部门都颁布了有关的技术标准，有些重要的方面还有相应的国家标准。在选用材料时，设计者在设计图纸上必须指明该材料所应符合的标准。

由于压力容器制造中大多数均采用冷加工弯卷和焊接工艺，因此容器钢板必须具有良好的塑性和可焊性。可以见得，并不是任何钢材都可以用来制造压力容器的。为此中国也和许多工业国家一样制订了许多容器用钢的标准，其中最常用的有 GB 6654《压力容器用碳素钢和低合金钢厚钢板》等。中国容器用钢在钢号的末尾加上字母 R（容字拼音的第一字母），以表示是容器用钢，如 16MnR、20R 等。

简要地说，压力容器用钢板比一般钢板的要求更严，主要体现在：对化学成分的控制较严，抽样检验率较高，在力学性能检验中增加了冲击吸收功值的韧性要求等。

一、压力容器用钢的基本类型

工业发达国家对压力容器用钢的生产寄以特别的重视，由于工程师与冶金学家的紧密结合，对各种压力容器用钢开展了大规模的协作研究，目前已积累了大量的数据，筛选出了多种成熟的钢种，当前主要趋势是对一些较好的钢种进行改进，以适应新的、更苛刻要求，包括对成分控制和冶炼方法的改进以及选用合适的热处理方法，重点不在追求增加新的钢种。

中国压力容器用钢的生产已有多年的历史，虽然品种还不够多，质量不够稳定，基础数据也积累得不够，但基本上能满足大多数压力容器制造的要求。借鉴国外的多年经验，根据国内资源情况，中国压力容器用钢已形成三大基本类型，即碳素钢、低合金钢和合金钢三大系列，下面分别加以介绍。

（一）碳素钢

碳素钢中的低碳钢可以制作压力容器，其强度较低而延性与可焊性良好，能适应压力容器制造工艺的各种需要。主要品种是 Q235 类钢和 20R 钢。

Q235 类钢是屈服强度为 235MPa 的碳素结构钢，强度不高。通常不作为压力容器用钢标准（GB 6654）中的容器专用钢，但 Q235-B 和 Q235-C 两种钢号被 GB 150（钢制压力容器）标准容许用于制造低参数的压力容器。这主要因为这类钢种的使用历史较久，价格低廉，来源广泛，所以至今仍有应用。Q235-B 是厚度小于 4mm 的薄钢板，而 Q235-C 是厚度为 4mm 以上的厚钢板。两者都要求保证化学成分和力学性能，但 B 类钢不要求验收冲击韧性，而 C 类钢要保证冲击韧性。另外，从冶炼要求来说两者都应当是镇静钢，不能是沸腾钢，它们可以热轧状态供货。

20R 是 GB 6654 标准中所列的强度最低（σ_s＝235～245MPa）的压力容器专用钢，是在优质碳素钢 20 钢的基础上发展出来的，要求既保证化学成分，又保证力学性能。可以热轧状态供货，又可专门要求正火状态供货。

（二）低合金压力容器用钢

在低碳钢中加入少量合金元素，如 Mn、V、Mo、Nb 等可以显著地提高钢的强度而成本增加不多。同时，低合金钢的低温韧性和高温强度亦明显优于碳素钢，从而扩大了使用温度范围。中国从20世纪60年代开始致力于普通低合金钢的研制与生产，至今已筛选出不少成熟的品种，以增加强度为主要目标的不同强度等级的低合金压力容器用钢有16MnR、15MnNbR、15MnVR、18MnMoNbR、13MnNiMoNbR等钢号，它们都被编入GB 6654标准中。前两种钢可以热轧状态供货，要求较严时也可以回火状态供货，而后两种钢均必须采用正火加回火状态。强度要求更高时可以采用调质（淬火加回火）型的压力容器用钢07MnCrMoVR（$\sigma_b \geqslant 610$MPa和$\sigma_s \geqslant 490$MPa），但这一钢号尚未被GB 6654编入，只在GB 150《钢制压力容器》的附录A中被编入，在实际生产中也有不少应用，主要用于设计制造2000m^3以上更大的球形储罐。

-20℃及以下的容器中国标准定义为低温容器，此种情况下钢材不以提高强度为主要目的，而是以提高钢材的低温韧性为主要目的。在低温容器用钢的标准GB 3531中主要列入了-30～40℃级的16MnDR、-45℃级的15MnNiDR和-70℃级的09MnNiDR三个低温钢号。在-20℃下可以允许采用16MnR或强度高的07MnCrMoVR调质钢。GB 150附录A推荐在-40℃下也可采用调质的07MnNiCrMoVDR钢。

中高温条件下的容器用钢以提高钢材的高温强度为主，同时也应提高抗氧化的能力。20R和16MnR钢的最高使用温度为475℃，算不上中高温压力容器用钢。550℃以下的中高温容器用钢主要有15CrMoR，被列入GB 6654标准中。这种钢都应该是正火加回火的热处理状态。除这种中高温使用的铬-钼钢之外，近年来石油加工工业中已大量使用1Cr5Mo（属珠光体耐热钢）和2¼Cr1Mo或2¼Cr1MoV钢。2¼Cr1Mo钢的中国牌号为12Cr2Mo1R。1Cr5Mo钢主要用于中高温压力管道或炉管，抗氢腐蚀性能很好。2¼Cr1Mo或2¼Cr1MoV钢则主要用于制造中高温的厚壁加氢反应器，其抗高温氢腐蚀的性能优良，中国已能冶炼、锻造和焊接。

（三）高合金钢

化工容器采用高合金钢的目的主要是抗腐蚀、抗氧化或耐特别高的温度。此外很多高合金钢在低温下有良好的韧性，可用于低温。中国常用的可制造压力容器的合金钢主要有以下3个类型。

(1) 铁素体类不锈钢　最常用的是0Cr13或0Cr13Al，其钢板应在退火状态下使用。退火态的0Cr13板材可以进行冷加工，焊接性能也较好。

(2) 奥氏体类不锈钢　通常是指Cr-Ni奥氏体钢，即添加8%以上的合金镍元素。轧制成材后必须经固溶处理以完成奥氏体化，只允许存在很少的铁素体相。最常用的奥氏体不锈钢有0Cr18Ni9（相当于SUS304牌号）、0Cr18Ni10Ti（相当SUS321）。遇有醋酸介质时常用含钼不锈钢0Cr17Ni12Mo2（SUS316）及0Cr18Ni12Mo2Ti（SUS317）。尿素母液有强烈的腐蚀性，可用超低碳的含钼不锈钢或再含钛的00Cr17Ni14Mo2（SUS316L）、00Cr19Ni13Mo3（SUS317L），除被用于尿素设备外也常用于其他强腐蚀介质。

奥氏体类不锈钢的耐腐蚀主要靠合金元素Cr的作用，形成的氧化膜非常致密，起到了对金属的保护作用。而Ni是奥氏体形成元素，不锈钢被奥氏体化之后就主要被韧化，具有很好的塑性与韧性，有很好的冷加工变形能力。同时焊接性能也非常好，高温强度与抗氧化性均很好，也不存在低温韧脆转变问题。

(3) 双相不锈钢　由于奥氏体不锈钢最致命的弱点是在许多介质（如含Cl^-的溶液、湿H_2S等）中，并在应力作用下出现应力腐蚀开裂（简称SCC）。针对这一问题国外率先使用了双相不锈钢。原则上只要在奥氏体不锈钢的基础上适当降低含Ni量，使不锈钢中的奥氏体相和铁素体相大致各据一半。由于其中的铁素体相具有阻止应力腐蚀裂纹扩展的能力，因而使双相不锈钢具有很好的抗应力腐蚀开裂的能力。中国较为成熟的双相不锈钢牌号是00Cr18Ni5Mo3Si。近年来在中国使用较多的国外牌号是2205型的双相不锈钢，即含Cr约22%，含Ni约5%的双相不锈钢。此外还有2507型的双相不锈钢也较多被采用。

高合金钢除以上三种类型的不锈钢之外尚有马氏体不锈钢，但材料有脆性和韧性较低，不适合做压力容器的受压元件。此外700℃以上的工作温度是近代石油化工或煤加工装置经常遇见的，特别是加热炉的炉管，采用Cr25Ni20类型的高合金钢较为合适。目前中国已能生产离心铸造的4Cr25Ni20（亦称HK40）炉管。温度再高到900～1000℃左右的还可用Cr25Ni35（HP40）或再加Nb的HP40Nb、加Nb和W的HP40WNb等高合金钢。

表1-1和表1-2选录了几种常见压力容器用钢的化学成化、强度性能和使用温度范围。表中对同一牌号的钢板有的列出了两种不同厚度（并未包括所有能供应的厚度）的性能指标。当板厚增加时，常温强度指标和冲击吸收功值下降，这一现象通常与钢材的淬透性有关。钢板厚度中央（$T/2$处）的性能最低，所以随意增加容器壳体的厚度是没有好处的。轧制供货时沿轧制方向的性能要优于垂直于轧制方向的性能，所以钢板性能测试应横向取样，即沿垂直于轧制方向取样。

表1-1　常用压力容器用钢的化学成分

钢　号	质　量　分　数/%											所用标准
	w_C	w_{Si}	w_{Mn}	w_P	w_S	w_{Cr}	w_{Mo}	w_{Ni}	w_V	w_B	w_{Nb}	
Q235-B/-C	0.12～0.20	≤0.30	0.30～0.70	≤0.045	≤0.045							GB 700
	≤0.18		0.35～0.80	≤0.040	≤0.040							
20R	≤0.20	0.15～0.30	0.40～0.90	≤0.035	≤0.030							GB 6654
16MnR	≤0.20	0.20～0.55	1.20～1.60	≤0.035	≤0.030							GB 6654
15MnNbR	≤0.18	0.20～0.55	1.20～1.60	≤0.025	≤0.015						0.010～0.040	
15MnVR	≤0.18	0.20～0.55	1.20～1.60	≤0.035	≤0.030							GB 6654
18MnMoNbR	≤0.22	0.15～0.50	1.20～1.60	≤0.035	≤0.030		0.45～0.65		0.04～0.12		0.025～0.050	GB 6654
13MnNiMoNbR	≤0.15	0.15～0.50	1.20～1.60	≤0.025	≤0.025		0.20～0.40					GB 6654
07MnCrMoVR	≤0.09	0.15～0.40	1.20～1.60	≤0.030	≤0.020	0.10～0.30	0.10～0.30	≤0.30	0.02～0.06	≤0.0030		GB 150
16MnDR	≤0.20	0.15～0.50	1.20～1.60	≤0.025	≤0.015					Al_s①≥0.015		GB 3531
15MnNiDR	≤0.18	0.15～0.50	1.20～1.60	≤0.025	≤0.015			0.20～0.60	≤0.06	Al_s≥0.015		GB 3531
09MnNiDR	≤0.12	0.15～0.50	1.20～1.60	≤0.020	≤0.015			0.30～0.80		Al_s≥0.015	≤0.04	GB 3531
07MnNiCrMoVDR	≤0.09	0.15～0.40	1.20～1.60	≤0.025	≤0.015	0.10～0.30	0.10～0.30	0.20～0.50	0.02～0.06	≤0.0030		GB 150
15CrMoR	0.12～0.18	0.15～0.40	0.40～0.70	≤0.030	≤0.030	0.80～1.20	0.45～0.60					GB 6654

钢　号	质 量 分 数/%											所用标准
	w_C	w_{Si}	w_{Mn}	w_P	w_S	w_{Cr}	w_{Mo}	w_{Ni}	w_V	w_B	w_{Nb}	
0Cr18Ni9	≤0.07	≤1.00	≤2.00	≤0.035	≤0.030	17.00～ 19.00		8.00～ 11.00				GB 3280
0Cr18Ni10Ti	≤0.08	≤1.00	≤2.00	≤0.035	≤0.030	17.00～ 19.00		9.00～ 12.00			Ti≥5C%	GB 3280
0Cr17Ni12Mo2	≤0.08	≤1.00	≤2.00	≤0.035	≤0.030	16.00～ 18.00	2.00～ 3.00	10.00～ 14.00				GB 3280
0Cr18Ni12Mo2Ti	≤0.08	≤1.00	≤2.00	≤0.035	≤0.030	16.00～ 19.00	1.80～ 2.50	11.00～ 14.00			Ti5X C%～0.70	GB 3280
00Cr19Ni13Mo3	≤0.030	≤1.00	≤2.00	≤0.035	≤0.030	18.00～ 20.00	3.00～ 4.00	11.00～ 15.00				GB 3280
00Cr18Ni5Mo3Si2	≤0.03	1.30～ 2.00	1.00～ 2.00	≤0.030	≤0.030	18.00～ 19.50	2.50～ 3.00	4.50～ 5.50			N≤0.10	GB 3280

① 酸溶铝 Al_s 含量可以用测定总含铝量代替，此时铝含量应不小于 0.020%。

表 1-2　常用压力容器用钢板材的性能要求

钢　号	钢板供货状态	钢板厚度 /mm	拉伸试验			冲击试验		冷弯试验
			抗拉强度 σ_b/MPa	屈服点 σ_s 或 $\sigma_{0.2}$/MPa	伸长率 δ_5 /%	温度 /℃	V 型冲击功 A_{KV}(横)/J	$b=2a$ 180°
Q235-B Q235-C	热轧	4.5～16						
20R	热轧或正火	6～16 >16～36	400～520	≥245 ≥235	≥25	0	≥27	$d=2a$
16MnR	热轧或正火	6～16 >16～36	510～640 490～620	≥345 ≥325	≥21	0	≥31	$d=2a$ $d=3a$
15MnNbR	正火	10～16 >16～36	530～650 530～650	≥370 ≥360	≥20	−20	≥34	$d=3a$
15MnVR	热轧或正火	6～16 >16～36	530～665 510～645	≥390 ≥370	≥19	0	≥31	$d=3a$
18MnMoNbR	正火加回火	30～60 >60～100	590～740 570～720	≥440 ≥410	≥17	0	≥31	$d=3a$
13MnNiMoNbR	正火加回火	≤100 >100～120	570～720	≥390 ≥380	≥18	0	≥34	$d=3a$
07MnCrMoVR	调质	16～50	610～740	≥490	≥17	−20	≥47	$d=3a$
16MnDR	正火或正火加回火	6～16 >16～36	490～620 470～600	≥315 ≥295	≥21	−40 −30	≥27	$d=2a$ $d=3a$
15MnNiDR	正火或正火加回火	6～16 >16～36	490～630 470～610	≥325 ≥305	≥20	−45	≥27	$d=3a$
09MnNiDR	正火或正火加回火	6～16 >16～36	440～570 430～560	≥300 ≥280	≥23	−70	≥27	$d=2a$
07MnNiCrMoVDR	调质	16～50	610～740	490	≥17	−40	≥47	$d=3a$
15CrMoR	正火加回火	6～60 >60～100	450～590	295 275	≥19 ≥18	20	31	$d=3a$
0Cr18Ni9	固溶处理		≥520	≥205	≥40			
0Cr18Ni10Ti	固溶处理		≥520	≥205	≥40			
0Cr17Ni12Mo2	固溶处理		≥520	≥205	≥40			
0Cr18Ni12Mo2Ti	固溶处理		≥530	≥205	≥35			
00Cr19Ni13Mo3	固溶处理		≥480	≥177	≥40			
00Cr18Ni5Mo3Si2	固溶处理		≥590	≥390	≥20			

注：厚度大于 36mm 的 20R、16MnR、15MnNbR 及 15MnVR 板材的性能未列入本表。

二、对压力容器用钢的基本要求[90～93]

材料是压力容器质量保证体系中的一个重要环节，并不仅仅是设计者选定一下材料就万事大吉了，这里还涉及到对材料与冶炼与轧制、供货状态、采购订货、检验验收、力学性能与成分的查对或取样复测、材料在使用过程中的退化与损伤积累等方面的全面了解。事实上设计者选材时，就应对这些因素有充分的了解并予以足够的考虑。

为此，首先分析容器的制造与使用条件的特殊性。

容器承受压力或其他载荷，因此容器的材料应具有足够的强度。材料强度过低，势必使容器过厚，但强度过高又将影响材料的其他力学性能和焊接性能。

容器制造时多数须用冷卷及热冲压成形工艺，为此材料应具有良好的塑性，使冷卷及热冲压时不裂不断。

容器在结构上不可能做到没有任何小圆角或缺口，也不可能在焊缝中无任何缺陷，如气孔、夹渣、未焊透、未熔合、甚至还有裂纹，这些都形成应力集中。这就要求材料具有良好的韧性，将不致因载荷突然波动、冲击、过载或低温而造成断裂。此外，有时还要求在交变载荷作用时材料具有抗疲劳破坏的能力，使容器有足够的安全使用寿命。

除极少数的铸造及锻造容器外，容器的制造均需要焊接，因此材料必须有良好的可焊性。简单地说，可焊性就是指焊接时和焊接后是否会出现裂纹（热裂纹或冷裂纹）和因焊接热影响而形成硬脆的淬硬组织。增加含碳量和某些合金元素可提高强度，但又使可焊性变差。然而，也不能因此而不发展高强度的低合金钢而始终沿用低强度的低碳钢。

综上所述，保证强度又要有良好的塑性、韧性和可焊性，以至低温韧性，这是对压力容器用钢的基本要求。它主要通过钢材化学成分的设计来解决，还可借助热处理方法使材料性能变得更为理想。另外，为解决防腐蚀问题也可采用合金钢或其他防腐蚀措施。下面将对压力容器用钢的基本要求作进一步分析。

（一）化学成分

除了允许用于制造压力容器的非压力容器用钢（如 Q235-C）以外，凡压力容器用钢（标以 R 或 DR 的），对化学成分的控制都比较严格。这是因为化学成分的变化不仅对钢材的基本力学性能如强度、塑性、韧性等有很大影响，也决定了热处理的效果。

钢材的化学成分大体上可以分为合金元素和杂质元素两大类。

合金元素中，碳含量偏高虽可增加强度，但会导致可焊性变差，焊接时易在热影响区出现裂纹。钼元素能提高钢材的高温强度，但含量超过 0.5%时会影响可焊性。其他合金元素都是按照力学性能要求配比的，都有一定的控制范围，在有关标准中有明确的规定。

杂质元素一般都有危害作用，但是在冶炼中难以完全去除。硫含量过高则非常容易形成硫化物（特别是长条硫化锰）夹杂，使钢材的韧性显著下降，轧制成钢板后甚至形成分层缺陷。磷、砷、锑、锡等元素含量虽微，但必须严格控制，否则会加剧回火脆性，即在回火温度区间长时间工作后，钢材的常温韧性显著下降，导致发生裂纹和引起脆断破坏的可能性。这对于长期工作在 400～500℃左右的 Cr-Mo 钢（如热壁加氢反应器等设备常用的 2¼Cr1Mo 或 3Cr1Mo 钢）尤为重要，这类钢对以上有害的杂质元素有严格要求。另外，硫含量过多会降低断裂韧性，也易出现裂纹。在核装置的研究中已经明确指出铜是造成辐射脆化的主要因素，应在冶炼时严格限制。

由此可见，压力容器用钢在冶炼时就必须将各种成分严格控制在允许范围之内。作为容器用钢，许多元素成分的允许范围要比同钢号的非容器用钢严格。以 16MnR 为例，其磷、硫含量要求低于0.035%和0.030%，而同类的非容器用的结构钢16Mn则仅要求分别低于0.045%和0.050%。研究表明，进一步严格控制有害元素磷与硫的含量将可大大改善压力容器用钢的韧性与焊接性能。近年来国际上已有许多高要求的压力容器用钢将磷与硫的含量再降低了一个数量级，例如将含硫量降到0.0030%以下，达到“纯净化”的要求[92]。

（二）力学性能

材料的力学性能主要是指强度、塑性与韧性。这些性能指标常常被误解为材料的一种属性，类似于物理常数，这是很错误的。材料的力学性能固然取决于化学成分，但还取决于材料热处理后的组织状态，往往有一定的分散性。并且，在非单轴拉伸的复杂受力状态或载荷循环下有特定的表现。对于循环载荷情况，通常将材料性能的特定表现称为材料在一定条件下的“力学行为”[106]。

下面将对压力容器用钢常用的力学性能指标进行分析，其中有些属于一般钢材普遍要求的，而有的则属于压力容器用钢所必须具备的。

(1) 拉伸强度　强度是衡量材料抵抗外载荷能力大小的力学指标。通常用拉伸试样测得抗拉强度 σ_b 和屈服强度 σ_y（屈服点或 $\sigma_{0.2}$）。这两个指标可表征材料的强度，也是容器设计计算中用以确定许用应力的主要依据。屈服强度 σ_y 与抗拉强度 σ_b 之比称为屈强比，屈强比可反映材料屈服后强化能力的高低。高强钢的屈强比数值较高，可达0.8以上，而低强钢的屈强比可低到0.6以下。屈强比愈低表示屈服后仍有较大的强度裕量。

要注意 σ_b 和 σ_y 是用光滑试样（通常是圆棒）在单向应力条件下测得的数据，工程设计上可以把双向或三向应力问题用强度理论换算成为相当应力，再与单向拉伸测得的强度指标来比较，视其是否安全。

设计在中、高温条件下工作的容器时，应当测定在工作温度下的 σ_b 和 σ_y。

在一般设计中，这些数据可以从手册中查到，但应注意这些数据仅为规定必须保证的下限值。制造容器时，有时还有必要抽样检查实际使用的材料是否符合要求，而不仅仅查看钢材的质保书。如果设计中要作详细的应力分析，单有这些指标的数据有时还不够，而需要完整的应力-应变曲线，而这曲线必须用真实的材料来测试。

(2) 塑性　由于容器制造中采用冷作弯卷成型工艺，要求材料必须具备充分的塑性。通常用以衡量材料塑性的指标是断后伸长率（前称延伸率）δ_5 及断面收缩率 ψ，它们都可在拉伸试验中同时测得。化工容器应选用 $\delta_5=15\%\sim20\%$ 以上的材料来制造。更能直接反映钢板冷弯性能的则是冷弯试验，即对某一厚度的钢板采用某一直径的弯芯作常温下的弯曲试验，规定在冷弯180°之后不裂，方可用于制造容器。

(3) 韧性　是材料对缺口或裂纹敏感程度的反映。韧性好的材料即使存在宏观缺口或裂纹而造成应力集中时，也具有相当好的防止发生脆性断裂和裂纹快速失稳扩展的能力。韧性对压力容器材料是十分重要的，是压力容器用钢的必检项目。塑性好的材料一般韧性也好，但塑性并不是韧性。正确地说，韧性是材料塑性变形和断裂全过程中吸收能量的能力，它是材料强度和塑性的综合表现。强度是材料抵抗变形和断裂的能力，而塑性是表示断裂时总的塑性变形程度。工程实践表明，韧性优良的压力容器用钢可以避免因焊接裂纹而导致的容器低应力脆断事故。可以说韧性是压力容器用钢最突出的要求。

冲击韧性　这是衡量材料韧性的指标之一，可用带缺口的冲击试样在冲击试验中所吸收的冲击功数值作为冲击韧性值。中国以往沿用梅氏U形缺口试样常温下的 $\alpha_K \geqslant 4\sim6$（kgf·m/cm^2）之值作为压力容器用钢的指标。实践证明U形缺口试样并不能很好反映材料在缺口冲击试验中的敏感性，近年来趋向采用国外已使用多年的夏比 V 形缺口冲击试验的冲击功指标 A_{KV}，它能更好地反映材料的韧性，而且对温度变化也很敏感。目前中国在容器标准中已明确提出在常温下必须采用夏比（V 形缺口）试验来得出冲击功值 A_{KV}。例如 16MnR 及 15MnVR 钢板的 A_{KV}不得小于 31J。18MnMoNbR 钢板不得小于 34J。低温用钢更应注意对 A_{KV}值的要求，例如 16MnDR（16 锰低容）钢板的－40℃时的 A_{KV}不得低于 27J，15MnNiDR（15 锰镍低容）钢板的－45℃A_{KV}值不得低于 27J。

脆性转变温度 在不同温度下测定出一系列的冲击韧性值，可以发现材料在某一温度区间随温度降低而韧性值突然明显下降，从而可得出该材料的脆性转变温度，以便确定材料的最低使用温度。实际还有许多测定脆性转变温度的其他方法。

断裂韧性 材料的冲击韧性可指导选材工作，但冲击功不能直接用于设计计算，而且许多压力容器的脆性断裂事故也可以在塑性与冲击值足够的情况下发生。为了能更科学地判断容器万一存在较大宏观缺陷特别是裂纹性缺陷时是否会发生低应力脆断，近年来已引入断裂力学中的断裂韧性指标用于压力容器的防脆断设计或安全评定。目前用得较多的是应力强度因子临界值 K_{IC}和裂纹尖端张开位移（COD）临界值 δ_c，近年来更趋向采用 J 积分断裂参量的临界值 J_{IC}。这些断裂韧性值可用来衡量材料的韧性情况，即可看出存在裂纹时材料所具有的防脆断能力，但目前尚未列入容器标准之中，因为还未有公认的应满足的断裂韧性指标值。另一方面，若有 K_{IC}、δ_c 或 J_{IC}的可靠数据，便可对缺陷作出定量的安全分析。断裂韧性实验测定时要注意试件的拘束条件，这与冲击韧性测试的要求有所不同。所以，材料的断裂韧性是有条件的，也属于"力学行为"的范畴。

（4）疲劳特性 材料的疲劳特性明显地是一种"力学行为"。材料的疲劳寿命，即在达到断裂时所能承受的应力循环数主要与外加交变应力的应力幅有关，同时平均应力也有重要影响，并且数据的分散性很大。由光滑圆棒单向拉压所得到的疲劳数据当用于分析压力容器中承受三向应力的部位时，很明显试件与实际结构的受力条件并不一致，因而不得不作一些实用性的假设。

其他如材料在高温蠕变、腐蚀-应力共同作用、疲劳-蠕变交互作用以及腐蚀-疲劳交互作用下的特定力学行为，则情况更为复杂，设计者遇到这些情况时必须收集和研究有关的资料，判断压力容器的使用寿命。由于以上这些情况都属于与时间有关的材料退化和损伤积累问题，也属于材料的力学行为范畴。

（三）热处理

一般说，钢材总是在一定的热处理状态下使用的。有些钢材直接热轧后可使用，但热轧后的组织实际上也是一种经过热处理的组织。不少钢种要经过热处理才能充分发挥其优点，例如多数普通低合金钢的钢板要求在正火、正火＋回火或调质状态下使用。16MnR 及 15MnVR 在 25mm 以下时可用热轧板，25～30mm 以上时需经正火处理。经正火处理之后细化了晶粒，强度既可保证，更改善了韧性。18MnMoNbR 应在正火加回火或在调质状态下使用，因为只有作如此热处理才可改善这种材料的韧性与塑性，但可能使强度有所下降，不过从总体看如此热处理状态下的综合力学行为大为改善。另外，高负荷工作的低合金钢螺栓，一般都经调质处理。有些重要的部件为了提高高温强度而要求具有贝氏体组织，这就需要更加严格的热处理。尤其对于厚截面的钢板或锻造件，要使整个截面上的性能尽可能达到均匀是很不容易的，此时热处理的程序必须精心设计并严格执行。

（四）可焊性

绝大多数钢制压力容器都是卷焊式或锻焊式结构，因此压力容器用钢必须具有良好的焊接性能。钢的可焊性主要取决于化学成分，同时还与焊接方法、工艺、环境及构件的拘束条件有关。化学成分中影响最大的是碳，含碳量小于 0.3%的低碳钢及含碳量小于 0.25%的低合金钢一般有良好的可焊性。低合金高强度钢由于加入了一些强化元素使可焊性下降。这些合金元素对可焊性的影响可以用碳当量来评价，焊接碳当量 C_d 不超过 0.45%的合金钢有较好的可焊性。

近代的压力容器用低合金高强度钢以产生焊接冷裂纹为主，因而出现了一个评价焊接冷裂倾向的经验指标，即焊接裂纹敏感性指数 P_{cm}：

$$P_{cm}=[C]+[Si]/30+[Mn]/20+[Ni]/60+[Cr]/20+[Mo]/15+[V]/10+5B$$

若 P_{cm} 值达到 0.20% 以下时，钢的冷裂纹倾向很低，可焊性优良。近年来还以 $t/600$ 和 $[H]/60$ 计入 P_{cm} 值，以衡量钢板厚度带来的拘束度和钢材焊接带来的含氢量导致开裂的影响。

以上仅仅是从化学成分角度的分析，实际焊接时是否开裂和淬硬倾向如何还与实施焊接时的焊接工艺、构件的拘束程度、焊接环境有关，因此还要通过一系列焊接工艺评定试验来摸索能保证焊接接头不裂且性能优良的工艺条件。

从上述分析可知，对压力容器用钢的综合要求是：足够的强度，良好的塑性，优良的韧性以及良好的可焊性。GB 6654 中所列的压力容器用钢都能满足这些要求。由于压力容器用钢要求较严，作为钢厂出厂的必检项目是：化学成分、抗拉强度 σ_b、屈服强度 σ_y、断后伸长率 δ_5、180°冷弯、冲击功 A_{KV}。制造厂接受钢材来货时必须检查钢厂的质保书，对制造重要容器的钢材甚至还要进行抽样复验，以至逐张进行超声波 100%面积检测以确定其轧制质量。

作为设计者选用钢材时应该注意，不应片面追求采用高强度材料，要做到强度与塑性、韧性的综合考虑及强度与可焊性的综合考虑。还应注意厚度与性能的关系，厚度愈厚，各项指标值均有所下降。至于介质的腐蚀性也切不可忽视，需要通过资料查阅、走访调查、以至试验研究才能做到选材合理。

与压力容器钢板配套使用其他受压元件用材，包括钢管、锻件、螺栓等紧固件均有相类似的要求，可以参阅相关的资料与标准，此处不再赘述。

第三节　压力容器的质量保证

一台容器从设计、制造、投入运行到退役是一个漫长的过程。工业生产要求容器在整个服役过程内能满意地运行，不出意外事故。为达到这一目标所采用的有计划的、系统的措施统称为“质量保证”。质量保证是一种系统工程。在实践中各国都逐步形成了质量保证体系，中国也不例外。美国机械工程师协会（ASME）的卷页浩繁的《锅炉与压力容器规范》就是按质量保证系统全面地编写的。英国于 1982 年在英国机械工程师学会中设立了“压力容器质量保证管理委员会”，并发布了有关文件，其后英国政府发布了质量保证法案，虽然都不是强制性的法规，但明确地强调了质量保证的概念。质量保证可以理解为广义的更严格的安全性。通常认为只要不发生灾难性爆炸则容器就是安全的；例如容器由于裂纹穿透壁厚而泄漏（漏而未爆），通常不作为安全事故，但这种情况不符合质量保证的要求，因为停产检修会造成经济损失，有些介质泄漏后遇明火会引起燃烧和爆炸。质量保证与“质量监督”也是不同的概念，后者只是达到质量保证的具体手段。

压力容器的质量保证大体上包括以下四个方面：设计、材料、制造与制造过程中的检验、在役检验与监控。下面分别就这四个方面作扼要的说明[1]。

一、设计

设计是一台压力容器诞生的第一步，也是质量保证的第一个环节。因此，在设计时应当周密地考虑到以后各环节中可能产生的问题和为保证质量所应采取的措施。

在设计时，首先应当仔细分析用户提出的设计要求和所提供的有关技术资料。据此，设计者要全面确定压力容器所承受的各种载荷和工作条件。载荷可能是以静载荷为主，也可能是交变载荷（例如几小时一个开停工操作循环的反应器）。工作温度可能是恒定的，也可能是变动的，而这种变动可能在容器部件中引起变动的温度应力。介质可能对钢材有腐蚀性，也可能没有腐蚀性。介质还可能是有毒易燃易爆的，也可能没有这些危险。还要明确地定出容器的正常工况与非正常工况，从而确定容器设计时应符合的最苛刻的条件。

根据以上对压力容器基本特征的了解，设计者要决定根据何种设计规范进行设计，大多数容器的设计是按常规设计，但对要求作疲劳分析的容器就要按另一规程即应力分析设计规程作设计。少数极重要的压力容器还要求在设计阶段就要按断裂力学理论进行断裂分析。

根据规范的要求，设计者对容器的各部位进行应力分析。应力分析和材料选择实际上应是同时进行的。应力分析的结果应当使材料的性能得到充分的发挥，并且尽可能使容器的各部分做到等强度。用足材料的许用应力既符合安全性也符合经济性。压力容器中的局部应力可以达到较高的数值，在设计规范中都有相应的规定。

材料选择是重要的设计环节，它既与容器抵抗失效的能力有关，又与制造工艺密切相关。设计者必须对所选择的材料有全面的了解，才能做出合理的选择，才能画出合理的结构设计图纸。一般说，一台压力容器的设计文件包括设计计算书、施工图、技术要求等三个部分，这些部分都与材料选用、制造、检验等质量保证的各环节成为统一整体。

根据中国有关规定，设计者应持有压力容器设计单位的批准书，方具有设计资格。

二、材料

压力容器所用材料（包括所有受压元件的材料）主要由设计人员依据相关的材料标准和已有的使用经验来选定。但实际所用材料是由制造厂来定货和验收的，这是保证材料质量和容器安全的关键。

制造厂与材料供应商签定订货协议时，应在附加条款中提出合理的技术要求。材料验收时应严格审查供应商提供的材料质保书，必要时由制造厂做复验，包括常规性能、材料成分，直至金相组织、晶粒度与夹杂物，并确认供货的热处理状态。

特殊情况下要有特殊的检验。例如有湿硫化氢环境时要防止压力容器发生氢致开裂或氢鼓包，则要检验材料中的杂质硫磷元素的含量，是否达到协议中的“纯净度”。大厚度的钢板则要验收内部是否有明显的分层，应考虑逐张对钢板进行超声检测，分层缺陷超标的应予剔除。40mm 厚度以上的钢板应注意沿厚度的性能差异，必要时可以检查 $T/2$ 和 $T/4$（T 为板厚）处材料力学性能的差别，以掌握由于钢材淬透性所造成的性能差异。又如大型热壁加氢反应器长期在 380～500℃的中高温（类似于回火热处理的温度）下服役，为防止铬钼钢发生严重的回火脆化，则要严格控制钢中的杂质元素磷、锡、锑、砷等的含量，所以材料验收时应特别注意这些问题。调质状态供货的高强度等级的压力容器钢板，应逐张进行拉伸试验和冲击试验。

研究开发的新钢种是否能作为压力容器用钢投入使用，必须要经过质量技术监督部门的审查批准，不得擅自使用。

三、制造与制造过程中的检验

制造可使压力容器由图纸转化为实物，因此可以说是质量保证中最重要的环节。制造厂要严格验收材料，要保证成形加工严格按照有关的技术条件进行，尤其要把好焊接这一关。下面以焊接为重点说明有关的问题。

(1) 焊接方法　焊接方法通常由用户、设计师与制造厂协商确定。实际上设计时，在结构设计中必须考虑焊接方法，否则定不出焊接接头处的细节。焊接方法包括焊接接头的结构设计，焊接材料即焊条或焊丝焊剂的选用，焊机的选用等。焊接方法中通常要考虑的关键问题是焊接接头的可焊透性、材料的焊接特性以及焊接过程的经济性。焊接方法确定以后，焊接的工艺规程（如是否预热、预热的温度、电流、速度等）则由制造厂根据经验或试验确定。对于重要容器或焊接经验不多的材料，则必须由焊接工艺试验来确定最合适的焊接工艺规程。

(2) 焊后热处理　是否需要焊后热处理，一般是根据板厚和焊接部位的约束程度来确定的。焊后热处理的作用有两方面，一是消除或部分消除焊接残余应力，这一般采用整体退火或焊接区局部退火；二是消除焊接区的脆化（恢复延性）。实际上第二方面的作用比第一方面的作用更重要，尤其对一些强度较高可焊性较差的低合金钢，对此可以进行焊后再结晶退火，既细化晶粒提高了强度，同时也提高了韧性和较完全地消除了残余应力。热处理的温度选择要恰当，偏低时会使微量元素在晶界结聚而降低韧性甚至出现再热裂纹，偏高时会促使晶粒粗大也会降低韧性。

(3) 焊接区的力学性能　应当力求使焊肉、热影响区和母材的力学性能相等。一般除做焊接工艺评定时需要试板测试之外还要求在筒体纵焊缝的末端附装试板，与主焊缝同时焊完取下，供以后做检验之用。对环焊缝以及其他难以附装试板的部位，亦要求按同样的焊接工艺在施工的同时制作试板。用留下的试板制作各种力学性能测试的试件以测定各项力学性能指标。对于重要的容器甚至还需要保留一部分试板，以备若干年后需要时再做金相、化学成分及力学性能检验。

(4) 制造过程中的检验　容器各部件在组焊之前必须通过各种检验，例如外观质量与尺寸公差的检验等。容器制造过程中的检验尤为重要的是焊缝质量检验，方法主要是以射线与超声波探伤为主，辅以磁粉法或着色法检查是否存在表面裂纹。超声探伤近年来应用日益广泛，技术也迅速进步。射线探伤虽较麻烦，但比较可靠，易于记录保存备查，制造中最好要做到每完成一个拼装组焊步骤便进行一次探伤，以随时发现问题。探伤中发现的超标缺陷应予消除，发现裂纹应全部消除，消除方法以补焊为主。在容器整体组装结束后按规程进行水压试验，以考验压力容器的整体强度并检查有无泄漏。水压试验必须严格按照设计规范与技术规程进行。对不允许进水的容器，可用气压试验代替，但气压试验的压力要低于水压试验，在设计规范中有具体规定，气压试验中的安全应予特别重视。必要时还要做气密性试验。

从以上关于制造过程的几点说明中可以看出，制造对设计师提出的要求是：在结构上保证焊缝的高质量并尽可能保证焊缝可以进行检验。图 1-2 比较了一个接管的三种焊缝布置，图（a）结构中的焊缝不易焊透，不好检验，又处于应力集中的部位。图（b）结构较好，易焊透，可以检验，且离开了应力集中区。如有条件，采用图（c）结构更好，焊缝不仅离开应力集中区，而且检验方便，工作量较少，但如此的开孔结构在制造时有一定的难度。对重要的压力容器，随着制造技术的发展，近代的设计尽量采用整体锻造来代替分片式结构，图1-3是反应堆压力壳的改进，消除了纵焊缝，并且环焊缝可以采用自动超声探伤装置进行在役连续监测。

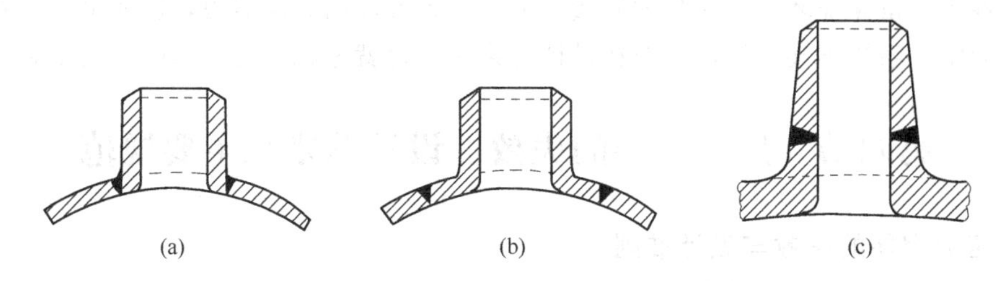

图1-2　为便于检测而作的接管设计改进

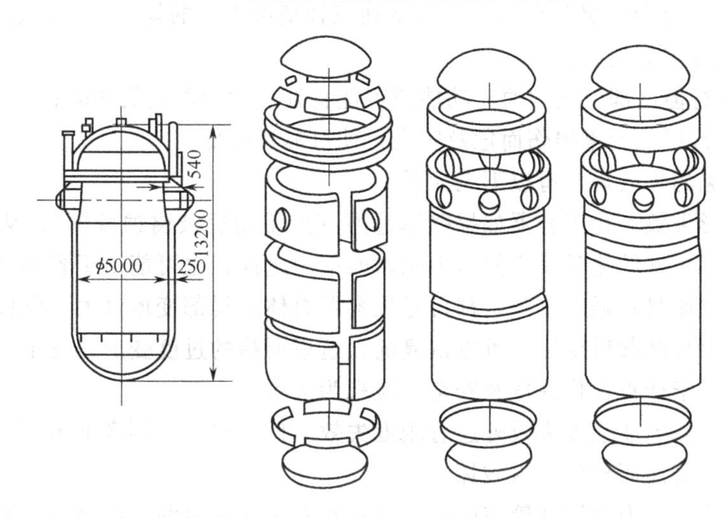

图1-3　反应堆压力壳设计的改进

四、在役检验与监控

实践证明，压力容器的爆破事故绝大多数起源于裂纹或其他缺陷的扩展。裂纹的萌生与扩展有一个过程，在投入运行前通过了检查的容器，在服役一定时间以后往往在定期检修时发现了裂纹。裂纹的萌生与扩展的原因可能是由于疲劳、应力腐蚀、高温下应力的长期作用等。在定期检查时发现了裂纹并不等于容器就不安全了，但必须慎重对待，要么予以消除，要么经专家进行安全评定，只要这些缺陷仍在断裂力学计算所认定的安全范围以内就仍可继续使用。但是，保留了裂纹缺陷的容器在以后的服役期间就更要加强检查监督。

在役检验的方法以射线检验和超声检验为主，辅以磁粉或着色检验以检测表面裂纹。一般化工厂或石油化工厂通常是在年度大修时进行检查，或根据有关规程分别逐年轮流检查。在运行过程中对已知的缺陷部位进行连续的监控当然是最理想的，但实行起来很困难，只是在核电站系统中已实行部分的连续监控，这种监控技术也是一项重大的研究课题。对无法连续监控的重要容器应缩短检测的时间间隔。

再一个问题是材料在服役过程中的退化，包括金相组织的变化，晶界孔穴或微裂纹的形成，氢侵袭以及辐照脆化等。对于新材料或者成熟材料在新的工作环境下使用，这些情况在设计时不能有把握地预见到，因此也需要在役监控。对材质监控的办法一般是采用在设备内安放“挂片”，定期取出挂片进行材料观测及性能测试。由于应力对材质的变化有显著影响，最好能采用预应力挂片。如有设置挂片的必要，设计者在结构设计时就应预先留好地位以置放挂片。

从以上阐述的压力容器质量保证系统的要点来看，在设计一台化工容器时必须充分考虑到以后的各个质量保证环节。完整的质量保证需要各方面的共同努力，但如果设计者对容器质量保证的整个系统不甚了解，以至在设计这第一步时就考虑不周，那以后就很难挽回了。

第四节　压力容器的失效、设计准则及主要规范

一、压力容器的失效与设计准则

（一）压力容器的失效问题

“失效”是一个十分广义的概念，符合下列三种情况之一的均称之为失效：

① 完全失去原定的功能；

② 虽还能运行但已部分失去原有功能或不能良好地达到原定的功能；

③ 虽还能运行但已严重损伤而危及安全，使可靠性降低。

压力容器常见的失效现象有以下三大类。

(1) 过度变形失效　化工容器如果壁厚过薄（如使用后被腐蚀减薄），从而引起容器应力过高；或由于不正常的化学反应使压力骤增而应力过高；也可能由于容器局部保温层损坏导致材料局部过热使材料强度下降，都可导致容器总体或局部变形过大。仅仅发生弹性变形是发觉不了的，而且卸载后变形是可以恢复的。这里所指的过度变形是发生了不可恢复的明显的塑性变形，属于严重损伤并危及安全，应视为失效。

过度变形失效除上述强度失效外还有刚度失效。例如法兰的刚度不足而引起扭转位移与转角过大或法兰盘翘曲而导致密封破坏。

(2) 断裂失效　压力容器或管道的断裂就意味着爆炸或泄漏。但容器的断裂失效的原因是多种多样的，表现出的断裂形态也是多种多样的，断裂的机理也各不相同（如超载后的材料微孔聚集断裂、材料脆性状态下的解理断裂、交变载荷下导致的材料疲劳断裂、高温下材料的蠕变断裂等机理）。从断裂的宏观形态、断裂的机理及引起断裂的原因多方面综合考虑。习惯上将断裂失效分类为：①韧性断裂；②脆性断裂（包括由缺陷导致的低应力脆断）；③疲劳断裂；④环境（介质腐蚀）断裂；⑤蠕变断裂。

(3) 表面损伤失效　包括表面磨损和表面腐蚀两类损伤。作为静设备的压力容器，通常摩擦副磨损的情况不多见，但有搅拌反应釜轴封摩擦副出现磨损，会引起泄漏。但更多的是腐蚀性介质快速冲刷壁面，或含有固体颗粒的物料，或含有液滴的气相物料冲刷壁面，引起壁面出现印痕、凹坑、甚至磨穿或蚀穿。表面损伤问题既涉及载荷、应力和介质的性能也与材料的耐磨性或耐蚀性有关。

除以上分析的容器失效形态和断裂机理以外，还存在不少材料损伤问题。长期在中高温下运行的容器、管道或炉管，碳素钢、铬钼钢、甚至奥氏体耐热钢，分别还会碰到诸如珠光体球化、石墨化、回火脆化，或碳化物相、σ相等脆性相析出等问题。这些材料损伤的后果总是使材料的塑性与韧性大大下降，甚至材料的强度也下降，最终导致断裂失效，并可能引起严重事故。

（二）设计准则的概念

压力容器存在多种失效模式，容器设计时必须切实防止各种失效的出现以保障容器的安全。容器设计时应按防止发生各种不同失效所建立的设计准则进行强度或刚度的设计校核。压力容器设计技术发展至今，各国设计规范中已逐步形成如下的设计准则：强度上防失效的设计准则有弹性失效设计准则、塑性失效设计准则、爆破失效设计准则、安定性设计准则、疲劳设计准则、蠕变设计准则、低应力脆断设计准则等。另外还有防刚度失效的位移设计准则、失稳失效设计准则及泄漏失效设计准则。

以上十种防各种失效的设计准则中最传统和至今仍应用最普遍的设计准则是弹性失效设计准则。它是将结构中被认为是危险截面的弹性应力值限制在材料的许用应力之内，以保证结构处于安全的弹性应力状态之下，不会发生过度变形和断裂。采用其他的失效设计准则要视容器的服役工况和可能的失效模式以及设计要求而定。例如容器承受明显的交变载荷（压力或温度交变）时，容器设计不仅要满足弹性失效设计准则的要求，同时还要满足抗疲劳失效设计准则的要求。存在高温蠕变问题的容器则主要采用抗高温蠕变的设计准则进行高温强度校核。各种设计准则在后面的各个章中分别介绍。

二、压力容器规范介绍

鉴于压力容器安全问题的重要性，世界各工业国家都制定了压力容器的规范，内容包括设计、材料、制造、检验等各方面，经过一定的法律程序，这些规范便成为法律性文件，设计师如果不按规范设计，就要承担违反法律的后果。然而规范也不可能包罗万象，提供一切现成的结果，如何正确地运用规范，仍然需要设计师的创造性思考，在遵守规范规定的基本原则的前提下，具体问题具体分析，做出最佳的设计方案。随着压力容器技术的发展，规范也在不断地更新，新版本出现后，老版本便自动作废，所以设计师还必须随时跟上新规范。

（一）ASME压力容器规范介绍[2]

最早制定压力容器规范的是美国。19世纪末到20世纪初，在美国发生了一系列的锅炉爆炸事故，造成了严重的生命和财产损失。在美国机械工程师协会（ASME）的主持下，1915年春出现了世界上第一部压力容器规范，简称为《锅炉建造规范·1914版》。到1926年，这部规范发展到8卷，统称为“ASME锅炉与压力容器规范”。1937年增加了第Ⅸ卷《焊接质量要求》。在20世纪50年代，工业生产的发展特别是核电站的建造，促使ASME规范迅速地更新和提高。目前ASME规范一共有十二卷，篇幅非常庞大，全面包括了锅炉与压力容器质量保证的要求。与中国的压力容器设计工作有关的主要是第Ⅷ卷：《压力容器》，它又分为3个分册。

ASME规范第Ⅷ卷第1册《压力容器》（简写为ASMEⅧ-1）通常称为“按规则设计”的规范，它的指导思想是以主要部位的最大主应力不超过弹性范围为设计的安全准则，根据经验确定材料的许用应力，并且对容器各部件的结构与尺寸做出一些具体的规定。这样的规范是理论（应力计算方法）、实验和已有的成功经验结合的产物。由于具有较强的经验性，ASMEⅧ-1中规定的许用应力比较低（即安全系数比较大）。ASMEⅧ-1不包括疲劳设计，但包括静载下进入高温蠕变范围的容器设计。

在20世纪50年代，核电站的发展要求对压力容器进行更为详尽的应力分析，同时，人们对脆性断裂、疲劳、塑性极限设计等有了相当多的了解，电子计算机又提供了复杂问题求解的方便与可能。在这种时代背景下产生了“按分析设计”的概念，其结果是1963年公布的ASME第Ⅲ篇《核容器》。5年之后这一方法推广到一般压力容器，于1968年公布了

ASME 第Ⅷ卷第 2 册《压力容器，另一规则》，简写为 ASMEⅧ-2。“按分析设计”的指导思想是：对压力容器中各部位的应力做尽可能详细的分析，对求得的应力值再进行分类，并且不同情况按照不同的安全准则予以处理。与 ASMEⅧ-1 相比，ASMEⅧ-2 要求更为详尽的应力分析，对材料限制更严，对结构的规定更细，对制造、检验、测试的要求更高。这样做无疑应当允许有较高的许用应力（即采用较低的安全系数），设计的壁厚较薄，图 1-1 所示的正是这两种不同规范设计结果的比较。ASMEⅧ-2 的应用温度限制在蠕变温度以下。ASMEⅧ-2 还包括了疲劳设计。为了解决高温压力容器按分析设计的问题，在 1974 年以后又补充了一份《设计案例 N-47》。

值得注意的是，2001 年美国 ASME 规范的第Ⅷ卷正式推出了第 3 册（简称为 ASMEⅧ-3），它是专门为 10000psi（69MPa）以上压力的超高压容器制订的规程。ASME 于 2004 年又推出了第十二卷，即 ASMEⅫ“移动式压力容器”。

ASME 规范是一种由学会制订的文件，在美国，要由各个州的立法通过才能成为法律性的文件。在美国以外，有的国家干脆通过立法把 ASME 规范作为该国的规范。

尽管 ASME 规范是很好的成功记录，但并不等于不保守，也不等于在学术上无可争论。再者，各个国家的国情不同，完全照搬常常是行不通的。

（二）欧盟压力容器规范 EN13445 介绍[68,69]

借鉴于美国的 ASME 规范，其他主要工业国家也先后制定了本国的压力容器规范。在英国，英国标准学会（BSI）是制定国家标准的机构。它在 1969 年组建了压力容器标准委员会，组织了大量研究工作，在 1976 年初次公布了英国压力容器标准，即 BS 5500。BS 5500 的特点是，它既包括“按常规设计”也包括“按分析设计”。BS 5500 也包含疲劳设计，但它采用的疲劳曲线与 ASME 不同。BS 5500 采用统一的许用应力值，并且以抗拉强度为基准的安全系数低于 ASME Ⅷ-1 规范。其他比较有特色的压力容器规范是原联邦德国、法国与日本等国制定的规范。不过日本的压力容器规范与 ASME 的较为接近。

随着欧洲统一市场的建立与完善，为了确保承压设备在欧盟范围内的自由贸易，欧洲议会于 1997 年 5 月通过了强制性法规，承压设备法令（Pressure Equipment Directive 97/23/EC，简称 PED），制定了工作压力大于 0.05MPa 的锅炉、压力容器、管道、承压附件和安全附件等的基本安全要求（Essential Safety Requirements，简称 ESR）及其他相关规定。这些法规已于 2002 年 5 月 29 日起强制执行。另一方面，欧盟委员会还委托欧洲标准化组织（European Committee for Standardization，简称 CEN）等技术组织制定了相关的协调标准（Harmonized Standard），这些协调标准按照 PED 中规定的基本安全要求，制定了更为具体的技术要求。欧盟非直接火压力容器（Unfired Pressure Vessel）协调标准，EN 13445，便是其中最主要的产品协调标准，第一版已于 2002 年 5 月发行。欧盟各成员国的原有压力容器标准，包括著名的英国 BS 5500、法国的 CODAP 和德国的 AD 等都将逐步被这一统一的压力容器标准所取代。

EN 13445 正文包括七个大部分（总计 961 页）：

① 总论（13 页）；

② 材料（55 页）；

③ 设计（707 页）；

④ 制造（56 页）；

⑤ 检测与试验（78 页）；

⑥ 用球墨铸铁建造的压力容器和承压部件的设计与制造的要求（29 页）；

⑦ 适应性评定方法指南（23 页）。

EN 13445 标准适用于最大许用工作压力大于 0.05MPa（表压）的压力容器，但是，可适用于有真空存在的操作压力较低的容器。EN 13445 标准适用的最高许用温度以不考虑蠕变作用的最高温度为限。对于铁素体钢来说，这个蠕变限用温度约为 380℃。EN 13445 标准不适用于以下承压设备：

① 可移动承压设备；

② 失效时会引起核泄漏的设备；

③ 生成 110℃以上蒸汽或过热水的承压设备；

④ 铆接压力容器；

⑤ 用灰口铸铁，或未被 EN 13445-2 或 EN 13445-6 收录的材料建造的容器；

⑥ 多层容器和自增强或预应力容器；

⑦ 管线和工业管道。

EN 13445 由众多优秀的欧洲专家历经十多年编撰而成。它融入了欧洲和全世界压力容器技术的诸多成功经验，并加入了一些新的设计思想与理念。欧盟颁发的法令以及随后发布的标准会对压力容器技术的发展产生重大的影响，甚至被认为是压力容器技术发展史上的一个里程碑。

（三）中国压力容器规范介绍

第一本压力容器规范是 1959 年颁布的《多层高压容器设计与检验规程》，它是四个工业部的联合标准。1960 年化工部等颁布了适用于中低压容器的《石油化工设备零部件标准》。这两个文件相互配套，暂时满足了生产需要。20 世纪 60 年代初开始，中国工程界开始着手进行较为完整的设计规范制订工作，从 1967 年完成了第一版《钢制化工压力容器设计规定》试用本，到 1988 年正式完成国家标准 GB 150《钢制压力容器》的编制工作，于 1989 年颁布，1998 年颁布了修订后的第 2 个版本。与此同时，中国还颁布了国家标准《钢制管壳式换热器》与国家标准《球形贮罐》。由于中国工业生产对压力容器的需求在不断增长，1995 年，原机械工业部等三个部和石化总公司联合发布了一个行业标准：JB 4732—95《钢制压力容器——分析设计标准》。建国多年来，中国还制订了一系列的与压力容器质量保证及安全监督有关的标准与规范。下面做一简要的介绍。

1. GB 150—1998《钢制压力容器》[3]

这是中国的第一部压力容器的国家标准。这一标准的基本思路与 ASME Ⅷ-1 相同，即“按规则设计”。但根据的是当时中国三十多年来工业生产的经验，在设计方法上亦博采各国之所长。以下简称为“容器标准”。

该标准适用于设计压力不大于 35MPa 的钢制压力容器的设计、制造、检验与验收。该标准适用的设计温度范围根据钢材的使用温度确定（从－196℃到钢材的蠕变限用温度）。

GB 容器标准只适用于固定的承受恒定载荷的压力容器。标准中指明有 9 种情况不属于其适用范围，其中有：直接火加热的容器，经常搬运的容器和需做疲劳分析的容器等。

GB 容器标准包括 10 章正文和 9 个附录，其中 5 个附录为补充件，4 个附录为提示性的。正文和补充件是必须遵循的规定，提示件则为推荐性的。正文的内容为：

① 范围；

② 引用标准；

③ 总论；

④ 材料；

⑤ 内压圆筒和内压球壳；

⑥ 外压圆筒和外压球壳；

⑦ 封头；

⑧ 开孔和开孔补强；

⑨ 法兰；

⑩ 制造、检验与验收。

附录中包括了材料的补充规定、超压泄放装置、低温（低于−20℃）压力容器、非圆形截面容器等。提示性附录中有钢材高温性能、密封结构、焊接接头设计等。

GB 压力容器标准中以第一强度理论为设计准则，将最大主应力限制在许用应力以内，这是与 ASMEⅧ-1 相同的一个基本点。不同的是，以抗拉强度为基准的安全系数 n_b，中国的 GB 取 $n_b=3$（ASMEⅧ-1 取 $n_b=4$），这是根据当时中国工业生产三十多年来的经验而定的。另一个不同点是，GB 对局部应力参照 ASMEⅧ-2 做了适当处理，采用第三强度理论，对凸形封头转角及开孔处的局部应力允许其超过材料的屈服强度。

2. JB 4732—95《钢制压力容器——分析设计标准》[4]

这是中国第一部压力容器分析设计的行业标准。为提高中国压力容器设计与制造水平，建立分析设计标准的基本思路与 ASMEⅧ-2 相同。对有分析设计要求的压力容器，JB 4732 标准是强制性的规范。按 JB 标准设计的容器，对其材料要求、设计准则、制造与检验等方面均有特殊规定。该标准与 GB 150 同时实施，在满足各自要求的条件下，设计者可选择其中之一使用，但不得混合使用。

上述 JB 标准的基本依据是：依靠弹性应力分析，可选用弹性失效准则、塑性失效准则、弹塑性失效准则设计，同时对选材、制造、检验及验收有比 GB 150 更为严格的要求。

该标准适用于：

① 设计压力≥0.1MPa 且小于 100MPa 的容器；

② 真空度高于或等于 0.02MPa 的容器。

JB 标准中，设计温度的上限控制在钢材强度不受蠕变制约的温度以下：碳素钢与碳锰钢 375℃；锰钼铌钢 400℃；铬钼钢 475℃；奥氏体不锈钢 425℃。

JB 标准不适用的范围与 GB 150 基本相同，不同的是，它能适用于需做疲劳分析的容器。

JB 标准正文有 11 章，有 11 个附录，其中 6 个为补充件，5 个为参考件。

3. 中国压力容器的质量保证体系和安全监督

中国的 GB 容器标准和 JB 标准在主体上都以设计规范为主，不同于 ASME 规范那样一种包含全部容器质量保证体系的规范。中国多年来的生产实践组成了一种多标准组合的质量保证体系，这是因为在生产发展中，各工业部门都制订了一系列的标准或技术规范，它们的对象可以专对压力容器，也可以跨几个行业，有的在成熟以后就上升为国家标准。所以，采取以设计规范为核心的办法，在设计规范中同时规定材料、制造、检验所必须遵守的部颁标准或国家标准，例如：

GB 3077　　《合金结构钢技术条件》

JB 3964　　《压力容器焊接工艺评定》

JB 4730　　《压力容器无损检测》

有关的标准和技术规程甚多，且都有单行本，所以在压力容器的GB及JB版本中只在需遵守的地方列出标准号和标准名称，具体内容不编入附录；但既经列入规范，就必须遵守。这样就形成了一个由设计规范为主的压力容器质量保证体系。

然而，单有以规范与标准组成的质量保证体系还不能确保安全生产，还必须有政府部门的安全监督。在中国，锅炉与压力容器安全监督的职权由国务院原劳动部执行，现已改由国家质量监督检验检疫总局特种设备安全监察局管理。1981年国家原劳动总局发布了《压力容器安全监察规程》，1982年国务院又发布了《锅炉压力容器安全监察暂行条例》及该条例的《实施细则》。这些规程条例的颁布大大促进了中国压力容器的管理与监督工作，使中国压力容器的管理工作规范化。自这些规程与条例执行以来，中国压力容器安全事故大为减少。

1990年原劳动部在总结执行经验的基础上，修订了1981年的规程，并重新命名为《压力容器安全技术监察规程》（以下简称《容规》）[5]。按照《容规》的要求，压力容器的设计、制造、安装、使用、检验、修理和改造等必须由各级劳动安全监察部门的锅炉压力容器安全监察机构进行监督检查。

按设计压力大小容器分为四个等级：

低压容器　$0.1\leqslant p<1.6$MPa；

中压容器　$1.6\leqslant p<10.0$MPa；

高压容器　$10\leqslant p<100$MPa；

超高压容器　$p\geqslant 100$MPa。

按容器在生产工艺过程中的作用原理可分为：反应容器、换热容器、分离容器、贮运容器。

这两种分类方法还不便于对压力容器的分类管理工作。例如一台中压反应容器，虽然压力等级不高，但内装有易燃易爆或有剧毒的介质，其危险性和管理的要求并不一定比高压容器低。因此，中国压力容器安全技术监察规程采用了既考虑压力与容积又考虑介质危险程度以及在生产中的重要性的综合分类方法。《容规》将压力容器分为三类。

① 低压容器［下述②、③条规定者除外］为第一类压力容器。

② 下列情况之一为第二类压力容器：

i. 中压容器［下述第③条规定者除外］；

ii. 易燃介质或毒性程度为中度危害介质的低压反应容器和贮存容器；

iii. 毒性程度为极度和高度危害介质的低压容器；

iv. 低压管壳式余热锅炉；

v. 搪玻璃压力容器。

③ 下列情况之一为第三类压力容器：

i. 毒性程度为极度和高度危害介质的中压容器和 pV 大于等于 0.2MPa・m^3 的低压容器（p 为设计压力，V 为几何容积）；

ii. 易燃或毒性程度为中度危害介质且 pV 大于等于 0.5MPa・m^3 的中压反应容器和。pV 大于等于 10MPa・m^3 的中压贮存容器；

iii. 高压、中压管壳式余热锅炉；

iv. 高压容器。

易燃介质是指与空气混合的爆炸下限小于10%，或爆炸上、下限之差值≥20%的气体。

介质的毒性程度按照GB 5044的规定划分。

以上三类压力容器的划分，比之单纯按压力划分为低压、中压、高压容器，更周到地考虑了安全生产的要求。《容规》中在必要之处对三类压力容器的材料、设计、制造等方面提出不同的要求，例如，制造厂对用于制造第三类压力容器的材料必须复验等。

压力容器的设计单位必须获得省级以上（含省级）主管部门批准，同级劳动安全监察部门备案的压力容器设计单位批准书，否则，不得设计压力容器。根据设计单位的技术水平，分别认可其具有设计第一类、第二类或第三类压力容器的资格。

压力容器的制造和现场组焊单位则必须持有省级以上（含省级）劳动安全监察部门颁发的制造许可证，并按批准的范围制造或组焊，无制造许可证的单位不得制造或组焊压力容器。所谓按批准的范围包括制造哪一类容器的资格。

压力容器制造和现场组焊单位必须严格执行国家和有关部门制订的规范、标准，严格按照设计图样制造和组焊压力容器。

焊接是制造过程中保证质量的关键问题，焊接钢制压力容器的焊工必须按劳动部的有关规定通过考试，取得焊工合格证。制造厂要对压力容器的焊接工艺，包括焊后热处理，进行焊接工艺评定，制订焊接工艺规程。在制造过程中，要制备必要的焊接试板，按规定进行测试。

制造单位还要负责对压力容器进行无损检测与压力试验。无损检测人员应按照有关规定进行考核，取得资格证书的方能承担与考试合格的种类和技术等级相应的无损检测工作。无损检测工作一部分在制造过程中进行，在制造完毕后还要进行全面的检测。无损检测的方法选择、损伤百分比以及合格级别，都有相关的国家和部委标准。压力试验是指耐压试验和气密性试验。

在压力容器投入运行后，使用单位必须对压力容器的安全技术管理负责。使用单位要将投入运行的压力容器向地、市级锅炉压力容器安全监察机构申报和办理使用登记手续。使用单位还要认真安排对在役压力容器的定期检验工作，并将年度检验计划报安全监察部门。压力容器的定期检验分为外部检查、内外部检验和耐压试验。外部检查和内外部检验的内容及安全状况等级的判定，要遵从原劳动部颁发的《在用压力容器检验规程》。

4. 压力容器的防脆断设计与缺陷评定

无论在制造过程中还是在在役检验中都会发现压力容器中存在一些缺陷，特别是在焊缝中。可以说，没有缺陷的压力容器几乎是没有的，存在缺陷并不等于是危险的，人们可以做到能与缺陷共处，问题是什么样的和怎样大小的缺陷是可以允许存在的，或称可以接受的。经验表明，把焊缝中的缺陷铲除后再补焊常常会导致更多缺陷的产生，如果某缺陷是可以允许存在的，即认为是安全的，因而也可以不予铲除与补焊。断裂力学的发展为缺陷的安全评定提供了定量分析的方法。尽管这些方法还不完善，还有争议，但大体上可以在偏保守的条件下应用。ASME规范第Ⅺ卷初次公布于1971年，其中关于缺陷评定的方法是以线弹性断裂力学为基础的，虽然在实用中是可行的，但理论上颇有争议，主要因为线弹性断裂力学严格讲只适用于脆性材料或拘束度极高的场合，而在大多数压力容器中情况并不如此。英国在1980年首次发布了BSI PD 6493（1980）《焊接缺陷验收标准若干方法指南》，它同时采用了线弹性断裂力学及弹塑性断裂力学中的断裂判据，根据不同情况选用。

中国于1985年初发布了由中国机械工程学会压力容器学会与化工机械及自动化学会联

合制订的《压力容器缺陷评定规范，CVDA—1984》。它的基本思路和框架与 BSI PD 6493（1980）相似，但是在 COD 评定方法中采用的公式与 BSI PD 6493（1980）有所不同，反映了中国断裂研究方面的成果，另外在许多内容方面又借鉴了日本焊接学会所制订的 WES 2805《按脆断评定的焊接缺陷验收标准》。中国的 CVDA 文件虽然尚未成为部标准或专业标准，但经多年使用后已得到政府监督管理部门的认可，所以可在工程实践中采用。但随着技术的发展，国际上在 20 世纪 80 年代已转向采用以弹塑性断裂力学 J 积分理论为基础的失效评定图技术。中国在“八五”期间已组织进行了大规模研究，不久将公布新的评定规程，并将成为正式国家标准[97]。

压力容器的缺陷评定是一项技术性很强并且责任重大的工作。《容规》中规定，对大型关键性在用压力容器，确需进行缺陷评定的，应由使用单位提出申请，经主管部门和安全监察部门同意后，方可委托具有资格的缺陷评定单位承担。最终的评定报告和结论，须经承担单位技术负责人审查批准，并报送主管部门和安全监察部门备案。

通过以上各节，对压力容器有了一般的了解，概括地说，化工容器的设计应当以安全为前提，综合考虑质量保证的各个环节，并尽可能做到经济合理。在以下各章中将分别讨论压力容器各部件的设计，一般先从掌握应力分析的理论基础着手，进入具体问题的设计计算，然后从综合考虑落实到结构设计。在部件设计的基础上再从总体上考虑各部件组合以后所带来的问题，从计算与结构上仔细予以考虑。从培养解决实际问题能力的需要出发，主要的篇幅侧重于按常规设计，在此基础上介绍压力容器设计的进展，包括按分析设计、疲劳设计、防脆断设计与缺陷评定等。

第二章　中低压容器的规则设计

第一节　容器壳体的应力分析

一、概述

（一）应力分析的意义

如第一章所述，容器必须满足化工过程规定的压力、温度和处理介质等操作条件的功能特性要求，从而提出了精确设计的问题。设计不仅意味着对容器尺寸做出规定，容器设计的核心问题是研究容器在各种外载荷作用下，有效地抵抗变形和破坏的能力，即处理外载荷和容器承载能力之间的关系，进行强度、刚度和稳定性计算，以保证容器既安全又可靠地运行。因此，对容器进行充分的载荷、应力和变形分析和计算，构成了容器设计的重要基础。

对容器进行应力分析的目的不仅是确定应力、变形的大小，评述所使用的应力分析方法和公式及其结果的含义，比它们重要得多。例如用韧性较好的材料制造的容器，当承受静载荷作用时，应力集中不是最主要考虑的问题；而同样的材料，当承受循环载荷作用时，必须对应力集中加以限制。然而，对于高强度材料，通常它们具有较低韧性，在静载荷或循环载荷下，对应力集中就十分敏感了。从下面的分析将会看到，确定应力的基本计算公式仅限于容器承受外载荷，而在容器加工制造过程中产生的残余应力，例如焊接收缩、铸件冷却和金属热处理等过程所形成的残余应力，通常是不考虑的。虽然这些应力大小不会无限升高，但它们对脆性材料或者受循环载荷的延性材料却具有重要意义[6]。

对于实际的容器，应力求解的结果和由它得到的设计公式在部分结构上不能直接采用，因为在能够进行应力分析之前，它们尚是一些没有确定下来的结构。此外，结构的几何尺寸和形状直接影响应力计算和设计的经济性，所以结构设计是容器设计的重要组成部分。

（二）应力分析的方法

容器的应力分析有三种基本的研究方法，一种是解析法，即以固体力学中的弹性与塑性力学等为基础的数学解，这个解是问题的精确解，如厚壁圆筒在内压作用下的弹塑性分析等。当问题适合于这种解时，这是一种最直接而节省的方法。但不是所有问题都可以求解的。如果所研究的问题比较复杂，就很难求得精确解，因此解析解具有很大的局限性。另外一种是数值解，最常用的是差分法和有限单元法。由于计算机技术的迅速发展，有限单元法已成为应力分析的强有力工具。精确解可以得到材料内各点连续的应力或位移的数学表达式，而有限元法得出的是一组离散值，是真实问题的近似解，因此可解决许多实际结构复杂的应力分析问题。虽然有限单元法获得了广泛应用，但不能完全代替实验应力分析法。当问题过于复杂并超出了上述方法的适用范围或当它们的解需要做验证和评定时，实验应力分析是惟一方法，只有它才是解决问题的最终方案。实验应力分析法中以应变仪法、光弹性法最为常用。

（三）壳体的定义和分类

容器通常是由球形、圆筒形、椭球形或这些形状组合而成的金属结构。实际上，容器是由承受压力载荷的完整壳体和其他零部件组成。壳体是一种以两个曲面为界，且曲面之间的距离，即壳体的厚度，比其他两个方向尺寸在数量级上小得多的物体。平分壳体厚度的曲面称为壳体中面。中面、厚度和边缘合起来就完全决定了壳体的形状。根据中面的形状、壳体分为柱形壳体、回转壳体和平移壳体。当壳体的厚度 t 与中面的最小曲率半径 R 的比值远远小于 1，即 $t/R \ll 1$ 时，称为薄壳，否则为厚壳。就工程而言，$t/R \leqslant 1/20$，则视为薄壳，否则为厚壳[7]。实际情况中，大多数中低压容器属于薄壳范畴，因此本章主要分析薄壳容器的应力分析和设计计算。

二、回转壳体的无力矩理论

（一）引言

1. 轴对称问题

通常容器的壳体为回转壳体，回转壳体的中面是回转曲面，回转曲面是由一条平面曲线（或直线）围绕其平面内的一根轴线回转一周而成的。显然，回转壳体的几何形状对称于回转轴，属于轴对称结构。容器一般承受轴对称载荷作用，所谓轴对称载荷就是指壳体任意一个横截面上的载荷相对回转轴对称，但是沿着回转轴方向的载荷可以按照任意规律变化，例如均匀的气体压力或液体静压力等。如果容器承受轴对称载荷作用，且支承容器壳体的边缘也是轴对称的，则壳体的内力和变形也必定对称于回转轴。分析这类容器壳体的应力和变形问题，称为轴对称问题。因此，本节仅就回转薄壳的轴对称问题进行讨论。

2. 无力矩理论与有力矩理论

壳体在外载荷的作用下发生变形，壳体内部抵抗这种变形引起附加的内力。在回转薄壳的轴对称问题中，若在壳体上截取一个微小单元体（简称微元体），其上下面为壳体的表面，如图 2-1 所示。该微元体中面的四个侧边上，如图 2-1（a）所示，分别作用有两类内力，即法向力 N_φ 和 N_θ（由于轴对称，不存在剪力 $N_{\varphi\theta}$ 和 $N_{\theta\varphi}$），以及横向力 Q_φ、弯矩 M_φ 和 M_θ（在轴对称问题中，不存在横向力 Q_θ 和转矩 $M_{\varphi\theta}$、$M_{\theta\varphi}$）。法向力来自中面的拉伸和压缩变形，横向力、弯矩是由中面的弯曲变形产生的，故将法向力称为薄膜内力（如有剪力也称为薄膜应力），而将横向力、弯矩称为弯曲内力。在壳体理论中，如果考虑上述全部内力，这种理论称为“有力矩理论”或“弯曲理论”。但对部分容器，在某些特定的壳体形状、载荷和支承条件下，其弯曲内力与薄膜内力相比很小，如果略去不计，将使壳体计算大大简化，此时壳体的应力状态仅由法向力 N_φ、N_θ确定，如图 2-1（b）所示。基于这一近似假设求解这些薄膜内力的理论，称为“无力矩理论”或“薄膜理论”。本节回转薄壳的应力分析和强度计算都是以薄膜理论为基础的。

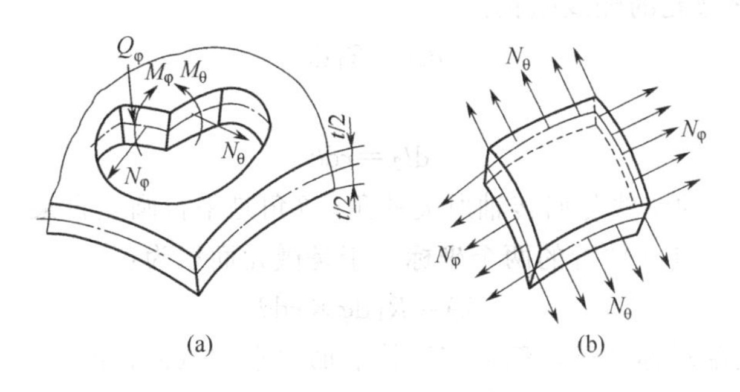

图 2-1　回转壳体轴对称问题中的内力

（二）回转壳的几何特征

如前所述，回转壳体的中面是回转曲面，它是由一根平面曲线绕一根在曲线平面内的定轴旋转一周而成，这一根曲线称为母线。如图 2-2（a）所示回转壳体的中面，是由平面曲线 OA 绕轴线 OO' 旋转而得，OA 即母线。通过回转轴的平面叫经线平面，经线平面与中面的交线，称为经线，如 OA'，显然对于回转壳体，母线即经线。垂直于回转轴的平面与中面的交线形成的圆，称为平行圆，该圆的半径叫做平行圆半径，以 r 表示。经线 OA' 上任一点 a 的曲率半径，称为第一主曲率半径，以 R_1 表示，在图上为线段 O_1a。过点 a 与经线垂直的平面切割中面也形成一曲线 BaB'，此曲线在 a 点的曲率半径称为第二主曲率半径，以 R_2 表示，它等于沿 a 点法线 n 的反方向至与旋转轴相交的距离 O_2a。同一点 a 的第一主曲率半径与第二主曲率半径都在 a 点的法线上。根据图 2-2（b）的几何关系，可得：

$$r=R_2\sin\varphi \tag{2-1a}$$

$$\mathrm{d}r=R_1\mathrm{d}\varphi\cos\varphi \tag{2-1b}$$

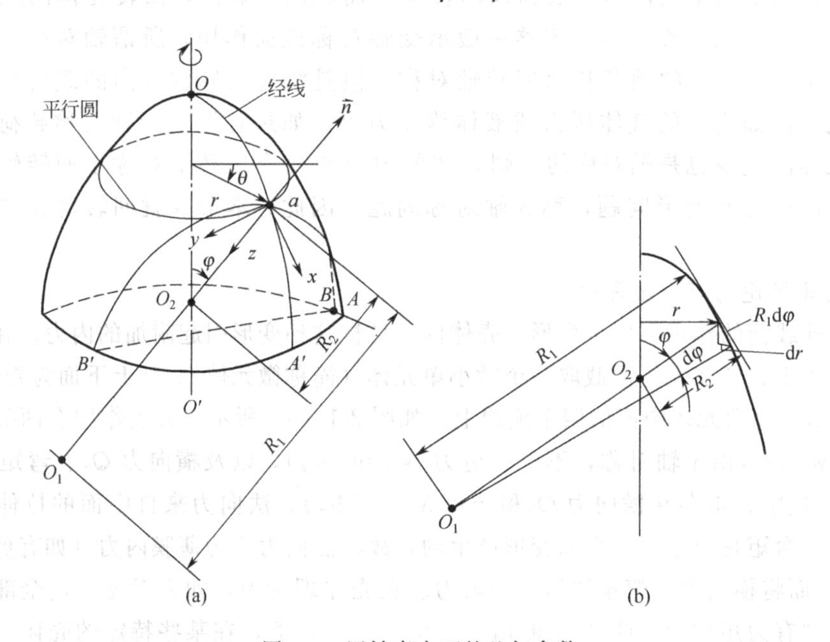

图 2-2　回转壳中面的几何参数

（三）无力矩理论的基本方程

1. 壳体微元及其薄膜内力

在上述回转壳体中面上，用两根相邻的经线 ab 和 cd 以及两个相邻的平行圆 ac 和 bd 截取壳体微元 $abcd$，该微元的经线弧长为：

$$\mathrm{d}l_1=R_1\mathrm{d}\varphi \tag{2-2a}$$

微元的平行圆弧长为：

$$\mathrm{d}l_2=r\mathrm{d}\theta \tag{2-2b}$$

式中，φ 角是 a 点的法线与回转轴所夹的角，θ 角是平行圆上自某一起点算起的圆心角，它们是确定中面上任意点 a 位置的两个坐标。于是微元面积为：

$$\mathrm{d}A=R_1\mathrm{d}\varphi\times r\mathrm{d}\theta \tag{2-3}$$

现仅考虑壳体受轴对称载荷，例如与壳体表面垂直的压力，即 $p_z=p_z(\varphi)$。

根据无力矩理论和轴对称性，壳体微元上有以下内力分量：

N_φ——经向薄膜内力，即作用在单位长度的平行圆上的拉伸或压缩力，力的方向沿经线的切线方向，单位为N/mm，拉伸为正，压缩为负；

N_θ——周向薄膜内力，即作用在单位长度的经线上的拉伸或压缩力，力的方向沿平行圆的切线方向，单位为N/mm，拉伸为正，压缩为负。

因为轴对称，N_φ、N_θ 不随 θ 变化。对于微小单元，可以假设 N_θ 沿微元经线方向不变化，而 N_φ 的对应边上，因 φ 增加了微量，故有相应的增量 $(dN_\varphi/d\varphi)d\varphi$，如图2-3所示。

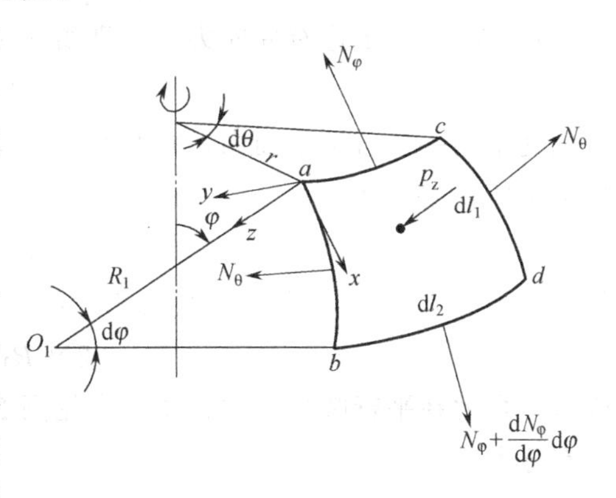

图2-3 回转壳微元的外力与内力

2. 基本方程

作用在壳体微元上的薄膜内力和外载荷组成一平衡力系，根据平衡条件可得到各个薄膜内力与外载荷的关系式。先将坐标轴规定为：x、y 轴在 a 点分别与经线和平行圆相切，z 轴与中面垂直，它们彼此正交。以 z 轴指向旋转转为正方向，按右手规则，图示 x、y 轴方向为正方向。为了求解薄膜内力 N_φ 与 N_θ，只要列出壳体中面微元在 x 轴和 z 轴方向的力平衡条件，即 $\sum F_x=0$ 和 $\sum F_z=0$。

首先考察 $\sum F_z=0$ 的平衡条件。由图2-4 (a) 可见，在 ac 边有经向力，指向 x 的负方向：

$$N_\varphi r d\theta$$

它因与 z 方向垂直，在 z 方向没有分力。

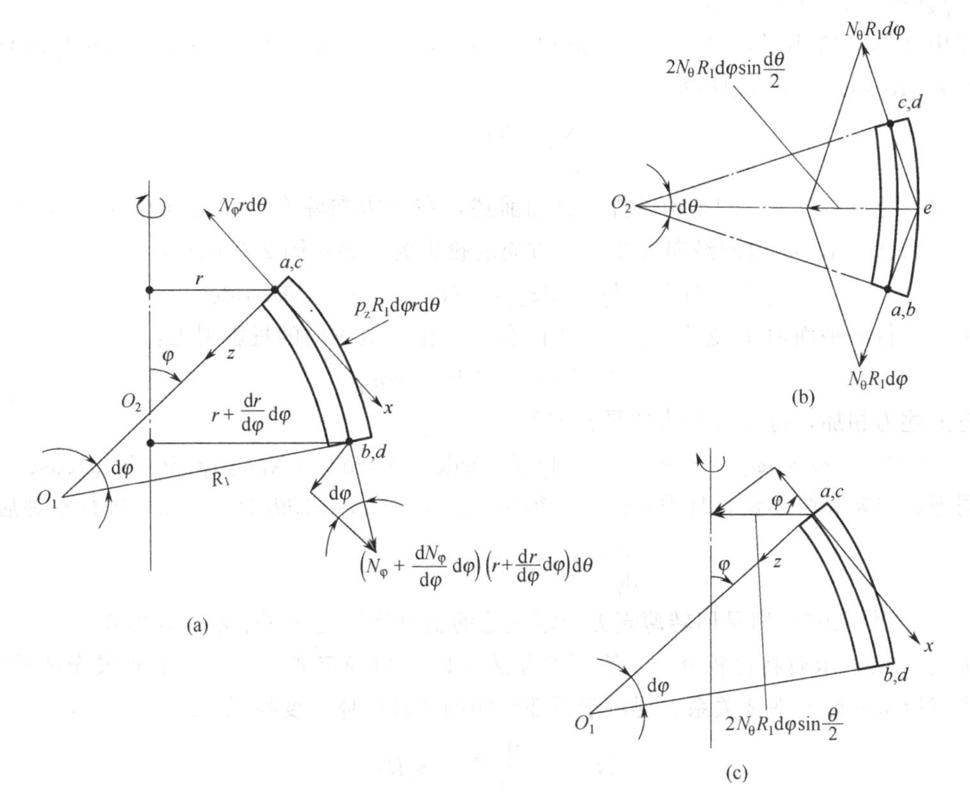

图2-4 微元力平衡关系

在 bd 边有经向力，指向 x 的正方向：

$$[N_{\varphi}+(\mathrm{d}N_{\varphi}/\mathrm{d}\varphi)\times \mathrm{d}\varphi][r+(\mathrm{d}r/\mathrm{d}\varphi)\times \mathrm{d}\varphi]\mathrm{d}\theta$$

它在 z 方向有投影，故在 z 方向的分力为：

$$[N_{\varphi}+(\mathrm{d}N_{\varphi}/\mathrm{d}\varphi)\times \mathrm{d}\varphi][r+(\mathrm{d}r/\mathrm{d}\varphi)\times \mathrm{d}\varphi]\mathrm{d}\theta\sin\mathrm{d}\varphi$$

在 ab 边和 cd 边有周向力，分别指向 y 的正方向和负方向，大小均为：

$$N_{\theta}(R_1\mathrm{d}\varphi)$$

它们处于同一平行圆平面内，且与半径 O_2e 成 $\mathrm{d}\theta/2$ 角度，如图 2-4（b）所示，于是它们在 O_2e 方向都有分力：

$$N_{\theta}(R_1\mathrm{d}\varphi)\sin(\mathrm{d}\theta/2)$$

且都指向 O_2，则上面两个分量之和为：

$$2N_{\theta}R_1\mathrm{d}\varphi\ \sin(\mathrm{d}\theta/2)$$

因这一合力在平行圆平面内，所以参见图 2-4（c），从经线平面考察这一合力，显然在 z 方向有分力：

$$2N_{\theta}R_1\mathrm{d}\varphi\ \sin(\mathrm{d}\theta/2)\sin\varphi$$

最后，考虑作用于微元上 z 方向的外力分量，这个分量是单位面积载荷分量 p_z 与微元面积的乘积，即

$$p_z(R_1\mathrm{d}\varphi)(r\mathrm{d}\theta)\cos(\mathrm{d}\varphi/2)$$

将上述在 z 方向的力相加，即得 z 方向力的平衡方程：

$$[N_{\varphi}+(\mathrm{d}N_{\varphi}/\mathrm{d}\varphi)\times \mathrm{d}\varphi][r+(\mathrm{d}r/\mathrm{d}\varphi)\times \mathrm{d}\varphi]\mathrm{d}\theta\sin\mathrm{d}\varphi+2N_{\theta}R_1\mathrm{d}\varphi\times\sin(\mathrm{d}\theta/2)\sin\varphi+$$
$$p_z(R_1\mathrm{d}\varphi)(r\mathrm{d}\theta)\cos(\mathrm{d}\varphi/2)=0$$

在此式中忽略高阶小量，且因 $\mathrm{d}\varphi$ 和 $\mathrm{d}\theta$ 很小，$\sin\mathrm{d}\varphi\approx\mathrm{d}\varphi,\sin(\mathrm{d}\theta/2)\approx\mathrm{d}\theta/2,\cos(\mathrm{d}\varphi/2)\approx1$，并代入 $r=R_2\sin\varphi$，经整理后得：

$$\frac{N_{\varphi}}{R_1}+\frac{N_{\theta}}{R_2}=-p_z \tag{2-4}$$

其次，考察 $\sum F_{\mathrm{x}}=0$ 的平衡条件。已如前述，在 x 方向除有与 x 方向相反的 ac 边的经向力 $N_{\varphi}r\mathrm{d}\theta$ 外，在 bd 边的经向力在 x 正方向的投影为［参见图 2-4（a）］：

$$[N_{\varphi}+(\mathrm{d}N_{\varphi}/\mathrm{d}\varphi)\times \mathrm{d}\varphi][r+(\mathrm{d}r/\mathrm{d}\varphi)\times \mathrm{d}\varphi]\mathrm{d}\theta\cos\mathrm{d}\varphi$$

而作用在平行圆平面内 ab 边和 cd 边的周向合力，在 x 负方向的投影则为：

$$2N_{\theta}R_1\mathrm{d}\varphi\ \sin(\mathrm{d}\theta/2)\cos\varphi$$

将上述力相加，得 x 方向力的平衡方程：

$$[N_{\varphi}+(\mathrm{d}N_{\varphi}/\mathrm{d}\varphi)\times \mathrm{d}\varphi][r+(\mathrm{d}r/\mathrm{d}\varphi)\times \mathrm{d}\varphi]\mathrm{d}\theta\cos\mathrm{d}\varphi-N_{\varphi}r\mathrm{d}\theta-2N_{\theta}R_1\mathrm{d}\varphi\ \sin(\mathrm{d}\theta/2)\cos\varphi=0$$

同理，忽略高阶小量，且因 $\mathrm{d}\varphi$ 和 $\mathrm{d}\theta$ 很小，$\cos\mathrm{d}\varphi\approx1,\sin(\mathrm{d}\theta/2)\approx\mathrm{d}\theta/2$，进行整理后得：

$$\frac{\mathrm{d}}{\mathrm{d}\varphi}(N_{\varphi}r)-N_{\theta}R_1\cos\varphi=0 \tag{2-5}$$

式（2-4）和式（2-5）即是回转薄壳无力矩理论的轴对称问题的两个基本方程式。

按式（2-5）求解将比较麻烦，简便的办法是以 φ 角确定的平行圆以上有限壳体的平衡条件代替原来的微元平衡关系。现对于顶部封闭的回转壳体，变换式（2-4）如下：

$$N_{\theta}=-\frac{N_{\varphi}}{R_1}R_2-p_zR_2 \tag{2-6}$$

将式（2-6）代入式（2-5），两边乘以 $\sin\varphi$，经整理后得：

$$\frac{\mathrm{d}(N_{\varphi} r \sin\varphi)}{\mathrm{d}\varphi} + r p_z R_1 \cos\varphi = 0$$

对上式从 0 至 φ 进行积分，同时两边乘以 2π，得：

$$2\pi r N_{\varphi} \sin\varphi = -\int_0^{\varphi} 2\pi r p_z R_1 \cos\varphi \, \mathrm{d}\varphi \tag{2-7}$$

显然，等式右边积分代表作用在 φ 角确定的平行圆所截壳体的外载荷在竖直方向的全部合力，而左端则是作用在该平行圆上所有内力 N_{φ} 在竖直方向的合力（注意 N_{φ} 在平行圆周边上沿经线的切线方向）。如用 F 表示外载荷合力的竖直分量，即

$$F = -\int_0^{\varphi} 2\pi r p_z R_1 \cos\varphi \, \mathrm{d}\varphi$$

则式（2-7）可改写为：

$$F = 2\pi r N_{\varphi} \sin\varphi \tag{2-8}$$

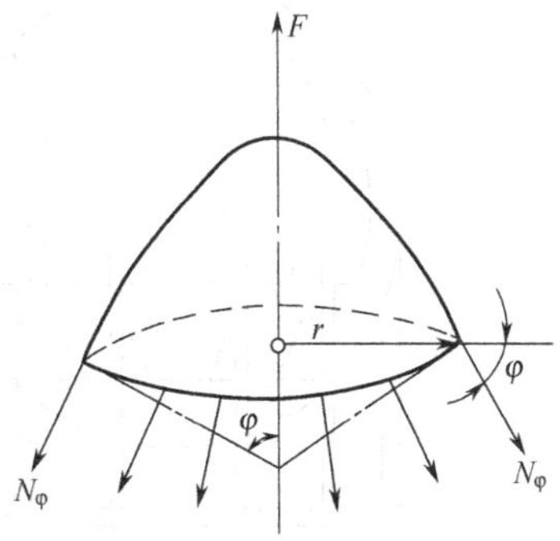

图 2-5 部分壳体的力平衡关系

对于每一具体问题来说，可按图 2-5 所示 φ 角确定的平行圆截取的部分壳体，由竖直方向的力平衡关系，直接求得 F，再利用式（2-8）确定 N_{φ}。N_{φ} 确定后，即可由式（2-4）计算出 N_{θ}。

（四）薄壁容器的薄膜应力

当壳体厚度与其中面最小主曲率半径之比较小时，薄膜应力相当于矩形截面梁承受轴向载荷所引起的应力，按材料力学方法，这一应力沿壳体厚度呈均匀分布。因此，薄壁壳体的应力为：

$$\left.\begin{aligned} \sigma_{\theta} &= \frac{N_{\theta}}{t} \\ \sigma_{\varphi} &= \frac{N_{\varphi}}{t} \end{aligned}\right\} \tag{2-9}$$

式中，σ_{θ} 和 σ_{φ} 分别定义为周向薄膜应力和经向薄膜应力，t 为壳体的厚度。于是，式（2-4）和式（2-8）可写成如下常见形式：

$$\frac{\sigma_{\varphi}}{R_1} + \frac{\sigma_{\theta}}{R_2} = -\frac{p_z}{t} \tag{2-10}$$

$$F = 2\pi r \sigma_{\varphi} t \sin\varphi \tag{2-11}$$

以上两式即为计算薄壁容器壳体中薄膜应力的计算公式。

1. 受均匀气体内压作用的容器

当容器承受气体内压 p 作用时，压力垂直作用在容器壳体的内表面，因方向与 z 相反，即 $p_z = -p$，且 $p=$常数。对于顶部不开口的容器壳体，当由 φ 角所确定的平行圆 r 以上部分壳体在 p 作用下，由式（2-8）可得：

$$F = \int_0^{\varphi} 2\pi r p R_1 \cos\varphi \, \mathrm{d}\varphi = 2\pi p \int_0^{r} r \mathrm{d}r = \pi r^2 p$$

故

$$\sigma_{\varphi} = \frac{F}{2\pi r t \sin\varphi} = \frac{pr}{2t \sin\varphi} = \frac{pR_2}{2t} \tag{a}$$

$$\sigma_{\theta} = \frac{pR_2}{t} - \frac{R_2}{R_1}\sigma_{\varphi} = \sigma_{\varphi}\left(2 - \frac{R_2}{R_1}\right) \tag{b}$$

（1）球形容器　如图 2-6 所示，球形容器的壳体受均匀内压 p 作用，且因球壳几何形状

对称于球心，$R_1=R_2=R$，故代入式（a）和式（b），得：

$$\sigma=\sigma_\varphi=\sigma_\theta=\frac{pR}{2t} \tag{2-12}$$

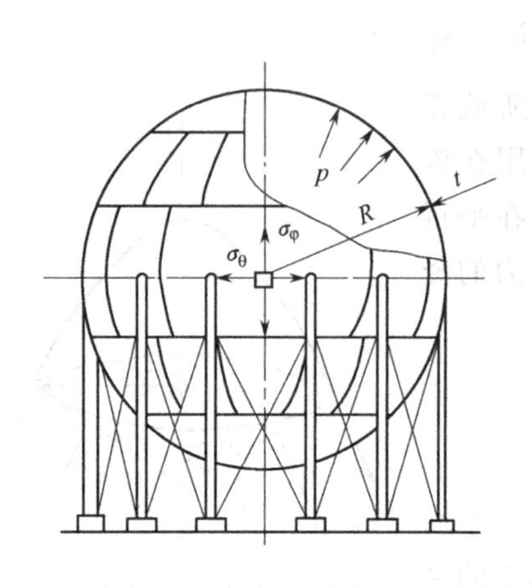

图 2-6　承受内压的球壳

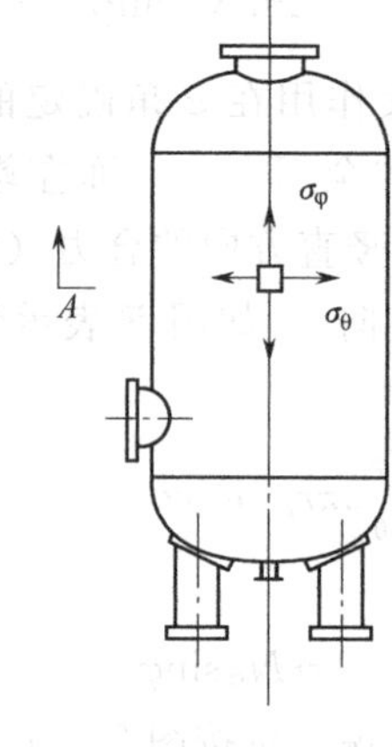

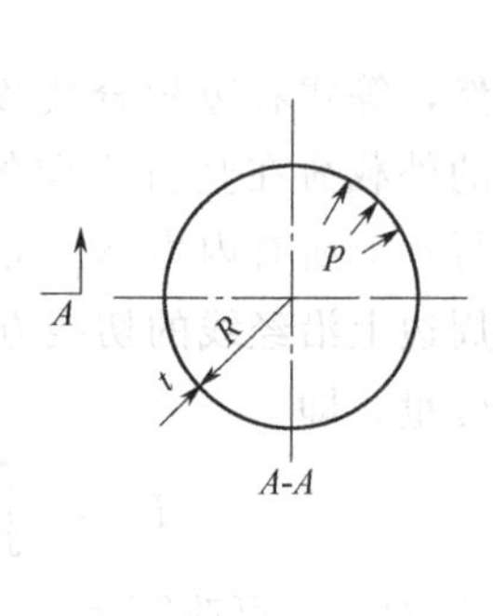

图 2-7　承受内压的圆柱壳

（2）圆柱形容器　对于圆柱形容器的壳体（图 2-7）因 $R_1=\infty$，$R_2=R$，故由式（a）和式（b）得：

$$\left.\begin{aligned}\sigma_\varphi&=\frac{pR}{2t}\\ \sigma_\theta&=\frac{pR}{t}=2\sigma_\varphi\end{aligned}\right\} \tag{2-13}$$

（3）圆锥形容器　图 2-8 是一圆锥形容器壳体，$R_1=\infty$，$R_2=x\tan\alpha$，α 为半锥顶角，$\varphi=\frac{\pi}{2}-\alpha$，将它们代入式（a）和式（b）得：

$$\left.\begin{aligned}\sigma_\varphi&=\frac{pR_2}{2t}=\frac{p\tan\alpha}{2t}x=\frac{pr}{2t\cos\alpha}\\ \sigma_\theta&=2\sigma_\varphi=\frac{p\tan\alpha}{t}x=\frac{pr}{t\cos\alpha}\end{aligned}\right\} \tag{2-14}$$

由上式可知，σ_φ 和 σ_θ 与 x 成线性关系，随离开锥顶距离的增加而增大，锥底处应力为最大值。

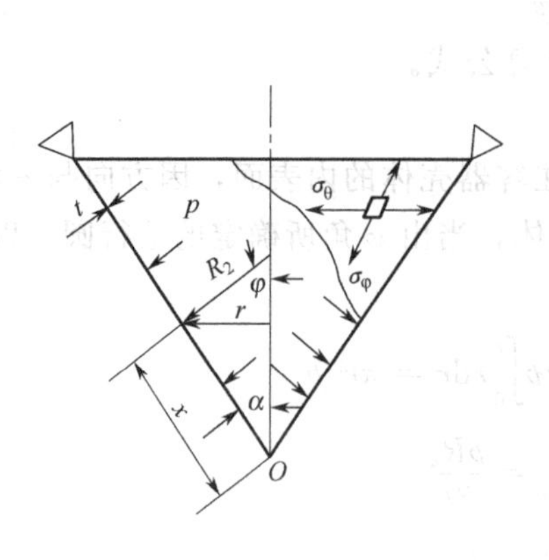

图 2-8　承受内压的圆锥壳

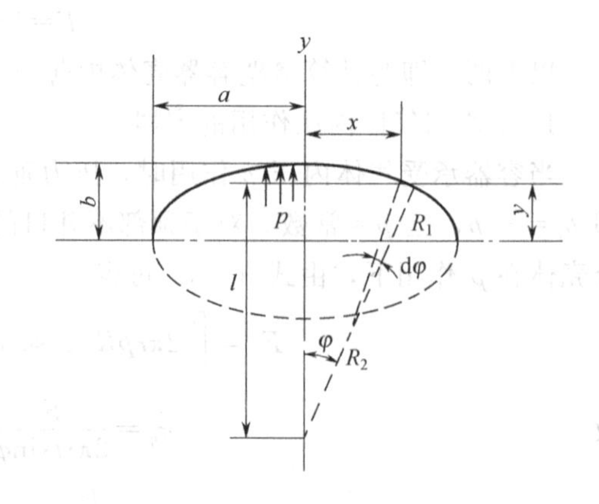

图 2-9　承受内压的椭球壳

（4）椭球形封头　椭球形壳体常用作压力容器的封头，如图 2-9 所示，图中 a 和 b 分别为其长、短轴。在气体内压作用下，壳体中的应力也可按式（a）和式（b）计算，但 R_1 和 R_2 沿经线各点变化。

由椭圆曲线方程：

$$\frac{x^2}{a^2}+\frac{y^2}{b^2}=1$$

或

$$y=\pm\frac{b}{a}\sqrt{a^2-x^2}$$

其一阶和两阶导数为：

$$y'=\frac{-bx}{a\sqrt{a^2-x^2}}=-\frac{b^2x}{a^2y}$$

和

$$y''=-\frac{b^4}{a^2y^3}$$

由图 2-9 可知：

$$\tan\varphi=y'=\frac{x}{l}$$

故

$$l=\frac{x}{y'}=-\frac{a}{b}\sqrt{a^2-x^2}$$

而

$$R_2=\sqrt{l^2+x^2}$$

据此可得：

$$R_2=\frac{(a^4y^2+b^4x^2)^{1/2}}{b^2} \tag{c}$$

应用微分学得到：

$$\begin{aligned}R_1&=\left|\frac{[1+(y')^2]^{3/2}}{y''}\right|\\&=\frac{(a^4y^2+b^4x^2)^{3/2}}{a^4b^4}\end{aligned} \tag{d}$$

显然

$$R_1=R_2^3\frac{b^2}{a^4} \tag{e}$$

因此，将式（c）和式（d）代入前面的式（a）和式（b），得

$$\begin{aligned}\sigma_\varphi&=\frac{pR_2}{2t}=\frac{p(a^4y^2+b^4x^2)^{1/2}}{2tb^2}\\\sigma_\theta&=\sigma_\varphi\left(2-\frac{R_2}{R_1}\right)\\&=\frac{p(a^4y^2+b^4x^2)^{1/2}}{tb^2}\left[1-\frac{a^4b^2}{2(a^4y^2+b^4x^2)}\right]\end{aligned} \tag{2-15}$$

在壳体顶点处（$x=0$，$y=b$），$R_1=R_2=\frac{a^2}{b}$，由式（2-15）得：

$$\sigma_\varphi=\sigma_\theta=\frac{pa^2}{2bt} \tag{2-16}$$

在壳体的赤道上（$x=a$，$y=0$），$R_1=\frac{b^2}{a}$，$R_2=a$，于是得到：

$$\left.\begin{aligned}\sigma_\varphi&=\frac{pa}{2t}\\\sigma_\theta&=\frac{pa}{t}\left(1-\frac{a^2}{2b^2}\right)\end{aligned}\right\} \tag{2-17}$$

由上式的结果可见，椭球壳承受均匀内压时，在任何$\frac{a}{b}$值下，σ_φ 恒为正值，即拉伸应力，且由顶点处最大值向赤道逐渐递减至最小值；σ_θ 在$\frac{a^2}{2b^2}>1$，即$\frac{a}{b}>\sqrt{2}$时，应力将变号，即从拉应力变为压应力。图 2-10 列举了四种不同的$\frac{a}{b}$比值的σ_φ、σ_θ 值，其中$\frac{a}{b}=1$即是半球形壳体。化工容器常用$\frac{a}{b}=2$的标准椭圆形封头，此时 σ_θ 的数值在顶点和赤道处大小相等但符号相反，即顶点处为$\frac{pa}{t}$，赤道上为$-\frac{pa}{t}$，而 σ_φ 恒是拉伸应力，在顶点处达最大值$\frac{pa}{t}$。

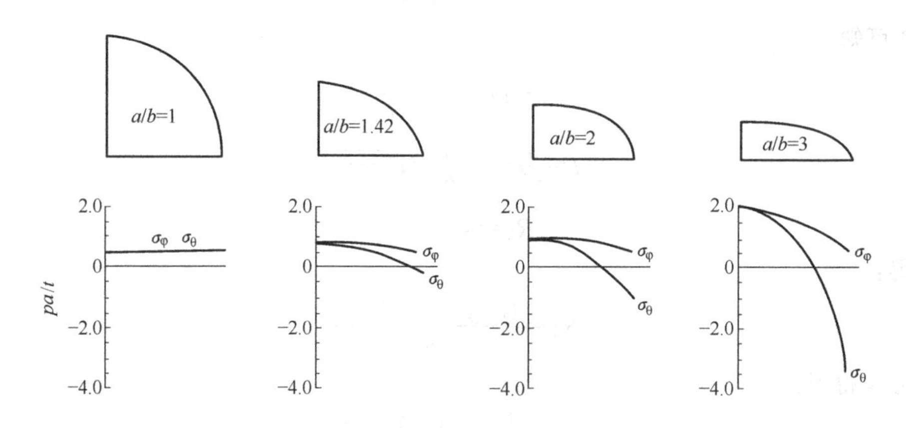

图 2-10 不同$\frac{a}{b}$值下内压椭球壳中的应力

当 a/b 值大于 2 后，随着 a/b 值的增大时，在转角区和赤道处的环向压缩应力 σ_θ 在数值上已远远超过顶点处的最大应力。正是该压缩应力能引起薄壁封头发生局部失稳（buckling），或由于高切应力导致局部破坏。这种在内压下局部的失稳不同于第四章外压下容器的失稳，后者将导致总体的压溃。因此，为了防止这种局部失稳，通常采取局部加强（增加厚度或刚性件）以增加弯曲刚度，或通过减小或消除可能发生失稳处的压缩应力，即修改容器端盖的形状的办法[6]。

2. 贮存液体的容器

当容器盛装液体时，壳体内壁面法向将受到液体静压强的作用，它同样是一种轴对称载荷，但随液面深度而变化，有时液面上方还同时受到气体压力的作用，求这些容器壳体中的薄膜应力仍可利用式（2-10）和式（2-11），下面列举两例加以说明。

（1）圆柱形贮液罐　现考察图 2-11（a）所示的贮液罐，假设罐的底部自由，顶部密闭。在圆筒壳体上任意一点 a 受到 $p_z=-[p_0+\rho g(H-h)]$ 的作用，其中 p_0 为液面上方的气体内压，ρ 为内充液体的密度，g 为重力加速度，因 $R_1=\infty$，$R_2=R$，$\varphi=\frac{\pi}{2}$，故由式（2-10）得：

$$\sigma_\theta=-\frac{p_z R_2}{t}=\frac{[p_0+\rho g(H-h)]R}{t} \tag{2-18}$$

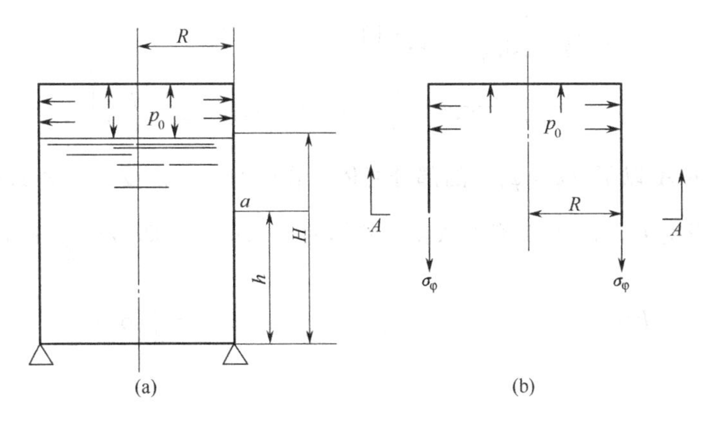

图 2-11 圆筒形贮液罐

求 σ_φ 时，若按图 2-11（b）所示的从 A-A 处截开，考察上部壳体的平衡，则作用在这部分壳体上载荷的垂直合力为：

$$F=\pi R^2 p_0$$

由式（2-11）解得：

$$\sigma_\varphi=\frac{F}{2\pi Rt}=\frac{p_0 R}{2t} \tag{2-19}$$

对于敞口的贮液罐，则 $p_0=0$，故 $\sigma_\varphi=0$，而

$$\sigma_\theta=\frac{\rho g(H-h)R}{t}$$

（2）球形贮液罐　图 2-12 为一充满液体的球形贮罐，沿对应于 φ_0 的平行圆 A-A 支承。设液体的密度为 ρ，则作用在角 φ 处壳体上任一点液体静压力为 $p_z=-[\rho gR(1-\cos\varphi)]$。该压力作用在平行圆 A-A 以上（$\varphi<\varphi_0$）所截部分球壳上合力的竖直分量 F 可由式（2-8）求得，因 $R_1=R_2=R$，$r=R\sin\varphi$，故

$$\begin{aligned}F&=-\int_0^\varphi 2\pi r p_z R\cos\varphi\,\mathrm{d}\varphi\\&=2\pi\rho gR^3\int_0^\varphi(1-\cos\varphi)\cos\varphi\sin\varphi\,\mathrm{d}\varphi\\&=2\pi\rho gR^3\left[\frac{1}{6}-\frac{1}{2}\cos^2\varphi\left(1-\frac{2}{3}\cos\varphi\right)\right]\end{aligned} \tag{f}$$

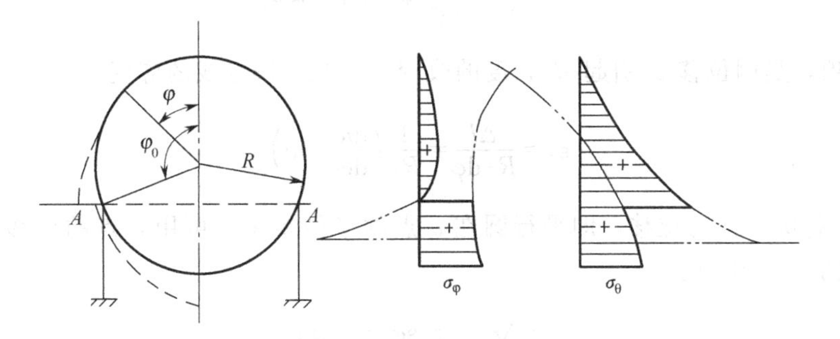

图 2-12 球形贮液罐

故

$$\left.\begin{aligned}\sigma_\varphi&=\frac{F}{2\pi rt\sin\varphi}=\frac{\rho gR^2}{6t}\left(1-\frac{2\cos^2\varphi}{1+\cos\varphi}\right)\\\sigma_\theta&=-\frac{p_zR}{t}-\sigma_\varphi=\frac{\rho gR^2}{6t}\left(5-6\cos\varphi+\frac{2\cos^2\varphi}{1+\cos\varphi}\right)\end{aligned}\right\}\tag{2-20}$$

对于支承环 A-A 以下（$\varphi>\varphi_0$）的部分壳体，在竖直方向所受的外力除式（f）的 F 外，还受到支承环的反力 G，显然 G 等于球壳内液体的全部重量，即 $G=\frac{4}{3}\pi R^3\rho g$，所以

$$F=\frac{4}{3}\pi R^3\rho g+2\pi\rho gR^3\left[\frac{1}{6}-\frac{1}{2}\cos^2\varphi\left(1-\frac{2}{3}\cos\varphi\right)\right]$$

据此得到：

$$\left.\begin{aligned}\sigma_\varphi&=\frac{\rho gR^2}{6t}\left(5+\frac{2\cos^2\varphi}{1-\cos\varphi}\right)\\\sigma_\theta&=\frac{\rho gR^2}{6t}\left(1-6\cos\varphi-\frac{2\cos^2\varphi}{1-\cos\varphi}\right)\end{aligned}\right\}\tag{2-21}$$

比较式（2-20）和式（2-21）可以看出，在支承环处（$\varphi=\varphi_0$）σ_φ 及 σ_θ 不连续，突变量分别为 $\pm\frac{2\rho gR^2}{3t\sin^2\varphi_0}$，而 σ_θ 在支承处的突变表明，在平行圆 A-A 两边存在周向膨胀的突变，可以预料，在支环附近有局部弯曲发生，以保持应力与位移的连续性，因此不能用无力矩理论计算支承处应力，必须用有力矩理论进行分析。

（五）薄壁容器的薄膜变形

为了下面计算容器不连续应力的需要，此处简要讨论回转薄壳的轴对称变形，因系薄膜理论导出，也称薄膜变形。

1. 变形的几何描述

回转薄壳在均匀压力作用下，壳体中面将产生对称于轴线的变形，该变形仅是坐标 φ 的函数。在小变形情况下，参见图 2-13（a），中面上任意一点 a 的位移可以分解为经向线位移 u 和法向线位移 w 两个分量。现假设 u 和 w 沿坐标轴的正向为正值，ab 为变形前中面上的一段经线，a_1b_1 是其变形后的位置。根据函数的增值定理，b 点到 b_1 点的位移有经向分量 $u+\frac{du}{d\varphi}d\varphi$ 和法向分量 $-\left(w+\frac{dw}{d\varphi}d\varphi\right)$，因此线段 ab 的长度的改变量为：

$$\Delta l=\left(u+\frac{du}{d\varphi}d\varphi-u\right)-wd\varphi$$

其中 $-wd\varphi$ 项，是因位移 w 引起 ab 长度的改变，由此可得经线的应变 ε_φ：

$$\varepsilon_\varphi=\frac{\Delta l}{R_1d\varphi}=\frac{1}{R_1}\left(\frac{du}{d\varphi}-w\right)\tag{2-22}$$

a 点沿平行圆径向的位移，即平行圆在 a 点的半径增量，可用 a 点的位移 u 和 w 来表示，在图 2-13（a）中有：

$$-\Delta r=u\cos\varphi-w\sin\varphi\tag{2-23}$$

故平行圆单位长度的改变，即周向应变 ε_θ：

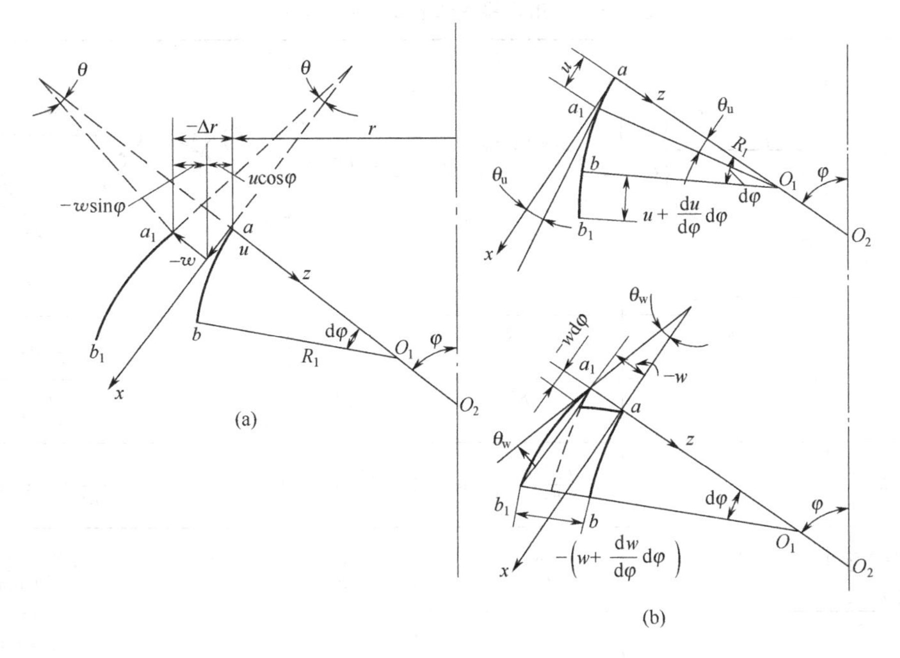

图 2-13　回转壳中面的变形

$$\varepsilon_\theta=\frac{2\pi(r-\Delta r)-2\pi r}{2\pi r}=-\frac{\Delta r}{r}=\frac{1}{R_2}(u\cot\varphi-w)$$

或
$$w=-R_2\varepsilon_\theta+u\cot\varphi \tag{2-24}$$

其次，计算经线发生的转角 θ。如图 2-13（b）所示，该转角由位移 u 引起的转角 $\theta_u=\frac{u}{R_1}$和由位移 w 引起的转角 $\theta_w=\frac{-[w+(dw/d\varphi)\times d\varphi]-(-w)}{R_1 d\varphi}=\frac{-dw}{R_1 d\varphi}$ 所组成，即

$$\theta=\theta_u-\theta_w=\frac{1}{R_1}(u+dw/d\varphi) \tag{2-25}$$

Δr 与 θ 的正负号规定如下：平行圆半径增大为负，缩小为正；转角以回转轴左侧为准，逆时针转角为正，顺时针转角为负。因此，在图 2-13 中，u 沿 x 方向为正，w 沿 z 的反方向为负，它们使平行圆产生径向的位移为负；而 θ_u 和 θ_w 转向相反，θ_w 为负，θ_u 为正。

2. 平行圆径向位移和转角

在容器的应力分析中，应用较多的是平行圆径向位移和转角。如已由薄膜理论求得薄膜应力，根据两维应力场的虎克定律，可以算出 ε_φ 与 ε_θ，然后由式（2-22）和式（2-24）解出 u 和 w，进而由式（2-23）和式（2-25）得到平行圆径向位移 $\Delta=\Delta r$ 及经线转角 θ，最后结果如下（推导过程从略）[11]：

$$\Delta=-r\varepsilon_\theta \tag{2-26}$$

$$\theta=\frac{1}{R_1}\left[(R_1\varepsilon_\varphi-R_2\varepsilon_\theta)\cot\varphi-\frac{d(R_2\varepsilon_\theta)}{d\varphi}\right]$$

式中 ε_φ 和 ε_θ 分别为：

$$\varepsilon_\varphi=\frac{1}{E}(\sigma_\varphi-\mu\sigma_\theta),\varepsilon_\theta=\frac{1}{E}(\sigma_\theta-\mu\sigma_\varphi)$$

在均匀内压作用下的常用容器壳体的薄膜应力和变形分量一并列于表 2-1 中。

表 2-1　常用容器壳体的薄膜应力与变形

壳体类型		圆柱壳	球　壳	椭球壳	圆锥壳
受力图 / 应力与变形					
应力	σ_φ	$\frac{pR}{2t}$	$\frac{pR}{2t}$	$\frac{pR_2}{2t}$	$\frac{pX}{2t}\tan\alpha$
	σ_θ	$\frac{pR}{t}$	$\frac{pR}{2t}$	$\frac{pR_2}{2t}\left(2-\frac{R_2}{R_1}\right)$	$\frac{pX}{t}\tan\alpha$
变形	$(\Delta)_\varphi$		$-\frac{pR^2}{2Et}(1-\mu)\sin\varphi$	$-\frac{pR_2^2\sin\varphi}{2Et}\left(2-\frac{R_2}{R_1}-\mu\right)$	$-\frac{pX^2}{2Et}\sin\alpha\tan\alpha(2-\mu)$
	$(\Delta)_\varphi=\frac{x}{2}$ 或 $x=L$	$-\frac{pR^2}{2Et}(2-\mu)$	$-\frac{pR^2}{2Et}(1-\mu)$	$-\frac{pa^2}{2Et}\left(2-\frac{a^2}{b^2}-\mu\right)$	$-\frac{pR^2(2-\mu)}{2Et\cos\alpha}$
	$\theta_\varphi=\frac{\pi}{2}$ 或 $x=L$				$\frac{3}{2}\times\frac{pR\tan\alpha}{Et\cos\alpha}$

（六）无力矩理论的应用条件

按无力矩理论假设，轴对称条件下的回转薄壳中只有薄膜内力 N_φ 和 N_θ，没有弯矩和横向力。对于非常薄的壳体，因为完全不能承受弯曲变形，无矩应力状态是它惟一的应力状态；但对于实际的容器，壳体总有一定的弯曲刚度，必定要引起伸长（或压缩）和弯曲变形，但在一定条件下，壳体内产生的薄膜内力比弯矩和横向力大得多，以致后者可略去不计，此时也近似为无矩应力状态。实现这种无矩应力状态，壳体的几何形状、加载方式和边界条件必须满足以下三个条件：

① 壳体的厚度、曲率与载荷没有突变，构成同一壳体的材料物理性能（如 E、μ 等）相同。对于集中载荷区域附近无力矩理论不能适用；

② 壳体边缘不受垂直于壳面的法向力和弯矩的作用；

③ 壳体边缘只在沿经线切线方向有约束，而边缘处的转角与挠度不受任何约束。

如果壳体不满足上述条件，壳体内将引起显著的弯曲变形，而弯矩和薄膜内力属同一数量级，此时无力矩理论不适用，必须按有力矩理论分析。

三、圆柱壳轴对称问题的有力矩理论

（一）引言

如上所述，实际容器的壳体必须在特定的形状、受载和边界条件下可能达到无矩应力状态。一般来说，要使壳体中只产生薄膜内力的边界条件更难实现。如在壳体边缘附近，因壳体经线曲率急剧变化而存在明显的弯曲变形，壳体内不仅有薄膜内力还存在不可忽略的弯曲内力，因此在壳体的应力分析中必须加以考虑[10,11]。

圆柱形容器因适应性广、制造方便，在化工容器中占据绝大多数，而且经常遇到的是圆柱形容器受轴对称载荷作用的情况，如沿容器纵轴对称的均匀气体压力或线性分布的液体静压力等，所以壳体的变形和内力也对称于纵轴。虽它们沿壳体纵轴方向可因载荷变化而改变，但同一截面上的应力和位移处处相等，不随θ角而变化。分析这种圆柱壳的弯曲问题，称为圆柱壳轴对称问题的有力矩理论。一般回转壳的有力矩理论比较复杂，但研究方法与圆柱壳相同，所以下面只就圆柱壳的轴对称弯曲问题进行讨论。

（二）圆柱壳轴对称弯曲问题的基本方程

1. 圆柱壳的内力分量

因为圆柱壳的经线是直线，故把一般回转壳中标明经线方向的下标φ改为x。当圆柱壳受轴对称载荷$p_z=p_z(x)$作用时，壳体中将产生薄膜内力N_x和N_θ；因考虑存在弯曲变形，故还有弯曲内力Q_x、M_x、M_θ。这些力只是x的函数，不随θ而变化，弯矩的量纲是［力·长度/长度］，单位为［N］；力的量纲是［力/长度］，单位为［N/m］。于是，从圆柱壳中面上用两条相隔$d\theta$的经线和两个垂直于x轴、相距dx的平行圆截出的微元上，存在以上这些内力，如图 2-14（b）所示。图中的符号规定如下：壳体截面的外法线与坐标轴方向一致，此截面定为正截面，反之定为负截面。在正截面上指向坐标轴正方向的力为正，在负截面上指向坐标轴反方向的力也为正，反之为负。弯矩是以使壳体向外弯曲，即内壁面受拉，外壁面受压为正，反之为负。或者以弯矩矢量表示，如图 2-14（a）所示，弯曲方向按右手规则，拇指方向即为弯矩矢量方向，以双箭头表示。在正截面上指向坐标轴正方向的弯矩矢量为正，在负截面在指向坐标轴反方向的弯矩矢量也为正，反之均为负。

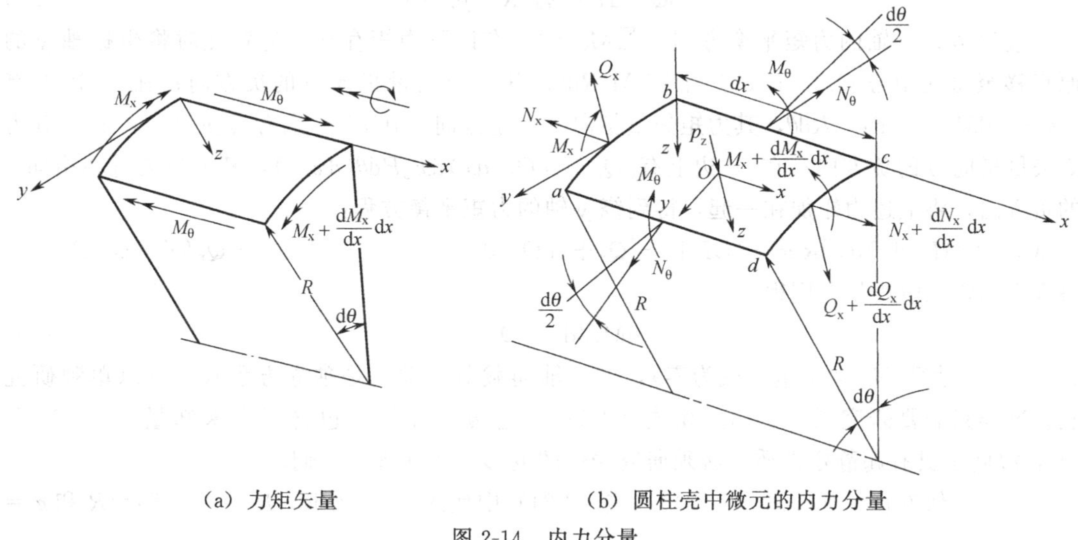

（a）力矩矢量　　　　（b）圆柱壳中微元的内力分量

图 2-14　内力分量

2. 基本方程

回转壳的无力矩理论因是静定问题，仅考虑力平衡关系可求出N_φ和N_θ。对于有力矩问题，平衡方程数目将少于未知内力数，成为静不定问题。因此必须借助应变和位移之间的几何关系以及应力和应变之间的物理关系，才能由挠度微分方程求解所有内力，这就是应用有力矩理论求解壳体弯曲问题的基本方法。

（1）平衡方程　参见图 2-14，根据力和力矩的平衡关系，理应有六个静力平衡方程式，即$\sum F_x=0$，$\sum F_y=0$，$\sum F_z=0$；$\sum M_x=0$，$\sum M_y=0$，$\sum M_z=0$。但在轴对称载荷下，$\sum F_y=0$，$\sum M_x=0$，$\sum M_z=0$三个方程式自动满足，只余下三个平衡方程需要满足。

现先考察x方向的力平衡方程，$\sum F_x=0$，有下述力存在：在ab边上有$N_xRd\theta$，指向x的负方向；在cd边上有$[N_x+(dN_x/dx)dx]Rd\theta$，指向$x$的正方向。将上述力相加，则得

x 方向的平衡方程：

$$[N_x+(dN_x/dx)dx]Rd\theta-N_xRd\theta=0$$

整理后成为：

$$dN_x/dx=0 \tag{2-27}$$

其次考察 z 方向的平衡方程，$\sum F_z=0$，有下述力存在：在 ab 边上有 $Q_xRd\theta$，指向 z 的负方向；在 cd 边上有 $[Q_x+(dQ_x/dx)dx]Rd\theta$，指向 z 的正方向；在壳中面上有 $p_zRd\theta dx$，指向 z 的正方向。此外，ad 边和 bc 边上的 $N_\theta dx$ 都在 z 方向有投影，它们与水平方向夹角为 $d\theta/2$，因此在 z 方向有合力：

$$2N_\theta dx\sin(d\theta/2)$$

因 $d\theta$ 很小，故有 $\sin(d\theta/2)\approx d\theta/2$，则上述合力成为：

$$N_\theta dxd\theta$$

指向 z 的正方向。

将上述三个力的分量相加，便得到 z 方向的平衡方程：

$$[Q_x+(dQ_x/dx)dx]Rd\theta-Q_xRd\theta+N_\theta dxd\theta+p_zRd\theta dx=0$$

整理后成为：

$$dQ_x/dx+N_\theta/R+p_z=0 \tag{2-28}$$

最后考察 y 轴的力矩平衡方程，$\sum M_y=0$，有以下力矩存在（注意此时将坐标轴 y 的原点移至微元中心 O）：在 ab 边上有 $M_xRd\theta$，其力矩矢量指向 y 的负方向；在 cd 边上有 $[M_x+(dM_x/dx)dx]\ Rd\theta$，其力矩矢量指向 y 的正方向；在 ab 边上有 $Q_xRd\theta(dx/2)$，其力矩矢量指向 y 的负方向；在 cd 边上有 $[Q_x+(dQ_x/dx)dx]Rd\theta(dx/2)$，其力矩矢量亦指向 y 的负方向，将上述力矩加在一起，得到绕 y 轴的力矩平衡方程：

$$[M_x+(dM_x/dx)dx]Rd\theta-M_xRd\theta-[Q_x+(dQ_x/dx)dx]Rd\theta\times(dx/2)-Q_xRd\theta(dx/2)=0$$

整理后忽略三阶小量，则得：

$$dM_x/dx-Q_x=0 \tag{2-29}$$

式（2-27）表明 N_x 为常量（或为零），仅与轴向载荷有关，是独立方程式，可以单独研究它。这样只需要研究式（2-28）和式（2-29）。这两个方程式包含三个未知量 N_θ、Q_x 和 M_x，故问题具有超静定性质，必须研究壳体的变形，才能确定它们。

（2）几何方程　如在式（2-22）和式（2-24）中代入 $dx=R_1d\varphi$，$R_1=\infty$，$R_2=R$ 和 $\varphi=\frac{\pi}{2}$，则得到圆柱壳中面的正应变为：

$$\left.\begin{aligned}\varepsilon_x&=\frac{du}{dx}\\ \varepsilon_\theta&=-\frac{w}{R}\end{aligned}\right\} \tag{a}$$

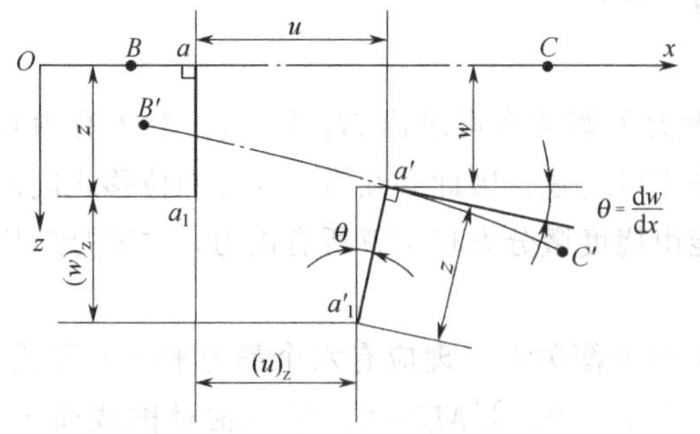

图 2-15　圆柱壳变形的几何关系

图 2-15 表示沿经线的一个径向截面，BC 是其中面在变形前的位置，$B'C'$ 是它在变形后的位置。因下述假定，中面上的任一点没有面内位移，仅有法向位移，即挠度 w，因此变形后的 $B'C'$ 的斜率为 $\theta=dw/dx$。在中面上作 a 点的法线 aa_1，取其长度为 $z<t/2$（t 为壳体的厚度）。$a'a_1'$ 是 aa_1 在变形后的位置。由图可见，a_1 点的位移 $(u)_z$ 等于 a 的位移 u 减去由

于 aa_1 旋转后使 a_1 点后退的距离，即

且有

$$\left.\begin{aligned}(u)_z&=u-z(\mathrm{d}w/\mathrm{d}x)\\(w)_z&=w\end{aligned}\right\}\tag{b}$$

利用式（a），并将其中的 R 变为 $R-z$，便可得到 a_1 点的应变表示成中面位移的函数，即

$$\left.\begin{aligned}(\varepsilon_x)_z&=\frac{\mathrm{d}(u)_z}{\mathrm{d}x}=\frac{\mathrm{d}u}{\mathrm{d}x}-z\frac{\mathrm{d}^2w}{\mathrm{d}x^2}\\(\varepsilon_\theta)_z&=-\frac{(w)_z}{R-z}=-\frac{w}{R}\times\frac{1}{1-\dfrac{z}{R}}\approx-\frac{w}{R}\end{aligned}\right\}\tag{2-30}$$

上面第二式中，由于（对于薄壳）$\dfrac{t}{R}\ll1$，$\dfrac{z}{R}\ll1$，因而 $1-\dfrac{z}{R}\approx1$。

比较式（a）和式（2-30），得到 a_1 点的应变与中面应变和位移的关系式：

$$\left.\begin{aligned}(\varepsilon_x)_z&=\varepsilon_x-z\frac{\mathrm{d}^2w}{\mathrm{d}x^2}\\(\varepsilon_\theta)_z&=\varepsilon_\theta\end{aligned}\right\}\tag{c}$$

应当指出，在导出式（b）时采用了壳体有力矩理论中的一个重要假设—“直法线假设”，即假定变形前垂直于中面的法线线段在变形后保持为直线，仍垂直于变形后的中面，且长度保持不变或 $\varepsilon_z=0$。

式（c）第二式和第一式中第一项是沿壳体厚度均匀分布的应变，即中面的薄膜变形，而第一式中第二项是自中面算起沿厚度线性分布的弯曲变形，中面即中性面。

（3）物理方程　对于薄壁容器可以假定 σ_z 与 σ_θ、σ_x 相比很小，即假设沿壳体各层纤维之间无挤压，因而可以忽略不计。按照材料力学中两向应力状态的虎克定律，a_1 点的应力与应变有如下的关系：

$$\left.\begin{aligned}(\sigma_x)_z&=\frac{E}{1-\mu^2}[(\varepsilon_x)_z+\mu(\varepsilon_\theta)_z]\\(\sigma_\theta)_z&=\frac{E}{1-\mu^2}[(\varepsilon_\theta)_z+\mu(\varepsilon_x)_z]\end{aligned}\right\}\tag{d}$$

将式（2-30）代入上式，得到：

$$\left.\begin{aligned}(\sigma_x)_z&=\frac{E}{1-\mu^2}\left(\frac{\mathrm{d}u}{\mathrm{d}x}-z\frac{\mathrm{d}^2w}{\mathrm{d}x^2}-\mu\frac{w}{R}\right)\\(\sigma_\theta)_z&=\frac{E}{1-\mu^2}\left(-\frac{w}{R}+\mu\frac{\mathrm{d}u}{\mathrm{d}x}-\mu\frac{z\,\mathrm{d}^2w}{\mathrm{d}x^2}\right)\end{aligned}\right\}\tag{2-31}$$

（4）位移微分方程　至此平衡方程表达了外载荷与中面内力之间的关系，式(2-31)关联了壳体中任一点应力与中面位移的关系。因壳体中面的内力是微元截面上应力的合力，故将内力代替式(2-31) 中的应力，然后代入平衡方程式，便可建立外载荷与中面位移的关系式，即位移微分方程式。参见图 2-16，中面内力与微元各侧面上的应力有如下关系：

$$\left.\begin{aligned}N_x&=\int_{-t/2}^{t/2}(\sigma_x)_z\left(1-\frac{z}{R}\right)\mathrm{d}z\approx\int_{-t/2}^{t/2}(\sigma_x)_z\mathrm{d}z\\N_\theta&=\int_{-t/2}^{t/2}(\sigma_\theta)_z\mathrm{d}z\\M_x&=\int_{-t/2}^{t/2}(\sigma_x)_z z\left(1-\frac{z}{R}\right)\mathrm{d}z\approx\int_{-t/2}^{t/2}(\sigma_x)_z z\mathrm{d}z\\M_\theta&=\int_{-t/2}^{t/2}(\sigma_\theta)_z z\mathrm{d}z\end{aligned}\right\}\tag{e}$$

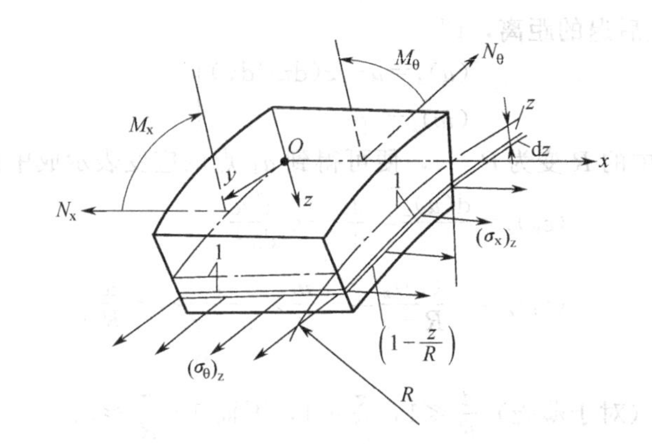

图 2-16 圆柱壳微元应力的合力

在式（e）的第一式和第三式中，再次利用了$\frac{z}{R}\ll 1$的假定。

将式（2-31）代入式（e），并积分，得到：

$$\left.\begin{aligned}N_x&=\frac{Et}{1-\mu^2}\left(\frac{\mathrm{d}u}{\mathrm{d}x}-\mu\frac{w}{R}\right)\\N_\theta&=\frac{Et}{1-\mu^2}\left(-\frac{w}{R}+\mu\frac{\mathrm{d}u}{\mathrm{d}x}\right)\\M_x&=-D\frac{\mathrm{d}^2w}{\mathrm{d}x^2}\\M_\theta&=-\mu D\frac{\mathrm{d}^2w}{\mathrm{d}x^2}=\mu M_x\end{aligned}\right\}\tag{2-32}$$

其中$D=\frac{Et^3}{12(1-\mu^2)}$为壳体的抗弯刚度。式（2-32）是轴对称情况下圆柱壳的弹性方程，表明中面内力与位移之间的关系。

联合式（2-28）和式（2-29），消去Q_x得到如下方程式：

$$\frac{\mathrm{d}^2M_x}{\mathrm{d}x^2}+\frac{1}{R}N_\theta=-p_z\tag{f}$$

而由式（2-32）第一式和第二式可得到：

$$N_\theta=-Et\frac{w}{R}+\mu N_x\tag{2-33}$$

将式（2-33）和式（2-32）的第三式代入式（f），于是

$$D\frac{\mathrm{d}^4w}{\mathrm{d}x^4}+\frac{Etw}{R^2}=p_z+\frac{\mu}{R}N_x\tag{2-34}$$

令$\beta^4=\frac{Et}{4R^2D}=\frac{3(1-\mu^2)}{R^2t^2}$，式（2-34）可改写成如下的形式：

$$\frac{\mathrm{d}^4w}{\mathrm{d}x^4}+4\beta^4w=\frac{p_z}{D}+\frac{\mu}{DR}N_x\tag{2-35}$$

式（2-35）即为轴对称加载的圆柱壳有力矩理论的基本微分方程式。除了N_x可直接由圆柱壳纵向的力平衡关系求得外，其余内力可在解出w后由式（2-33）、式（2-32）和式（2-29）等确定，即

$$
\left.\begin{aligned}
N_\theta &= -Et\frac{w}{R}+\mu N_x \\
M_x &= -D\frac{d^2w}{dx^2} \\
M_\theta &= -\mu D\frac{d^2w}{dx^2} \\
Q_x &= \frac{dM_x}{dx} = -D\frac{d^3w}{dx^3}
\end{aligned}\right\} \tag{2-36}
$$

3. 应力计算

一旦求出以上各内力分量后，就可以按照材料力学方法计算各应力分量。圆柱壳弯曲问题中的应力由两部分组成，一部分是薄膜内力引起的薄膜应力，它相当于矩形截面的梁（高为 t，宽为单位长度）承受轴向载荷所引起的正应力，这一应力沿厚度呈均匀分布；另一部分是弯曲应力，包括弯曲内力在同样矩形截面上引起的沿厚度呈线性分布的正应力和抛物线分布的横向切应力。因此，圆柱壳轴对称弯曲的应力计算公式为：

$$
\begin{aligned}
\sigma_x &= \frac{N_x}{t}\pm\frac{12M_x}{t^3}z \\
\sigma_\theta &= \frac{N_\theta}{t}\pm\frac{12M_y}{t^3}z \\
\sigma_z &= 0 \\
\tau_x &= \frac{6Q_x}{t^3}\left(\frac{t^2}{4}-z^2\right)
\end{aligned} \tag{2-37}
$$

显然，正应力的最大值在壳体的表面上$\left(z=\mp\frac{t}{2}\right)$，横向切应力的最大值发生在中面上（$z=0$），即

$$
\begin{aligned}
(\sigma_x)_{\max} &= \frac{N_x}{t}\mp\frac{6M_x}{t^2} \\
(\sigma_\theta)_{\max} &= \frac{N_\theta}{t}\mp\frac{6M_\theta}{t^2} \\
(\tau_x)_{\max} &= \frac{3Q_x}{2t}
\end{aligned} \tag{2-38}
$$

横向切应力与正应力相比数值较小，故一般不予计算。

四、压力容器的不连续分析

（一）引言

1. 不连续效应或边缘效应

工程实际中容器的壳体大部分是由圆筒形、球形、椭球形、圆锥形等几种简单的壳体组合而成，例如图 2-17 所示的容器由椭圆形封头-圆筒-圆锥-圆筒-球形底-圆筒形裙座等不同几何形状壳体组成。不仅如此，沿壳体轴线方向的壁厚、载荷、温度和材料的物理性能也可能出现突变，这些因素均可表现为容器在总体结构上的不连续性。又如图中所示的壳体中面，在各个形状不相同的壳体连接处，如果毗邻的壳体允许分别作为一个独立的元件在内压的作用下自由膨胀，则连接处壳体的经线的转角以及径向位移一般不相等。因为实际的壳体在连接处必须是连续结构，毗邻壳体在结合截面处不允许出现间隙，即其经线的转角以及径向位移必须相等。因此在连接部位附近就造成一种约束，迫使壳体发生局部的弯曲变形，这样势必在该边缘部位引

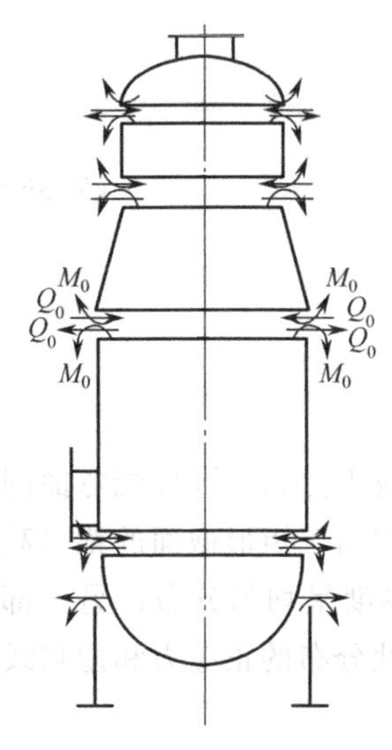

图 2-17　组合容器壳体

起附加的边缘力 Q_0 和边缘力矩 M_0，以及相应的抵抗这些外力的局部弯曲应力，从而在总体结构上增加了该不连续区域的总应力。

虽然这些附加应力只限靠近连接边缘的局部范围内，并随着离开连接边缘的距离增加而迅速衰减，但其数值有时相当可观。容器由于这种总体结构的不连续而在连接边缘的局部地区出现衰减很快的应力升高现象，称为“不连续效应”或“边缘效应”。由此而引起的局部应力称为“不连续应力”或“边缘应力”。分析容器不连续应力的方法，在工程上称为“不连续分析”。

2. 不连续分析的基本方法

容器的不连续应力可以根据一般壳体理论计算，但要复杂得多。对于简单壳体形状和受载的容器，工程上采用一种比较简便的解法，即所谓“力法”。该法是把壳体的解分解为两个部分，一是薄膜解或称主要解，即壳体的无力矩理论的解，由此求得的薄膜应力，又称“一次应力”；二是有矩解或称次要解，即在壳体不连续部位切开后的自由边界上受到边缘力和边缘力矩作用时的有力矩理论的解，求得的应力又称“二次应力”，将上述两种解叠加后就可以得到保持总体结构连续的最终解，而总的应力由上述一次薄膜应力和二次应力叠加而成。这种方法可用下面一半球形封头与圆筒组合容器的壳体为例说明。

图 2-18 为一在内压作用下的半球形封头与圆筒连接处的部分壳体。现将半球形壳体与圆筒在连接处沿平行圆切开，在内压作用下，两壳体各自的薄膜应力与边界处中面的薄膜变形如下：

	经向应力	周向应力	平行圆径向位移	转角
圆筒	${}_1\sigma_x^p=\dfrac{pR}{2t_1}$	${}_1\sigma_\theta^p=\dfrac{pR}{t_1}$	$\Delta_1^p=-\dfrac{pR^2}{Et_1}\left(1-\dfrac{\mu}{2}\right)$	$\theta_1^p=0$
半球	${}_2\sigma_\theta^p=\dfrac{pR}{2t_2}$	${}_2\sigma_\theta^p=\dfrac{pR}{2t_2}$	$\Delta_2^p=-\dfrac{pR^2}{2Et_2}(1-\mu)$	$\theta_2^p=0$

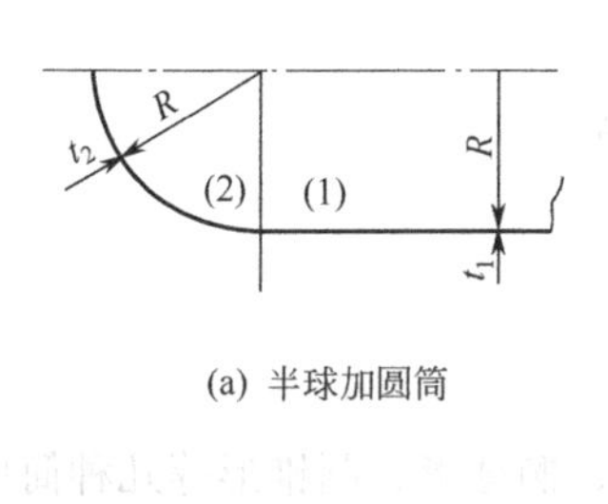

(a) 半球加圆筒

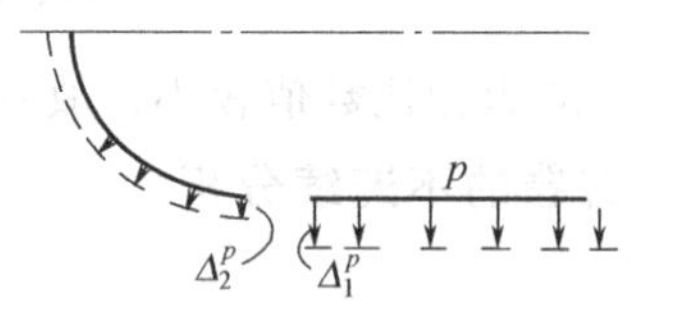

(b) 内压引起的薄膜变形

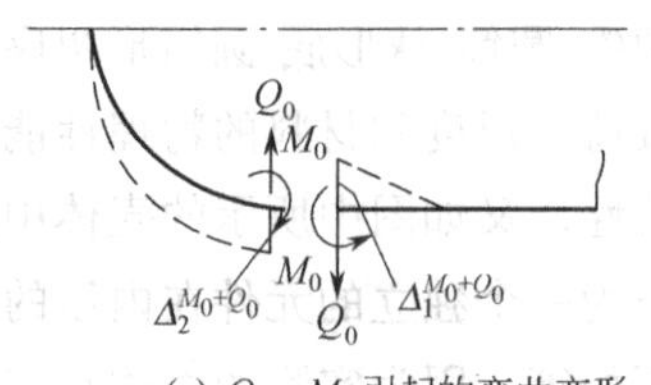

(c) Q_0、M_0 引起的弯曲变形

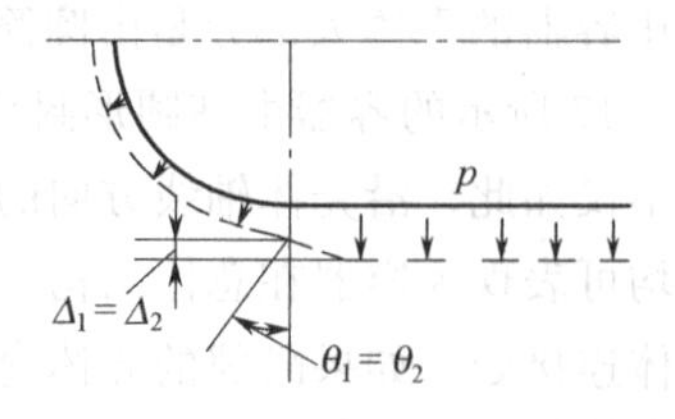

(d) 实际的协调变形

图 2-18　容器不连续分析方法

显然，两壳体的平行圆径向位移不相等，$\Delta_1^p \neq \Delta_2^p$，但是两者连成一体后的实际结构是连续体，因此两部分在连接处将产生边缘力 Q_0 和边缘力矩 M_0，由它们引起的弯曲变形与薄膜变形叠加后，两部分壳体的总变形量一定相等，即

$$\left.\begin{aligned}\Delta_1^p+\Delta_1^{Q_0}+\Delta_1^{M_0}=\Delta_2^p+\Delta_2^{Q_0}+\Delta_2^{M_0}\\ \theta_1^p+\theta_1^{Q_0}+\theta_1^{M_0}=\theta_2^p+\theta_2^{Q_0}+\theta_2^{M_0}\end{aligned}\right\} \tag{2-39}$$

式中，Δ^p、Δ^{Q_0}、Δ^{M_0} 和 θ^p、θ^{Q_0}、θ^{M_0} 分别表示 p、Q_0 和 M_0 在壳体连接处产生的平行圆径向位移和经线转角，下标 1 表示圆筒，下标 2 表示半球壳。式（2-39）是两个以 M_0、Q_0 为未知量的二元一次联立方程组，解此方程组可求得 M_0、Q_0。这组方程表示保持壳体中面连续的条件，所以称为变形协调方程或连续性条件。虽然上述讨论仅是两个壳体连接的情况，也可以用于多个壳体相连的场合，此时将需要解满足连续性条件和结点力平衡的多个未知边缘载荷的线性联立方程组，读者可参阅文献［12］。求得 M_0、Q_0 后，于是边缘弯曲解即可求出。它与薄膜解叠加，即得问题的全解。

（二）圆柱壳受边缘力和边缘力矩作用的弯曲解（图 2-19）

由以上讨论可知，为了确定连接处的不连续应力，关键的问题是求出满足变形协调的边缘力 Q_0 和边缘力矩 M_0，这种边缘力和边缘力矩对容器来说是内力，而对于分离后壳体而言则属于边缘外力，因此实质是一对大小相等的自平衡力系，即方向相反的作用力与反作用力。在下面的公式演绎中，规定 Q_0 沿平行圆半径方向，指向回转轴为负，反之为正，单位为 N/mm；M_0 使壳体内表面受拉为正，反之为负，单位为 N·mm/mm。因为无表面载荷 p 存在，且 $N_x=0$，于是式（2-35）变为：

$$\frac{d^4 w}{dx^4}+4\beta^4 w=0 \tag{2-40}$$

此齐次方程的通解为：

$$w=e^{\beta x}(C_1\cos\beta x+C_2\sin\beta x)+e^{-\beta x}(C_3\cos\beta x+C_4\sin\beta x) \tag{2-41}$$

式中，C_1、C_2、C_3 和 C_4 为积分常数，由圆柱壳两端的边界条件确定。

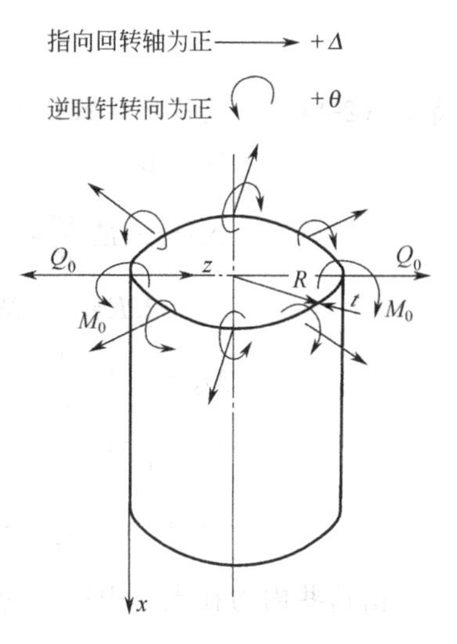

图 2-19 受边缘载荷的圆筒

当圆筒有足够长度时，随着 x 的增加，弯曲变形逐渐衰减以至消失，这要求式（2-41）中含有 $e^{\beta x}$ 项为零，亦即要求 $C_1=C_2=0$，于是式（2-41）可写成：

$$w=e^{-\beta x}(C_3\cos\beta x+C_4\sin\beta x) \tag{2-42}$$

由边界条件：

$$\left.\begin{aligned}(M_x)_{x=0}=-D\left(\frac{d^2 w}{dx^2}\right)_{x=0}=M_0\\ (Q_x)_{x=0}=-D\left(\frac{d^3 w}{dx^3}\right)_{x=0}=Q_0\end{aligned}\right\} \tag{2-43}$$

将式（2-42）代入后，可解得：

$$C_3=-\frac{1}{2\beta^3 D}(Q_0+\beta M_0)$$

$$C_4=\frac{M_0}{2\beta^2 D}$$

因此 w 的最后表达式为：

$$w=\frac{e^{-\beta x}}{2\beta^3 D}[\beta M_0(\sin\beta x-\cos\beta x)-Q_0\cos\beta x] \tag{2-44}$$

最大挠度发生在 $x=0$ 的边缘上：

$$\left.\begin{aligned}(w)_{x=0}&=\Delta=-\frac{1}{2\beta^2 D}M_0-\frac{1}{2\beta^3 D}Q_0\\ \theta&=\left(\frac{dw}{dx}\right)_{x=0}=\frac{1}{\beta D}M_0+\frac{1}{2\beta^2 D}Q_0\end{aligned}\right\} \tag{2-45}$$

上述两式中的 Δ 和 θ 即为 M_0 和 Q_0 在连接处引起的平行圆径向位移和经线转角，并可改写为如下形式：

$$\left.\begin{aligned}\Delta^{M_0}&=-\frac{1}{2\beta^2 D}M_0\\ \Delta^{Q_0}&=-\frac{1}{2\beta^3 D}Q_0\\ \theta^{M_0}&=\frac{1}{\beta D}M_0\\ \theta^{Q_0}&=\frac{1}{2\beta^2 D}Q_0\end{aligned}\right\} \tag{2-46}$$

将式（2-44）及其各阶导数代入式（2-36），就可得到圆筒中各内力的计算公式：

$$\left.\begin{aligned}N_x&=0\\ N_\theta&=-Et\frac{w}{R}=-\frac{Et}{R}\frac{e^{-\beta x}}{2\beta^3 D}[\beta M_0(\sin\beta x-\cos\beta x)-Q_0\cos\beta x]\\ &=2\beta R e^{-\beta x}[\beta M_0(\cos\beta x-\sin\beta x)+Q_0\cos\beta x]\\ M_x&=-D\left(\frac{d^2 w}{dx^2}\right)=\frac{e^{-\beta x}}{\beta}[\beta M_0(\cos\beta x+\sin\beta x)+Q_0\sin\beta x]\\ M_\theta&=\mu M_x\\ Q_x&=-D\frac{d^3 w}{dx^3}=-e^{-\beta x}[2\beta M_0\sin\beta x-Q_0(\cos\beta x-\sin\beta x)]\end{aligned}\right\} \tag{2-47}$$

由这些内力在壳体中产生的应力为：

$$\sigma_x^M=\frac{12M_x}{t^3}z$$

$$\sigma_\theta^M=\frac{N_\theta}{t}+\frac{12M_\theta}{t^3}z$$

式中，应力符号左上角标注 M 表示由边缘弯曲引起的应力。如以 σ_x^p 和 σ_θ^p 表示内压 p 产生的薄膜应力，则发生在圆筒连接边缘区域壳体外内表面$\left(z=\mp\frac{t}{2}\right)$上的总应力为：

$$\left.\begin{aligned}\sum\sigma_x&=\sigma_x^p+\sigma_x^M=\frac{pR}{2t}\mp\frac{6M_x}{t^2}\\ \sum\sigma_\theta&=\sigma_\theta^p+\sigma_\theta^M=\frac{pR}{t}+\frac{N_\theta}{t}\mp\frac{6M_\theta}{t^2}\end{aligned}\right\} \tag{2-48}$$

（三）一般回转壳的边缘弯曲解

当一般回转壳（如球形壳、椭球壳、锥形壳等）与圆柱壳连接时，将产生不连续效应，在这些壳体的边缘处同样存在边缘力和边缘力矩。求这些边缘力和边缘力矩引起的内力和变形需要应用一般回转壳的有力矩理论，若作精确分析远比圆柱壳复杂，超出了本书的范围[10,13]。

由前面分析可知，边缘效应仅局限在边界附近的狭窄地区，因此在某些情况下可以用近似解代替精确解[4]。例如当球形壳对应的中心角 α 不很小（$\alpha>30°$）或锥形壳半顶角 α 不很大（$\alpha<60°$）时，球形壳边界处可用一与其相切的同样厚度的锥形壳代替。后者又可用半径等于锥形壳第二曲率半径的圆柱壳（也称“等效圆柱壳”）来代替，如图 2-20 所示。半椭球壳也可以同样方式处理。于是，上述圆柱壳边缘弯曲解的公式近似适用，只要将式中的 R 分别以球形壳，半椭球壳或锥形壳边界处各点的第二曲率半径代替，圆柱壳的 x 即圆锥壳的母线长度或半球壳的经线弧长，而 $\mathrm{d}x=R_2\mathrm{d}\varphi$。下面将举例说明之。

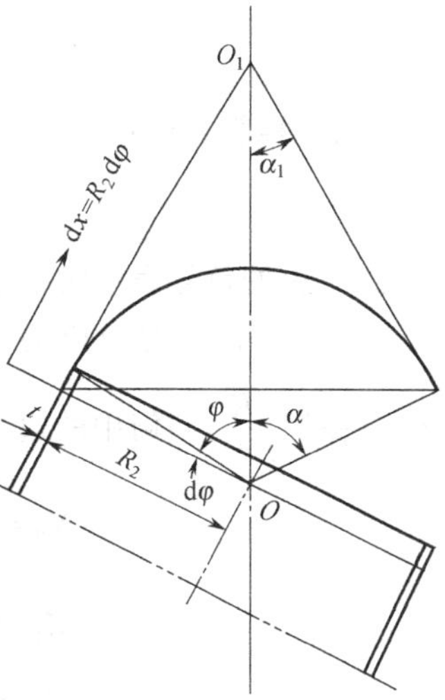

图 2-20 等效圆柱壳

（四）容器不连续应力的计算举例

1. 具有半球形封头的圆筒

（1）求解边缘载荷 Q_0、M_0　如图 2-18 所示，设内压为 p，筒体和封头的半径为 R，厚度均为 t。已如前述，各种载荷在边缘处引起的变形正负号规定如图 2-19 所示：平行圆径向位移以指向回转轴为正，反之为负；转角则以左侧图为准，逆时针旋转为正，反之为负。在 p 作用下，由表 2-1 知，圆筒的平行圆径向薄膜位移和经线转角为：

$$\Delta_1^p=-\frac{pR^2}{2Et}(2-\mu),\theta_1^p=0 \tag{a}$$

而球壳为：

$$\Delta_2^p=-\frac{pR^2}{2Et}(1-\mu),\theta_2^p=0 \tag{b}$$

显而易见，两者在连接处的平行圆径向位移不连续。如取 $\mu=0.3$，$\frac{\Delta_1^p}{\Delta_2^p}=2.43$，就是说同样厚度的圆柱壳比球壳膨胀大 2.43 倍，因此为使两者在连接处变形连续，则必须依靠边缘力 Q_0 和边缘力矩 M_0 产生的附加弯曲变形使之协调，即上述的变形连续条件。Q_0、M_0 在圆筒与球壳连接截面产生的平行圆径向位移和经线转角由式（2-46）得到；当将球壳的边缘区域视为半径等于第二曲率半径（$R_2=R$）的等效圆筒，则 Q_0、M_0 在连接截面产生的平行圆径向位移与经线转角大小与式（2-46）一样，但方向不完全相同，这是因为球壳边缘的 Q_0、M_0 的方向与圆筒边缘的不同。

$$\left.\begin{aligned}\Delta_2^{M_0}&=-\frac{1}{2\beta^2D}M_0\\ \Delta_2^{Q_0}&=\frac{1}{2\beta^3D}Q_0\\ \theta_2^{M_0}&=-\frac{1}{\beta D}M_0\\ \theta_2^{Q_0}&=\frac{1}{2\beta^2D}Q_0\end{aligned}\right\} \tag{c}$$

因此，根据连续性条件即式（2-39）得到：

$$-\frac{pR^2}{2Et}(2-\mu)-\frac{M_0}{2\beta^2D}-\frac{Q_0}{2\beta^3D}=-\frac{pR^2}{2Et}(1-\mu)-\frac{M_0}{2\beta^2D}+\frac{Q_0}{2\beta^3D}$$

$$\frac{M_0}{\beta D}+\frac{Q_0}{2\beta^2 D}=-\frac{M_0}{\beta D}+\frac{Q_0}{2\beta^2 D} \tag{d}$$

解上列方程组，得：

$$M_0=0, Q_0=-\frac{p}{8\beta} \tag{2-49}$$

Q_0 式右边的负号表示实际方向与图 2-19 所示方向相反。

(2) 计算内力与应力　将上述求得的 Q_0、M_0 代入式 (2-47)，并取 $\mu=0.3$，于是 $\beta=\frac{1.285}{R}\sqrt{\frac{R}{t}}$，圆筒中的边缘内力为：

$$\left.\begin{aligned}
&N_\theta=2\beta RQ_0\mathrm{e}^{-\beta x}\cos\beta x=-\frac{pR}{4}\mathrm{e}^{-\beta x}\cos\beta x\\
&M_x=-\frac{p}{8\beta^2}\mathrm{e}^{-\beta x}\sin\beta x=-0.0757pRt\mathrm{e}^{-\beta x}\sin\beta x\\
&M_\theta=\mu M_x
\end{aligned}\right\} \tag{2-50}$$

因此圆筒中的应力为：

$$\left.\begin{aligned}
&\sum{}_1\sigma_x={}_1\sigma_x^p+{}_1\sigma_x^M=\frac{pR}{2t}\pm 0.454\frac{pR}{t}\mathrm{e}^{-\beta x}\sin\beta x\\
&\sum{}_1\sigma_\theta={}_1\sigma_\theta^p+{}_1\sigma_\theta^N+{}_1\sigma_\theta^M=\frac{pR}{t}-0.25\frac{pR}{t}\mathrm{e}^{-\beta x}\cos\beta x\pm\\
&\qquad 0.136\frac{pR}{t}\mathrm{e}^{-\beta x}\sin\beta x
\end{aligned}\right\} \tag{e}$$

取 $\frac{\mathrm{d}}{\mathrm{d}x}(\sum{}_1\sigma_x)=0$ 和 $\frac{\mathrm{d}}{\mathrm{d}x}(\sum{}_1\sigma_\theta)=0$，得到：

$$\left.\begin{aligned}
&(\sum{}_1\sigma_x)_{\max}=0.646\frac{pR}{t}\left(\text{在 }\beta x=\frac{\pi}{4}\text{ 处,外表面}\right)\\
&(\sum{}_1\sigma_\theta)_{\max}=1.032\frac{pR}{t}(\text{在 }\beta x=1.85\text{ 处,外表面})
\end{aligned}\right\} \tag{2-51}$$

同理，可以近似求出球壳边界上的应力，图 2-21为半球壳与圆柱壳连接时的应力变化曲线。

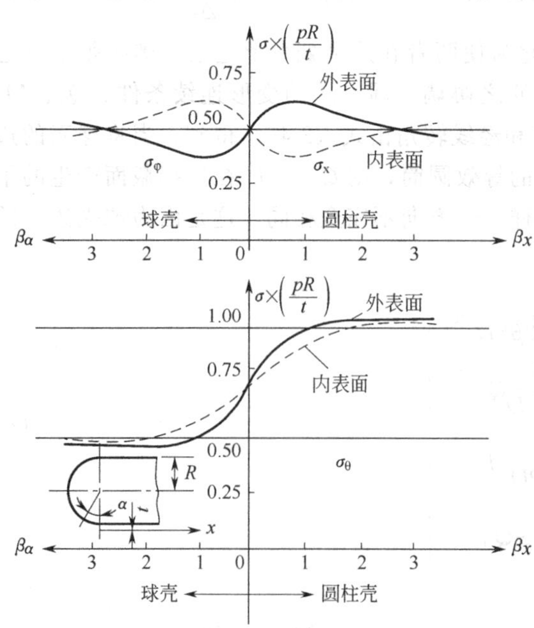

图 2-21　半球壳与圆柱壳连接时应力分布曲线

2. 具有椭圆形封头的圆筒

计算具有椭圆形封头的圆筒中的应力的过程与上法相同。圆筒因内压引起的平行圆径向位移与经线转角由式 (a) 给出，椭圆形封头边缘由内压 p 引起的平行圆径向位移和经线转角由表 2-1 查得。

$$\left.\begin{aligned}
&\Delta_2^p=-\frac{pa^2}{2Et}\left(2-\frac{a^2}{b^2}-\mu\right)\\
&\theta_2^p=0
\end{aligned}\right\} \tag{f}$$

于是两部分径向的膨胀差为 $\frac{pR^2}{2Et}\left(\frac{a}{b}\right)^2$，与具有半球形封头的圆筒相比要高出 $\left(\frac{a}{b}\right)^2$ 倍。

因其余做法与前相同，显然边缘剪力与弯矩（图 2-22）也增加相同比例，即

$$\left.\begin{aligned}M_0&=0\\Q_0&=\frac{p}{8\beta}\left(\frac{a}{b}\right)^2\end{aligned}\right\}\tag{2-52}$$

若$\frac{a}{b}=2$，则$Q_0=\frac{p}{2\beta}$，因而圆筒体中最大径向应力和周向应力同上法算得为：

$$(\Sigma_1\sigma_x)_{\max}=1.086\frac{pR}{t},(\text{在 }\beta x=\frac{\pi}{4}\text{处,外表面})$$

$$(\Sigma_1\sigma_\theta)_{\max}=1.128\frac{pR}{t},(\text{在 }\beta x=1.85\text{ 处,外表面})$$

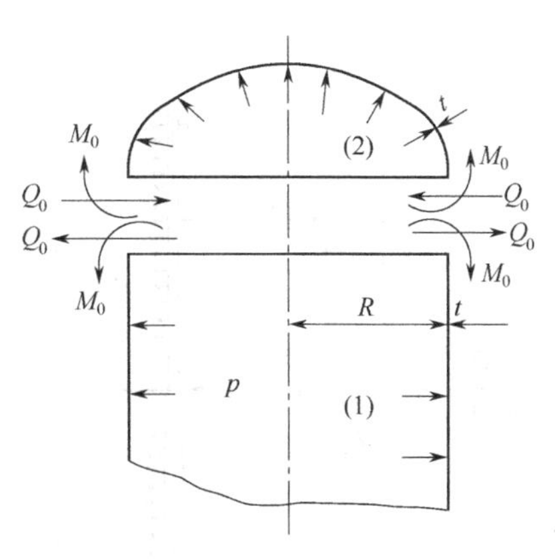

图 2-22　椭球壳与圆柱壳连接处的内力
(1)—筒体；(2)—封头

由此可知，最大应力比与球形封头连接的圆筒大 10%左右。

3. 具有厚度突变的圆筒

图 2-23 是两个厚度不同的圆柱壳所组成的圆筒，由于厚度发生突变，在连接处同样存在不连续效应，每一圆筒的连接边界处作用有边缘剪力 Q_0 和边缘弯矩 M_0。现设两个圆筒的中面一致，中面半径为 R；圆筒的材料一样，即 $E_1=E_2=E$，$\mu_1=\mu_2=\mu$。两个圆筒在内压 p 及 Q_0、M_0 作用下的平行圆径向位移与经线转角分别为：

对圆筒（1）：

$$\begin{aligned}&\Delta_1^p=-\frac{pR^2}{2Et_1}(2-\mu),\theta_1^p=0\\&\Delta_1^{M_0}=-\frac{1}{2\beta_1^2D_1}M_0,\quad\theta_1^{M_0}=-\frac{1}{\beta_1D_1}M_0\\&\Delta_1^{Q_0}=-\frac{1}{2\beta_1^3D_1}Q_0,\quad\theta_1^{Q_0}=-\frac{1}{2\beta_1^2D_1}Q_0\end{aligned}\tag{a}$$

对圆筒（2）：

$$\begin{aligned}&\Delta_2^p=-\frac{pR^2}{2Et_2}(2-\mu),\theta_2^p=0\\&\Delta_2^{M_0}=-\frac{1}{2\beta_2^2D_2}M_0,\theta_2^{M_0}=\frac{1}{\beta_2D_2}M_0\\&\Delta_2^{Q_0}=\frac{1}{2\beta_2^3D_2}Q_0,\theta_2^{Q_0}=-\frac{1}{2\beta_2^2D_2}Q_0\end{aligned}\tag{b}$$

将式（a）及（b）代入变形协调条件式（2-39）得：

$$\left.\begin{aligned}&-\frac{pR^2}{2Et_1}(2-\mu)-\frac{1}{2\beta_1^2D_1}M_0-\frac{1}{2\beta_1^3D_1}Q_0=-\frac{pR^2}{2Et_2}(2-\mu)-\frac{1}{2\beta_2^2D_2}M_0+\frac{1}{2\beta_2^3D_2}Q_0\\&-\frac{1}{\beta_1D_1}M_0-\frac{1}{2\beta_1^2D_1}Q_0=\frac{1}{\beta_2D_2}M_0-\frac{1}{2\beta_2^2D_2}Q_0\end{aligned}\right\}\tag{c}$$

解式（c）这一方程组，并代入 $t_2/t_1=n$，$D_2/D_1=n^3$，$\beta_2/\beta_1=1/\sqrt{n}$，经整理后得：

$$\left.\begin{aligned}Q_0&=-\frac{p}{4\beta_1}(n-1)(2-\mu)\Big/\left[n+\frac{1}{\sqrt{n}}-\frac{(n^2-1)^2}{2(n^3+\sqrt{n})}\right]\\M_0&=-\frac{Q_0}{2\beta_1}(n^2-1)\Big/\left(n^2+\frac{1}{\sqrt{n}}\right)\end{aligned}\right\}\tag{2-53}$$

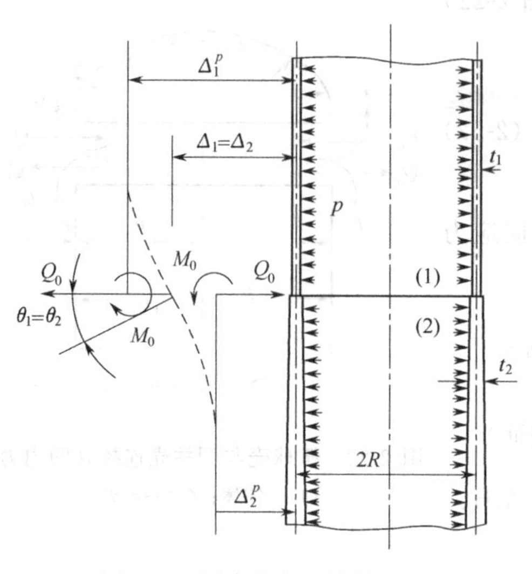

图 2-23　厚度突变圆筒的连接

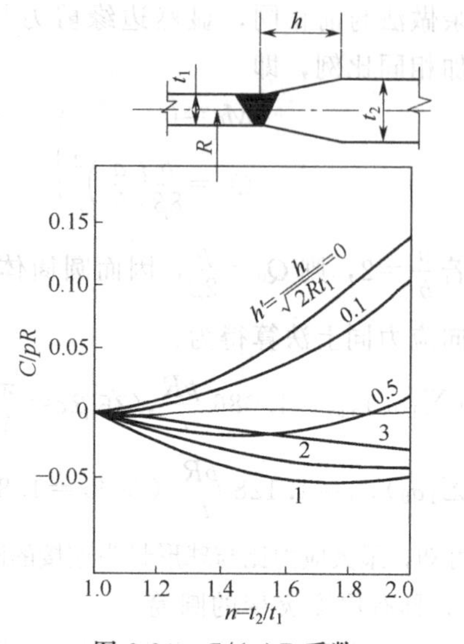

图 2-24　$C/(p)R$ 系数

式中，$\beta_1=\frac{\sqrt[4]{3(1-\mu^2)}}{\sqrt{Rt_1}}$，$Q_0$ 式中的负号表示图 2-23 中假定的 Q_0 方向与实际方向相反。

如 $n=2$，则有

$$Q_0=-0.112\frac{p(2-\mu)}{\beta_1}$$

$$M_0=0.036\frac{p(2-\mu)}{\beta_1^2}$$

取 $\mu=0.3$，

$$\left.\begin{aligned}Q_0&=-0.148p\sqrt{Rt_1}\\M_0&=0.037pRt_1\end{aligned}\right\}\tag{2-54}$$

同前做法可算得筒体连接处的应力（计算过程从略）：

$$\sum{}_1\sigma_x=(0.5\pm0.222)\frac{pR}{t_1}$$

$$\sum{}_1\sigma_\theta=(1-0.258\pm0.067)\frac{pR}{t_1}$$

和

$$\sum{}_2\sigma_x=(0.5\pm0.111)\frac{pR}{t_2}$$

$$\sum{}_2\sigma_\theta=(1+0.502\pm0.033)\frac{pR}{t_2}$$

如将上述 $\sum{}_1\sigma_x$ 表示为下列形式：

$$\sum{}_1\sigma_x=\left(\frac{1}{2}\pm1.54\frac{C}{pR}\right)\frac{pR}{t_1}$$

则如图 2-24 所示，降低 n 或将厚壁侧端部削薄到与薄壁侧厚度一致，其不连续应力随之下降，所以在压力容器设计中，当两筒节板厚相差太大时，需要考虑采用类似的过渡结构。

（五）不连续应力的局部性与自限性

由上述分析可以看出，在壳体的不连续区域由内压和边缘效应产生的应力由两部分组成，一是内压引起的薄膜应力，它们是根据无力矩理论由静力平衡方程直接导出，该应力沿壳体厚度均匀分布；二是由 Q_0、M_0 产生的弯曲变形引起的不连续应力，这部分应力又可细分为两类，一类是因边缘弯曲使边界附近平行圆径向膨胀或收缩产生的拉伸或压缩内力 N_θ 所代表的应力，它也是沿厚度均匀分布的应力，故也属于薄膜应力分量，但不同于压力引起的薄膜应力遍及整个筒体；第二类是 Q_x、M_x 引起的弯曲应力，这种应力沿厚度线性分布。但两类应力都随 x 的增加呈指数函数迅速衰减以至消失，这种性质称为不连续应力的局部性。对圆柱壳而言，其作用范围与 $\sqrt{Rt}$ 同一量级。

其次，不连续应力是由于毗邻壳体薄膜变形不相等和两部分的变形受到弹性束缚所致，因此对于用塑性材料制造的容器当不连续边缘区应力过大，一旦出现部分屈服变形时，这种弹性约束即自行缓解，变形不会继续发展，不连续应力也不再无限制地增加，这种性质称为不连续应力的“自限性”。

由于不连续应力具有局部和自限两种特性，除了分析设计法必须作详细的应力分析外，对于静载荷下的塑性材料的容器，在设计中一般不作具体计算，而采取结构上作局部调整的方法，限制其应力水平。这些方法不外是在连接处采用挠性结构，如不同形状壳体的圆弧过渡、不等厚壳体的削薄连接等，其次是采取局部加强措施，此外是减少外界引起的附加应力，如焊接残余应力、支座处的集中应力、开孔接管的应力集中等。但是对于承受低温或循环载荷的容器，或用脆性较大的材料制造的容器，因过高的不连续应力使材料对缺陷十分敏感，可能导致容器的疲劳失效或脆性破坏，因而在设计中必须核算不连续应力。

第二节　圆平板中的应力

一、概述

部分容器的封头、人孔或手孔盖、反应器触媒床的支承板以及板式塔的塔盘等，它们的形状通常是圆形平板或中心有孔的圆环形平板，这是组成容器的一类重要构件。与讨论薄壳一样，描述圆板几何特征也用中面、厚度和边界支承条件。如图 2-25 所示，只是圆板的中面是平面，对于薄板，其厚度与直径之比小于或等于五分之一，否则为厚板[1]。

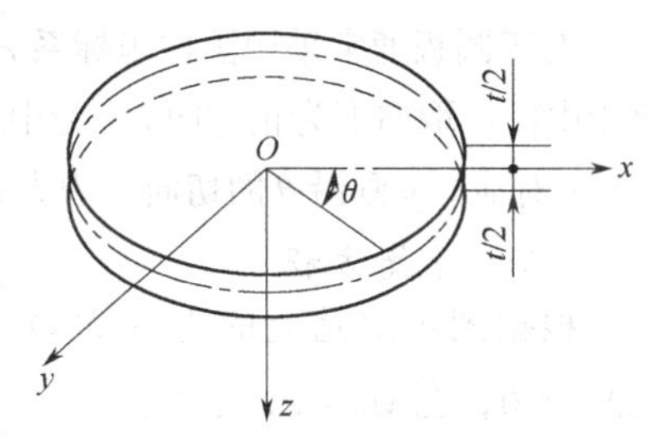

图 2-25　圆形薄平板

大多数圆板或圆环形板承受对称于圆板中心轴的横向载荷，所以圆板的应力和变形具有轴对称性质。圆板在横向载荷作用下，其基本受力特征是双向弯曲，即径向弯曲和周向弯曲，所以板的强度主要取决于厚度。大多数实际问题中，板弯曲后中面上的点在法线方向的位移，即挠度远小于板厚，本节主要讨论圆形薄板在轴对称横向载荷下小挠度弯曲的应力和变形问题。

对于弹性小挠度薄板，采用类似材料力学中直梁理论的近似假设，可大大简化理论分析。这些假设为[1]：

① 板弯曲时其中面保持中性，即板中面内的点无伸缩和剪切变形，只有沿中面法线的挠度 w；

② 板变形前中面的法线，在弯曲后仍为直线，且垂直于变形后的中面；

③ 垂直于板面的正应力与其他应力相比可略去不计。

因为问题具有静不定性质，所以与推导圆柱壳有矩理论的方法相似，需要建立平衡方程、几何方程和物理方程，最后得到挠度微分方程，解得圆板中的应力。

二、圆板轴对称弯曲的基本方程

（一）圆板中的内力

如图 2-26 所示的微元是用相距 $\mathrm{d}r$ 的两同心圆柱截面和夹角 $\mathrm{d}\theta$ 的两半径平面截出，微元的上下面即是圆板的表面。因轴对称，板内无转矩，且除同心圆柱截面上有横向剪力 Q_r

外，其他截面上剪力均为零，在微元侧面上还有径向弯矩 M_r、周向弯矩 M_θ 作用，它们都与 θ 无关，仅是坐标 r 的函数。如同上一节圆柱薄壳的有力矩理论分析，这些内力为沿中面单位长度均匀连续分布，力单位为［N/mm］，力矩单位为［N·mm/mm］。在垂直板面方向承受轴对称表面载荷 $p_z=p_z(r)$ 的作用。

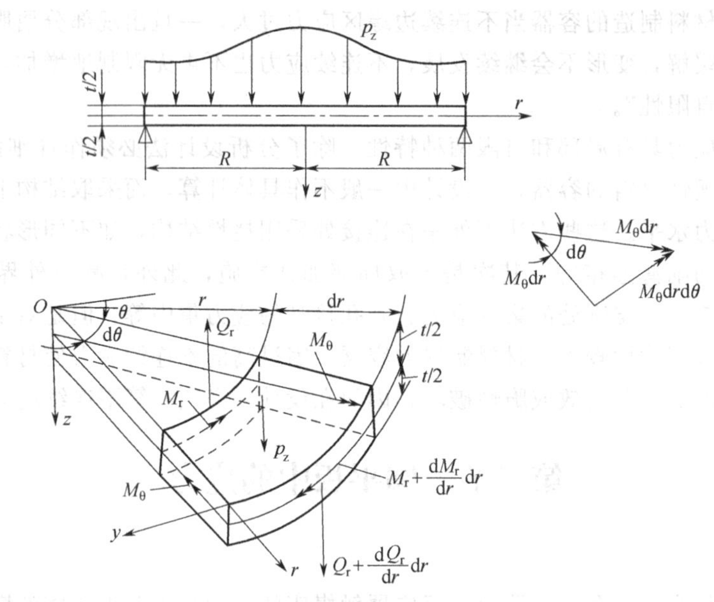

图 2-26　圆板中的内力分量

（弯矩以双箭头矢量表示，弯曲方向按右手规则）

对于圆板通常采用圆柱坐标系 r、θ 和 z，将变形前中面的圆心作为坐标原点；z 通过圆心垂直于中面，取向下为正方向，r 为中面上的点离开圆心的距离；θ 为极角。若建立流动直角坐标，x 与 r 对应，y 则沿 θ 的切向，内力方向的规定与上一节薄壳分析中一样，故图示内力皆为正值。

（二）平衡方程

根据图示微元上的力和力矩，可列出六个平衡条件：$\sum F_x=0$，$\sum F_y=0$，$\sum F_z=0$；$\sum M_x=0$，$\sum M_y=0$，$\sum M_z=0$。但因 x 和 y 方向无力，也无对 z 轴的力矩，而对 x 轴的力矩平衡条件又是自动满足，所以只留下两个平衡方程。由 $\sum F_z=0$，得：

$$\left(Q_r+\frac{dQ_r}{dr}dr\right)(r+dr)d\theta-Q_r r d\theta+p_z r d\theta dr=0$$

展开上式，合并同类项，略去三阶小量，则简化为：

$$Q_r dr d\theta+r\frac{dQ_r}{dr}dr d\theta+p_z r d\theta dr=0$$

消去因子 $drd\theta$，便得：

$$\frac{d(Q_r r)}{dr}=-p_z r \tag{2-55}$$

其次，由 $\sum M_y=0$，有：

$$\left(M_r+\frac{dM_r}{dr}dr\right)(r+dr)d\theta-M_r r d\theta-2M_\theta dr\sin\left(\frac{d\theta}{2}\right)-Q_r r d\theta dr+\frac{1}{2}p_z r d\theta dr^2=0$$

经展开后略去三阶小量，$\sin\left(\frac{d\theta}{2}\right)\approx\frac{d\theta}{2}$，并消去因子 $drd\theta$，最后得：

$$\frac{d(rM_r)}{dr}-M_\theta=Q_r r \tag{2-56}$$

式（2-55）和式（2-56）中含有 M_r，M_θ 和 Q_r 三个未知内力，显然要解出它们需借助补充方程。

（三）几何方程

受轴对称载荷圆板的弯曲变形也对称于中心轴，挠度 w 仅取决于坐标 r，与 θ 无关，所以只需考虑图 2-27 所示圆板的直径截面的变形情况。$\overline{AB}$是此截面上任一沿半径 r 方向并与中面相距 z 的极短纤维，$\overline{AB}=dr$。在板变形后，根据第二个假设，A 点和 B 点的横截面 m-n和 m'-n'仍垂直于变形后的中曲面，并分别转过角 φ 和 $\varphi+d\varphi$，故纤维$\overline{AB}$的径向应变为：

$$\varepsilon_r=\frac{z(\varphi+d\varphi)-z\varphi}{dr}=z\frac{d\varphi}{dr} \tag{a}$$

而过 A 点的圆周线的周向应变为：

$$\varepsilon_\theta=\frac{2\pi(r+z\varphi)-2\pi r}{2\pi r}=z\frac{\varphi}{r} \tag{b}$$

作为小挠度

$$\varphi=-\frac{dw}{dr} \tag{c}$$

等式右边的负号表示随着半径 r 的增大，w 却减小。

将式（c）代入式（a）和式（b），得：

$$\left.\begin{aligned}\varepsilon_r&=-z\frac{d^2w}{dr^2}\\ \varepsilon_\theta&=-\frac{z}{r}\frac{dw}{dr}\end{aligned}\right\} \tag{2-57}$$

上式即是轴对称变形下，表示应变与挠度关系的几何方程。

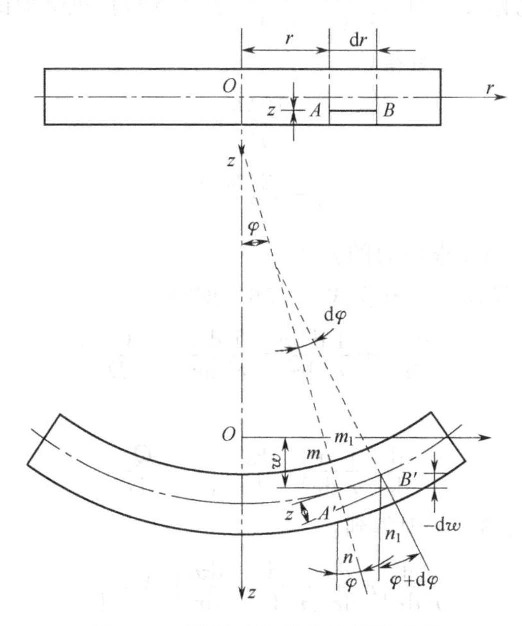

图 2-27 圆板对称弯曲的变形关系

（四）物理方程

根据基本假设③，$\sigma_z=0$，圆板呈两向应力状态。在圆柱坐标下，由虎克定律可得圆板的物理方程为：

$$\left.\begin{aligned}\sigma_r&=\frac{E}{1-\mu^2}(\varepsilon_r+\mu\varepsilon_\theta)\\\sigma_\theta&=\frac{E}{1-\mu^2}(\varepsilon_\theta+\mu\varepsilon_r)\end{aligned}\right\}\tag{2-58}$$

式中，E、μ 为圆板材料的弹性模量和泊松比。

（五）圆板轴对称弯曲的挠度微分方程

将式（2-57）代入式（2-58），得：

$$\left.\begin{aligned}\sigma_r&=-\frac{Ez}{1-\mu^2}\left(\frac{d^2w}{dr^2}+\frac{\mu}{r}\frac{dw}{dr}\right)\\\sigma_\theta&=-\frac{Ez}{1-\mu^2}\left(\frac{1}{r}\frac{dw}{dr}+\mu\frac{d^2w}{dr^2}\right)\end{aligned}\right\}\tag{d}$$

如图 2-28 所示，σ_r、σ_θ 沿板厚线性分布，中性面处应力为零。它们的合力即为沿微元中面周边作用的径向弯矩 M_r 和周向弯矩 M_θ，故

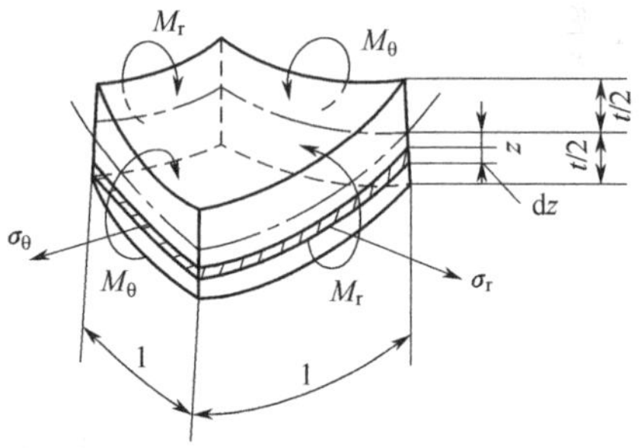

$$\left.\begin{aligned}M_r&=\int_{-\frac{t}{2}}^{\frac{t}{2}}\sigma_r z\,dz\\M_\theta&=\int_{-\frac{t}{2}}^{\frac{t}{2}}\sigma_\theta z\,dz\end{aligned}\right\}\tag{e}$$

图 2-28　圆板的应力和合成内力矩

将式（d）代入上式，积分后得：

$$\left.\begin{aligned}M_r&=-D\left(\frac{d^2w}{dr^2}+\frac{\mu}{r}\frac{dw}{dr}\right)\\M_\theta&=-D\left(\frac{1}{r}\frac{dw}{dr}+\mu\frac{d^2w}{dr^2}\right)\end{aligned}\right\}\tag{2-59}$$

式中，D 为圆板抗弯刚度，$D=\frac{Et^3}{12(1-\mu^2)}$，表示圆板抵抗弯曲的一种性能。

比较式（2-59）与式（d），可得：

$$\left.\begin{aligned}\sigma_r&=\frac{12M_r}{t^3}z\\\sigma_\theta&=\frac{12M_\theta}{t^3}z\end{aligned}\right\}\tag{2-60}$$

上式是由圆板内弯矩 M_r、M_θ 求应力的公式。

最后，把式（2-59）代入平衡方程式（2-56）即得：

$$\frac{d^3w}{dr^3}+\frac{1}{r}\frac{d^2w}{dr^2}-\frac{1}{r^2}\frac{dw}{dr}=-\frac{Q_r}{D}$$

上式可改写为以下形式：

$$\frac{d}{dr}\left[\frac{1}{r}\frac{d}{dr}\left(r\frac{dw}{dr}\right)\right]=-\frac{Q_r}{D}\tag{2-61}$$

如把式（2-61）代入式（2-55），则得到：

$$\frac{1}{r}\frac{d}{dr}\left\{r\frac{d}{dr}\left[\frac{1}{r}\frac{d}{dr}\left(r\frac{dw}{dr}\right)\right]\right\}=\frac{p_z}{D}\tag{2-62}$$

式（2-62）是在轴对称载荷作用下小挠度圆板的挠度微分方程式。它是一个四阶常微分方程，在由边界条件确定积分常数后，便可得到确定的 w 解，将 w 代入式（2-59），即得 M_r 和 M_θ，进而由式（2-60）计算圆板中任一点的应力。如剪力 Q_r 可直接由力平衡条件求得，

也可利用式（2-61）求解 w。

三、均布载荷下的圆板中的应力

用于容器的圆板通常受到均布的横向载荷的作用，即 $p_z=p=$常数，则式（2-62）的一般解为：

$$w=C_1r^2\ln r+C_2r^2+C_3\ln r+C_4+\frac{pr^4}{64D} \tag{2-63a}$$

式中，C_1、C_2、C_3 和 C_4 为积分常数，可由圆板中心和周边条件决定。将式（2-63a）代入式（2-61），得：

$$Q_r=-D\left(\frac{4C_1}{r}+\frac{pr}{2D}\right) \tag{2-63b}$$

对于实心圆板，在板中心 $r=0$ 处，由于 p 为有限量，该处的挠度和剪力应是有限量，故必有 $C_1=C_3=0$，此时式（2-63a）简化为：

$$w=C_2r^2+C_4+\frac{pr^4}{64D} \tag{2-64}$$

并有

$$-\varphi=\frac{\mathrm{d}w}{\mathrm{d}r}=2C_2r+\frac{pr^3}{16D} \tag{2-65}$$

$$\left.\begin{aligned}M_r&=-D\left[2(1+\mu)C_2+\frac{(3+\mu)pr^2}{16D}\right]\\M_\theta&=-D\left[2(1+\mu)C_2+\frac{(1+3\mu)pr^2}{16D}\right]\\Q_r&=-\frac{pr}{2}\end{aligned}\right\} \tag{2-66}$$

以上各式中 C_2，C_4 将由圆板周边的支承条件确定。下面讨论两种典型支承情况。

（一）周边简支的圆板

圆板周边简支图 2-29（a）表示周边不允许有挠度，但可以自由转动，因而不存在弯矩，

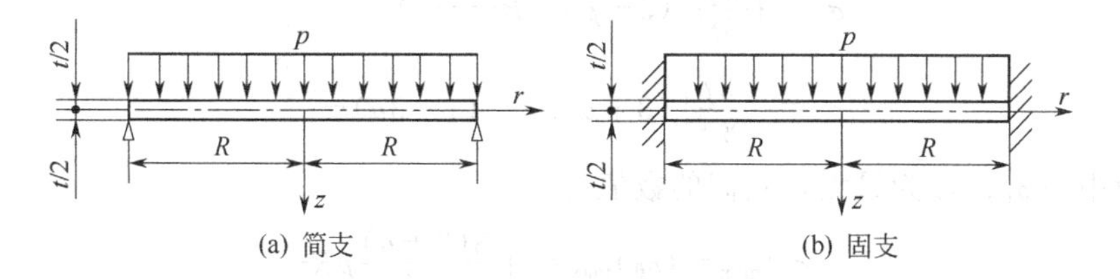

(a) 简支　　(b) 固支

图 2-29　承受均布横向载荷的圆板

此时边界条件为：

当 $r=R$ 时，　　$w=0\quad M_r=0$

或

$$C_2R^2+C_4+\frac{pR^4}{64D}=0$$

$$2D(1+\mu)C_2+\frac{(3+\mu)pR^2}{16}=0$$

解此方程组，求得：

$$C_2=-\frac{(3+\mu)pR^2}{(1+\mu)32D}$$

$$C_4=\frac{(5+\mu)pR^4}{(1+\mu)64D}$$

将上述积分常数代入式（2-64），得圆板的挠度：

$$w=\frac{p}{64D}(R^2-r^2)\left(\frac{5+\mu}{1+\mu}R^2-r^2\right) \tag{2-67}$$

且有

$$\frac{\mathrm{d}w}{\mathrm{d}r}=-\frac{pr}{16D}\left(\frac{3+\mu}{1+\mu}R^2-r^2\right)$$

在圆板中心（$r=0$）处有最大挠度，即

$$w_{\max}=(w)_{r=0}=\frac{(5+\mu)}{(1+\mu)}\frac{pR^4}{64D}=\frac{3(1-\mu)(5+\mu)}{16Et^3}pR^4 \tag{2-68}$$

在圆板周边处（$r=R$），转角为：

$$\varphi=\left(-\frac{\mathrm{d}w}{\mathrm{d}r}\right)_{r=R}=\frac{pR^3}{8D(1+\mu)} \tag{2-69}$$

将积分常数 C_2 代入式（2-66），就可得板中的弯矩和横向力：

$$\left.\begin{aligned}
M_r&=\frac{p}{16}(3+\mu)(R^2-r^2)\\
M_\theta&=\frac{p}{16}[(3+\mu)R^2-(1+3\mu)r^2]\\
Q_r&=-\frac{pr}{2}
\end{aligned}\right\} \tag{2-70}$$

和

$$\left.\begin{aligned}
\sigma_r&=\frac{3pz}{4t^3}(3+\mu)(R^2-r^2)\\
\sigma_\theta&=\frac{3pz}{4t^3}[(3+\mu)R^2-(1+3\mu)r^2]\\
\tau_{r\theta}&=\frac{3pr}{t^3}\left(z^2-\frac{t^2}{4}\right)
\end{aligned}\right\} \tag{2-71}$$

在板的上下表面$\left(z=\mp\frac{t}{2}\right)$处，其弯曲应力值为：

$$\left.\begin{aligned}
\sigma_r&=\mp\frac{3p}{8t^2}(3+\mu)(R^2-r^2)\\
\sigma_\theta&=\mp\frac{3p}{8t^2}[(3+\mu)R^2-(1+3\mu)r^2]
\end{aligned}\right\} \tag{2-72}$$

显然，在板中心 σ_r、σ_θ 为最大，它们的数值为

$$(\sigma_r)_{\max}=(\sigma_\theta)_{\max}=\mp\frac{3(3+\mu)}{8t^2}pR^2 \tag{2-73}$$

式中，正号表示拉应力，负号表示压应力。

图 2-30（a）是周边简支板下表面的 σ_r、σ_θ 分布曲线。

在工程设计中重视的是最大挠度和最大正应力，挠度反映板的刚度，应力则反映强度。由式（2-68）和式（2-73）可见，最大挠度和最大应力与圆板的材料、半径、厚度有关。因此，若构成板的材料和载荷已确定，则减小半径或增加厚度都可减小挠度和降低最大正应力，当圆板的几何尺寸和载荷一定，则选用 E、μ 较大的材料，可减小最大挠度值。然而最大应力只与（$3+\mu$）成正比，与 E 无关，而 μ 的数值变化范围小，故改变材料并不能获得有利的应力状态。

（二）周边固支的圆板

周边固支的圆板［图 2-29（b）］其支承处不允许有转动和挠度，这样的边界条件为：

当 $r=R$ 时，　$w=0$，$\varphi=0$，即$\frac{\mathrm{d}w}{\mathrm{d}r}=0$

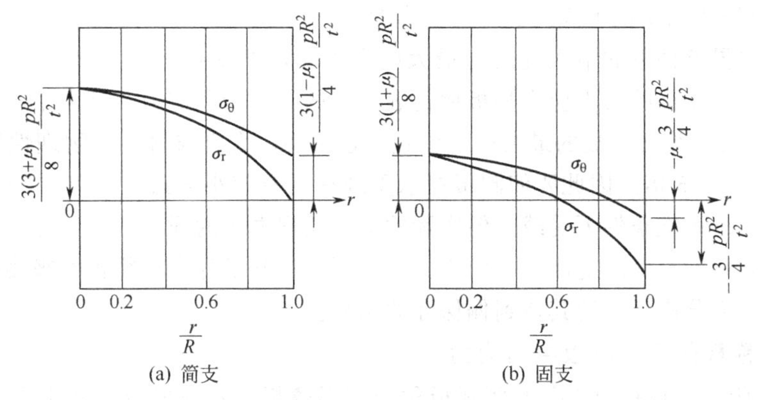

(a) 简支　　　(b) 固支

图 2-30　圆板的弯曲应力分布（板下表面）

在式（2-64）和式（2-65）中代入上述边界条件，得：

$$C_2R^2+C_4+\frac{pR^4}{64D}=0$$

$$2C_2R+\frac{pR^3}{16D}=0$$

解得

$$C_2=-\frac{pR^2}{32D}$$

$$C_4=\frac{pR^4}{64D}$$

因而

$$w=\frac{p}{64D}(R^2-r^2)^2 \tag{2-74}$$

显然，最大挠度仍发生在板中心处，为：

$$w_{\max}=\frac{pR^4}{64D}=\frac{3(1-\mu^2)}{16Et^3}pR^4 \tag{2-75}$$

将积分常数 C_2 代入式（2-66），得：

$$\left.\begin{aligned}M_r&=\frac{p}{16}[(1+\mu)R^2-(3+\mu)r^2]\\M_\theta&=\frac{p}{16}[(1+\mu)R^2-(1+3\mu)r^2]\end{aligned}\right\} \tag{2-76}$$

和

$$\left.\begin{aligned}\sigma_r&=\frac{3pz}{4t^3}[(1+\mu)R^2-(3+\mu)r^2]\\\sigma_\theta&=\frac{3pz}{4t^3}[(1+\mu)R^2-(1+3\mu)r^2]\end{aligned}\right\} \tag{2-77}$$

在板中心（$r=0$），则有：

$$M_r=M_\theta=\frac{1+\mu}{16}pR^2$$

在板边缘（$r=R$），弯矩为：

$$M_r=-\frac{pR^2}{8}$$

$$M_\theta=-\mu\frac{pR^2}{8}$$

因此，最大弯矩是边缘的径向弯矩，相应的最大应力在板上下表面$\left(z=\mp\frac{t}{2}\right)$上，即

$$(\sigma_r)_{\max}=\mp\frac{3}{4t^2}pR^2 \tag{2-78}$$

图 2-30（b）是周边固支板下表面的应力分布曲线。

比较两种边界条件下的最大挠度与最大应力可知，如 $\mu=0.3$，简支圆板的最大挠度约为固支的四倍。固支板的最大应力是板周边表面上的径向弯曲应力，其大小与材料物理性质（E、μ）完全无关；简支圆板的最大应力位置在板中心，大小与材料的物理性质 μ 有关，数值上是固支板的 1.65 倍。因此要使圆板在承受载荷后有较小的最大挠度和最大应力值，首先应该使圆板接近固支条件下受载。但实际的圆板实现真正的固支并不总是现实的，某些板的支承都可能有某种程度的挠曲，趋向简支的变形。因此设计中往往将本来接近固支的模型简化为简支或作部分修正、使其得到偏保守的结果。

四、轴对称载荷下环形板中的应力

如图 2-31 所示，具有中心孔的薄圆板称为环形薄板。若环形板的外半径与内半径分别用 a 和 b 表示，则$\dfrac{a-b}{2a}$的比值不太小时，环形板仍主要受弯曲，故可利用上述圆板的基本方程式的解（2-63）式，只是其中的积分常数 C_1、C_3 不再等于零，四个积分常数将分别由内外边缘的边界条件决定。下面例举两种轴对称载荷作用下的环形薄板的弯曲问题加以讨论。

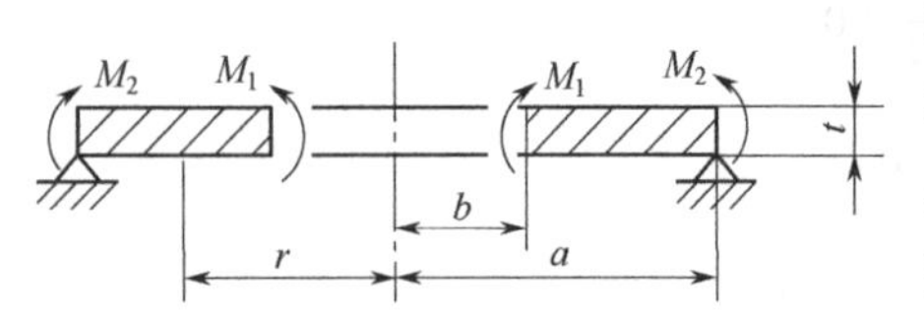

图 2-31　内外周边受均布弯矩的环形板

（一）承受均布边缘弯矩的环形板

图 2-31 中的环形板，其内边为自由边，外边为简支，弯矩 M_1 和 M_2 分别沿内外圆周均匀分布。这种环板的边界条件由下式表示：

当 $r=b$ 时，
$$\left.\begin{aligned} Q_r&=0\\ M_r&=M_1\end{aligned}\right\}\tag{a}$$

当 $r=a$ 时，
$$\left.\begin{aligned} w&=0\\ M_r&=M_2\end{aligned}\right\}\tag{b}$$

因 $p=0$，由式（2-63）、式（2-59）和式（2-61）得：

$$\left.\begin{aligned}
&w=C_1r^2\ln r+C_2r^2+C_3\ln r+C_4\\
&M_r=-D\left(\frac{\mathrm{d}^2w}{\mathrm{d}r^2}+\frac{\mu}{r}\frac{\mathrm{d}w}{\mathrm{d}r}\right)=-D\Big[2(1+\mu)C_2+(3+\mu)C_1+\\
&\qquad 2(1+\mu)C_1\ln r-\frac{(1-\mu)}{r^2}C_3\Big]\\
&M_\theta=-D\left(\frac{1}{r}\frac{\mathrm{d}w}{\mathrm{d}r}+\mu\frac{\mathrm{d}^2w}{\mathrm{d}r^2}\right)=-D\Big[2(1+\mu)C_2+(1+3\mu)C_1+\\
&\qquad 2(1+\mu)C_1\ln r+\frac{(1-\mu)}{r^2}C_3\Big]\\
&Q_r=-D\frac{\mathrm{d}}{\mathrm{d}r}\left[\frac{1}{r}\frac{\mathrm{d}}{\mathrm{d}r}\left(r\frac{\mathrm{d}w}{\mathrm{d}r}\right)\right]=-\frac{4DC_1}{r}
\end{aligned}\right\}\tag{2-79}$$

将上述 w、M_r 和 Q_r 代入边界条件式（a）和式（b），应有 $C_1=0$，且

$$\left.\begin{aligned}
&2(1+\mu)C_2-\frac{1-\mu}{b^2}C_3=-\frac{M_1}{D}\\
&a^2C_2+\ln aC_3+C_4=0\\
&2(1+\mu)C_2-\frac{1-\mu}{a^2}C_3=-\frac{M_2}{D}
\end{aligned}\right\}\tag{c}$$

解此方程组后，得

$$\left.\begin{aligned} C_2&=\frac{(M_1b^2-M_2a^2)}{2D(1+\mu)(a^2-b^2)}\\ C_3&=\frac{a^2b^2(M_1-M_2)}{D(1-\mu)(a^2-b^2)}\\ C_4&=-\frac{a^2}{D(a^2-b^2)}\left[\frac{M_1b^2-M_2a^2}{2(1+\mu)}+\frac{(M_1-M_2)b^2\ln a}{1-\mu}\right]\end{aligned}\right\}\quad\text{(d)}$$

将这些常数代回式（2-79），得到如下挠度与内力矩的关系式：

$$\left.\begin{aligned} w&=\frac{1}{D(a^2-b^2)}\left[\frac{a^2b^2(M_1-M_2)}{1-\mu}\ln\frac{r}{a}-\frac{M_1b^2-M_2a^2}{2(1+\mu)}-(a^2-r^2)\right]\\ M_r&=\frac{M_2a^2(r^2-b^2)-M_1b^2(r^2-a^2)}{r^2(a^2-b^2)}\\ M_\theta&=\frac{M_2a^2(r^2+b^2)-M_1b^2(r^2+a^2)}{r^2(a^2-b^2)}\\ Q_r&=0\end{aligned}\right.\quad(2\text{-}80)$$

现讨论几种特殊情况：

（1）若 $M_1=0$，式（2-80）成为：

$$\left.\begin{aligned} w&=\frac{M_2a^2}{D(a^2-b^2)}\left[\frac{a^2-r^2}{2(1+\mu)}-\frac{b^2}{1-\mu}\ln\frac{r}{a}\right] &\text{(a)}\\ M_r&=\frac{M_2a^2}{a^2-b^2}\left(1-\frac{b^2}{r^2}\right) &\text{(b)}\\ M_\theta&=\frac{M_2a^2}{a^2-b^2}\left(1+\frac{b^2}{r^2}\right) &\text{(c)}\\ Q_r&=0 &\text{(d)}\end{aligned}\right\}\quad(2\text{-}81)$$

（2）若 $M_2=0$，由式（2-80）得：

$$\left.\begin{aligned} w&=\frac{M_1b^2}{D(a^2-b^2)}\left[\frac{a^2}{1-\mu}\ln\frac{r}{a}-\frac{a^2-r^2}{2(1+\mu)}\right] &\text{(a)}\\ M_r&=\frac{M_1b^2(a^2-r^2)}{r^2(a^2-b^2)}=\frac{M_1b^2}{a^2-b^2}\left[\left(\frac{a}{r}\right)^2-1\right] &\text{(b)}\\ M_\theta&=-\frac{M_1b^2(a^2+r^2)}{r^2(a^2-b^2)}=\frac{M_1b^2}{a^2-b^2}\left[\left(\frac{a}{r}\right)^2+1\right] &\text{(c)}\\ Q_r&=0 &\text{(d)}\end{aligned}\right\}\quad(2\text{-}82)$$

（3）若 $M_1=0$，且 $b=0$，此相当简支圆板外周边受纯弯矩作用的情况，如图 2-32 所示。由式（2-81），并令 $a=R$，$M_2=M$，得

$$\left.\begin{aligned} w&=\frac{M(R^2-r^2)}{2D(1+\mu)}\\ M_r&=M_\theta=M\end{aligned}\right\}\quad(2\text{-}83)$$

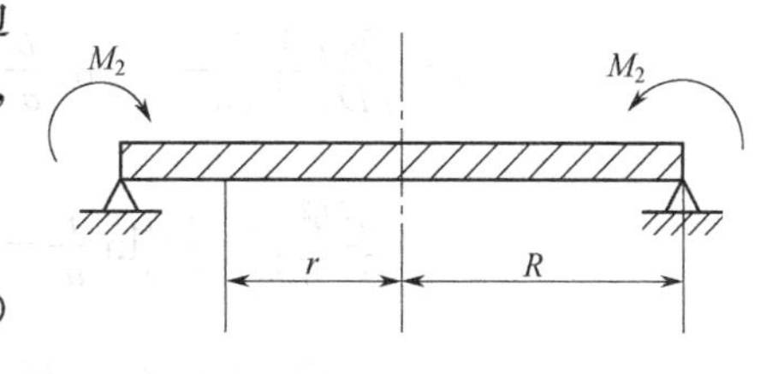

图 2-32　外周边受均布弯矩的圆板

且有

$$\frac{\mathrm{d}w}{\mathrm{d}r}=-\frac{Mr}{D(1+\mu)}$$

（二）内周边承受均布横剪力的环形板

如图 2-33 所示的环形板，内周边受均匀分布的横向剪力 Q 的作用。同上述环形板一样，内周边自由，外周边简支，此时边界条件为：

$$
\left.\begin{array}{ll}
\text{当 } r=b \text{ 时，} & M_r=0 \\
 & Q_r=-Q \\
\text{当 } r=a \text{ 时，} & w=0 \\
 & M_r=0
\end{array}\right\} \tag{e}
$$

因 $p=0$，故用式（2-79）解的形式，并代入上列边界条件，得到四个关于积分常数的代数方程式：

$$
\left.\begin{array}{r}
2(1+\mu)C_2+(3+\mu)C_1+2(1+\mu)C_1\ln b-\dfrac{1-\mu}{b^2}C_3=0 \\
\dfrac{4D}{b}C_1=Q \\
a^2C_1\ln a+a^2C_2+C_3\ln a+C_4=0 \\
2(1+\mu)C_2+(3+\mu)C_1+2(1+\mu)C_1\ln a-\dfrac{1-\mu}{a^2}C_3=0
\end{array}\right\} \tag{f}
$$

解此方程组，得到各积分常数为：

$$
\left.\begin{array}{l}
C_1=\dfrac{Qb}{4D} \\
C_2=\dfrac{Qb}{4D}\left[\dfrac{b^2}{a^2-b^2}\ln\dfrac{b}{a}-\ln a-\dfrac{(3+\mu)}{2(1+\mu)}\right] \\
C_3=\dfrac{Qa^2b^3(1+\mu)}{2D(1-\mu)(a^2-b^2)}\ln\dfrac{b}{a} \\
C_4=\dfrac{Qa^2b}{2D}\left[\dfrac{(3+\mu)}{4(1+\mu)}-\dfrac{b^2}{a^2-b^2}\left(\dfrac{1}{2}+\dfrac{1+\mu}{1-\mu}\ln a\right)\ln\dfrac{b}{a}\right]
\end{array}\right\} \tag{g}
$$

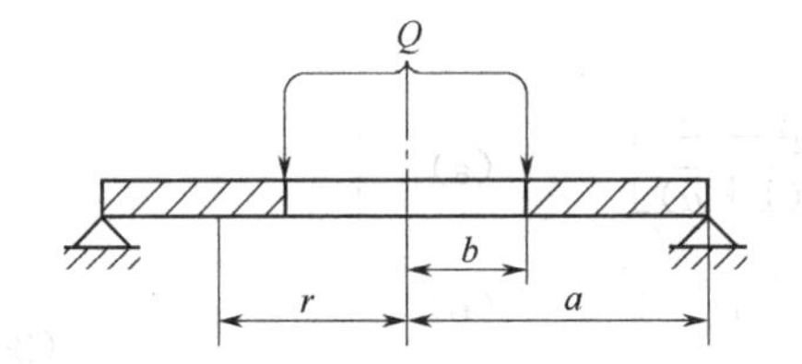

图 2-33　内周边受均布横向剪力的环形板

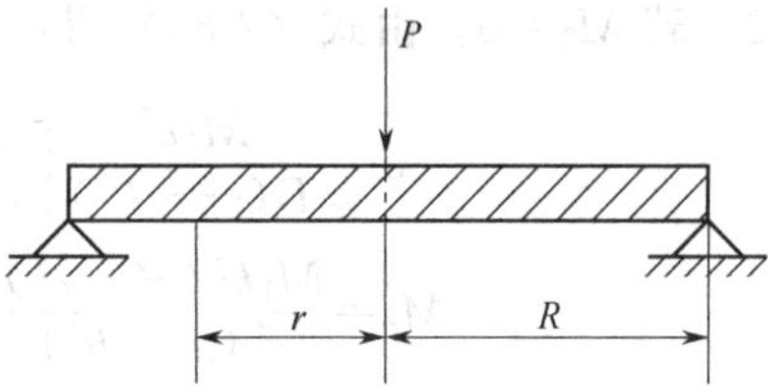

图 2-34　中央受集中载荷的简支板

将上述积分常数代回式（2-79），则得：

$$
\left.\begin{array}{lr}
w=\dfrac{Qb}{2D}\left\{\dfrac{1}{2}\left[\dfrac{b^2}{a^2-b^2}\ln\dfrac{b}{a}+\ln\dfrac{r}{a}-\dfrac{3+\mu}{2(1+\mu)}\right]r^2+\right. & \\
\qquad\left.\dfrac{a^2b^2}{a^2-b^2}\left(\dfrac{1+\mu}{1-\mu}\ln\dfrac{r}{a}-\dfrac{1}{2}\right)\ln\dfrac{b}{a}+\dfrac{a^2(3+\mu)}{4(1+\mu)}\right\} & \text{(a)} \\
M_r=-\dfrac{Qb(1+\mu)}{2}\left[\dfrac{b^2}{a^2-b^2}\left(1-\dfrac{a^2}{r^2}\right)\ln\dfrac{b}{a}+\ln\dfrac{r}{a}\right] & \text{(b)} \\
M_\theta=-\dfrac{Qb(1+\mu)}{2}\left[\dfrac{b^2}{a^2-b^2}\left(1+\dfrac{a^2}{r^2}\right)\ln\dfrac{b}{a}+\ln\dfrac{r}{a}-\dfrac{1-\mu}{1+\mu}\right] & \text{(c)} \\
Q_r=-\dfrac{Qb}{r} & \text{(d)}
\end{array}\right\} \tag{2-84}
$$

如令上式中 b 趋于零，略去 $b^2\ln\dfrac{b}{a}$，并取 $P=2\pi bQ$，$a=R$，则可得到中央受集中载荷 P 的简支圆板的挠度和内弯矩方程式（图 2-34），即

$$\left.\begin{aligned}
w&=\frac{P}{16\pi D}\left[2r^2\ln\frac{r}{R}+\frac{3+\mu}{1+\mu}(R^2-r^2)\right]\\
M_r&=\frac{P}{4\pi}(1+\mu)\ln\frac{R}{r}\\
M_\theta&=\frac{P}{4\pi}\left[(1+\mu)\ln\frac{R}{r}+1-\mu\right]
\end{aligned}\right\}\tag{2-85}$$

（三）叠加法求环形板的挠度和应力[2]

应用叠加法，由前述关于环形板的解以及实心圆板的解，可以在弹性范围内得到在其他支承情况和其他载荷作用下的解。例如图 2-35（a）所示的环形圆板，其外周边简支，内周边自由，上表面承受均布载荷。这一情况首先可看成是图 2-35 中（b）、（c）两种情形的叠加结果。对于图 2-35（b）可以看成是在一板面承受均布载荷 p 的周边简支实心圆板中央挖去 $r=b$ 的部分圆板，留下的一简支环形圆板，在其内周边的环形柱面上作用着与取走的部分圆板外圆柱面上作用的弯矩 M 与剪力 Q 大小相等，方向相反的反作用弯矩 M 与剪力 Q，它们可由式（2-70）导出，即：

$$M=\frac{p}{16}(3+\mu)(a^2-b^2)$$

$$Q=-\frac{pb}{2}$$

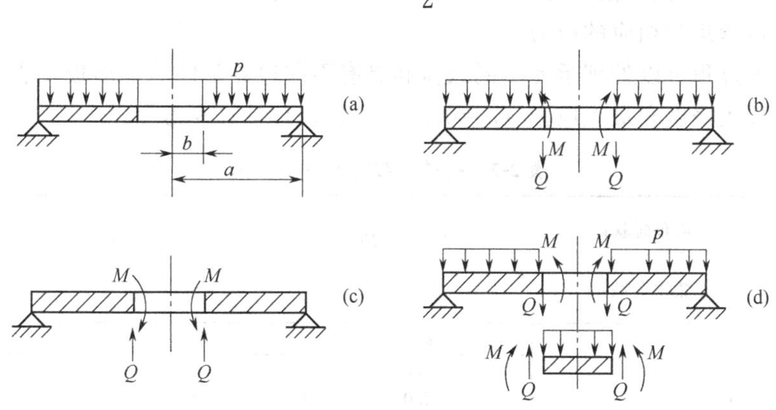

图 2-35　叠加法求环形板弯曲问题

这样可以将本问题的解转化成由图 2-35（c）和（d）叠加为（a）的结果。于是有：

$$\left.\begin{aligned}
w&=(w)^p[\text{式}(2\text{-}67)]-(w)^M[\text{式}(2\text{-}82)]-(w)^Q[\text{式}(2\text{-}84)]\\
M_r&=(M_r)^p[\text{式}(2\text{-}70)]-(M_r)^M[\text{式}(2\text{-}82)]-(M_r)^Q[\text{式}(2\text{-}84)]\\
M_\theta&=(M_\theta)^p[\text{式}(2\text{-}70)]-(M_\theta)^M[\text{式}(2\text{-}82)]-(M_\theta)^Q[\text{式}(2\text{-}84)]
\end{aligned}\right\}\tag{2-86}$$

式中，上标“p”、“M”、“Q”分别表示实心板受均布压力 p 作用以及圆环板受 M 和 Q 作用引起的挠度和弯矩。式（2-82）与式（2-84）中的 M_1 与 Q 用上述 M、Q 的数值代入（注意，力与力矩的方向）。

现以挠度为例，由式（2-67）、[2-82（a）]、[2-84（a）] 顺序可得：

$$w^p=\frac{p}{64D}(a^2-r^2)\left(\frac{5+\mu}{1+\mu}a^2-r^2\right)$$

$$w^M = \frac{Mb^2}{D(a^2-b^2)}\left[\frac{a^2}{1-\mu}\ln\frac{r}{a} - \frac{a^2-r^2}{2(1+\mu)}\right]$$

$$= \frac{p(3+\mu)b^2}{16D}\left[\frac{a^2}{1-\mu}\ln\frac{r}{a} - \frac{a^2-r^2}{2(1+\mu)}\right]$$

$$w^Q = \frac{Qpb^2}{4D}\left\{\frac{1}{2}\left[\frac{b^2}{a^2-b^2}\ln\frac{b}{a} + \ln\frac{r}{a} - \frac{3+\mu}{2(1+\mu)}\right]r^2 + \frac{a^2b^2}{a^2-b^2}\left(\frac{1+\mu}{1-\mu}\ln\frac{r}{a} - \frac{1}{2}\right)\ln\frac{b}{a} + \frac{a^2(3+\mu)}{4(1+\mu)}\right\}$$

于是代入式(2-86)，并设 $\alpha=\frac{a}{b}$，$\zeta=\frac{r}{b}$，经整理后得：

$$w = \frac{pa^4}{Et^3}\frac{3(1-\mu^2)}{2\alpha^4}\left\{\frac{1}{8}(\alpha^2-\zeta^2)\left[\frac{5+\mu}{1+\mu}\alpha^2 - \zeta^2 - \frac{2(3+\mu)}{1+\mu} - \frac{8}{\alpha^2-1}\ln\alpha\right] + \left[\frac{3+\mu}{2(1-\mu)}\alpha^2 + \zeta^2 - \frac{2(1+\mu)}{1-\mu}\frac{\alpha^2}{\alpha^2-1}\ln\alpha\right]\ln\frac{\alpha}{\zeta}\right\}$$

当 $\zeta=1$，即 $r=b$ 处，

$$w=(w)_{\max}=k_1\frac{pa^4}{Et^3}$$

式中

$$k_1 = \frac{3}{2}\frac{(1-\mu^2)}{\alpha^4}\left\{\frac{1}{8}(\alpha^2-1)\left[\frac{5+\mu}{1+\mu}\alpha^2 - 1 - \frac{2(3+\mu)}{1+\mu} - \frac{8}{\alpha^2-1}\ln\alpha\right] + \left[\frac{3+\mu}{2(1-\mu)}\alpha^2 + 1 - \frac{2(1+\mu)}{1-\mu}\frac{\alpha^2}{\alpha^2-1}\ln\alpha\right]\ln\alpha\right\}$$

当 $\mu=0.3$ 时，取不同的 α 值可得各个 k_1 值。如 $\alpha=3$，则 $k_1=0.824$。

同理可求得弯矩和相应的应力。

应用类似的过程可以处理承受不同载荷和具有不同边界条件的环形板。表 2-2 列举了几种典型环形板最大挠度和最大应力（$\mu=0.3$），可供设计计算参考。

表 2-2 各种加载情形下的环板

均布荷载：$w_{\max}=k_1\frac{pa^4}{Et^3}$，$\sigma_{\max}=k_2\frac{pa^2}{t^2}$

集中荷载：$w_{\max}=k_3\frac{Pa^2}{Et^3}$，$\sigma_{\max}=k_4\frac{P}{t^2}$

情形	a/b	k_1	k_2
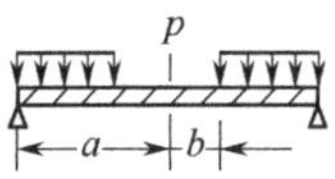 A. 外边简支	1.5	0.414	0.976
	2.0	0.682	1.44
	3.0	0.824	1.88
	4.0	0.830	2.08
	5.0	0.813	2.19
B. 内边和外边固定	1.5	0.0062	0.273
	2.0	0.0329	0.71
	3.0	0.110	1.54
	4.0	0.179	2.23
	5.0	0.234	2.80
C. 内边和外边固支	a/b	k_3	k_4
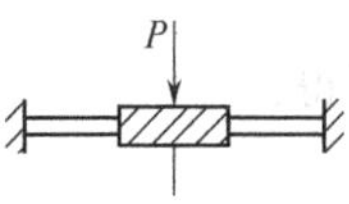	1.5	0.0064	0.22
	2.0	0.0237	0.405
	3.0	0.062	0.703
	4.0	0.092	0.933
	5.0	0.114	1.13

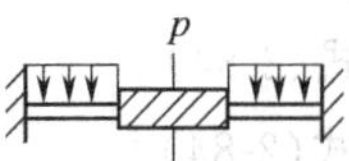

续表

均布荷载：	$w_{\max}=k_1\dfrac{pa^4}{Et^3}$，	$\sigma_{\max}=k_2\dfrac{pa^2}{t^2}$	
集中荷载：	$w_{\max}=k_3\dfrac{Pa^2}{Et^3}$，	$\sigma_{\max}=k_4\dfrac{P}{t^2}$	
D. 内边简支，外边自由	a/b	k_1	k_2
	1.5	0.491	1.19
	2.0	0.902	2.04
	3.0	1.220	3.34
	4.0	1.300	4.30
	5.0	1.310	5.10
E. 内边固定，外边自由	a/b	k_3	k_4
	1.5	0.0249	0.428
	2.0	0.0877	0.753
	3.0	0.209	1.205
	4.0	0.293	1.514
	5.0	0.350	1.745

五、带平封头圆筒的不连续分析[3]

圆形平封头常用作圆筒形容器的封头。平封头除受横向均布内压造成弯曲之外，在封头与圆筒连接处存在着不连续应力，此值有时相当大而不容忽视。下面将利用以上所学知识给出计算方法。

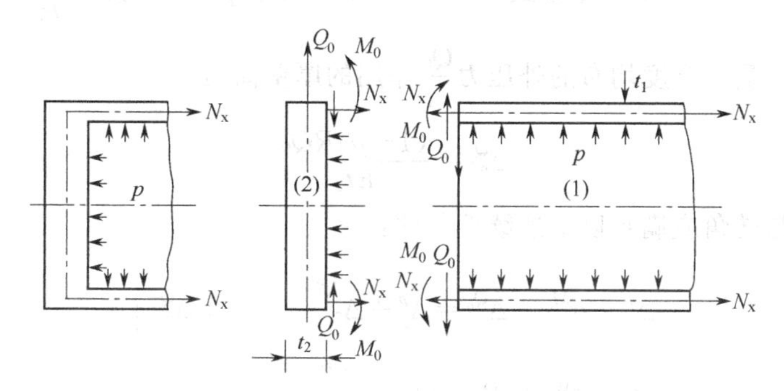

图 2-36　带圆平板封头的圆筒

(1)——封头；(2)——筒体

带圆平封头的圆筒如图 2-36 所示，内部作用均匀分布的压力 p。用一假想截面将圆筒与圆板在连接部位切开，则它们之间有相互作用的内力 N_x、Q_0 和 M_0。N_x 由封头所受轴向力的平衡条件求得，即

$$N_x=\frac{\pi R^2 p}{2\pi R}=\frac{1}{2}pR \tag{a}$$

而 Q_0、M_0 由封头与圆柱壳在连接处的变形协调条件给出。

圆筒在内压 p、Q_0 和 M_0 作用下连接处的径向位移与经线转角（正负向规定见第一节），由表 2-1 与式（2-46）得到：

$$\left.\begin{aligned}
&\Delta_1^p=-\frac{pR^2}{2Et_1}(2-\mu),\theta_1^p=0\\
&\Delta_1^{M_0}=-\frac{1}{2\beta^2D_1}M_0,\theta_1^{M_0}=\frac{1}{\beta D_1}M_0\\
&\Delta_1^{Q_0}=-\frac{1}{2\beta^3D_1}Q_0,\theta_1^{Q_0}=\frac{1}{2\beta^2D_1}Q_0
\end{aligned}\right\} \tag{b}$$

式中　D_1——圆筒的抗弯刚度，$D_1=\dfrac{Et_1^3}{12(1-\mu^2)}$。

对于圆平板封头，在横向均布压力 p 和弯矩 $\left(M_0-\dfrac{Q_0t_2}{2}\right)$ 作用下，连接处圆平板中面的转角可由式（2-69）和式（2-83）得到（此处假设圆板周边简支）。

$$\left.\begin{aligned}\theta_2^p&=\frac{pR^3}{8D_2(1+\mu)}\\ \theta_2^{\left(M_0-\frac{Q_0t_2}{2}\right)}&=-\left(M_0-\frac{Q_0t_2}{2}\right)\frac{R}{(1+\mu)D_2}\end{aligned}\right\}\tag{c}$$

式中　D_2——圆板的抗弯刚度，$D_2=\dfrac{Et_2^3}{12(1-\mu^2)}$。

而因转角在板表面引起的径向位移为：

$$\left.\begin{aligned}\Delta_2^p&=\theta_2^p\frac{t_2}{2};\\ \Delta_2^{\left(M_0-\frac{Q_0t_2}{2}\right)}&=\theta_2^{\left(M_0-\frac{Q_0t_2}{2}\right)}\frac{t_2}{2}\end{aligned}\right\}\tag{d}$$

其次，圆板承受边缘剪力 Q_0 作用时，其中面的径向位移 Δ_2^p 可利用本书第五章厚壁圆筒的位移表达式（5-9）导得（令该式中 $R_i=0$，$R_0=R$，$p_i=0$，$p_0=\dfrac{Q_0}{t_2}$，即近似地将圆板视作内半径为零、受沿厚度均布的外压力$\dfrac{Q_0}{t_2}$作用的厚壁筒）：

$$\Delta_2^{Q_0}=\frac{(1-\mu)RQ_0}{Et_2}\tag{e}$$

上述各径向位移与转角应满足以下连续性条件：

$$\left.\begin{aligned}\Delta_1^p+\Delta_1^{M_0}+\Delta_1^{Q_0}&=\Delta_2^p+\Delta_2^{\left(M_0-\frac{Q_0t_2}{2}\right)}+\Delta_2^{Q_0}\\ \theta_1^p+\theta_1^{M_0}+\theta_1^{Q_0}&=\theta_2^p+\theta_2^{\left(M_0-\frac{Q_0t_2}{2}\right)}\end{aligned}\right\}\tag{f}$$

或

$$\left.\begin{aligned}&-\frac{pR^2}{2Et_1}(2-\mu)-\frac{1}{2\beta^2D_1}M_0-\frac{1}{2\beta^3D_1}Q_0\\ &=\frac{pR^3}{8D_2(1+\mu)}\frac{t_2}{2}-\left(M_0-\frac{Q_0t_2}{2}\right)\frac{R}{(1+\mu)D_2}\frac{t_2}{2}+\frac{(1-\mu)RQ_0}{Et_2}\\ &\frac{1}{\beta D_1}M_0+\frac{1}{2\beta^2D_1}Q_0=\frac{pR^3}{8(1+\mu)D_2}-\left(M_0-\frac{Q_0t_2}{2}\right)\frac{R}{(1+\mu)D_2}\end{aligned}\right\}\tag{g}$$

或

$$\left.\begin{aligned}&\left[-\frac{1}{2\beta^2D_1}+\frac{Rt_2}{2(1+\mu)D_2}\right]M_0-\left[\frac{1}{2\beta^3D_1}+\frac{(1-\mu)R}{Et_2}+\frac{Rt_2^2}{4(1+\mu)D_2}\right]Q_0\\ &=\frac{pR^2}{2Et_1}(2-\mu)+\frac{pR^3t_2}{16(1+\mu)D_2}\\ &\left[\frac{1}{\beta D_1}+\frac{R}{(1+\mu)D_2}\right]M_0+\left[\frac{1}{2\beta^2D_1}-\frac{Rt_2}{2(1+\mu)D_2}\right]Q_0\\ &=\frac{pR^3}{8(1+\mu)D_2}\end{aligned}\right\}\tag{h}$$

由此解得 M_0、Q_0，如将 D_1、D_2 和 β 的表达式代入，则得：

$$
\left.\begin{aligned}
M_0 &= \frac{p}{4\beta^2\Delta}\left[(2-\mu+\alpha_3)(1-\alpha_1)+\frac{2\alpha_3}{\alpha_2}\left(1+\frac{2}{3}\alpha_1\alpha_2\right)\right] \\
Q_0 &= -\frac{p}{2\beta\Delta}\left[(2-\mu+\alpha_3)\left(1+\frac{\alpha_1}{\alpha_2}\right)+\frac{\alpha_3}{\alpha_2}(1-\alpha_1)\right]
\end{aligned}\right\} \tag{2-87}
$$

式中

$$\alpha_1=\frac{3(1-\mu)}{\sqrt{3(1-\mu^2)}}\left(\frac{t_1}{t_2}\right)^2$$

$$\alpha_2=\sqrt[4]{3(1-\mu^2)}\frac{t_2/t_1}{\sqrt{R/t_1}}$$

$$\alpha_3=\frac{3(1-\mu)}{2}\left(\frac{t_1}{t_2}\right)^2\left(\frac{R}{t_1}\right)$$

$$\Delta=1+\alpha_1\left(2+\frac{4}{3}\alpha_2+\frac{2}{\alpha_2}\right)+\frac{1}{3}\alpha_1^2$$

表 2-3 为不同的 R/t_2 及 t_2/t_1 比值下的 $\frac{M_0}{4pR^2}$ 和 $\frac{Q_0}{2pR}$ 值，由表中数值和进一步计算表明，在表列参数范围内，最大应力位于连接处的壳体中，而封头中应力的最大值一般出现在边缘处，当板厚相对于壳厚增加时，变为中心最大，且当壳体尺寸不变时，这些最大应力值随板厚增加而减少。

表 2-3　带圆平板封头边缘弯矩和剪力

(a) $M_0/(4pR^2)$

R/t_2 \ t_2/t_1	0.8	1.0	1.2	1.6	2.0
20	−0.0260	−0.0248	−0.0235	−0.0207	−0.0179
40	−0.0274	−0.0264	−0.0253	−0.0228	−0.0201
50	−0.0278	−0.0268	−0.0258	−0.0234	−0.0209
150	−0.0292	−0.0286	−0.0278	−0.0261	−0.0241
250	−0.0296	−0.0291	−0.0285	−0.0271	−0.0254

(b) $Q_0/(2pR)$

R/t_2 \ t_2/t_1	0.8	1.0	1.2	1.6	2.0
20	0.3106	0.3349	0.3508	0.3627	0.3555
40	0.4344	0.4740	0.5022	0.5308	0.5305
50	0.4855	0.5313	0.5647	0.6009	0.6048
150	0.8476	0.9371	1.0082	1.1041	1.1477
250	1.1004	1.2201	1.3178	1.4583	1.5357

根据式(2-87)解出 M_0、Q_0 值后，可由以下各式求平封头与圆筒中的应力。

平封头中的应力为：

$$\sigma_{r_2}=-\frac{Q_0}{t_2}\mp\frac{6\left(M_0-Q_0\dfrac{t_2}{2}\right)}{t_2^2}\pm\frac{3(3+\mu)}{8t_2^2}p(R^2-r^2)$$

$$\sigma_{\theta^2}=-\frac{Q_0}{t_2}\mp\frac{6\left(M_0-Q_0\dfrac{t_2}{2}\right)}{t_2^2}\pm\frac{3p}{8t_2^2}[(3+\mu)R^2-(1+3\mu)r^2]$$

圆筒中的应力为：　(2-88)

$$\sigma_{x_1}=\frac{pR}{2t_1}\pm\frac{6}{\beta t_1^2}e^{-\beta x}[\beta M_0(\cos\beta x+\sin\beta x)+Q_0\sin\beta x]$$

$$\sigma_{\theta^1}=\frac{pR}{t_1}-\frac{2R\beta}{t_1}e^{-\beta x}[\beta M_0(\sin\beta x-\cos\beta x)-Q_0\cos\beta x]\mp\frac{6\mu e^{-\beta x}}{\beta t_1^2}[\beta M_0(\cos\beta x+\sin\beta x)+Q_0\sin\beta x]$$

当 $t_2 \gg t_1$，即相当于筒体与刚性平板封头相连接，此时式（2-87）中 α_1、α_3 趋于零，而 $\Delta=1$，故

$$\left.\begin{aligned}M_0&=\frac{p}{4\beta^2}(2-\mu)\\Q_0&=-\frac{p}{2\beta}(2-\mu)\end{aligned}\right\}\tag{2-89}$$

式中，Q_0 等式右边的负号表示图 2-36 中假定的 Q_0 方向与实际方向相反。

对于低碳钢，$\mu=0.3$，$\beta=\frac{\sqrt[4]{3(1-\mu^2)}}{\sqrt{Rt_1}}=\frac{1.285}{\sqrt{Rt_1}}$，则

$$M_0=0.257pRt_1$$

$$Q_0=-0.66p\sqrt{Rt_1}$$

连接处筒体经向的不连续应力和薄膜应力叠加后的应力为：

$${}_1\sigma_x=\frac{pR}{2t_1}\pm\frac{6M_0}{t_1^2}=\frac{+2.05}{-1.05}\times\frac{pR}{t_1}\binom{内}{外}壁\tag{2-90}$$

由此可见，${}_1\sigma_x$ 比薄膜周向应力大两倍，不连续应力在这种情况下是十分严重的。但这种应力的影响范围不大，例如当 $\beta x\approx\pi$，即 $x=\frac{\pi}{\beta}=\frac{\pi}{\frac{1.285}{\sqrt{Rt_1}}}\approx2.45\sqrt{Rt_1}$ 时，根据式（2-47）可知，$|M_x|\approx e^{-\pi}M_0=0.043M_0$，即经向弯矩已衰减掉 95.7%。

第三节　内压薄壁容器的设计计算

一、引言

前两节讨论了回转薄壁容器的应力求法。本节将在上述基础上介绍承受内压（设计压力不大于 35MPa）的容器筒体和封头等元件的强度计算方法。和其他工程设计一样，容器设计应根据工艺过程要求和条件，进行包括结构设计和强度计算两个方面。结构设计需要选择适用、合理、经济的结构形式，同时满足制造、检测、装配、运输和维修等要求；而强度计算的内容包括选择容器的材料，确定主要结构尺寸，满足强度、刚度和稳定性等要求，以保证容器安全可靠地运行。

如在绪论中已介绍过的，中国压力容器常规设计依据 GB 150《钢制压力容器》。该标准以弹性失效为设计准则，即认为容器只有完全处于弹性状态才是安全的，一旦结构中某一点计算的最大应力进入塑性范围，整个容器就认为是失效了。因此这种设计是以壳体主体的基本（薄膜）应力不超过材料的许用应力值，而对于结构不连续引起的附加应力，则以应力增强系数形式引入壁厚计算式，或在结构上加以各种限制，或在材料选择、制造工艺等方面给以不同要求的控制。

实际的容器不仅受内部介质压力作用，而且包括容器及其物料和内件的重量、风载、地震、温度差、附加外载荷等作用。设计中一般以介质压力作为确定壁厚的基本载荷，然后校核在其他载荷下器壁中应力，使容器对它们有足够的安全裕度。此外，作为常规设计，一般仅考虑静载荷，不考虑循环载荷和振动的影响，若须考虑该类载荷，则应按分析设计要求，作进一步的疲劳分析[4]。

按照材料力学中的强度理论，对于钢制容器适宜采用第三、四强度理论，但是由于第一

强度理论在容器设计历史上使用最早，有成熟的实践经验，而且由于强度条件不同而引起的误差已考虑在安全系数内，所以至今在容器常规设计中仍采用第一强度理论，即

$$\sigma_1 \leqslant [\sigma]$$

式中，σ_1 是器壁中三个主应力中最大一个主应力。对于内压薄壁容器的回转壳体，通常第一主应力（最大）为周向应力 σ_θ，第二主应力为经向应力 σ_φ，另一个主应力是径向应力 σ_z，由于 σ_z 与 σ_φ 和 σ_θ 相比可忽略不计，按 $\sigma_3=\sigma_z\approx 0$ 计，所以第三强度理论与第一强度理论一致。在对容器壳体各元件进行强度计算时，主要是确定 σ_1，并将其控制在许用应力范围以内，进而求得容器的厚度。

二、圆筒和球壳的设计计算

（一）圆筒

圆筒承受均匀内压作用时，其器壁中产生如下薄膜应力（设圆筒的平均直径为 D，壁厚为 t）：

$$\sigma_\theta=\frac{pD}{2t}$$

和

$$\sigma_x=\frac{pD}{4t}$$

而

$$\sigma_z\approx 0$$

显然，$\sigma_1=\sigma_\theta$，故按照第一强度理论可得：

$$\sigma_1=\frac{pD}{2t}\leqslant[\sigma]^t \tag{a}$$

因工艺设计中一般给出内直径 D_i，$D=D_i+t$，将此代入式（a）得：

$$\frac{p(D_i+t)}{2t}\leqslant[\sigma]^t \tag{b}$$

实际圆筒由钢板卷焊而成，焊缝区金属强度一般低于母材，所以上式中$[\sigma]^t$ 应乘以系数 φ。

$$\frac{p(D_i+t)}{2t}\leqslant[\sigma]^t\varphi$$

对上式进行整理，并以 p_c 代替 p，得：

$$t=\frac{p_cD_i}{2[\sigma]^t\varphi-p_c} \tag{c}$$

式中 t——计算厚度，mm；

p_c——计算压力，MPa；

D_i——圆筒内直径，mm；

φ——焊接接头系数，$\varphi\leqslant 1.0$；

$[\sigma]^t$——设计温度下材料的许用应力，MPa。

其次，考虑容器内部介质或周围大气腐蚀，计算厚度应增加一腐蚀裕量 C_2。于是式（c）改写为：

$$t_d=\frac{p_cD_i}{2[\sigma]^t\varphi-p_c}+C_2 \qquad \text{mm} \tag{2-91}$$

式中 t_d——设计厚度，mm；

C_2——腐蚀裕量，mm。

设计厚度 t_d 是为了与仅按强度计算得到的计算厚度 t 相区别而定义的，由于供货钢板有可能出现负偏差，实际采用钢材标准规格的厚度是圆整值，故又定义 t_n 为名义厚度，它是

设计厚度加上钢板厚度负偏差，并向上圆整到钢板标准规格的厚度。t_n、t_d 和 t 三者的关系为：

$$t_n \geqslant t_d + C_1$$

$$t_d = t + C_2$$

或写作 $$t_n = t_d + C + \text{圆整值}$$

式中 C_1——钢材厚度负偏差，mm；

C——厚度附加量，$C = C_1 + C_2$，mm。

式（2-91）即是内压圆筒厚度的计算式。

另一种情况是当已经知道圆筒尺寸 D_i、t_n 或者需要对现存圆筒计算器壁中的应力是否在安全限度内，即强度校核问题。此时式（b）可改写为：

$$\sigma^t = \frac{p_c(D_i + t_e)}{2t_e} \leqslant \varphi[\sigma]^t \tag{2-92}$$

式中 σ^t——校核设计温度下圆筒器壁中的计算应力；

t_e——有效厚度，等于名义厚度减去厚度附加量，即 $t_e = t_n - C_1 - C_2$。

（二）球壳

球形容器的壳体是球壳，在受均匀内压作用时，按第一节分析，经向薄膜应力与周向薄膜应力相等，即

$$\sigma_\varphi = \sigma_\theta = \frac{pD}{4t}, \sigma_z \approx 0$$

故有 $$\sigma_1 = \frac{pD}{4t} \leqslant [\sigma]^t$$

同上法，其计算厚度的计算式可写成：

$$t = \frac{p_c D_i}{4[\sigma]^t \varphi - p_c} \tag{2-93}$$

若校核应力，则用下式计算：

$$\sigma^t = \frac{p_c(D_i + t_e)}{4t_e} \leqslant [\sigma]^t \varphi \tag{2-94}$$

将式（2-93）与式（c）比较可知，当压力、直径相同时，球壳的壁厚仅为圆筒之半，所以用球壳做容器，材料节省，占地面积小；但球壳是非可展曲面，拼接工作量大，所以制造工艺比圆筒复杂得多，对焊接技术的要求也高，大型带压的液化气或氧气等贮罐常用球罐型式。

三、设计参数的规定

（一）设计压力、工作压力、计算压力和设计温度

容器的设计压力是指设定的容器顶部的最高压力，与相应的设计温度一起作为设计载荷条件，其值不得低于容器的工作压力。容器的工作压力是指在正常操作情况下，容器顶部可能出现的最高压力。而在上述计算容器厚度中所用的计算压力是指在相应设计温度下，用以确定容器壳体元件厚度的压力，这里的压力都是指表压力。

对盛装液化气体的容器，设计压力应根据所装介质在容器可能达到的最高温度相应的饱和蒸汽压力确定。

若容器装有液体，当容器各部位或受压元件所承受的液柱静压力大于设计压力的 5% 时，液柱静压力应计入该部位或元件的计算压力内。

当容器上装有安全泄放装置时，其设计压力应根据不同型式的安全泄放装置确定。装设安全阀的容器，考虑到安全阀开启动作的滞后，容器不能及时泄压，设计压力不应低于安全

阀的开启压力，通常可取容器工作压力的1.05～1.10倍；装设爆破片时，则设计压力等于爆破片的设计爆破压力加上制造范围的上限。

设计温度系指容器在正常操作情况，在相应设计压力下设定的受压元件的金属温度，其值不得低于元件金属可能达到的最高温度。对于0℃以下的金属温度，则设计温度不得高于元件金属可能达到的最低金属温度。金属温度可以通过传热学计算或实测，但除非另有规定，一般容器则以器内介质的最高（最低）温度作为设计温度，或在此基准上增加（减少）一定值。具体数值要视器壁受加热（冷却）情况、有无保温和周围环境温度而定。

（二）焊接接头系数

极大多数容器采用焊接结构，焊接时由于可能出现的焊接缺陷（如未焊透、气孔、夹渣等），焊缝往往是容器强度比较薄弱的环节，因此在设计中用焊接接头系数 φ 表示焊缝金属与母材强度的比值，反映容器强度受削弱的程度。焊接接头系数的大小视焊缝接头型式和无损探伤检验的要求。具体可按表2-4规定选取。

表2-4 焊接接头系数 φ 值

焊缝型式	无损探伤要求	φ 值	焊缝型式	无损探伤要求	φ 值
双面焊或相当于双面焊的全焊透对接接头	100%	1.00	带垫板的单面焊的对接接头	100%	0.90
	局部	0.85		局部	0.80

（三）厚度附加量

厚度附加量由两部分组成：钢板或钢管厚度的负偏差：C_1（mm）和腐蚀裕量 C_2（mm）。C_1 按相应钢板或钢管标准选取，如表2-5和表2-6，当钢板厚度负偏差不超过0.25mm，且不超过名义厚度的6%时可取 $C_1=0$。C_2 由介质腐蚀性和容器使用寿命确定。在无特殊腐蚀情况下，对于碳素钢和低合金钢，C_2 不小于1mm；对于不锈钢，当介质的腐蚀性很微小时，可取 $C_2=0$。此外，壳体加工成形后不包括腐蚀裕量的最小厚度：对碳素钢和低合金钢制造的容器，不小于3mm；对高合金钢制造的容器，不小于2mm。

表2-5 热轧钢板厚度负偏差/mm

钢板厚度	2.0	2.2	2.5	2.8～3.0	3.2～3.5	3.8～4.0	4.5～5.5
负偏差 C_1	0.18	0.19	0.20	0.22	0.25	0.3	0.5
钢板厚度	6～7	8～25	26～30	32～34	35～40	42～50	52～60
负偏差 C_1	0.6	0.8	0.9	1.0	1.1	1.2	1.3

表2-6 热轧无缝钢管厚度负偏差/mm

钢管种类	壁厚	负偏差/%	钢管种类	壁厚	负偏差/%
碳素钢和低合金钢	≤20	12.5	不锈钢	≤10	15
	>20	10		>10～20	20

（四）许用应力和安全系数

许用应力是容器壳体等受压元件的材料许用强度，取材料的极限强度与相应的安全系数之比。极限强度要根据失效类型来确定，安全系数则受操作工况、材料、制造质量和计算方法等因素的影响。采用过小的许用应力或过大的安全系数，会使设计的部件过分笨重而浪费材料，反之会使部件过于单薄而破损，因此合理选择许用应力或安全系数是关系设计先进可靠与否的问题[16]。

材料的极限强度由试验求得。对于低碳钢之类的塑性材料，它们有明显的规定非比例伸长应力 σ_p、屈服强度 σ_y 和抗拉强度 σ_b。为了使容器不产生过大的弹性或塑性变形，许用应力常以 σ_y 或 σ_p 作为极限强度，因 σ_p 十分接近 σ_y，故常用屈服强度 σ_y。当材料无明显屈服点时，用规定残余伸长应力 $\sigma_{0.2}$，即产生 0.2%残余伸长时的应力值。有些材料在拉伸曲线上既无明显屈服点，又无明显的服从弹性关系区，如铜，铸铁或高强度钢（屈强比高的材料），在温度不很高条件下，极限强度则取抗拉强度。

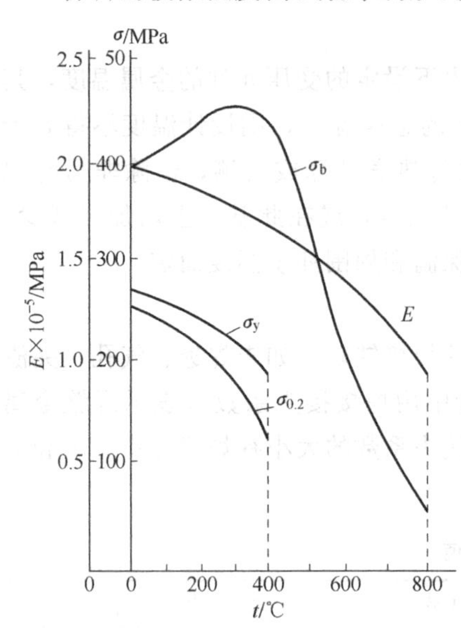

图 2-37　温度对低碳钢性能的影响

随着温度的变化，各种材料的力学性能也将产生不同的变化。如铜、铝、铅等材料，其抗拉强度随温度的升高而下降。因此当温度升高时，以设计温度下的抗拉强度 σ_b^t 作为极限强度。对于低碳钢材料，温度升高，材料的抗拉强度也升高，但当温度达到一定值时（250～300℃），抗拉强度会很快下降，而屈服强度始终随温度升高均匀下降，如图 2-37 所示。因此在温度较高时，极限强度用设计温度下的屈服强度 σ_y^t。

当碳钢和普通低合金钢制容器温度高于 420℃，铬钼合金钢容器高于 450℃，不锈钢制容器高于 550℃时，抗拉强度和屈服强度都不能作为极限强度。因为在高温下工作的容器，其失效往往不是由于强度不足，而是由于“蠕变”。蠕变是材料在高温下应力不增加情况下，它的应变随时间而增加的现象。要求金属在高温下不蠕变是不可能的，只能选用蠕变速度较慢的材料或控制应力水平，因此高温时材料的极限强度要以蠕变极限 σ_n^t 为依据。用于容器的材料，要求在恒定温度下，蠕变速度不超过 10^{-7}mm/(mm·h) 的最大应力，或在 10^5h 下，蠕变总应变量不超过 1%的最大应力作为条件蠕变极限。

按蠕变极限设计的容器，尽管限制了它的蠕变速度，但是材料还是以一定的蠕变速度在伸长，而实际上是不允许材料无限制地伸长下去，因为材料伸长到一定量时，材料就要断裂，因为在高温下还以材料的持久强度 σ_D^t 来表征材料的抗蠕变能力。持久强度的定义是材料在恒定温度条件下，经过规定时间（中国规定为 10^5h）发生断裂的相应应力。由于材料拉伸试验结果有一定分散性，受载情况的统计特性和理论计算方法与容器实际应力不同，以及制造的允许偏差等因素，若用计算应力不超过极限强度来校核仍带有很大的冒险性，所以为了保证受压元件有足够安全储备量，引入安全系数的概念。安全系数是一个反映包括设计分析、材料试验、制造运行控制等水平不同的质量保证参数。确定安全系数的数值不仅需要一定的理论分析，更需要长期实践经验积累，中国容器标准对安全系数作了如下规定[3]：

对碳素钢及低合金钢：

$$n_b \geqslant 3.0, n_y \geqslant 1.6, n_D \geqslant 1.5, n_n \geqslant 1.0$$

对高合金钢：

$$n_b \geqslant 3.0, n_y \geqslant 1.6, n_D \geqslant 1.5, n_n \geqslant 1.0$$

对奥氏体高合金钢钢制受压元件，当设计温度在蠕变范围以下，且允许有微量残余变形而不影响使用时，可适当提高许用应力至 $0.9\sigma_y^t$（$\sigma_{0.2}^t$），但不超过 $\sigma_y(\sigma_{0.2})/1.5$。此规定不适用于法兰或其他有微量泄漏或故障的场合。

螺栓的安全系数比相同钢号的容器用钢高，即其许用应力较低。它除与温度有关外，还与螺栓直径有关。直径小的螺栓容易预紧时被拉断，因而许用应力比直径大的要低一些。从以上分析可知，根据不同的失效类型，对不同材料计算许用应力的极限强度是不同的，而且同一种材料，在不同的试验条件下，它的极限强度取法也不同。对不同的极限强度选取相应的安全系数，就可以得到材料的各种许用应力，欲防止各种类型的失效和保证各种条件下的设计安全，实际许用应力取下列三者中之最小值：

$$[\sigma]=\frac{\sigma_b}{n_b}$$

$$[\sigma]=\frac{\sigma_n^t}{n_n} \quad 或 \quad \frac{\sigma_D^t}{n_D}$$

此外，当设计温度低于20℃时，取20℃时许用应力值。

中国容器标准为方便设计，直接给出常用钢板、钢管、锻件和螺栓材料在不同温度下的许用应力值，见附录。

（五）最小壁厚

当容器压力很低或处于常压时，若按上述壁厚计算公式得到的厚度很小，不能满足安装、制造、运输等对刚度的要求，因此这种容器还有一个最小壁厚的规定，按照我国容器标准，最小壁厚 t_{min}（已包括 C_1，但不包括 C_2）按下列方法确定：

（1）对碳钢和低合金钢容器不小于3mm。

（2）对高合金钢容器不小于2mm。

四、压力试验

容器制成后需进行压力试验。压力试验包括强度试验和致密性试验。前者是指超工作压力下进行液压（或气压）试验，目的是检查容器在超工作压力下的宏观强度，包括检查材料的缺陷、容器各部分的变形、焊接接管的强度和容器法兰连接的泄漏检查等；而后者是对介质的毒性程度为极度或高度危害的容器或对密封性有特殊要求的容器，在强度试验合格后进行的泄漏检查。

用于液压试验的介质一般是水，对于奥氏体不锈钢容器，由于结构原因而不能将水渍去除干净时，为了防止氯离子的腐蚀，试压用水应当控制 $Cl^- \leqslant 25\times10^{-6}$（质量）。为了避免试验时发生低温脆性破坏，对于碳素钢、16MnR、15MnNbR和正火15MnVR钢制容器，液体温度不得低于5℃，其他低合金钢容器，液体温度不得低于15℃。上述温度是以该类材料的无延性转变温度（NDT）为依据的，所以如果因板厚造成NDT升高，则需相应提高试验液体温度。

液压试验压力 p_T 规定为：

$$p_T=1.25p\frac{[\sigma]}{[\sigma]^t} \quad \text{MPa} \tag{2-95}$$

式中 p_T——内压容器的试验压力，MPa；

p——设计压力，MPa；

$[\sigma]$——试验温度下材料的许用应力，MPa；

$[\sigma]^t$——设计温度下材料的许用应力，MPa。

直立容器卧置试压时，试验压力应为立置时试验压力加上液柱静压力。

不宜做液压试验的容器，例如容器不允许残留微量液体或由于结构原因不能充满液体的容器，可用洁净的干空气、氮气或其他惰性气体代替液体进行压力试验，气压试验的压力为：

$$p_T=1.15p\frac{[\sigma]}{[\sigma]^t} \quad \text{MPa} \tag{2-96}$$

对碳素钢和低合金钢容器，气压试验时，介质温度不得低于15℃。

液压或气压试验时，还需按下式校核圆筒的应力：

$$\sigma_T = \frac{p_T(D_i + t_e)}{2t_e\varphi} \tag{2-97}$$

对液压试验，此应力值不得超过该试验温度下材料屈服强度的90%；对气压试验，则不得超过屈服强度的80%。

致密性试验包括气密性试验，煤油渗漏试验和氨检漏试验等。但做过气压试验，并经检查合格的容器可免做气密性试验。

各种压力试验的程序可参见文献[3]。

五、封头的设计计算

最常见的容器封头包括半球形、椭圆形、碟形和无折边球形等凸形封头以及圆锥形、平板封头等数种，如图2-38所示。

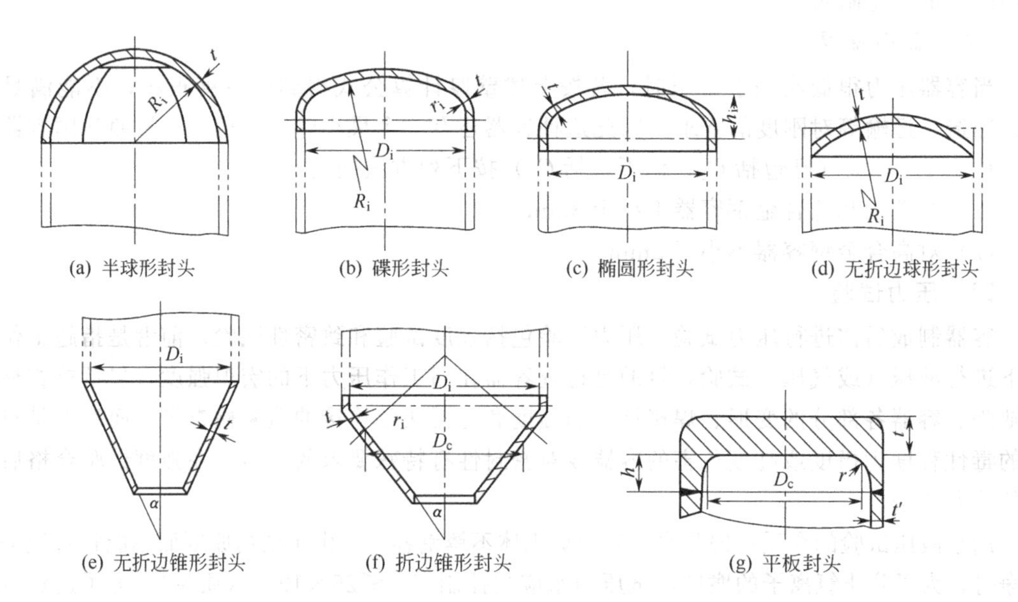

图2-38 常见容器封头的型式

对受均匀内压封头的强度计算，由于封头和圆筒形器身相连接，所以不仅需要考虑封头本身因内压引起的薄膜应力外，还要考虑与筒身连接处的不连续应力。连接处总应力的大小与封头的几何形状和尺寸，封头与筒身壁厚的比值大小有关。封头设计中采用了比较简单的方法，在导出基本公式时利用内压薄膜应力作为强度判据中的基本应力，而把因不连续效应产生的应力增强影响以应力增强系数的形式引入厚度计算公式。应力增强系数由有力矩理论解析导出，并辅以实验修正。

（一）封头的结构特性

封头的结构形式是应工艺过程、承载能力、制造技术方面的要求而形成的。

半球形封头［图2-38（a）］是半个球壳，故按无力矩理论计算，需要的厚度是同样直径的圆筒的二分之一。若厚度取与圆筒一样大小，则由前面的不连续分析可知，两者连接处的最大应力比圆筒周向薄膜应力大3.1%，故从受力来看，球形封头是最理想的结构形式，但缺点是深度大，直径小时，整体冲压困难，大直径采用分瓣冲压其拼焊工作量亦较大。

碟形封头［图2-38（b）］是由球面、过渡段以及圆柱直边段三个不同曲面组成。虽然由于过渡段的存在降低了封头的深度，方便了成型加工，但在三部分连接处，由于经线曲率发生突变，在过渡区边界上不连续应力比内压薄膜应力大得多，故受力状况不佳。

椭圆形封头［图 2-38（c）］是由半个椭球面和一圆柱直边段组成，它吸取了半球形封头受力好和碟形封头深度浅的优点。由于椭圆部分经线曲率平滑连续，故封头中的应力分布比较均匀。对于 $a/b=2$ 的标准形封头，封头与直边连接处的不连续应力较小，可不予考虑，所以它的结构特性介于半球形和碟形封头之间。

无折边球形封头［图 2-38（d）］是部分球面封头与圆筒直接连接，它结构简单、制造方便，常用作容器中两独立受压室的中间封头，也可用作端盖。封头与筒体连接处的角焊缝应采用全焊透结构。在球面与圆筒连接处其曲率半径发生突变，且两壳体因无公切线而存在横向推力，所以产生相当大的不连续应力，这种封头一般只能用于压力不高的场合。

锥形封头有两种形式，一种是无折边锥形封头［图 2-38（e）］，一般用于 $\alpha\leqslant30°$ 的场合；另一种是与筒体连接处有一过渡圆弧和一圆柱直边段的折边锥形封头［图 2-38（f）］。就强度而论，锥形封头的结构并不理想，但是封头的型式在很多场合还决定容器的使用要求。对于气体的均匀进入和引出、悬浮或黏稠液体和固体颗粒等排放、不同直径圆筒的过渡，则是理想的结构型式，而且在厚度较薄时，制造亦较方便。

平板封头［图 2-38（g）］是各种封头中结构最简单、制造最容易的一种封头形式。从前述圆平板应力分析可知，因其仅受弯曲，所以同样直径和压力的容器，采用平板封头会厚度很大，材料耗费过多而显得十分笨重。综上所述，从受力情况来看，半球形最好，椭圆形、碟形其次，锥形更次之，而平板最差；从制造角度来看，平板最容易，锥形其次，碟形、椭圆形更次，而半球形最难；就使用而论，锥形有其特色。因此在实际生产中，大多数中低压容器采用椭圆形封头，常压或直径不大的高压容器常用平板封头，半球形封头一般用于低压，但随着制造技术水平的提高，高压容器中亦逐渐采用这种封头，锥形封头用于压力不高的设备。

（二）设计计算公式

1. 凸形封头

（1）半球形封头　受均匀内压的半球形封头的计算壁厚可用球形壳体的公式（2-93）计算，即

$$t=\frac{p_c D_i}{4[\sigma]^t\varphi-p_c} \tag{2-98}$$

（2）椭圆形封头　椭圆形封头中的应力，包括由内压引起的薄膜应力和封头与筒体连接处的不连续应力。按照 Huggenberger 对薄膜应力和 Coates 对不连续应力的分析[17]，椭圆形封头中的最大应力对圆筒周向薄膜应力的比值可表示为 $\left(\frac{a}{b}\right)$ 的函数关系，如图 2-39（a）所示。由图可知，封头中最大应力的位置和大小均随 $\left(\frac{a}{b}\right)$ 的改变而变化，故在 $\frac{a}{b}=1.0\sim2.5$ 范围内，容器标准采用以下简化式近似代替该曲线：

$$K=\frac{1}{6}\left[2+\left(\frac{D_i}{2h_i}\right)^2\right] \tag{2-99}$$

K 称为应力增强系数或形状系数。因此椭圆形封头的计算厚度取为与其连接的圆筒计算厚度的 K 倍，即

$$t=\frac{Kp_c D_i}{2[\sigma]^t\varphi-p_c}$$

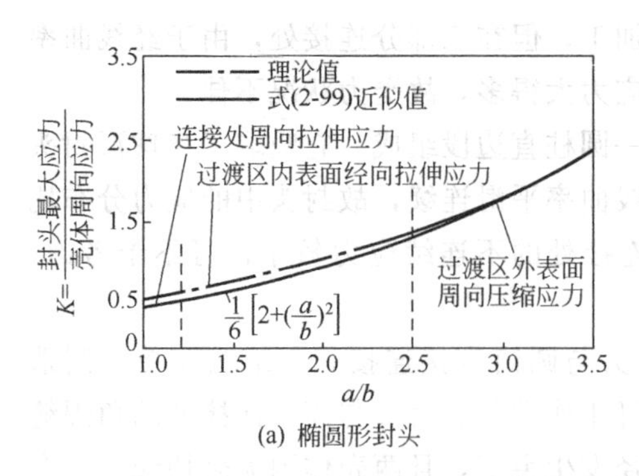

(a) 椭圆形封头

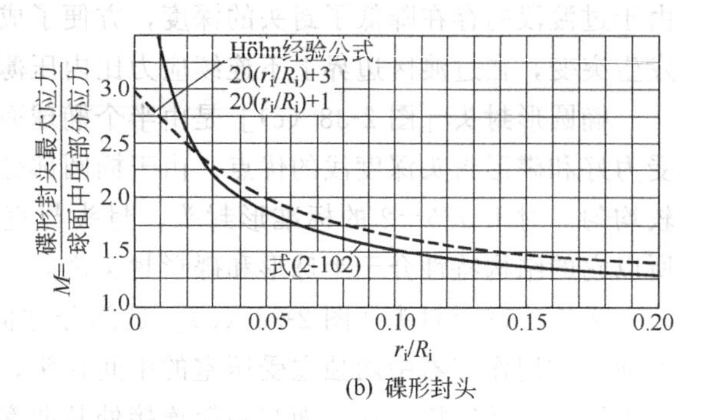

(b) 碟形封头

图 2-39　凸形封头的应力增强系数

中国容器标准中的计算公式稍与此不同：

$$t=\frac{Kp_cD_i}{2[\sigma]^t\varphi-0.5p_c}$$

上式右边分母中的系数 0.5 是考虑对理论计算精度的修正，即取内压作用的中径 $D=D_i+0.5t$。

对于标准椭圆形封头（$a/b=2$），此时 $K=1$，则

$$t=\frac{p_cD_i}{2[\sigma]^t\varphi-0.5p_c} \tag{2-100}$$

（3）碟形封头　碟形封头的壁厚计算方法是以 Höhn 所做的试验为依据的。他的试验表明，在内压作用下过渡区的应力首先达到屈服，并测得产生此屈服所需的压力，同时计算了在该压力下球面中央部分的薄膜应力，然后把屈服应力与该薄膜应力之比（应力增强系数）作为过渡区半径与球面半径$\left(\frac{r_i}{R_i}\right)$的函数进行标绘，得到了如图 2-39（b）中虚线所示的曲线，并建立了关联式[17]。图中实线是 Maker 对 Höhn 实验曲线的建议曲线，可用下式表示：

$$M=\frac{1}{4}\left(3+\sqrt{\frac{R_i}{r_i}}\right) \tag{2-101}$$

因此容器标准中也采用了与椭圆形封头相似的应力增强系数 M 而引入碟形封头的计算壁厚式，即

$$t=\frac{Mp_cR_i}{2[\sigma]^t\varphi-0.5p_c} \tag{2-102}$$

由图示曲线可知，碟形封头的强度与过渡区半径 r_i 有关，不宜把 r_i 做得太小：$r_i\geqslant 0.01D_i$，$r_i\geqslant 3t$，且 $R_i\leqslant D_i$。对于标准封头：$R_i=0.9D_i$，$r_i=0.17D_i$。

对于大直径薄壁碟形或椭圆形封头，ASME Ⅷ-2[44] 使用图 2-40 所示的计算方法，考虑了这两种封头出现失稳的可能性。设计时，先计算 $p_c/[\sigma]^t$ 和 r_i/D_i 的值，然后从图中查得 t/R_i 的值，即可得到 t。标准形椭圆封头（$a/b=2$）时，取 $r_i/D_i=0.17$ 的曲线。图中的曲线是根据下列公式绘制的：

$$t=R_i e^A \tag{2-103}$$

$$A=-1.26176643-4.5524592(r_i/D_i)+28.933179(r_i/D_i)^2+[0.66298796-2.2470836(r_i/D_i)+15.682985(r_i/D_i)^2][\ln(p_c/[\sigma]^t)]+[0.26878909\times10^{-4}-0.42262179(r_i/D_i)+1.8878333(r_i/D_i)^2][\ln(p_c/[\sigma]^t)]^2$$

式中　R_i——球冠内半径，mm；

D_i——直边段内直径，mm；

p_c——计算压力，MPa；

r_i——过渡段内半径，mm；

$[\sigma]^t$——材料许用应力，MPa；

t——封头厚度，mm。

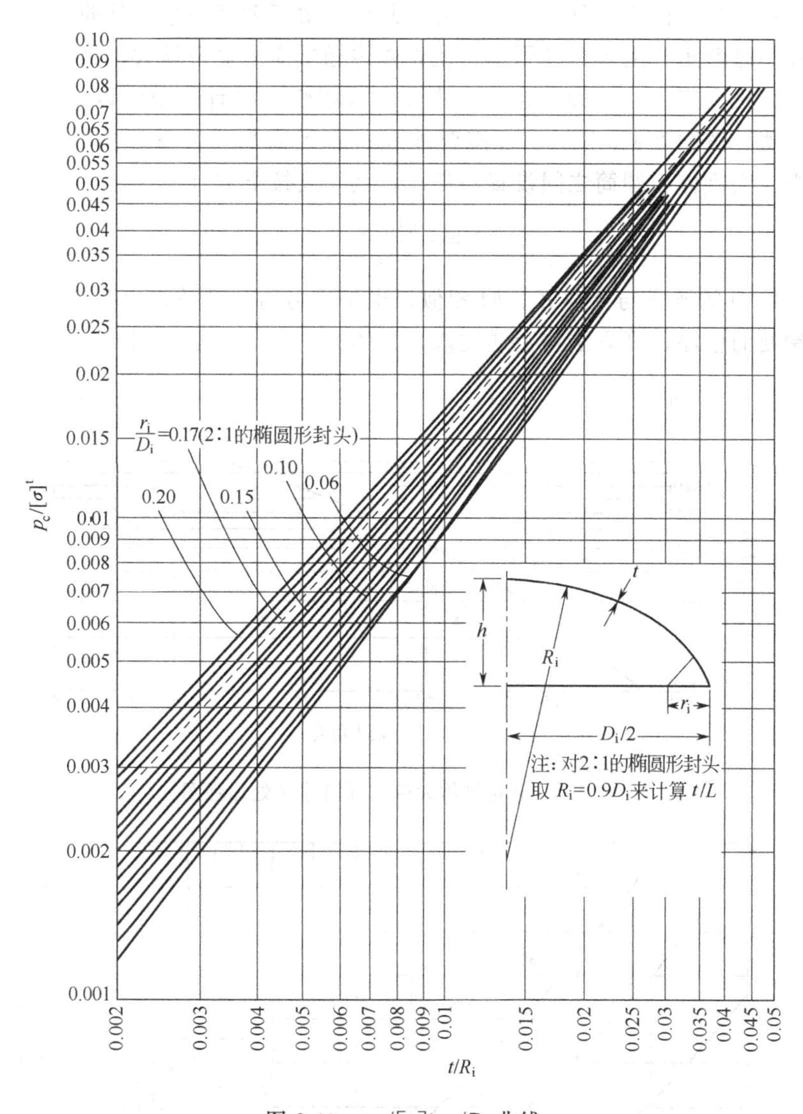

图 2-40 $p_c/[\sigma]^t$-t/R_i 曲线

2. 锥形封头

锥形封头包括无折边锥形封头和折边锥形封头两种。前者的强度由锥体部分内压引起的薄膜应力和锥体两端与圆筒连接处的不连续应力决定，而后者还需考虑折边区的强度。

（1）无折边锥形封头 锥体的主体部分在内压 p 作用下，按照第一节无力矩理论，最大薄膜应力发生在大端，即

$$\sigma_\varphi=\frac{pD}{4t\cos\alpha}$$

$$\sigma_\theta=\frac{pD}{2t\cos\alpha}$$

由第一强度理论，并取 $D=D_i+t\cos\alpha$，p_c 代替 p，其计算壁厚式如下：

$$t=\frac{p_c D_i}{2[\sigma]^t\varphi-p_c}\ \frac{1}{\cos\alpha} \tag{2-104a}$$

在锥体大端与圆筒连接处，由于两侧壳体的经向薄膜内力不能完全平衡，故锥壳将附加圆柱壳边缘一径向自平衡力，称为横向推力。此外，由于两者在连接处曲率发生突变，故产生边缘剪力和边缘弯矩。上述两种因素将使壳体边缘中应力显著增大，因此边缘处壳体的壁厚要足够抵抗该最大应力。因为不连续应力具有自限性，设计规范中以 3 $[\sigma]^t$ 作为最大应力强度的极限值，按图 2-41 判断是否需要加强。若无需加强，壁厚按式（2-104a）计算，若需加强，则应在锥体与圆筒之间设置加强段，其厚度按下式计算：

$$t_r=\frac{Qp_c D_i}{2[\sigma]^t\varphi-p_c} \tag{2-104b}$$

式中，系数 Q 的含义与上述 K、M 相似，也是应力增强系数，由图 2-42 选取。

锥体小端处的壁厚计算方法与上述类似，具体算法参见文献［3］。

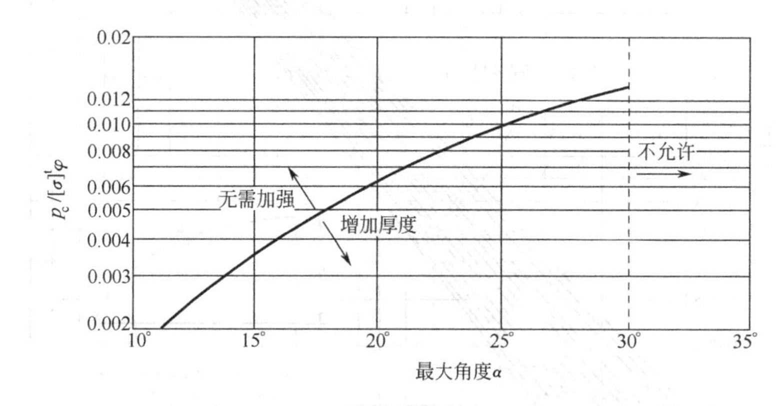

图 2-41　确定锥体大端与圆筒连接处加强图

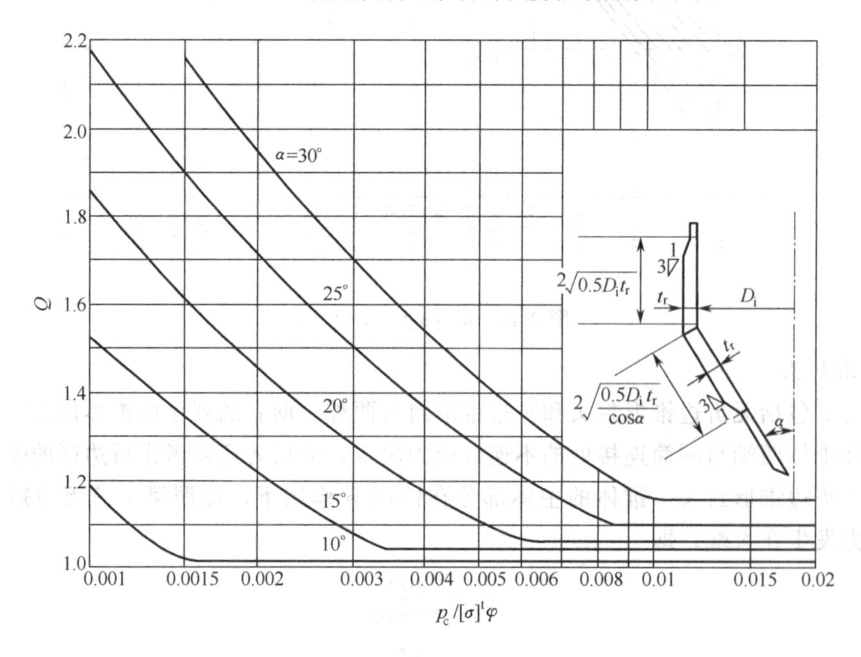

图 2-42　锥体大端与圆筒连接处的 Q 值

(2) 折边锥形封头　当 $\alpha>30°$时，为了改善锥体与筒体连接处的受力状况，常采用折边锥形封头。锥体大端过渡区的壁厚类似碟形封头的计算公式，即：

$$t=\frac{K_c D_i p_c}{2[\sigma]^t\varphi-0.5p_c} \tag{2-105}$$

式中　K_c——应力增强系数，由$\frac{r}{D_i}$和 α 角的大小查表 2-7 决定。

表 2-7　折边锥体的系数 K_c 值

α	r/D_i					
	0.10	0.15	0.20	0.30	0.40	0.50
10°	0.6644	0.6111	0.5789	0.5403	0.5168	0.5000
20°	0.6958	0.6357	0.5986	0.5522	0.5223	0.5000
30°	0.7544	0.6819	0.6357	0.5749	0.5329	0.5000
35°	0.7980	0.7161	0.6629	0.5914	0.5407	0.5000
40°	0.8547	0.7604	0.6981	0.6127	0.5506	0.5000
45°	0.9253	0.8181	0.7440	0.6402	0.5635	0.5000
50°	1.0270	0.8944	0.8045	0.6765	0.5804	0.5000
55°	1.1608	0.9980	0.8859	0.7249	0.6028	0.5000
60°	1.3500	1.1433	1.0000	0.7923	0.6337	0.5000

其次，与过渡区相连接处的锥体壁厚按下列计算：

$$t=\frac{p_c D_c}{2[\sigma]^t\varphi-p_c}\times\frac{1}{\cos\alpha} \tag{2-106}$$

式中，$D_c=D_i-2r_i\ (1-\cos\alpha)$。

对锥体小端，当锥体半顶角 $\alpha\leqslant45°$时，若采用小端无折边，其小端的厚度与无折边锥形封头的计算公式一样，如需采用有折边以及 $\alpha>45°$时，其过渡段厚度则要另行计算，可参见文献[3]。

3. 平板封头

圆形平板封头或端盖厚度的计算以第二节中圆形平板的应力分析为基础。对受横向均布内压的圆板，其最大应力为（$\mu=0.3$）：

$$\left.\begin{aligned}&\text{对于周边固支}\quad (\sigma_r)_{max}=\pm\frac{3}{4}p\left(\frac{R}{t}\right)^2=\pm0.188p\left(\frac{D}{t}\right)^2\\&\text{对于周边简支}\quad (\sigma_r)_{max}=\pm\frac{3}{8}(3+\mu)p\left(\frac{R}{t}\right)^2=\pm0.31p\left(\frac{D}{t}\right)^2\end{aligned}\right\} \tag{a}$$

由于实际平板封头与圆筒体相连接，真实的支承既不是固支也不是简支。在承受内压时，危险应力可能出现在平板封头的中心部分，也可能在圆筒与平封头的连接部位，取决于具体的连接结构型式和筒体的尺寸参数，所以式（a）可写成如下的一般形式：

$$\sigma_{max}=\pm Kp_c\left(\frac{D}{t}\right)^2$$

于是，根据强度条件，圆形平板封头的计算厚度可按下式计算：

$$t=D_c\sqrt{\frac{Kp_c}{[\sigma]^t\varphi}} \tag{2-107}$$

式中　K——结构特征系数；

　　D_c——封头的有效直径。

K 和 D_c 与封头与筒体的连接的具体结构有关，见表 2-8。

表 2-8　平盖系数 *K* 选择表

固定方法	序号	简图	系数 *K*	备注
与筒体成一体与圆筒对焊	1	斜度 1∶3 斜度 1∶3	$K=\frac{1}{4}\left[1-\frac{r}{D_c}\left(1+\frac{2r}{D_c}\right)\right]^2$ 固 $K\geqslant 0.16$	只适用于圆形平盖 $r\geqslant t'$ $h\geqslant t$ t'——圆筒计算厚度
	2		0.27	只适用于圆形平盖 $r\geqslant 0.5t$ 且 $r\geqslant\frac{D_c}{6}$
与圆筒角焊或其他焊接	3		圆形平盖： $0.44m(m=t'/t_e)$ 且不小于 0.2 非圆形平盖： 0.44	$t_e=t_n-C_1-C_2$ t'——圆筒计算厚度 $f\geqslant 1.25t'$
	4			
	5		圆形平盖： $0.44m(m=t'/t_e)$ 且不小于 0.2 非圆形平盖： 0.44	需采用全焊透结构 t'——圆筒计算厚度 $f\geqslant 2t'$，$f\geqslant 1.25t_e$　取大值 $\varphi\leqslant 45°$
	6			

续表

固定方法	序号	简图	系数 K	备注
与圆筒角焊或其他焊接	7		0.35	$t_1 \geqslant t_e + 3\text{mm}$ 只适用于圆形平盖
	8			
	9		0.30	$r \geqslant 1.5t'$ $t_1 \geqslant \frac{2}{3}t$ 且不小于 5mm 只适用于圆形平盖
	10		圆形平盖： $0.44m(m=t/t_e)$ 且不小于 0.2 非圆形平盖： 0.44	$f \geqslant 0.7t'$
	11			
螺栓连接	12		圆形平盖或非圆形平盖： 0.25	
	13		圆形平盖： 操作时： $0.3+\frac{1.78Wh_G}{p_c D_c^3}$ 预紧时： $\frac{1.78Wh_G}{p_c D_c^3}$	W——预紧状态或操作状态时的螺栓设计载荷，N
	14		非圆形平盖： 操作时： $0.3Z+\frac{6Wh_G}{p_c La^2}$ 预紧时： $\frac{6Wh_G}{p_c La^2}$	L——非圆形平盖螺栓中心连线周长

对于正方形、矩形、椭圆形等非圆形平板封头，若按照平板理论分析，其解比较复杂，所以将上述同样结构的圆板厚度计算公式中的系数乘以一修正系数 Z，作为计算这种特殊形状的平板封头的厚度，即

$$t=D_c\sqrt{\frac{KZp_c}{[\sigma]^t\varphi}} \tag{2-108a}$$

式中　Z——形状系数，$Z=3.4-2.4\left(\frac{a}{b}\right)$，且 $Z\leqslant 2.5$；

a，b——分别为非圆形平盖的短轴和长轴长度。

对于表 2-8 中序号 13，14 所示平盖，按下式计算：

$$t=a\sqrt{\frac{Kp_c}{[\sigma]^t\varphi}} \tag{2-108b}$$

当预紧时，$[\sigma]^t$ 取常温时的许用应力。

第四节　法　　兰

一、引言

设备的壳体可以采用铸造、锻造或焊接成一个整体，但大多数化工设备是做成可拆的几个部件，然后把它们连接起来。这一方面是设备的工艺操作需要开各种孔，并使之与工艺管道或其他附件相连接；另一方面也是为了便于设备制造、安装和检修。化工设备中的可拆连接应当满足下列基本要求：

① 能保证在操作温度和操作压力下的紧密不漏；

② 有足够的强度，不因可拆连接的存在而削弱了整个结构的强度，并保证本身能抵抗所有外力的作用；

③ 能迅速地并多次装卸；

④ 成本低廉。

可拆连接的型式很多，如螺纹连接、承插式连接、钎焊连接和法兰连接等。法兰连接的强度和紧密性比较好，装拆也较方便，因而在大多数场合比其他型式的可拆连接显得优越，从而获得了广泛的应用。

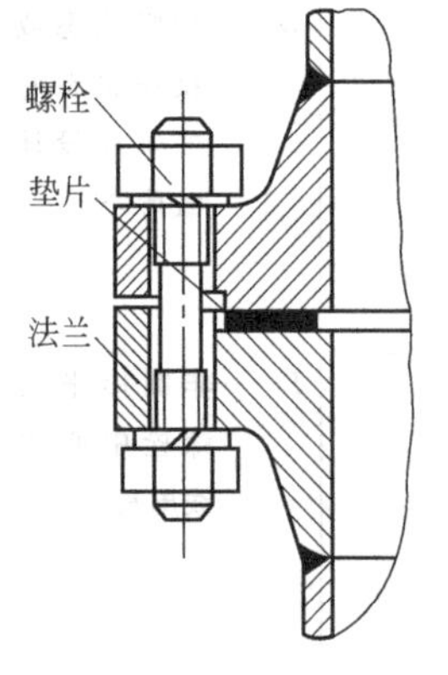

图 2-43　螺栓法兰连接

简单而言，法兰连接由一对法兰、垫片和螺栓组成，借助螺栓把两部分设备连接在一起，并压紧垫片使连接处紧密不漏（图2-43）。在压力容器应力分析中，法兰具有特殊性，因为不仅法兰本身就是一个承受外载荷的结构部件，而且法兰连同螺栓和垫片一起成为一个承受初始预紧力的装配结构（也称为“螺栓法兰连接系统”），而它们的失效主要表现为泄漏，因此要解决法兰连接的问题，需要对整个系统的特性进行分析。对于法兰连接不仅要确保组成螺栓法兰连接系统的各零部件有足够的强度，使之在各种操作条件下长期使用而不破坏，这即是所谓的法兰结构的完整性问题；而法兰连接的最基本问题是在各种操作条件下，设备内的介质不会通过法兰接头

向外或向内（在真空或减压条件下）发生泄漏，即是法兰接头紧密性问题。因为没有绝对的不漏，不漏是相对的，人们常说的“紧密不漏”，从定量角度而言，应指介质的泄漏量在保持设备正常操作和社会环境保护所规定的泄漏量的范围内。泄漏的机理比较复杂，引起泄漏的因素也众多，包括材料、设计、制造、安装和使用等各个方面，要保证法兰连接紧密不漏，必须通过上述各方面去分别解决[22]。

从设计角度来说，如果把法兰连接作为一个系统来考虑，且着眼把“泄漏”失效作为其设计准则之一，无论从理论上或实践上讲都是合情合理的，且一直是理论研究和工程设计人员所关注的课题。近三十年来，国内外对此进行了广泛而深入的工作，已经取得了许多重要的成果[18]。尽管如此，目前离开进入设计规范尚有一定的距离，其中关键是需要建立垫片特性参数的数据库，以及能测试这些参数的标准方法。因此，至今国内外大多数容器设计规范中主导法兰设计的仍是传统的 Taylor Forge 法，即 ASME Ⅷ-1 方法[21]，中国的 GB 150 也是采用该方法。这一方法以控制法兰中的最大应力值作为设计准则。除特殊的情况外，几乎没有出现法兰因强度破坏，但这一方法对法兰变形限制，从刚度角度考虑了对法兰的密封要求。因此，在不是十分苛刻的操作条件下，这一设计方法还是能满足使用的要求。

本节主要介绍法兰设计计算方法，包括以下两个基本问题。

1. 法兰选用

法兰选用主要包括法兰标准及其应用；法兰、垫片和螺栓的选用。

2. 法兰设计

(1) 密封设计　按照操作条件，选取法兰型式、压紧面形状、垫片型式，计算在安装工况和操作工况下，螺栓必需的预紧载荷和操作载荷，以达到设计的密封要求。

(2) 强度计算　即初定法兰的结构尺寸，根据 (1) 计算得到螺栓载荷，对法兰进行上述两种工况下的受力分析和应力校核，以确定法兰的厚度等尺寸。

二、公称通径、公称压力、法兰标准及其应用

如前所述，法兰是一种广泛使用在压力容器和管道、换热器、塔器等化工设备的重要部件，为了降低化工装置的制造成本，大多数法兰已经标准化，以适合大量制造，并便于互换。对于标准的法兰，只要在标准额定的压力和温度范围内，不需要更多考虑垫片、螺栓和法兰的要求，因为这些标准取自相关工业的经验、试验和计算，综合考虑了经济、安全和标准化的要求。当标准法兰不能使用时，例如超出标准规定的直径极限，特殊的操作参数（如循环载荷、螺栓和法兰之间存在过大的温度差等），或者不能达到环保的标准，才需要进行详细的法兰设计，以符合特定的要求。

出于标准化的要求，选用法兰的规格便有了公称通径、公称压力的规定。一般将容器和管道的直径按等级划分为一系列的公称通径，由字母 *DN* 和后跟无因次的整数组成，例如 *DN*25、*DN*50 等；对于英制单位的标准，以字母 *NPS*（Normal Piping Size）后跟无因次的整数表示，例如 *NPS*1、*NPS*2 等。表 2-9 为部分以 *DN* 和 *NPS* 表示的管道公称通径的分级表，以及 *DN* 和 *NPS* 的对应关系。容器的公称通径等于容器的内（直）径。管子则不然，其公称通径既不等于管子的内径，也不等于其外（直）径，而是接近它们的某个整数。例如 *DN*100 的无缝钢管的管子，其外径为 108mm，而内径视管壁厚度而定。法兰的公称通径与其相连接的容器或管子的公称通径相一致。

表 2-9 管道公称通径

DN	15	20	25	32	40	50	65	80	100	125	150	200
NPS	1/2	3/4	1	1 1/4	1 1/2	2	2 1/2	3	4	5	6	8
DN	250	300	350	400	450	500	600	650	700	750	800	850
NPS	10	12	14	16	18	20	24	26	28	30	32	34
DN	900	950	1000	1050	1100	1150	1200	1250	1300	1400	1450	1500
NPS	36	38	40	42	44	46	48	50	52	56	58	60

公称压力是按容器或管道所受的压力分为若干等级而设定的，由字母 *pN* 后跟无因次的整数组成。同样，对于英制单位的标准，以字母 CLASS 和后跟无因次的整数表示。表 2-10 为以 *pN* 和 CLASS 表示的容器与管道公称压力的分级表，以及 *pN* 和 CLASS 的对应关系。法兰的允许操作压力取决于公称压力大小、法兰的材料及其操作温度，在相应的法兰标准中的压力/温度额定表中给出。如容器法兰的公称压力是以 16Mn 材料在 200℃ 时的允许操作压力为依据制订的，因此当法兰材料和操作温度不同时，允许工作压力将降低或升高。例如 *pN*1.0 的 16Mn 材料制造的长颈对焊法兰，用在－20～200℃时的允许工作压力为 1MPa，但将它用于 350℃时，它的允许工作压力为 0.81MPa；若改用 20 号钢，则允许工作压力为 0.73MPa，如温度提高到 350℃，允许工作压力降低为 0.55MPa。管法兰也有类似的规定。

表 2-10 容器、管道法兰公称压力

pN	0.25	0.6	1.0	1.6	2.5	4.0	6.3	10.0	16.0
CLASS	—	—	—	—	—	—	—	—	—
pN	2.0	5.0	11.0	15.0	26.0	42.0			
CLASS	150	300	600	900	1500	2500			

法兰标准按管法兰和容器法兰区分。现今，国内外的管法兰标准可归属两个系列，即分别以 *pN* 和 CLASS 标示的两个压力级别的管法兰。*pN* 是以德国制订的 DIN 标准为基础，而 CLASS 是以美国制订的 ASME 标准为基础。后者以 ASME B16.5：管法兰和法兰管件（*NPS* 1/2～*NPS* 24）和 ASME B16.47：大直径钢法兰（*NPS* 26～*NPS* 60）的应用最普遍。中国的国家标准《钢制管法兰》（GB/T 9112～9131）和化工行业标准《钢制管法兰、垫片和紧固件》（HG 20592～20626），以及欧盟的标准：法兰及其接头。管道、阀门和管件用圆形法兰（EN 1092 和 EN 1759），都采用两个系列编制。GB 和 HG 标准将其称为欧洲体系和美洲体系。国内的容器法兰标准仍是原机械电子工业部、化工部、劳动部、中石化总公司共同制订的《压力容器法兰》（JB 4700～4703）。

标准法兰的连接尺寸，如法兰的外径、法兰压紧面的外径、螺栓中心圆的直径、螺栓的数量和螺栓直径，对同一 *DN*（或 NPS）和 *pN*（或 CLASS）的法兰，不论其结构型式，都是一致的，即具有相同的连接尺寸。因此，设计容器和管道法兰时，应尽量选用标准法兰，一当根据公称通径和公称压力选定标准法兰后，法兰的具体尺寸在就完全确定了。此外，在选用时，法兰尺寸应符合公称通径的规定；公称压力的选取，应使设计压力不超过标准中给出的额定压力。如前所述，此额定压力是在设计温度和法兰材料下给定的。

三、法兰的结构类型与应用场合

1. 法兰结构型式和选用

从设计角度、法兰按其固定在容器上的方法可分成以下三类。

(1) 松式法兰　法兰不直接固定在壳体上或者虽固定而不能保证法兰与壳体共同承受加于法兰上的载荷，均划归为松式法兰，如活套法兰（法兰套在壳体或管子的翻边或焊环上）、螺纹法兰、搭接法兰，这些法兰可以采用带颈或不带颈的［图 2-44 (a)、(b)、(c)］。活套法兰适用于有色金属（如铜、铝）和不锈钢制造的容器或管子上，因法兰可用碳钢制造，节省了贵重金属的用量。松式法兰不会或较少对壳体或管子以附加弯曲应力，这一点倒使高压设备和管道特别偏爱螺纹法兰。但由于法兰的刚度偏低，其厚度要比较厚一些。除螺纹法兰外，松式法兰一般用于压力不高的场合，如翻边活套板式钢制管法兰不超过 $pN10$，而焊环活套板式钢制管法兰可用到 $pN40$。

(2) 整体法兰　法兰不可拆地固定在壳体和管子上。固定的方式包括将法兰与壳体锻造或铸造成一个整体，或者通过焊接与壳体（管子）连接，但必须是完全焊透，如带颈对接焊法兰和全焊透的平焊法兰［图 2-44 (d)、(e)、(f)］。整体法兰结构能使壳体（管子）与法兰同时受力，因而法兰环的厚度可以减薄，但会在壳体上产生附加应力。有颈的对接法兰能提高法兰的强度，且与壳体的对接焊接提高了焊缝质量。因此，整体法兰一般可用于较高压力的场合，如带颈对焊钢制管法兰最高用到 $pN420$。

(3) 任意式法兰　这种法兰介于以上两种法兰之间，从结构来看，它们与壳体（管子）间有一定联系，但又不完全连成整体，典型的是不完全焊透的平焊法兰［图 2-44 (g)、(h)、(i)］。因而，如板式平焊钢制管法兰不超过 $pN40$。其计算按整体法兰，当法兰颈部厚度 $g_0 \leqslant 15\text{mm}$，法兰内直径 $D_i/g_0 \leqslant 300$，$p \leqslant 2\text{MPa}$，$t \leqslant 370℃$ 时，可简化为按不带颈的松式法兰计算。

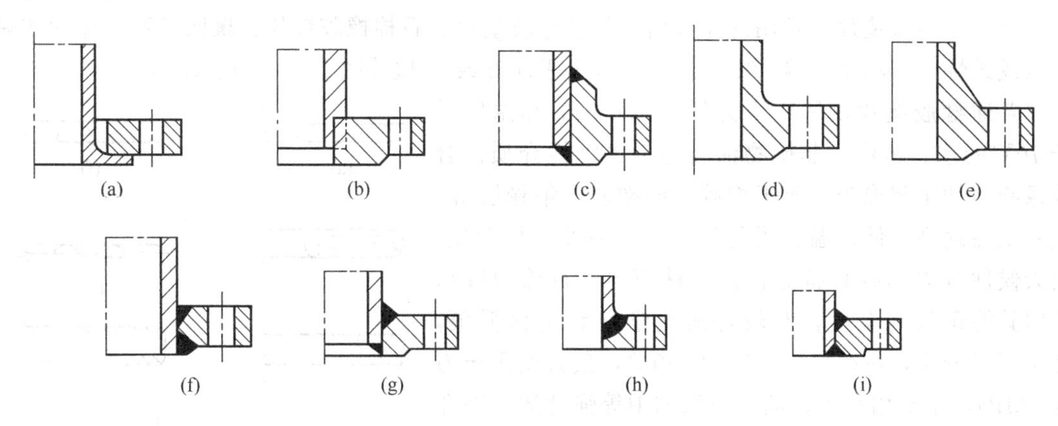

图 2-44　法兰型式

(a)、(b)、(c) 松式法兰；(d)、(e)、(f) 整体法兰；(g)、(h)、(i) 任意式法兰（不保证全焊透的平焊法兰）

2. 压紧面型式与选用

要保证法兰连接的紧密性，必须合适地选择压紧面的形状。常用的压紧面形状有突面、凹凸面、榫槽面和梯形槽等几种如图 2-45 所示。

对于压力不高的场合（$p \leqslant 2.5\text{MPa}$），常用突台面形压紧面。为了使垫片容易变形和防止挤出，其突台面上常刻有 2～4 条同心的三角形沟槽，但对膨胀石墨垫片或缠绕式垫片无

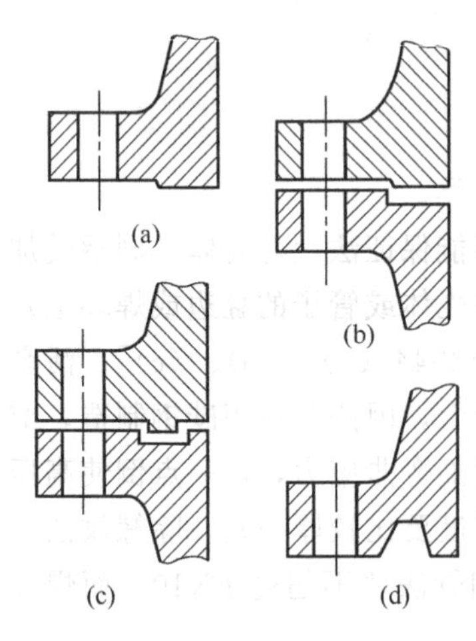

图 2-45 压紧面的型式
(a) 突台面；(b) 凹凸面；
(c) 榫槽面；(d) 梯形槽

需此槽。

凹凸型压紧面分别由一个凸面和凹面配合而成，适用 $p\leqslant 6.4\mathrm{MPa}$ 场合。其优点是垫片便于对中，并不易被内压吹出，但宽度仍较大，故需较大的螺栓预紧力，法兰尺寸也要大一些。

榫槽型压紧面由一对榫面和槽面配合而成。这种密封面较窄，用于压力更高、密封要求严格的重要场合。这种压紧面不与介质接触，垫片不会挤入设备或管道内，但其拆卸比较困难，因垫片被挤压在槽内不易清除。

梯形槽压紧面与椭圆环垫和八角环垫配用。其槽的锥面与环垫形成线（或窄面）接触密封，因此用于高压力场合。梯形槽材料的硬度值（HB）宜比垫圈材料硬度（HB）高 30～40。

除突台面型外，上述各种压紧面的机械加工或加工后的法兰焊接必须保证准确配合，并需控制翘曲变形。

如用软质垫片或缠绕式垫片，压紧面的表面粗糙度一般为 12.5μm 或 6.3μm；如用金属垫片，压紧面的加工要求较高，表面粗糙度要求 1.6μm 或 0.8μm。

四、垫片结构类型和应用场合

垫片是法兰连接的核心，密封效果的好坏主要取决于垫片的密封性能。因为工作介质、压力和温度不同，影响选择垫片的因素很多，主要根据介质的腐蚀性、温度和压力来选择垫片的结构形式、材料和尺寸、同时考虑价格低廉、制造容易和更换方便等条件。

1. 垫片类型和选用

按垫片所有的材料可分成以下三种。

（1）非金属垫片　常用的非金属垫片有橡胶垫片、石棉橡胶垫片、聚四氟乙烯垫片和膨胀（或柔性）石墨垫片等。断面形状一般为平面形或 O 型［图 2-46（a）、(e)］。

普通橡胶垫片仅用于压力低于 1.0MPa 和温度低于 70℃的水、蒸汽、非矿物油类等无腐蚀性介质。合成橡胶（如丁腈橡胶、氯丁橡胶、硅橡胶、氟橡胶等）垫片则在耐高（低）温、耐化学性、耐油性、耐老化、耐天候性等方面各具特点，视品种而异。石棉橡胶垫片因其能耐较高温度，有较好耐化学性和价格低廉，使用相当普遍，最高使用温度为 450℃，最大使用压力为 6MPa，主要用在水、油、蒸汽和中等强度酸、碱介质，对强腐蚀介质，当使用温度在 −180～+260℃ 范围内，使用压力不超过 2.0MPa。纯或填充聚四氟乙烯（PTFE）垫片是理想的选择，后者因具有抵抗蠕变性能，可适用于较高工作参数。由于石棉对人体健康有害，近年来出现用合成纤维或其他无机纤维单独或混杂替代石棉增强弹性体（橡胶）的无石棉板材垫片，通常其最高使用温度为 288℃，最高使用压力为

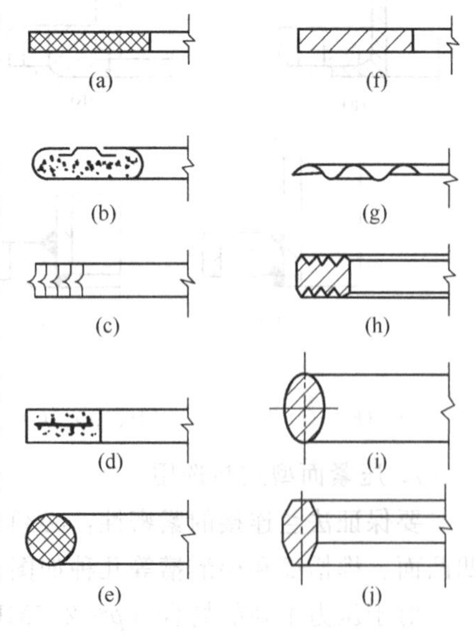

图 2-46 垫片断面形式

8.9MPa，根据所采用的纤维种类和黏结剂品种适用不同的场合。此外，近年迅速发展起来的膨胀（柔性）石墨材料垫片也视为一种石棉替代物，具有耐高温、耐辐照、耐腐蚀、低密度、优良的压缩回弹和密封性能备受青睐，在蒸汽场合用到 650℃，氧化性介质为 450℃，使用压力也已用到 10MPa（采用金属衬里增强）。

(2) 金属垫片　当压力（≥6.4MPa）、温度（≥350℃）较高时，都采用金属垫片或垫圈。常用的金属垫片材料有软铝、钢、纯铁、软钢（08、10 号钢）、铬钢（0Cr13）和奥氏体不锈钢（0Cr19Ni9、00Cr17Ni14Mo2）等，其断面形状有平面形、波纹形、齿形、椭圆形和八角形等［图 2-46（f）～(j)］。其中八角环垫和椭圆环垫属于线接触或接近线接触密封，并且有一定的径向自紧作用，密封可靠，可以重复使用，因此用于高温（240～600℃）、高压（2.5～4.2MPa）的重油、渣油等热交换器和管路上，然而对压紧面的加工质量和精度要求较高，制造成本也较贵。金属垫片的最高使用温度取决于它的材料，例如铝为 430℃，铜为 320℃，一般不锈钢高至 680℃等。

(3) 金属-非金属组合　相对于单一材料做成的垫片而言，金属-非金属组合垫片兼容了两者的优点，增加了回弹性，提高了耐蚀性、耐热性和密封性能，适用于较高压力和温度的场合。常用的组合垫片有金属包垫片［图 2-46（b)］、金属缠绕垫片［图 2-46（c)］、带骨架的非金属垫片［图 2-46（d)］和金属齿形组合垫等。

金属包垫片是石棉纸、膨胀石墨板、陶瓷纤维纸为芯材，外包覆镀锌铁皮或不锈钢薄板，其断面形状有平面形和波纹形两种，特点是填料不与介质接触，提高了耐热性和垫片强度，且不会发生渗漏。为了改善密封性能，在高温部位还可在金属密封面上覆盖膨胀石墨薄板。金属包垫片常用于中低压（6.4MPa）和较高温度（450℃）。

金属缠绕垫片是由金属薄带（0Cr18Ni9、00Cr17Ni14Mo2、钛、蒙乃尔合金、哈氏合金等）和填充带（石棉纸、非石棉纸、膨胀石墨箔、聚四氟乙烯）相间缠绕而成，因此具有多道密封的作用，且回弹性好，应力松弛小，不易渗漏，对压紧面表面质量和尺寸精度要求不高。缠绕垫片适用较高的温度和压力（p≥2.5MPa）范围，它的最高使用温度取决于所用的钢带与非金属填充带的极限温度，例如常用的不锈钢带与石墨带缠绕垫片的使用温度为 450（氧化性介质）～650℃（蒸汽介质），压力已用到 25MPa。

金属齿形组合垫片是在金属齿形垫片［图 4-46（h)］上下表面各覆一层非金属材料薄层（膨胀石墨或聚四氟乙烯等），其优点是密封比压不高、结构整体性佳、密封性能良好，在大尺寸情况下用以替代金属缠绕垫片。

带骨架的非金属垫片是以冲孔或不冲孔金属薄板（箔）或金属丝为骨架的 PTFE 或膨胀石墨垫片。目的是增强非金属垫片的抗挤压强度，改善了回弹性能和密封性能，得到较广应用。

垫片型式、材料的选择除了考虑上述的使用压力、使用温度密封介质和应用场合外，其厚度的选择取决于垫片的可压缩性、法兰压紧面的表面粗糙度和垫片表面需要的比压。垫片越容易压缩，压紧面越平整光滑，压紧力越大，宜选用较薄垫片。因此，对于结构不十分致密的非金属垫片在较高密封压力时，如果压紧面表面质量较好，也宜用较薄垫片。在达到要求的密封性下，垫片宽度直接影响螺栓力的大小，因此对于较高密封压力的场合，为了使法兰结构紧凑，在垫片不致被压溃的前提下，宜选用较窄垫片。

2. 垫片标准和应用

同法兰标准化一样，也制订了垫片标准，并与法兰标准配套使用。对于同一公称通径和公称压力的法兰，配以与其相配的各种类型垫片标准中的同一公称通径和公称压力的垫片。如对应 ASME B16.5 和 ASME B16.47 法兰的非金属垫片标准为 ASME B16.21，金属缠绕垫片、金属包覆垫片和环形垫为 ASME B16.20。国内在上述《钢制管法兰、垫片和紧固件》HG 标准中已经包含了与之相配的垫片标准，而与欧盟法兰标准相应的垫片标准为 EN 1514 和 EN 12560，它们都是以 pN 和 CLASS 两个系列编制的。垫片标准中的部分结构尺寸和法兰的连接尺寸，如垫片内、外圆直径、密封面型式和尺寸、螺栓中心圆直径、螺栓孔数量和螺栓直径两者是一致的。国内压力容器现行用的垫片标准为 JB 4704～4706。

五、螺栓及其选用

螺栓作为紧固件是法兰连接中的一个重要部件。足够的螺栓载荷是法兰连接紧密性的必要保证。螺栓因强度不足而导致的断裂更意味着密封的破坏。对螺栓材料的要求是强度高，韧性好，耐介质腐蚀。按螺栓材料的许用应力的大小，分高强度、中强度和低强度螺栓三个级别。与法兰和垫片需要选配一样，选择螺栓材料强度时，也要考虑与两者的协同。如公称压力高的法兰，需要密封性能好的垫片，也需要选配强度级别高的螺栓。若螺栓强度级别偏低，没有足够的螺栓载荷提供垫片密封所需要的压紧力；而强度级别选得偏高，当螺栓数量一定时，使螺栓的直径太小，导致螺栓设计应力过高，一不小心容易造成螺栓拧断。在高温情况下，过高的螺栓应力，导致过快松弛。为避免螺栓与螺母咬死，螺母的硬度一般比螺栓低 HB 30，所以它们也存在一个选配的问题。

除了对材料的要求外，还应选择螺栓的数目和它在法兰上的布置，此时不仅要考虑法兰连接的紧密性，还要考虑螺栓安装的方便。螺栓数量多了，垫片受力比较均匀，密封性好了；螺栓数目太多，除了存在上述螺栓直径偏小的缺点（通常不应小于 12mm），另一方面造成螺栓间距太小，可能放不下安装用的工具，如普通的扳手，最小螺栓间距通常为 $(3.5\sim4)d_B$ 或参照容器标准中的规定。若螺栓间距太大，在螺栓孔之间将引起附加的法兰弯矩，且导致垫片受力不均，使密封性能降低，所以一般要求螺栓最大间距不超过 $2d_B+[6t_f/(m+0.5)]$（t_f——法兰的厚度）[3]。此外，螺栓的数量至少应为四个，且为 4 的倍数。

螺栓的许用应力取决于材料、螺栓直径和操作温度，容器法兰常用的螺栓与螺母用钢及螺栓材料的许用应力值见本书附录。

至此，可以看出设计或选用法兰连接时，应将其作为一个整体，法兰、垫片和螺栓之间需要有一个合适的选配。表 2-11 是 EN 13455[69] 中一个典范的示例。表中对螺栓强度低、中、高的分级是按螺栓与法兰材料的屈服强度的比值分别≥1.0、≥1.4 和≥2.5 而加以区分的。

表 2-11　法兰-垫片-螺栓选配

pN 系列	CLASS 系列	垫　片　类　型	最低螺栓强度级别
0.25～1.6		具有或不具有夹套的非金属平垫片	低强度
2.5	150	具有或不具有夹套的非金属平垫片	低强度
		具有填充料的金属缠绕垫片	中强度
		具有填充料的波形金属夹套垫片	
		具有或不具有填充料的波形金属垫片	

续表

pN 系列	CLASS 系列	垫 片 类 型	最低螺栓强度级别
4.0		具有或不具有夹套的非金属平垫片	低强度
		具有填充料的金属缠绕垫片	中强度
		具有填充料的波形金属夹套垫片	
		具有或不具有填充料的波形金属垫片	
		具有填充料的金属平垫片	高强度
		齿面或实心金属垫片	
6.3	300	具有或不具有夹套的非金属平垫片	低强度
		具有填充料的金属缠绕垫片	中强度
		具有填充料的波形金属夹套垫片	
		具有或不具有填充料的波形金属垫片	
		具有填充料的金属平垫片	高强度
		齿面或实心金属垫片	
		金属环形垫	
10.0	600	具有或不具有夹套的非金属平垫片	中强度
		具有填充料的金属缠绕垫片	
		具有填充料的波形金属夹套垫片	
		具有或不具有填充料的波形金属垫片	
		具有填充料的金属平垫片	高强度
		齿面或实心金属垫片	
		金属环形垫	

六、法兰设计

（一）垫片密封机理

如上所述，法兰通过紧固螺栓压紧垫片实现密封。一般来说，流体在垫片处的泄漏以两种形式出现，即所谓“渗透泄漏”和“界面泄漏”，如图2-47所示。渗透泄漏是流体通过垫片材料本体毛细管的泄漏，故除了介质压力、温度、黏度、分子结构等流体状态性质外，主要与垫片的结构与材质有关；而界面泄漏是流体从垫片与法兰接触界面泄漏，泄漏大小主要与界面间隙尺寸有关。由于加工时的机械变形与振动，加工后的法兰压紧面总会存在凹凸不平的间隙，如果压紧力不够，界面泄漏即是法兰连接的主要泄漏来源。现作简单分析：预紧螺栓时，螺栓力通过法兰压紧面作用到垫片上，使垫片发生弹性或塑性变形，以填满法兰压紧面上的不平间隙，从而阻止流体泄漏。显然，初始压紧力的大小受垫片材料和结构形式以及压紧面加工粗糙度的影响。压紧力过小，垫片压不紧不能阻漏；压紧力过大，往往使垫片挤出或损坏。当设备操作时，由于内压升起，在容器或管道端部轴向力的作用下，螺栓被拉长，法兰压紧面趋向分开，垫片产生部分回弹，这时压紧面上压紧力下降，如果垫片与压紧面之间没有残留足够的压紧力，就不能封住流体，即密封失效。

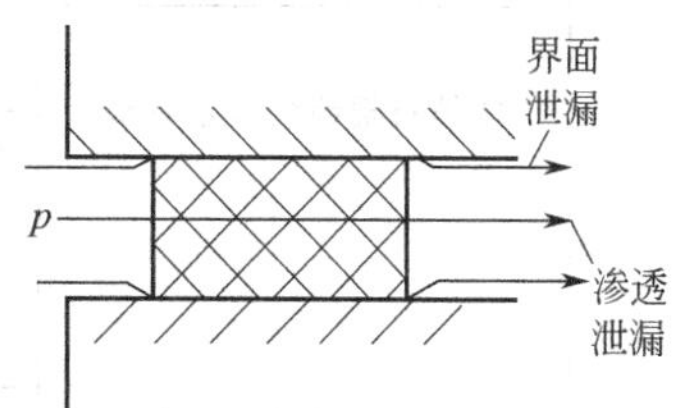

图 2-47 界面泄漏和渗透泄漏

正是基于以上简单的密封原理分析，在确立法兰设计方法时，把预紧工况与操作工况分开处理，从而大大简化了法兰设计。为此，对两个不同的工况分别引进两个垫片性能参数，即“最小压紧应力”或“比压力” y 以及“垫片系数” m。

预紧比压 y 定义为预紧（无内压）时，迫使垫片变形与压紧面密合，以形成初始密封条件，此时垫片所必需的最小压紧载荷，因以单位接触面积上的压紧载荷计，故也称“最小压紧应力”，单位为 MPa。垫片系数 m 是指操作（有内压）时，达到紧密不漏，垫上所必须维持的比压与介质压力 p 的比值。几种常用垫片的比压力和垫片系数见表 2-12。由表可见，m、y 值仅与垫片材料、结构与厚度有关。因为这些数据是 1943 年 Rossheim 和 Markl 推荐而沿用至今，仅做了很少修改。不少生产实践和广泛的研究表明[19,20]，y 和 m 值还与垫片尺寸。介质性能、压力、温度、压紧面粗糙度等许多因素有关，而且 m 与 y 之间也存在内在联系。尽管 y 和 m 在相当程度上掩盖了垫片材料的复杂行为，但一方面它们极大地简化了法兰设计，另一方面按目前的 m 和 y 值用于一般场合认为是满意的。

表 2-12　垫片性能参数

<table>
<tr><th>尺寸 N（最小）/mm</th><th colspan="2">垫片材料</th><th>垫片系数 m</th><th>比压力 y /MPa</th><th>简图</th><th>适用法兰面序号（见表 2-13）</th><th>列号②</th></tr>
<tr><td rowspan="22">10</td><td colspan="2">无织物或高含量石棉纤维的合成橡胶，肖氏硬度低于 75</td><td>0.50</td><td>0</td><td rowspan="6"></td><td rowspan="9">1(a、b、c、d)
4、5</td><td rowspan="22">Ⅱ</td></tr>
<tr><td colspan="2">肖氏硬度≥75</td><td>1.00</td><td>1.4</td></tr>
<tr><td rowspan="3">石棉，具有适当黏结剂（石棉橡胶板）厚度为</td><td>3mm</td><td>2.00</td><td>11.0</td></tr>
<tr><td>1.5mm</td><td>2.75</td><td>25.5</td></tr>
<tr><td>0.75mm</td><td>3.50</td><td>44.8</td></tr>
<tr><td colspan="2">内有棉纤维的橡胶</td><td>1.25</td><td>2.8</td></tr>
<tr><td rowspan="3">内有石棉纤维的橡胶，具有金属加强丝或不具有金属加强丝</td><td>3 层</td><td>2.25</td><td>15.2</td><td rowspan="3"></td></tr>
<tr><td>2 层</td><td>2.50</td><td>20.0</td></tr>
<tr><td>1 层</td><td>2.75</td><td>25.5</td></tr>
<tr><td colspan="2">植物纤维</td><td>1.75</td><td>7.6</td><td></td><td>1(a、b、c、d)
4、5</td></tr>
<tr><td rowspan="2">内填石棉缠绕式金属垫片</td><td>碳　钢</td><td>2.50</td><td>69.0</td><td rowspan="2"></td><td rowspan="7">1(a、b)</td></tr>
<tr><td>不锈钢或蒙乃尔</td><td>3.00</td><td>69.0</td></tr>
<tr><td rowspan="5">波纹状金属板内填石棉或波纹状金属外壳内填石棉</td><td>软　铝</td><td>2.50</td><td>20.0</td><td rowspan="5"></td></tr>
<tr><td>软铜或黄铜</td><td>2.75</td><td>25.5</td></tr>
<tr><td>铁或软钢</td><td>3.00</td><td>31.0</td></tr>
<tr><td>蒙乃尔或 4%～6%铬钢</td><td>3.25</td><td>37.9</td></tr>
<tr><td>不锈钢</td><td>3.50</td><td>44.8</td></tr>
<tr><td rowspan="5">波纹状金属</td><td>软　铝</td><td>2.75</td><td>25.5</td><td rowspan="5"></td><td rowspan="5">1(a、b、c、d)</td></tr>
<tr><td>软铜或黄铜</td><td>3.00</td><td>31.0</td></tr>
<tr><td>铁或软钢</td><td>3.25</td><td>37.9</td></tr>
<tr><td>蒙乃尔或 4%～6%铬钢</td><td>3.50</td><td>44.8</td></tr>
<tr><td>不锈钢</td><td>3.75</td><td>52.4</td></tr>
</table>

续表

尺寸 N（最小）/mm	垫片材料		垫片系数 m	比压力 y /MPa	简图	适用法兰面序号（见表2-13）	列号②
10	平金属外壳内填石棉（金属包垫片）①	软铝	3.25	37.9		1a、1b、1c*、1d*、2*	Ⅱ
		软铜或黄铜	3.50	44.8			
		铁或软钢	3.75	52.4			
		蒙乃尔	3.50	55.1			
		4%～6%铬钢	3.75	62.0			
		不锈钢	3.75	62.0			
	齿形金属	软铝	3.25	37.9		1(a、b、c、d) 2、3	
		软铜或黄铜	3.50	44.8			
		铁或软钢	3.75	52.4			
		蒙乃尔或4%～6%铬钢	3.75	62.0			
		不锈钢	4.25	69.5			
6	实心金属平垫片	软铝	4.00	60.6		1(a、b、c、d) 2、3、4	Ⅰ
		软铜或黄铜	4.75	89.5			
		铁或软钢	5.50	124			
		蒙乃尔或4%～6%铬钢	6.00	150			
		不锈钢	6.50	179			
	环形垫	铁或软钢	5.50	124		6	
		蒙乃尔或4%～6%铬钢	6.00	150			
		不锈钢	6.50	179			

① 垫片表面的折叠处不应放在法兰的密封面上。

② 列号见表2-13。

由此可见，保证法兰连接紧密不漏有两个条件：①必须在预紧时，使螺栓力在压紧面与垫片之间建立起不低于 y 值的比压力；②当设备工作时，螺栓力应能够抵抗内压的作用，并且在垫片表面上维持 m 倍内压的比压力。

（二）密封计算

1. 螺栓载荷计算

如前所述，法兰连接依靠紧固螺栓压紧垫片实现密封的。所谓密封计算是确定需要多大的螺栓载荷，即在此螺栓载荷下，预紧时垫片必须有足够的预变形，并操作时保证垫片起密封作用，因此，螺栓载荷计算也分为预紧和操作两种工况。

在预紧工况，螺栓拉力 W_a 应等于压紧垫片所需的最小压紧载荷，即：

$$W_a = \pi b D_G y \tag{2-109}$$

式中　W_a——螺栓的最小预紧载荷，N；

D_G——垫片的平均直径，取垫片反力作用位置处的直径，mm；

b——垫片的有效密封宽度，mm；

y——垫片的比压力，MPa。

式（2-109）中用以计算接触面积的垫片宽度不是垫片的实际宽度，而是它的一部分，称为密封基本宽度 b_0，其大小与压紧面形状有关，参见表 2-13。在 b_0 的宽度范围内单位压紧载荷 y 视作均匀分布。当垫圈较宽时，由于螺栓载荷和内压的作用使法兰发生偏转，因此垫片外侧比内侧压得紧一些，为此实际计算中垫片宽度要比 b_0 更小一些，称为有效密封宽度 b，b 与 b_0 有如下关系。

表 2-13　垫片密封基本宽度 b_0

序号	压紧面形状（简图）	垫片密封基本宽度 b_0	
		Ⅰ	Ⅱ
1a	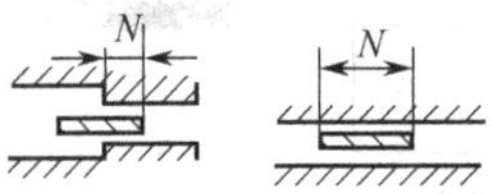	$\frac{N}{2}$	$\frac{N}{2}$
1b	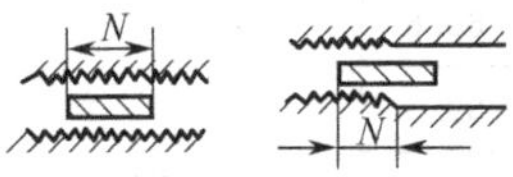		
1c	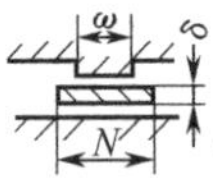 $\omega \leqslant N$	$\frac{\omega+\delta}{2}$ $\left(\frac{\omega+N}{4}\text{最大}\right)$	$\frac{\omega+\delta}{2}$ $\left(\frac{\omega+N}{4}\text{最大}\right)$
1d	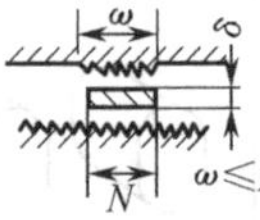 $\omega \leqslant N$		
2	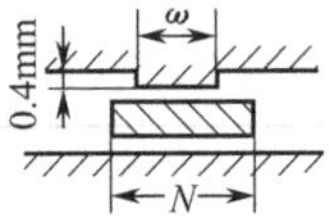 $\omega \leqslant \frac{N}{2}$	$\frac{\omega+N}{4}$	$\frac{\omega+3N}{8}$
3	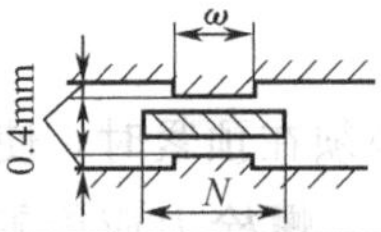 $\omega \leqslant \frac{N}{2}$	$\frac{N}{4}$	$\frac{3N}{8}$
4	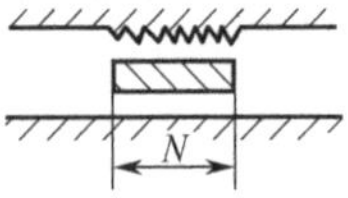	$\frac{3N}{8}$	$\frac{7N}{16}$
5	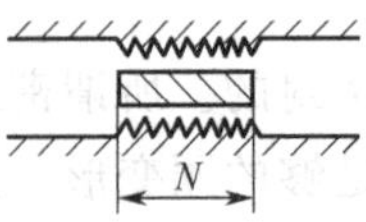	$\frac{N}{4}$	$\frac{3N}{8}$
6	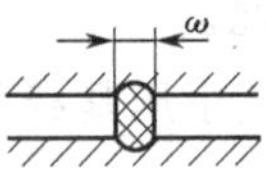	$\frac{\omega}{8}$	

注：当锯齿深度不超过 0.4mm，齿距不超过 0.8mm 时，应采用 1b 及 1d 的压紧面形状。

当 $b_0 \leqslant 6.4$mm 时，$b = b_0$；

当 $b_0 > 6.4$mm 时，$b = 6.4b_0 = 2.53\sqrt{b_0}$。

因而用以计算的垫片平均直径 D_G 相应确定如下：

当 $b_0 \leqslant 6.4$mm 时，D_G = 垫片接触面的平均直径；

当 $b_0 > 6.4$mm 时，D_G = 垫片接触面外径 $-2b$。

在操作工况时，螺栓载荷 W_p 应等于抵抗内压产生的轴向使法兰连接分开的载荷和维持密封垫片表面必需的压紧载荷之和，即：

$$W_p = \frac{\pi}{4} D_G^2 p_c + 2b\pi D_G m p_c \tag{2-110}$$

式中　W_p——操作工况下的螺栓载荷，N；

m——垫片系数，无因次；

p_c——计算压力，MPa。

等式右边后一项中，由于原始定义 m 时是取 2 倍垫片有效接触面积上的压紧载荷等于计算压力 m 倍，故计算时 m 需乘以 2。

2. 螺栓尺寸与数目

上述 W_a 和 W_p 是在两种不同工况下的螺栓载荷，故确定螺栓截面尺寸时应分别求出两种工况下螺栓的总面积，择其大者为所需螺栓总截面积，从而确定实际选用螺栓直径与个数，故在预紧工况时，按常温计算，由强度条件得：

$$A_a \geqslant \frac{W_a}{[\sigma]_b} \quad \text{mm}^2 \tag{2-111}$$

式中　$[\sigma]_b$——常温下螺栓材料的许用应力，MPa。

在操作工况时，按螺栓设计温度计算，则为：

$$A_p = \frac{W_p}{[\sigma]_b^t} \quad \text{mm}^2 \tag{2-112}$$

式中　$[\sigma]_b^t$——设计温度下螺栓材料的许用应力，MPa。

螺栓所需的总截面积 A_m 取上述两种工况下较大值。

在选定螺栓数目 n 后，即可按下式得到螺栓直径 d_B：

$$d_B \geqslant \sqrt{\frac{A_m}{0.785n}} \quad \text{mm} \tag{2-113}$$

式中，d_B 应圆整到标准螺纹的根径，并据此确定螺栓的公称直径。

3. 螺栓设计载荷

法兰设计中需要确定螺栓设计载荷。在预紧工况，由于实际的螺栓尺寸可能大于式（2-113）的计算值，在拧紧螺栓时有可能造成实际螺栓载荷超出式（2-109）所给出的数值，所以确定预紧工况螺栓设计载荷时，螺栓总截面积取 A_m 与实际选用的螺栓总截面积 A_b 的算术平均值，即

$$W = \frac{A_m + A_b}{2} [\sigma]_b \quad \text{N} \tag{2-114}$$

而操作工况螺栓设计载荷仍按式（2-110）计算，即 $W = W_p$。

（三）法兰的强度计算

法兰的强度计算必须考虑两个不同的问题：一是法兰连接结构中的各部件必须有足够的强度，二是连接本身必须保证密封。结构强度的问题比较简单，但法兰连接的密封性远比强度复杂，更富有近似性和经验性。对于法兰的强度计算，若按照如前所述的螺栓-法兰-垫片连接系统来考虑各零件的真实受力和变形，并最终以泄漏作为设计准则显然是符合实际的，但在缺乏对垫片真实性能完全了解之前，仍有不少困难。因此法兰的计算方法仍以弹性强度分析或塑性极限分析为基础，借控制法兰中的最大应力保证法兰的强度和刚度。弹性应力分析中最有代表性的是 Waters 等提出的方法，目前仍为国内外大部分容器规范所应用，包括中国容器标准在内。本节主要介绍 Waters 的设计方法。

1. 力学计算模型

Waters 法是 1937 年 Waters 和 Taylor Forge 首先提出的，后又经 Waters 等的发展纳入 ASME 规范。这个方法基于弹性应力分析，不考虑系统的变形特性和垫片的复杂行为，而根据前述的 m 和 y 系数，在法兰受力确定的条件下，计算出法兰中最大应力，并控制在规定的许用应力以下，保证法兰系统的刚度，从而达到连接的密封要求。

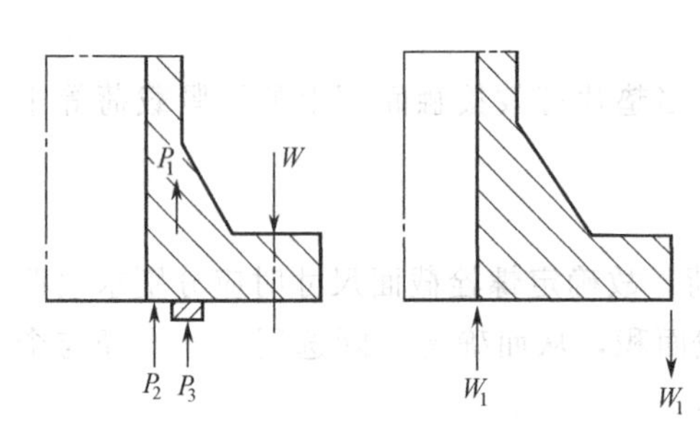

图 2-48　法兰受力简图

Waters 法包含了以下的假设和简化：

① 所有组成法兰接头的部件的材料假定是均匀的，并在设计载荷条件下保持完全弹性；

② 所有施加于法兰上的载荷（螺栓载荷 W，垫片反力 P_3 和流体静压力的轴向力 P_1、P_2）归结为一对作用在法兰环内外周边上的均布力 W_1 所组成的力偶，如图 2-48 所示；

③ 忽略螺栓的影响，假设问题是轴对称的；

④ 不计螺栓孔的影响；

⑤ 假设壳体和锥颈为薄壳结构；

⑥ 壳体理论分析中，以法兰和锥颈的内孔表面为中性面；

⑦ 当法兰环挠曲时，壳体与锥颈大端（图 2-49 中 A'点）的径向位移为零；

⑧ 法兰环中面因所施加的力偶而引起的伸长可忽略不计；

⑨ 内压以及由内压引起的各部分相邻边缘处产生的应力与法兰环力偶产生的弯曲应力相比，可忽略不计；

⑩ 法兰的位移很小，叠加原理可以应用。

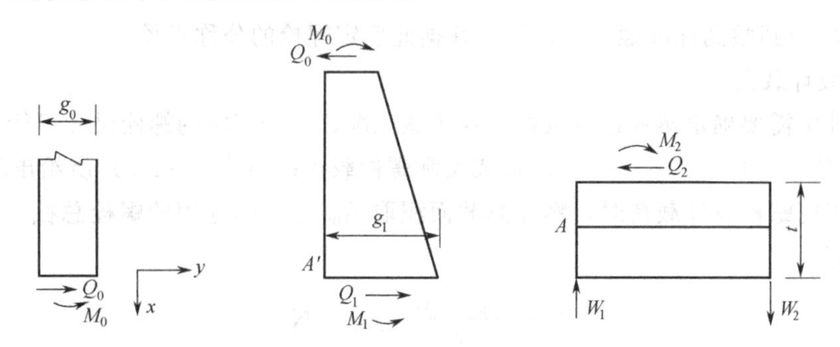

图 2-49　Waters 的法兰力学分析模型

于是，这一方法最终的力学计算模型如图 2-49 所示，法兰在两个不连续处被分为三个部件，即圆筒体、锥颈和法兰环，各部件之间存在因上述力偶的弯曲作用引起的边缘力和边缘力矩。在弹性板壳理论分析上，把圆筒体视作一端受边缘力和力矩的半无限长圆柱薄壳，将锥颈作为两端分别受边缘力和力矩作用的线性变厚度圆柱薄壳，而法兰环则视为受力矩弯曲作用的环形薄板。然后和解不连续应力的方法相同，由各连接处内力平衡条件和变形协调条件，求出各边缘力和边缘力矩，最终求出各部分上的应力。

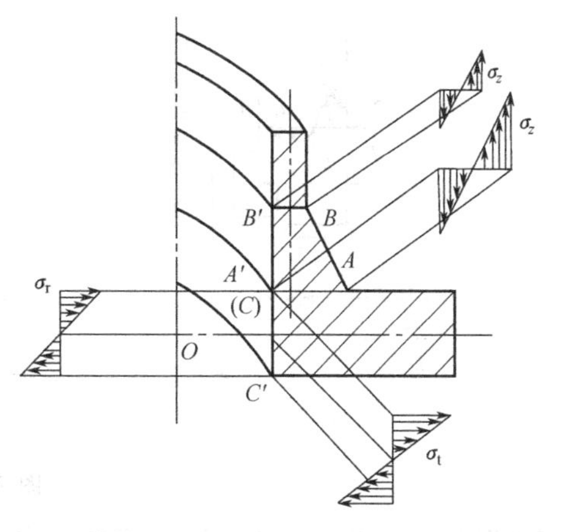

图 2-50　整体法兰中的最大应力

按照上述的解法其过程十分繁琐，且繁琐到几乎难以实用的程度，所以 Waters 等在分析了法兰中的应力分布情况后，确定校核法兰强度的三个主要应力：法兰环内圆柱面上与锥颈连接处的最大径向应力、切向应力，以及锥颈两端外表面的轴向弯曲应力，视颈部斜度或大端、小端而定，当斜度较大时，出现在小端，反之位于大端（图 2-50）。在经过一系列推演与简化后，最后给出了一组曲线，以便利用这些图表决定最大法兰应力。具体推导过程可参阅文献［23］。

2. 法兰设计方法

（1）法兰力矩的计算　法兰的外力矩是由如下作用于法兰的外力产生（图 2-51）：

（i）内压作用在内径截面上的轴向力 P_1：

$$P_1=\frac{\pi}{4}D_i^2 p_c \qquad \text{N} \tag{2-115}$$

式中　p_c——计算内压，MPa；

D_i——法兰内直径，mm。

对于整体法兰，P_1 通过筒壁作用于高颈中央；对于活套法兰，此力可看成作用在法兰环的内圆周。

（ii）内压作用在法兰端面上的轴向力 P_2：

$$P_2=\frac{\pi}{4}(D_G^2-D_i^2)p_c \qquad \text{N} \tag{2-116}$$

式中，D_G——垫片反力作用位置的直径，mm。

（iii）垫片反力 P_3，等于螺栓设计载荷与内压产生的总轴向力之差，即

$$P_3=W-P_1-P_2 \qquad \text{N} \tag{2-117}$$

式中，W 取预紧或操作时的螺栓总载荷。

这些力的作用位置不同，故其力臂视整体法兰和活套法兰、松式法兰取法不同。对于整体法兰或按整体法兰计算的任意式法兰［图 2-51（a）］：

$$\left.\begin{aligned} l_1&=R+0.5g_1\\ l_2&=\frac{R+g_1+l_3}{2}\\ l_3&=\frac{D_b-D_G}{2}\\ R&=\frac{D_b-D_i}{2}-g_1 \end{aligned}\right\} \tag{2-118}$$

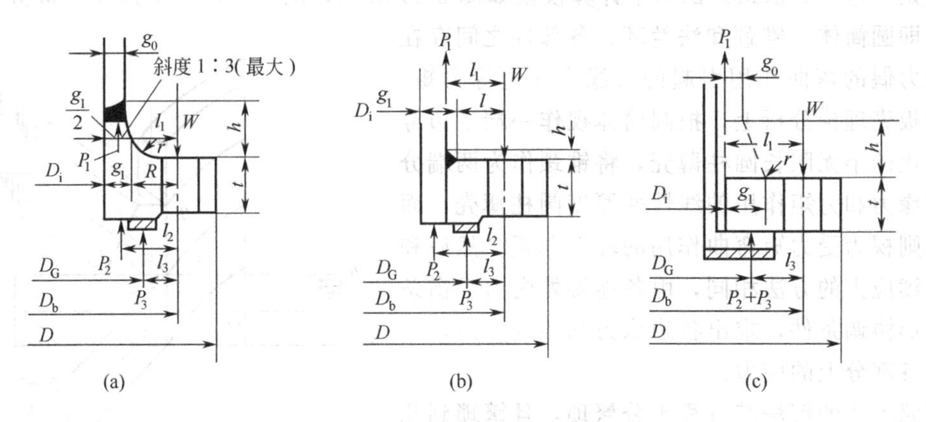

图 2-51　法兰受力图

对于除活套法兰外的松式法兰或按松式法兰计算的任意式法兰［图 2-51（b）］：

$$\left.\begin{aligned} l_1&=\frac{D_b-D_i}{2} \\ l_3&=\frac{D_b-D_G}{2} \\ l_2&=\frac{l_1+l_3}{2} \end{aligned}\right\} \tag{2-119}$$

对于活套法兰［图 2-51（c）］，则

$$\left.\begin{aligned} l_1&=\frac{D_b-D_i}{2} \\ l_2&=\frac{D_b-D_G}{2} \\ l_3&=\frac{D_b-D_G}{2} \end{aligned}\right\} \tag{2-120}$$

于是，法兰力矩为：

$$M_1=P_1l_1,\ M_2=P_2l_2,\ M_3=P_3l_3$$

预紧时，因 $p_c=0$，故 $P_1=P_2=0$，$P_3=W$，总力矩为：

$$M_a=M_3=P_3l_3=Wl_3 \tag{2-121}$$

式中，W 按式（2-114）取值。

操作时，总力矩为：

$$M_p=M_1+M_2+M_3=P_1l_1+P_2l_2+P_3l_3 \tag{2-122}$$

计算法兰应力时，取以下两者中较大值为计算外力矩：

$$\left.\begin{aligned} M&=M_p \quad \text{N·mm} \\ M&=M_a\frac{[\sigma]_f^t}{[\sigma]_f} \quad \text{N·mm} \end{aligned}\right\} \tag{2-123}$$

式中　$[\sigma]_f$，$[\sigma]_f^t$——分别为常温和设计温度下法兰材料的许用应力，MPa。

（2）法兰应力的计算　按照 Waters 得到的整体法兰的三种主要应力的计算式如下：

（i）锥颈上与法兰连接处的轴向弯曲应力

$$\sigma_z=\frac{fM}{\lambda g_1^2D_i} \quad \text{MPa} \tag{2-124}$$

(ii) 法兰环上的径向应力

$$\sigma_r=\frac{(1.33te+1)M}{\lambda t^2 D_i}\qquad \text{MPa} \tag{2-125}$$

(iii) 法兰环上的切向应力

$$\sigma_t=\frac{YM}{t^2 D_i}-Z\sigma_r\qquad \text{MPa} \tag{2-126}$$

式中 M——法兰计算力矩，N·mm；

f——法兰颈部应力校准系数，即法兰颈部小端应力与大端应力的比值，$f>1$ 表示最大轴向应力在小端处；反之 $f<1$ 时表示最大轴向应力在大端，此时取 $f=1$，无需对 f 进行修正。f 值按 $\frac{g_1}{g_0}$ 和 $\frac{h}{\sqrt{D_i g_0}}$ 由图 2-52 查取；

λ——系数，$\lambda=\frac{te+1}{T}+\frac{t^3}{d_1}$；

e——系数，$e=\frac{F}{h_0}$，$\frac{1}{\text{mm}}$；

d_1——系数，$d_1=\frac{U}{V}h_0 g_0^2$，mm³；

F，V——无因次系数，根据 $\frac{g_1}{g_0}$ 和 $\frac{h}{\sqrt{D_i g_0}}$ 由图 2-53 和图 2-54 查得；

T，U，Y，Z——无因次系数，根据 $K=\frac{D}{D_i}$ 查图 2-55；

h_0——系数，$h_0=\sqrt{D_i g_0}$，mm。

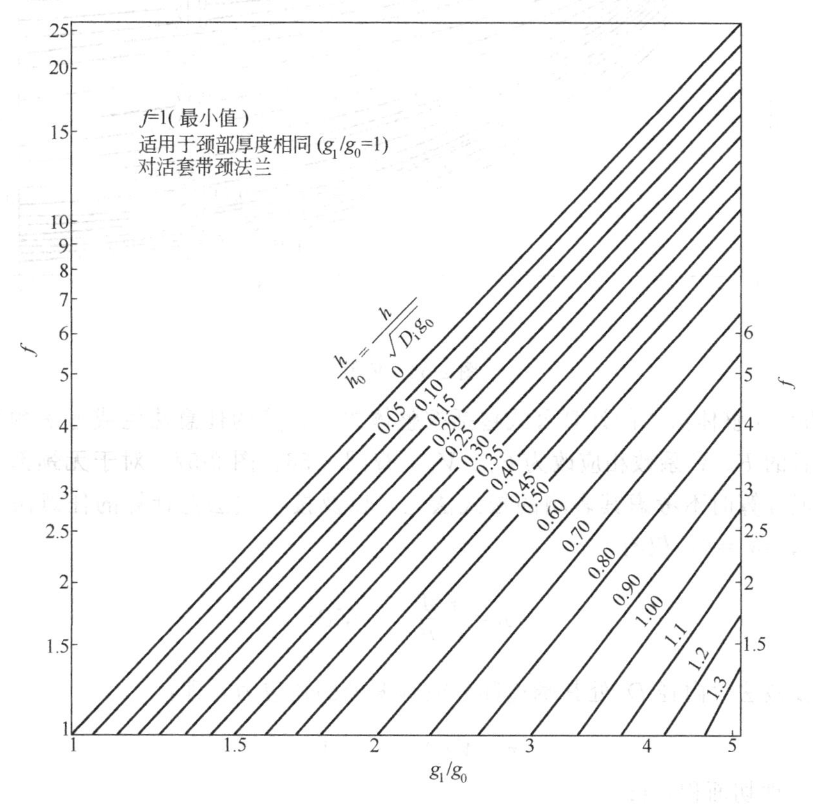

图 2-52 f 值

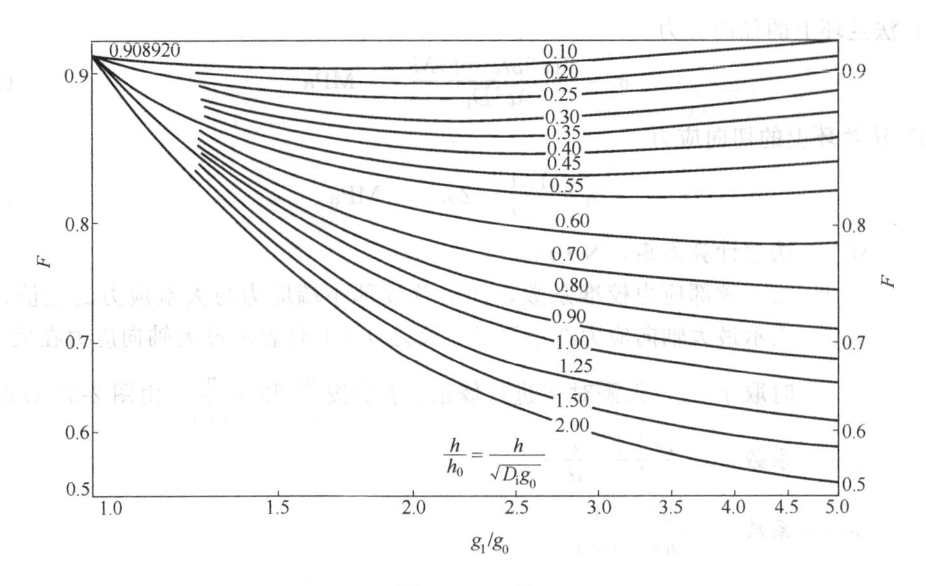

图 2-53　F 值

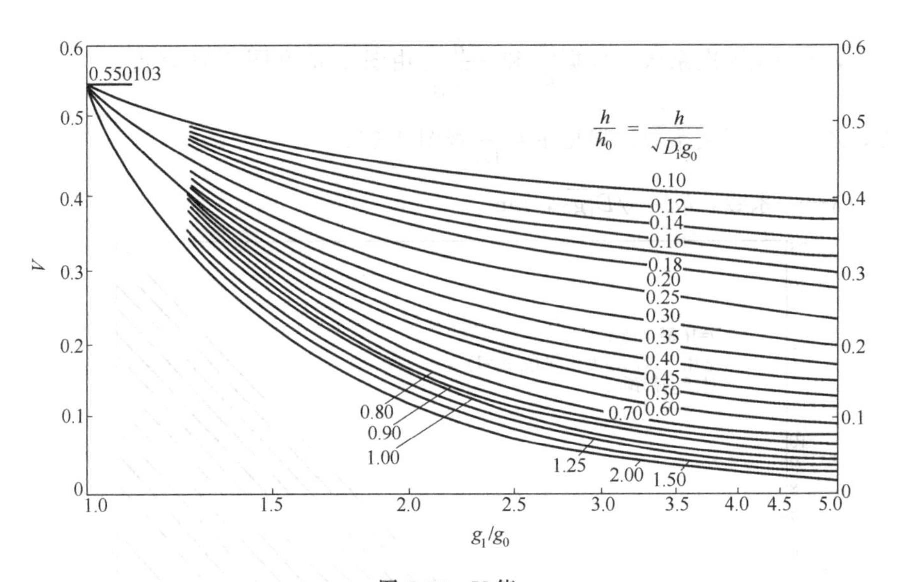

图 2-54　V 值

上述 Waters 整体法兰的计算公式包括按整体法兰计算的任意法兰或考虑颈部影响的松式法兰。后者的 F、V 系数相应改为 F_1、V_1，查图 2-56、图 2-57。对于无颈部的松式法兰或虽有颈部但计算时不考虑其影响的松式法兰，以及按松式法兰计算的任意法兰也可以应用，此时因 $\sigma_z=\sigma_r=0$，仅有：

$$\sigma_t=\frac{YM}{D_i t^2} \qquad \text{MPa} \tag{2-127}$$

此外，还需校核法兰内径 D_i 处其翻边部分或焊缝处的切应力，即：

$$\tau=W/A_\tau \qquad \text{MPa}$$

式中　A_τ——剪切面积，mm^2；

W——预紧或操作时螺栓设计载荷，N。

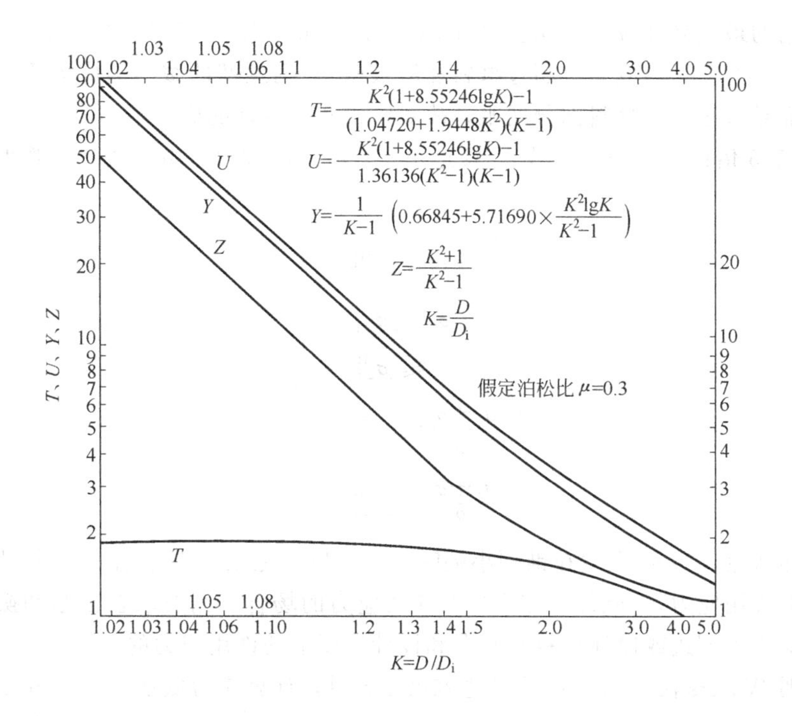

$T=\frac{K^2(1+8.55246\lg K)-1}{(1.04720+1.9448K^2)(K-1)}$
$U=\frac{K^2(1+8.55246\lg K)-1}{1.36136(K^2-1)(K-1)}$
$Y=\frac{1}{K-1}\left(0.66845+5.71690\times\frac{K^2\lg K}{K^2-1}\right)$
$Z=\frac{K^2+1}{K^2-1}$
$K=\frac{D}{D_i}$
假定泊松比 μ=0.3
U
Y
Z
T
T、U、Y、Z
$K=D/D_i$

图 2-55　T、Z、Y、U 值

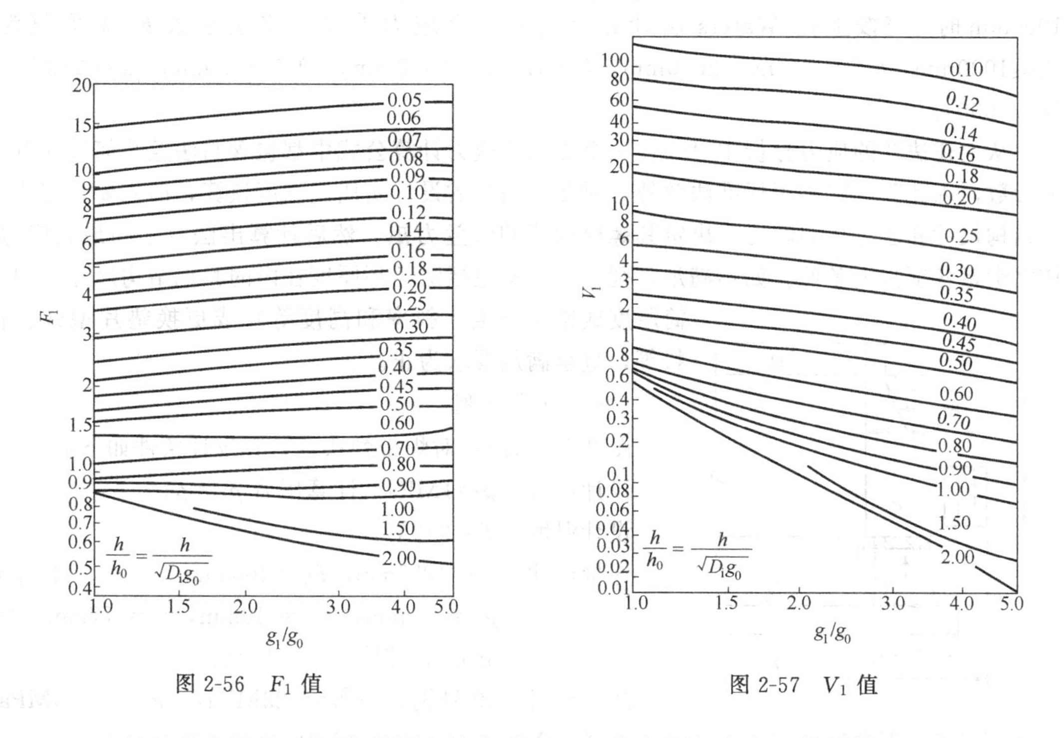

图 2-56　F_1 值

图 2-57　V_1 值

（3）法兰的强度校核　如按弹性失效准则，以上各应力都应小于材料的许用应力，但按应力的实际分布形态和对失效的影响，规定不同的应力限制条件则更为实际。从保证密封的角度出发，如果法兰产生屈服，则希望不在环部而在颈部，因为对于锥颈的轴向弯曲应力 σ_z，一方面它是沿截面线性分布的弯曲应力，另一方面具有局部的性质，小量屈服不会对法兰环密封部位的变形产生较大影响而导致泄漏，所以采用极限载荷设计法，取 1.5 倍材料许用应力作为它的最大允许应力。法兰环中的应力 σ_r 和 σ_t 则应控制在材料的弹性范围以内。但如果允许颈部有较高的应力（超过材料屈服极限），则颈部的载荷因应力重新分配会传递到法兰环，而导致法兰环材料部分屈服，故对锥颈和法兰环的应力平均值也须加以限制。例如若 σ_z 达到 1.5 倍许用应力，σ_r 或 σ_t 只允许 0.5 倍许用应力。由此法兰的强度校核应同时满足如下条件：

$$\left.\begin{aligned} \sigma_z &\leqslant 1.5[\sigma]_f^t \\ \sigma_r &\leqslant [\sigma]_f^t \\ \sigma_t &\leqslant [\sigma]_f^t \\ \frac{\sigma_z+\sigma_t}{2} &\leqslant [\sigma]_f^t \\ \frac{\sigma_z+\sigma_r}{2} &\leqslant [\sigma]_f^t \end{aligned}\right\} \tag{2-128}$$

对于整体法兰，当 σ_z 发生在锥颈小端时，σ_z 可以放宽至 2.5 $[\sigma]_n^t$（$[\sigma]_n^t$ 为圆筒材料在设计温度下的许用应力）。此外，在需要校核切应力的场合，则要求在预紧和操作两种状态下的切应力应小于翻边或筒体材料在常温和设计温度下的许用应力的 0.8 倍。

研究表明 Waters 法在法兰直径超过 2000mm 时，计算应力低估 25%，在 1000mm 以下没有改变，1000～2000mm 之间逐渐变化。EN 13445 对此进行了修正，即在法兰直径大于 1000mm 时，将按上述 Waters 法计算得到的三个应力乘以一修正系数 k。k 取值为：$D_i \leqslant 1000$mm，$k=1.0$；$D_i \leqslant 2000$mm，$k=1.333$；2000mm $> D_i >$ 1000mm，$k=2/3(1+D_i)/2000)$。

从上述法兰的应力分析中可知，三个方向的应力计算公式中都包含与法兰几何尺寸有关的参数，因此除直接采用标准法兰外，对非标法兰的设计实质是强度核算，即先要确定法兰的结构尺寸和法兰环的厚度，决定其螺栓载荷和法兰力矩，然后计算出法兰中的最大应力，使之满足各项强度条件。如不满足，则适当调整包括法兰环厚度在内的其他结构尺寸（如圆筒厚度或锥颈厚度、斜率和高度等）或更换垫片型式、材料等，直至满足要求为止。

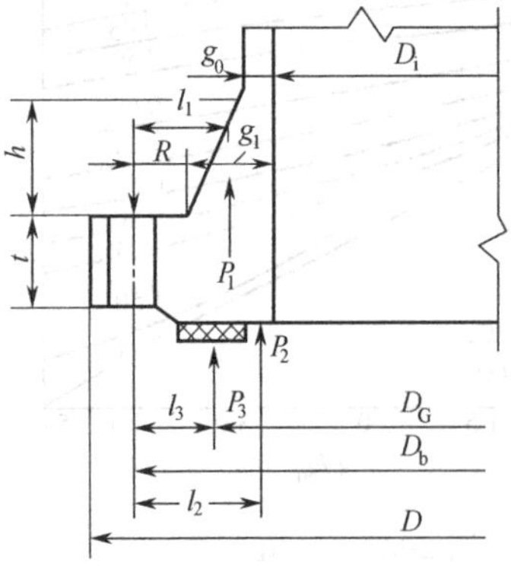

（四）计算示例

图 2-58 示出一对焊带颈法兰，其设计条件如下：

设计压力　$p=1$MPa，计算压力 $p_c=p$；

设计温度　$T=250$℃；

连接尺寸　$D=1255$mm，$D_i=1000$mm，$D_b=1145$mm，$g_1=30$mm，$g_0=10$mm，$h=77$mm，$t=38$mm，螺栓 M36　20 只；

法兰材料　20 号钢，$[\sigma]_t=123$MPa，$[\sigma]_t^{250}=95$MPa；

图 2-58　带颈对焊法兰

筒体材料 16MnR，$[\sigma]_n^t=156$MPa；

螺栓材料　Q235-A 钢，$[\sigma]_b=94$MPa，$[\sigma]_b^{200}=74$MPa；

垫　片　石棉橡胶板，$D_{go}=1054$mm，$D_{gi}=1010$mm，$\delta=3$mm。

试校核法兰的强度。

解　(1) 垫片宽度计算

垫片实际宽度　$N=(D_{go}-D_{gi})/2=(1054-1010)/2=22\text{mm}$；

垫片密封基本宽度　$b_0=\frac{N}{2}=\frac{22}{2}=11\text{mm}>6.4\text{mm}$（表 2-13）；

垫片有效密封宽度　$b=2.53\sqrt{b_0}=2.53\sqrt{11}=8.4\text{mm}$。

（2）螺栓载荷计算

查表 2-12 得石棉橡胶板（$\delta=3\text{mm}$）的 $y=11.0\text{MPa}$，$m=2$。

（i）操作条件下的螺栓载荷：

$$W_p=\frac{\pi}{4}D_G^2p+2\pi D_G mbp_c=\frac{\pi}{4}(1037.2)^2\times1+2\pi\times1037.2\times2\times8.4\times1$$

$$=844919+109484=954403\text{N}$$

式中　$D_G=D_{go}-2b=1054-2\times8.4=1037.2\text{mm}$

（ii）操作前螺栓的预紧载荷：

$$W_a=\pi D_G by=\pi\times1037.2\times8.4\times11=301082\text{N}$$

（iii）螺栓强度校核：M36 螺栓的根径 $d_0=31.67\text{mm}$，$A_b=\frac{\pi}{4}d_0^2\times n=\frac{\pi}{4}\times(31.67)^2\times20=15755\text{mm}^2$，但 $A_p=\frac{W_p}{[\sigma]_b^t}=\frac{954403}{74}=12897\text{mm}^2$，$A_a=\frac{W_a}{[\sigma]_b}=\frac{301082}{94}=3203\text{mm}^2$，故 $A_b>A_p>A_a$，螺栓强度足够。

（3）总力矩计算

预紧时　$M_a=Wl_3$

其中　$W=0.5(A_b+A_p)[\sigma]_b=0.5\times(15755+12897)\times94=1346644\text{N}$

操作时　$M_p=P_1l_1+P_2l_2+P_3l_3$

因　$P_1=\frac{\pi}{4}D_i^2p_c=\frac{\pi}{4}(1000)^2\times1=785398\text{N}$

$P_2=\frac{\pi}{4}(D_G^2-D_i^2)p_c=\frac{\pi}{4}(1037.2^2-1000^2)\times1=59520\text{N}$

$P_3=W_p-(P_1+P_2)=954403-(785398+59520)=109485\text{N}$

和　$R=\frac{D_b-D_i}{2}-g_1=\frac{1145-1000}{2}-30=42.5\text{mm}$

$l_1=R+0.5g_0=42.5+0.5\times10=47.5\text{mm}$

$l_2=\frac{R+g_1+l_3}{2}=\frac{42.5+30+53.9}{2}=63.2\text{mm}$

$l_3=\frac{D_b-D_G}{2}=\frac{1145-1037.2}{2}=53.9\text{mm}$

所以　$M_a=1346644\times53.9=72584112\text{N}\cdot\text{mm}$

$M_p=785398\times47.5+59520\times63.2+109485\times53.9=46969311\text{N}\cdot\text{mm}$

取 $M=M_p$ 或 $M_a\frac{[\sigma]_f^t}{[\sigma]_f}=72584112\times\frac{95}{123}=56060900\text{N}\cdot\text{mm}$ 中较大值，故 $M=56060900\text{N}\cdot\text{mm}$。

（4）应力计算与校核

因 $g_1/g_0=3$，$h/\sqrt{D_ig_0}=0.77$，由图 2-52 查得 $f=1.48$；由图 2-53 查得 $F=0.74$；由图 2-54 查得 $V=0.1$；由 $K=D/D_i=1.255$ 查图 2-55 得 $T=1.8$，$U=9.5$，$Y=8.6$，$Z=4.7$，并分别计算：

$$e=F/h_0=F/\sqrt{D_i g_0}=0.0074 \quad mm^{-1}$$

$$d_1=\frac{U}{V}h_0 g_0^2=\frac{U}{V}\sqrt{D_i g_0}\ g_0^2=950000 \quad mm^3$$

$$\lambda=\frac{te+1}{T}+\frac{t^3}{d_1}=0.77$$

按式（2-124）～式（2-126）计算各应力如下：

$$\sigma_z=\frac{fM}{\lambda g_1^2 D_i}=\frac{1.48\times56060900}{0.77\times30^2\times1000}=119.7 \quad MPa$$

$$\sigma_r=\frac{(1.33te+1)M}{\lambda t^2 D_i}=\frac{(1.33\times38\times0.0074+1)\times56060900}{0.77\times38^2\times1000}=69.2 \quad MPa$$

$$\sigma_t=\frac{YM}{t^2 D_i}-Z\sigma_r=\frac{8.6\times56060900}{38^2\times1000}-4.7\times69.2=8.64 \quad MPa$$

强度校核：因 $[\sigma]_f^t=95MPa$，故

$$\sigma_z<1.5\ [\sigma]_f^t=1.5\times95=142.5 \quad MPa\ (2.5\ [\sigma]_n^t=2.5\times156=390\ MPa>1.5\ [\sigma]_f^t)$$

$$\sigma_r<[\sigma]_f^t$$

$$\sigma_t<[\sigma]_f^t$$

$$\frac{\sigma_z+\sigma_r}{2}=\frac{119.7+69.2}{2}=94.45MPa<[\sigma]_f^t$$

$$\frac{\sigma_z+\sigma_t}{2}=\frac{119.7+8.64}{2}=64.17MPa<[\sigma]_f^t$$

法兰强度满足要求。

七、国外法兰设计方法的新动态

从前面的讲述中，可以了解到 Waters 方法首先将法兰连接系统视为一个静定的系统，因为它用两个定值参数 m 和 y 表征垫片的密封特性后，螺栓载荷也就确定为预紧和操作工况下的两个不变的数值。在处理法兰环的计算中，仅求解在这些螺栓载荷作用下法兰中的弹性应力。显然在整个计算中没有反映出该法兰接头是否达到了设计对紧密性的要求，用什么样的垫片参数来评价法兰接头的紧密性，对某些按照该方法计算的法兰，如直径超过 2m 的大法兰，为什么会出现泄漏，m 和 y 是否有试验依据，对新的垫片结构和材料，m 和 y 又如何补充和实验测定，这一系列问题引起了科学和工程界的兴趣。自 20 世纪 70 年代起，由美国压力容器研究委员会（PVRC）发起了一个广泛的研究计划，并受到世界上其他国家的响应。其中，最有成效之一是 PVRC 的在不改变 Waters 的应力计算规则的前提下，提出了三个新的垫片特性参数 G_b、a 和 G_s，这些垫片参数与设计要求的泄漏率之间存在一定的规律，并可以通过一个室温紧密性试验（Room Temperature Operational Tightness Test, RTOTT）的试验程序测定各种类型和材料垫片的这些参数[70]，从而借用这些参数建立法兰设计所需的螺栓载荷的方法。显然，这种方法与 Waters 的最大区别是将法兰的设计准则置于对泄漏率的评价基础上。它将紧密性按照泄漏率大小分为 T1～T5 五个级别，例如将 T2 级定为经济级，规定它的质量泄漏率为 0.002mg/(s·mm 垫片直径)。于是在进行法兰设计之前，要按照工艺和环境的要求，确定采用哪一个级别的泄漏率要求，再根据所用垫片的特性参数 G_b、a 和 G_s，确定计算法兰应力需要的螺栓载荷。自然最困惑的问题仍是如何

得到可以符合实际法兰使用的可靠的垫片参数，包括高温和时间的影响。另一改进法兰设计方法的重要成果是欧盟标准化委员会（CEN）提出的方法，即 EN1591-1 和 prEN1591-2 两个计算标准。该方法已被欧盟压力容器标准 EN 13445 采纳，放在附录 G 中，与 Waters 方法一起作为可供选择的两种法兰设计方法。这一方法是 25 年以前，由前东德提出的，已成功地使用了许多年。与 PVRC 相同的是 EN 1591 提出了更多的与法兰紧密性相关的新的垫片参数和测试这些参数的试验方法，但无论这些垫片参数本身，还是以后进行的各个法兰计算步骤，都比 Waters 法涉及更多的方面。除了法兰、垫片和螺栓材料的强度外，包括垫片的压缩参数、名义螺栓载荷及其预紧带来的不均衡性，变形产生的垫片力，外接管道的影响以及外力和弯矩的影响，螺栓和法兰环的温度差等，自然需要通过计算机进行计算。由此可见，CEN 方法较周详地考虑了本章一开始就提到的法兰连接的结构完整性和紧密性要求，所以与其说是一个法兰计算方法，不如说是一个法兰接头特性的分析手段。CEN 方法特别适用于下列场合：法兰承受热循环载荷，且其影响是主要的；螺栓载荷需要采用规定的拧紧方法控制；存在较大的附加载荷（如管道推力和弯矩）或对密封的要求特别重要。对它的详细介绍，读者可参阅[71]

习 题

1. 一承受均匀气体压力 p 作用的圆筒形容器，其内直径 $D_i=2000$mm，壁厚 $t=10$mm，试用无力矩理论计算。

① 离开端盖足够距离之筒体器壁中的周向应力和经向应力。

② 若端盖采用标准椭圆形封头（壁厚同为 10mm），封头器壁中的薄膜应力的最大值及其位置。

2. 如图 2-59 所示一装有液体的圆筒形敞口容器，上部周边自由悬挂，圆柱壳体的中面半径为 R，壁厚为 t，液体密度为 ρ，试计算壳体中的薄膜应力。

3. 有一球形贮罐，如图 2-60 所示。已知：$D_i=10$m，壁厚 $t=14$mm，内贮液氨，密度为 638kg/m^3。球罐上部尚留高度为 1500mm 的空间，其中气态氨的压力为 0.4MPa。球罐沿平行圆 A-A 支承，其对应的中心角为 120°。试确定该球罐壳体中的薄膜应力。

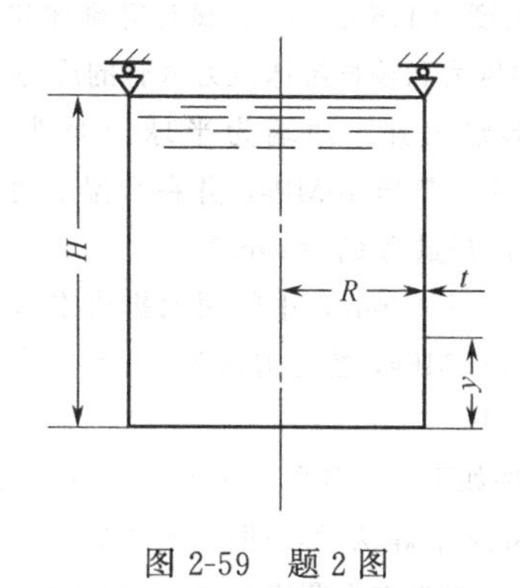

图 2-59 题 2 图

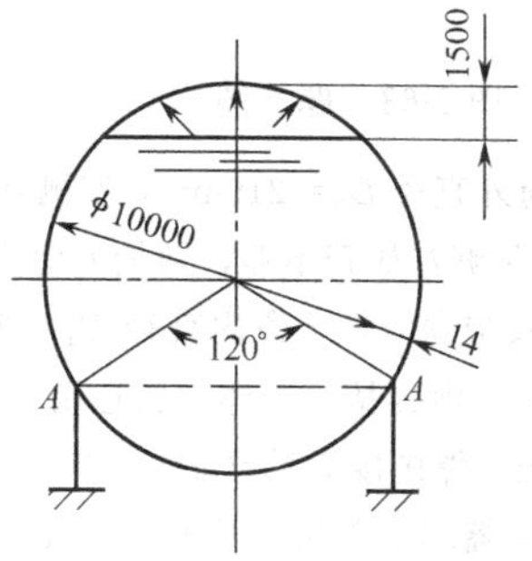

图 2-60 题 3 图

4. 如图 2-61 所示的一带厚平盖的钢质圆筒，承受 $p=2.0$MPa 的均匀气体压力。已知 $D_i=300$mm，$t=10$mm，试计算平盖与筒体连接处的边缘力矩和边缘力（视平盖为刚性平板）及其最大应力。

5. 某一半径为 R 的钢制不等厚的圆筒体，如图 2-62 所示。上筒体和下筒体的厚度分别为 t_1 和 t_2。试计算：

① 在均匀内压 p 作用下的边缘力和边缘力矩的一般表达式。设两筒体材料，即 $E_1=E_2=E$，$\mu_1=\mu_2=\mu$，且令 $f=t_2/t_1$，则 $D_2/D_1=f^3$，$\beta_2/\beta_1=1/\sqrt{f}$。

② 若 $2R=3500\text{mm}$，$t_1=40\text{mm}$，$t_2=50\text{mm}$，$p=3.0\text{MPa}$，两筒体连接处的总应力及总应力与筒体环向薄膜应力的比值（$E=2\times10^5\text{MPa}$，$\mu=0.3$）。

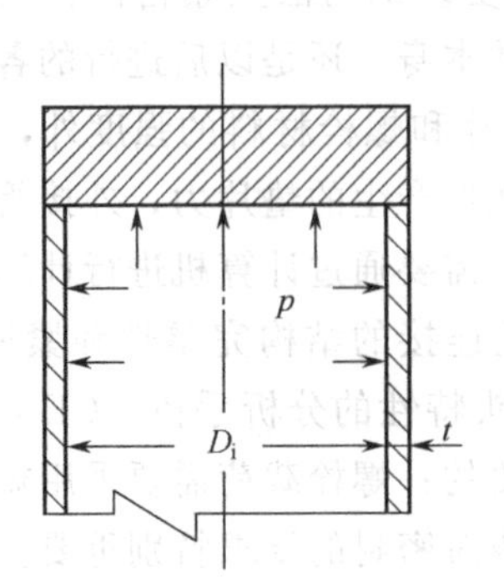

图 2-61　题 4 图

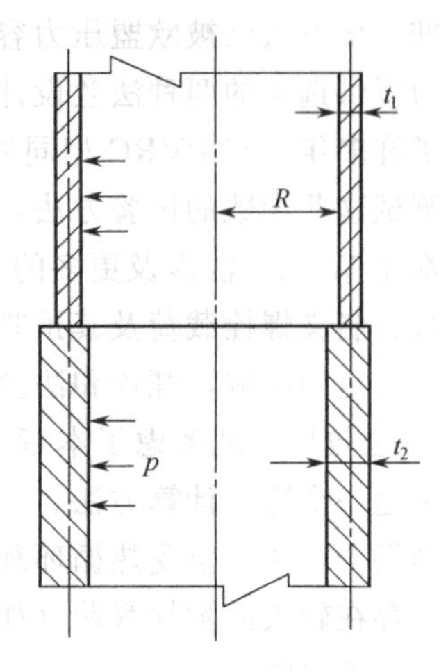

图 2-62　题 5 图

6. 一周边刚性固定的圆形平板，半径 $R=500\text{mm}$，板厚 $t=38\text{mm}$，板的上表面作用 $p=0.3\text{MPa}$ 的均匀分布压力，试求该圆板的最大挠度、最大应力和位置（$E=2\times10^5\text{MPa}$，$\mu=0.3$）。

7. 上题中的圆形平板如周边改为简支，计算其最大挠度、最大应力和位置，并将计算结果与上题作一比较。

8. 一实心圆形平板，沿两个同心圆架起，板上作用均布压力 p（图 2-63），试用叠加法计算圆板中央的挠度。

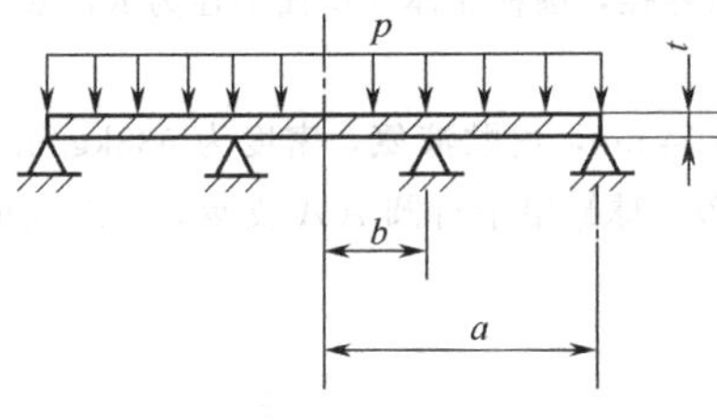

图 2-63　题 8 图

9. 一装有液体的圆筒形立式贮罐，上下为标准椭圆形封头，罐体 $D_i=2000\text{mm}$，材料为 Q235-B，腐蚀裕量为 $C_2=2\text{mm}$，焊接接头系数 $\varphi=0.85$。罐底至罐顶高度为 3200mm，罐底至液面高度为 2500mm，液面上气体压力不超过 0.15MPa，罐内最高操作温度为 50℃，液体密度为 1160kg/m^3。试计算罐体和封头的厚度，并确定液压试验的压力和校核罐体压力试验的应力。

10. 一库存圆筒形贮气瓶，两端为半球形封头，材料为 16Mn，圆筒外直径 $D_o=219\text{mm}$，实测其最小壁厚为 6.5mm，今欲充气压 10MPa，并在常温下使用，试问其强度是否足够？如若不够，则最大允许工作压力为多少（取腐蚀裕量为 $C_2=1\text{mm}$）？

11. 一反应器筒体上段内直径 $D_1=3500\text{mm}$，下段内直径 $D_2=2000\text{mm}$，中间用无折边锥形壳体（半锥角为 30°）过渡连接。壳体材料选用 20R。反应器操作压力为 0.55MPa，操作温度为 200℃。取腐蚀裕量为 $C_2=2\text{mm}$，焊接接头系数 $\varphi=0.85$。试确定该锥形过渡段的壁厚。

12. 某容器和端盖用法兰连接，试校核法兰的强度。已知条件如下：计算压力 $p_c=2.5\text{MPa}$，操作温度 150℃，筒体内直径 $D_i=1000\text{mm}$，腐蚀裕量 $C_2=1\text{mm}$。选用带颈平焊法兰，凹凸密封面，法兰材料为 16Mn，法兰各部分尺寸为：外直径 $D=1195\text{mm}$，厚度 $t=64\text{mm}$，螺栓中心圆直径 $D_b=1140\text{mm}$，锥颈小端厚度 $g_0=20\text{mm}$，大端厚度 $g_1=32\text{mm}$，锥颈高度 $h=50\text{mm}$。采用 36 个 M27 螺栓，螺栓材料为 35CrMoA。密封垫片为金属缠绕垫片，垫片外直径 $d_o=1087\text{mm}$，内直径 $d_i=1047\text{mm}$，厚度 4.5mm。

第三章　压力容器的整体设计问题

压力容器除内件之外主要是由基本的受压部件组合而成的，当能对这些基本受压部件单独进行设计之后并非就已经解决了容器设计的全部问题。因为由基本受压部件组合成容器整体之后，例如原来各部件的薄膜应力分布将发生变化，在强度或结构上应如何考虑；容器除受压力载荷之外再受到集中载荷或局部载荷，在强度或结构上又应如何考虑；当各部件组合装配时需要焊接，此时如何进行容器焊接结构的设计；因此，这就不是容器上某一部件设计的问题。本章即从由部件组合为容器整体的角度，即从容器设计的整体角度，来进一步讨论容器设计问题。

当然容器整体设计是一个涉及面相当广的问题，例如如何满足过程工艺要求、合理选用材料、如何考虑制造工艺以及如何进行制造检验等，甚至还有复杂的内件设计问题。但容器设计的各个环节中最核心的问题仍是保证容器的安全可靠，并且又是经济上合理的，符合国家各种规范和标准的。但本章仅着重从应力和强度上考虑由基本受压部件组合成容器整体时带来的各种局部应力、应力强度校核、结构设计及焊接结构设计问题。

第一节　容器设计中的整体设计问题概述

一、容器的整体结构分析及局部应力问题

容器可以分解为许多基本部件，例如图 3-1（a）所示的卧式容器即可分解为圆筒体、凸形封头、人孔上的平板封头、人孔管、各种接管，法兰及鞍式支座。除支座以外的各种部件都是承受压力载荷的部件，可称为基本受压部件。而不受压力载荷的部件（如支座）则称为非受压部件。卧式容器分解为部件的情况如图 3-1（b）所示。

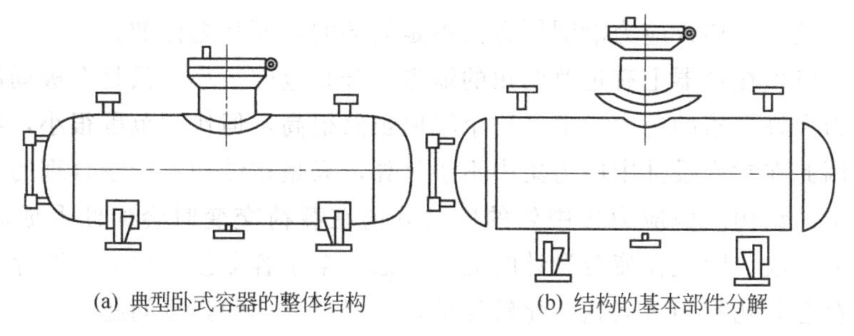

(a) 典型卧式容器的整体结构　　(b) 结构的基本部件分解

图 3-1　卧式容器的结构分解

容器基本受压部件的应力分析和设计计算已在第二章中阐述过。当将各个部件组合成容器整体时则会碰到一系列在单独作部件设计时所没有的问题。

① 如图 3-1（a）所示的圆筒体与两端封头连接处，由于存在结构几何不连续的影响而存在不连续应力。同样在人孔管与人孔法兰连接处也有结构不连续和不连续应力。

② 人孔或其他接管与卧式容器的圆筒体连续处是两个不同直径与壁厚的圆筒成一定交角相贯连接在一起，破坏了筒体内薄膜应力分布的连续性，无疑容器接管也存在不连续和应

力集中问题。

③ 卧式容器支座处总会受到支座反力的作用，相当于圆筒壳上承受了局部载荷。这是不同于压力载荷的机械载荷，在圆筒形壳体上所引起的应力不再是单一的均布的薄膜应力，而是在壳体局部范围内存在的弯曲应力。所以，由各种局部载荷作用在容器壳体上所产生的应力是叠加在内压薄膜应力之上的局部应力。化工容器上存在局部应力的情况是很多的，大型球罐的立式支柱也将其支承反力作用在球壳上构成一种局部载荷，将引起球壳中的局部应力；立式高塔的塔体一侧悬挂着再沸器或冷凝器这一类重物时，相当于塔体受到一偏心力和力矩，这些局部载荷都将在壳体上造成局部应力；此外，容器上的接管联系着过程装置的许多管道，将会传递力和力矩，作用在壳体上也形成局部载荷，而造成局部应力。

由上面的分析可知，在对容器进行整体结构设计考虑时必然会碰到结构不连续应力问题、由局部载荷引起的局部应力问题，以及应力集中问题，在设计中应予合理考虑。

局部应力常常是叠加在由压力引起的薄膜应力之上的应力，多数是局部弯曲应力，也有沿壁厚均匀分布的薄膜应力。局部应力有时会达到很高的数值，而且一般不具备轴对称性，局部应力过高可能导致结构出现局部的过度变形而使结构发生弹塑性失效。另外，由于局部应力的作用范围有限，一般应经局部强度校核来确定是否需要局部加强及如何加强。

至于不连续应力，也有局部性，同时还有衰减性和自限性，只要在结构上有妥善考虑，一般对强度不会有严重威胁。因而相关壳体的强度设计只考虑薄膜应力而不考虑不连续应力通常是可以的。必要时也应加以考虑，例如凸形封头设计中的形状系数，其中就包含了对不连续应力影响的考虑。又如锥形封头计算方法中所采用的应力增强系数同样也考虑了不连续应力的影响，在结构设计上也给予了考虑，如锥形封头大端宜采用过渡折边等。一般来说结构不连续应力虽然总是存在的，由于对容器的安全不会有很大影响，在结构的部件强度计算和结构设计中给予足够的考虑即可，所以常规的容器设计方法中就可避免进行不连续应力的繁复计算，从而使常规设计方便而又保证安全。

应该注意的是，不连续应力虽然也有局部性，但这是指沿壳体回转轴的轴向延伸长度范围而言的。然而从周向来看沿整个圆周都存在这种不连续应力，只要结构与载荷均是轴对称的，所以常视为这种不连续应力沿圆周方向不是局部的，而是总体的。

应力集中常发生在容器上有过渡圆角的地方，分布范围很小，只是在极局部的地方产生一个比薄膜应力大许多倍的应力峰值。这个峰值虽然很高，但作用范围很小，不会引起局部显著的变形。因此在常规设计中应力集中不予计算，只是在结构上给予合理的考虑，采用可以减小应力集中的结构。但应力集中处的应力峰值在载荷交变时会促使形成局部的材料损伤，将导致疲劳裂纹。因此在疲劳设计时应予考虑。至于容器接管根部，既存在过渡圆角的应力集中，也存在开孔削弱等问题，比较复杂，但仍是局部的强度问题。

局部应力的求解方法比较复杂，没有统一的方法。局部应力只能按具体对象分别求解，有的甚至无法求解，或只能按实验测定或数值计算方法求出。目前较为成熟甚至已被编入规范的主要有三种局部应力问题：①开孔接管区的局部应力和应力集中；②卧式容器鞍式支座处的局部应力；③壳体上几种典型的集中载荷（力或力矩）引起的局部应力。本章的第二、第三、第四节将对这三类问题分别加以讨论，并介绍考虑这些局部应力或应力集中作用的设计计算方法。在此基础上进一步讨论如何减小局部应力与应力集中效应以及结构设计中应注意的问题。

二、容器设计中的结构设计问题

本章所要讨论的容器结构设计问题主要涉及两大类结构问题，一类是如何从强度上合理进行结构设计的问题，另一类是如何进行焊接结构特别是焊接接头设计的问题。

从强度上考虑主要是涉及如何使结构的不连续应力、局部应力及应力集中尽可能减小，或者如何进行合理的局部补强，还涉及结构的工艺性问题。实际上在做部件设计时已经涉及结构设计问题，例如封头设计和法兰设计本身都有许多结构设计问题，这在前一章中已有分析。本章主要是从部件组成容器整体时所需考虑的一些结构问题进行分析。

从图 3-1 可以看出各部件进行组装时都需要经过焊接，对焊接进行质量控制是整个容器质量保证体系中极为重要的一环。虽然焊接质量控制还涉及许多焊接工艺过程问题，但作为容器设计环节必须对容器各部分焊接接头的结构进行合理的设计，这就是焊接结构设计问题。

焊接接头的结构涉及接头的形式（例如对接、搭接或角接）、接头的坡口形式、几何尺寸等。可以认为化工受压容器对焊接质量的要求是所有焊接设备中要求最高的一种，因此压力容器设计工程师必须懂得容器设计中的焊接结构设计的特点及对焊接质量进行检验的要求（本章的最后一节将对这些问题进行讨论）。

第二节　开孔及补强设计

化工容器不可避免地要开孔并且再接有管子或凸缘，容器开孔接管后在应力分布与强度方面将带来如下影响：①开孔破坏了原有的应力分布并引起应力集中；②接管处容器壳体与接管形成结构不连续应力；③壳体与接管连接的拐角处因不等截面过渡（即小圆角）而引起应力集中。这三种因素均使开孔或开孔接管部位的应力比壳体中的膜应力为大，统称为开孔或接管部位的应力集中。

常用应力集中系数 K_t 来描述开孔接管处的力学特性。若未开孔时的名义应力为 σ，开孔后按弹性方法计算出的最大应力若为 σ_{max}，则弹性应力集中系数的定义为：

$$K_t=\frac{\sigma_{max}}{\sigma} \tag{3-1}$$

化工容器设计中对于开孔问题一是研究开孔应力集中程度（即估算 K_t 值）；二是在强度上如何使因开孔受到的削弱得到合理的补强，这是本节要讨论的两大问题。

一、开孔应力集中及应力集中系数

（一）开孔的应力集中

1. 平板开小圆孔的应力集中

这是最简单的开孔问题，弹性力学中已有无限板开小圆孔的应力集中问题的解。

单向拉伸平板开小圆孔时的应力集中如图 3-2 所示，只要板宽在孔径的 5 倍以上，孔附近任意点（r，θ）的应力分量为[7]：

$$\left.\begin{aligned}\sigma_r&=\frac{\sigma}{2}\left(1-\frac{a^2}{r^2}\right)+\frac{\sigma}{2}\left(1-\frac{4a^2}{r^2}+\frac{3a^4}{r^4}\right)\cos2\theta\\ \sigma_\theta&=\frac{\sigma}{2}\left(1+\frac{a^2}{r^2}\right)-\frac{\sigma}{2}\left(1+\frac{3a^4}{r^4}\right)\cos2\theta\\ \tau_{r\theta}&=-\frac{\sigma}{2}\left(1+\frac{2a^2}{r^2}-\frac{3a^4}{r^4}\right)\sin2\theta\end{aligned}\right\} \tag{3-2}$$

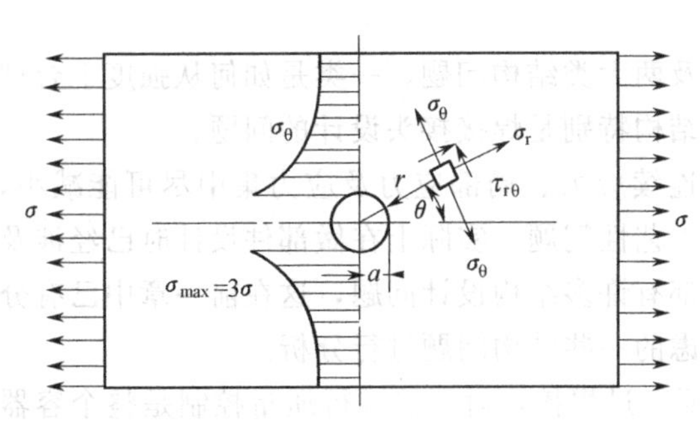

图 3-2　平板开小圆孔受单向拉伸时的应力集中

孔边缘 $r=a$ 处：$\sigma_r=0$，$\tau_{r\theta}=0$，$\sigma_\theta\mid_{\theta=\pm\frac{\pi}{2}}=\sigma_{max}=3\sigma$。

应力集中系数：$K_t=\dfrac{3\sigma}{\sigma}=3$。

由此可知，平板开孔的最大应力总是在孔边 $\theta=\pm\dfrac{\pi}{2}$处，当 $r>a$ 后应力便迅速衰减，孔附近的应力分布如图 3-2 中曲线所示，表现出孔边应力集中及局部性的特点。

2. 薄壁球壳开小圆孔的应力集中

如图 3-3 所示，球壳受双向均匀拉伸应力作用时，孔边附近任意点的两向应力（$\tau_{r\theta}=0$）为[7]：

$$\sigma_r=\left(1-\frac{a^2}{r^2}\right)\sigma,\quad \sigma_\theta=\left(1+\frac{a^2}{r^2}\right)\sigma \tag{3-3}$$

孔边处 $r=a$，$\sigma_{max}=\sigma_\theta=2\sigma$。可得应力集中系数 $K_t=2$。

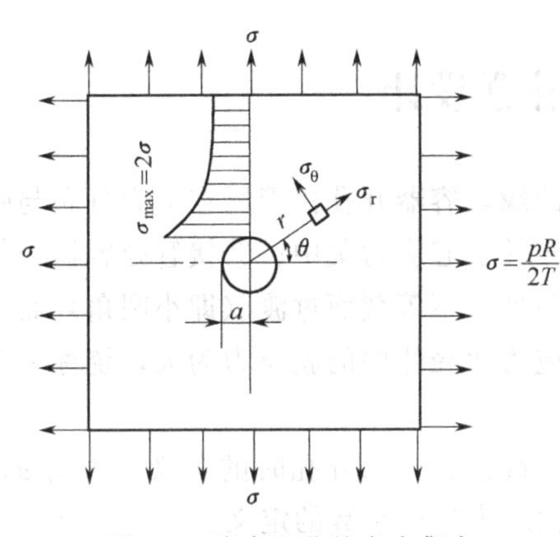

图 3-3　球壳开孔的应力集中

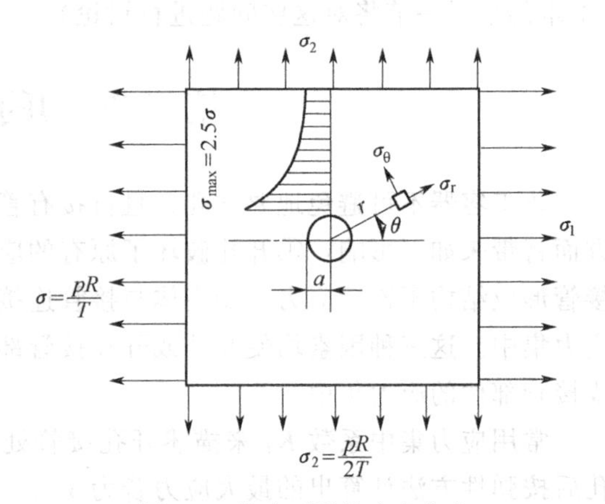

图 3-4　柱壳开孔的应力集中

3. 薄壁圆柱壳开小圆孔的应力集中

如图 3-4 所示，薄壁柱壳两向薄膜应力 $\sigma_1=\dfrac{pR}{T}$及 $\sigma_2=\dfrac{pR}{2T}$，若开有小圆孔，孔附近任意点的应力分量为：

$$\left.\begin{aligned}
\sigma_r&=\left(1-\frac{a^2}{r^2}\right)\frac{3\sigma}{2}+\left(1-\frac{4a^2}{r^2}+\frac{3a^4}{r^4}\right)\frac{\sigma_2}{2}\cos2\theta\\
\sigma_\theta&=\left(1+\frac{a^2}{r^2}\right)\frac{3\sigma_1}{4}-\left(1+\frac{3a^4}{r^4}\right)\frac{\sigma_1}{4}\cos2\theta\\
\tau_{r\theta}&=-\left(1+\frac{2a^2}{r^2}-\frac{3a^4}{r^4}\right)\frac{\sigma_1}{4}\sin2\theta
\end{aligned}\right\} \tag{3-4}$$

孔边处 $r=a$，$\sigma_r=0$，$\sigma_\theta=\left(\dfrac{3}{2}-\cos2\theta\right)\sigma_1$，$\tau_{r\theta}=0$。但在孔边 $\theta=\pm\dfrac{\pi}{2}$处 σ_θ 最大，即 $\sigma_{max}=\sigma_\theta\mid_{\theta=\pm\frac{\pi}{2}}=2.5\sigma_1$。于是孔边经向截面处的应力集中系数 $K_t=2.5$。而在另一截面，即轴向截面的孔边 $\theta=0$ 及 π 处的最大应力 $\sigma_\theta=0.5\sigma_1$，此处应力集中系数 $K_t=0.5$，这比经向截面的 K_t 小得多。

其他情况，如平板上开椭圆孔、平板上开排孔的应力场解不一一讨论，可参阅文献［4，13］等。但由以上讨论，可得：

① 最大应力在孔边，是应力集中最严重的地方；

② 孔边应力集中有局部性，衰减较快。

（二）开孔并带有接管时的应力集中

上述内容仅涉及开孔，若开孔处有接管相连时，开孔处因壳体与接管之间在内压作用下发生变形协调而导致不连续应力出现。这种问题在第二章第一节的有力矩理论中已有介绍，现以球壳与圆管连接为例再加阐述。如图 3-5 所示，在内压作用下，球壳与接管各自在自由状态下的薄膜变形如图中（a）的虚线所示。球壳上的 A 点将变到 B 点，接管上的 A 点将变到 C 点。然而变形后实际上还是连在一起的，其中就有一变形协调过程，原 A 点经变形协调而变到图（b）中的 D 点。经图（c）的进一步分析，在球壳开孔处的边缘弯矩 M_0 和边缘剪力 Q_0 均会对球壳和接管端部产生附加弯曲应力。这种由不连续而产生的附加应力也是局部的，并很快衰减。这种变形协调解的基本方法第二章已介绍过。这种情况下的最大应力是球壳开孔外侧的环向应力，应力集中系数在 2 以上。

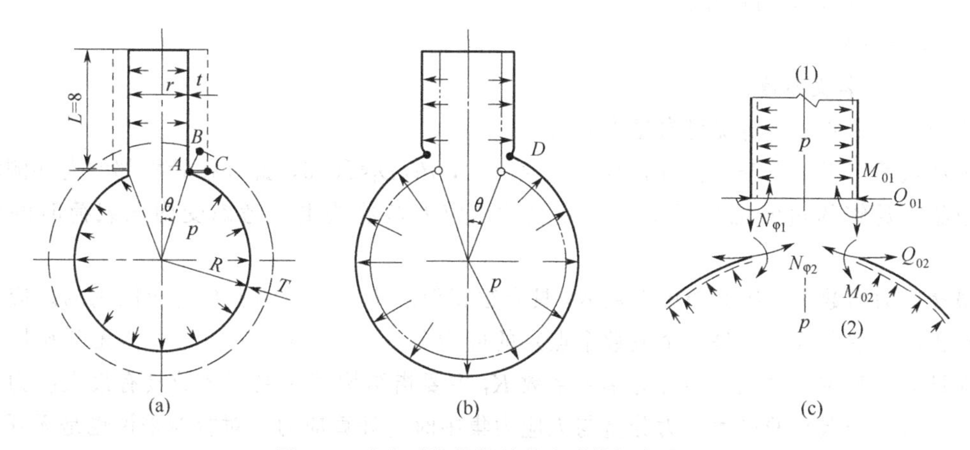

图 3-5　球壳开孔接管处的变形协调与内力

圆柱壳开孔后与接管之间的变形协调及附加弯曲应力问题也具有同样的性质。但由于理论分析的复杂性，未必都能得到满意而精确的理论解，有时还得借助于实验测定或有限元等数值解的方法求得结果。

（三）应力集中系数的计算

式（3-2）～式（3-4）仅说明了开孔（无接管）处的应力集中，前面又阐述了开孔并带接管时由变形不连续产生的附加应力，此外还由于接管根部不等截面过渡（小圆角）而带来的应力集中。对这些应力一一求解是困难的。如果将由以上原因而产生的接管部位的最大弹性应力称为应力峰值（或称集中应力，但不能称峰值应力），则应力峰值与不开孔部位的膜应力之比称为弹性应力集中系数，此定义仍如式（3-1）所示。用应力集中系数 K_t 乘上壳体内的薄膜应力 σ，就可算出开孔处的最大应力，即应力峰值。现介绍几种求应力集中系数的方法。

1. 应力指数法[12]

应力指数法是美国压力容器研究委员会（PVRC）以大量实验分析为依据的一种简易的计算壳体（包括封头）和接管连接处最大应力的简易方法，现已列入 ASME-Ⅲ、ASME-Ⅷ-2

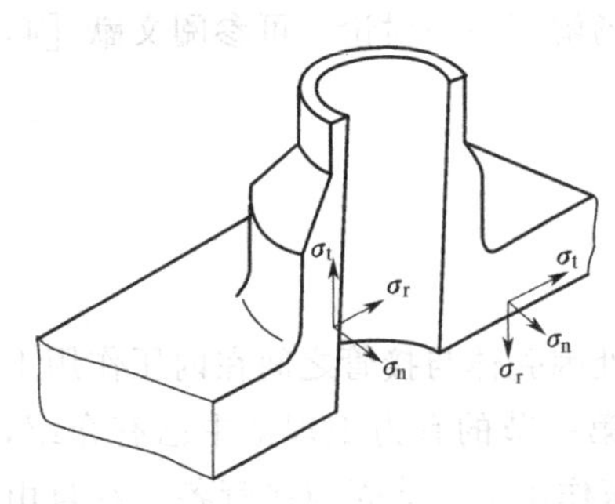

图 3-6 接管连接处的各向应力分量

和 JIS B 8250 等规范中。中国压力容器的分析设计标准（JB 4732—95）附录 C 中也列入此法。接管处的三向应力如图 3-6 所示，是所考虑截面上的经向应力 σ_t、径向应力 σ_r、法向应力 σ_n。应力指数 I（也有用 K）是指所考虑的各应力分量与容器在无开孔接管时的周向计算薄膜应力之比，其含义实际上类同于前述的应力集中系数。诸方向的应力中各有一最大值 σ，该 σ 值用应力指数 I 表示时为：

对于球壳和成型封头：

$$\sigma=I\frac{pD_m}{4t_n} \tag{3-5}$$

对于圆柱壳：

$$\sigma=I\frac{pD_m}{2t_n} \tag{3-6}$$

式中 D_m——壳的平均直径；

p——内压；

t_n——名义厚度。

应力指数 I 的部分情况可参见表 6-3。

该法仅适用于单个开孔接管，且 $D_i/t_n \leqslant 100$，$d_i/D_i \leqslant 0.5$，此外接管根部的内外侧均需按规范给出足够的过渡圆角及加强高度尺寸。应力指数法也仅考虑受内压载荷时的应力集中。

虽然应力指数 I 与应力集中系数 K_t 具有很相似的定义，但两者是有所区别的。应力指数 I 是指所考虑点（可以是一个或数个点）的应力分量（σ_θ、σ_t、σ_r）与容器无开孔接管时的周向计算薄膜应力之比。而应力集中系数 K_t 主要指结构某一局部区域具有最大应力分量的点（只有一个点）的最大应力分量与无应力集中时的计算应力（对容器来说也是无开孔接管时的周向计算薄膜应力）之比。因此 K_t 更具有代表结构特性的含义，一个局部区域只有一个 K_t 值。K_t 的大小可以衡量结构应力集中的优劣。结构的应力指数 I 可以有多个（如拐角的内侧、外侧、不同方向），而且不一定是最大的（第六章疲劳设计中还论述此问题）。

2. 球壳开孔接管处应力集中系数曲线[14]

为便于设计、对不同直径的和不同厚度的壳，带有不同直径与厚度的接管，按理论计算得到的应力集中系数综合绘制成一组组曲线。图 3-7 为球壳带平齐式接管在内压作用下的应力集中系数图，而图 3-8 为内伸式接管的图。图中采用了与应力集中系数相关的两个无因次的结构几何参数，也是通过理论分析得出的两个几何相似准数。其一是开孔系数 ρ：

$$\rho=\frac{r_m}{R_m}\sqrt{\frac{R_m}{T}}=\frac{r_m}{\sqrt{R_mT}} \tag{3-7}$$

式中 r_m，R_m——接管与球壳的平均半径；

T——球壳厚度。

另一个无因次量为 t/T，t 为接管的厚度。ρ 仅反映了球壳开孔的影响，而 t/T 反映了接管的影响。

由图可知，当 ρ 越大，即开孔直径越大时应力集中系数越高。相反，减小孔径，增大壳

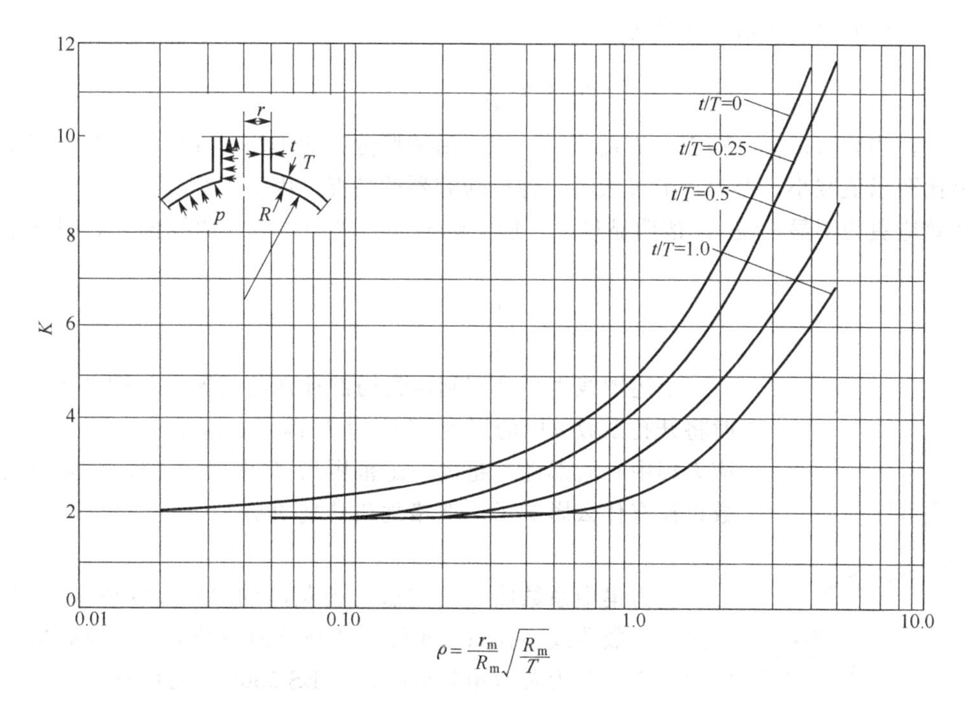

图 3-7　球壳带平齐式接管的应力集中系数

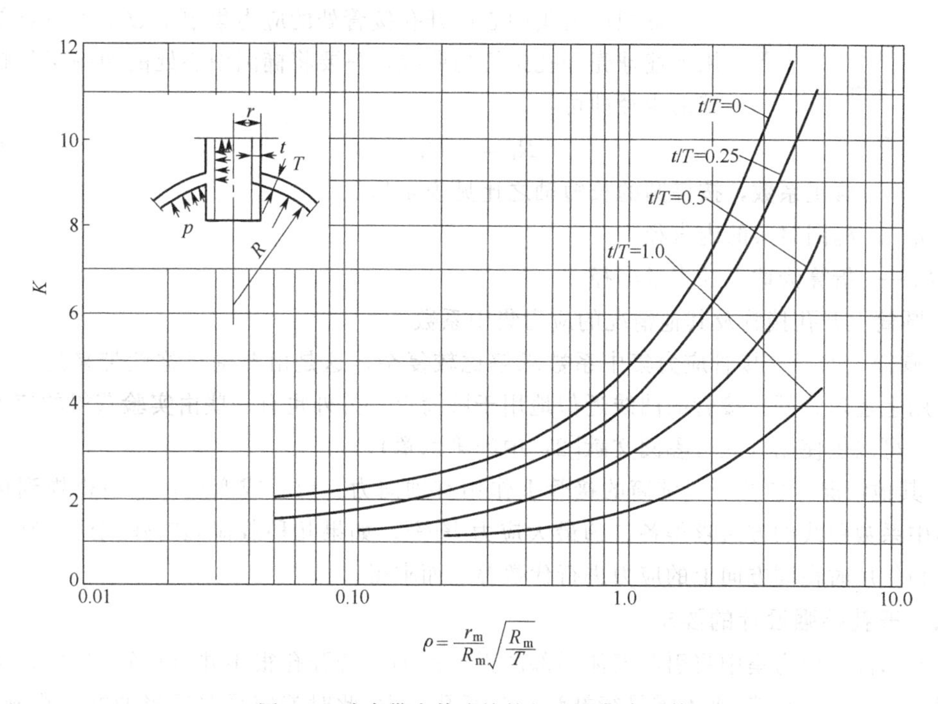

图 3-8　球壳带内伸式接管的应力集中系数

壁厚度均可降低应力集中系数。另外，内伸式接管的应力集中系数较低，尤其是内伸接管壁厚较厚时能有效地降低应力集中。

此处应力集中系数为 $K_t=\sigma_{max}\Big/\frac{pR_m}{2T}$。图中的 $t/T=0$ 即指仅有开孔而无接管的情况。

上述应力集中系数曲线有一定的适用条件。当 r_m/R_m 过小或过大时上述曲线均会有较大的误差，因此第一个适用条件为：

$$0.01 \leqslant \frac{r_m}{R_m} \leqslant 0.4 \tag{3-8}$$

其次，当壳壁过厚，即 R_m/T 过小时，应力沿壁厚分布的不均匀性增大，应力集中系数将明显比图示值减小，但 R_m/T 过大时，即极薄容器的情况，因不连续效应施加给壳体的附加弯曲效应更为明显，使 K_t 值明显过大，使实际的应力集中系数比曲线偏大。因此第二个限制条件为：

$$30 \leqslant \frac{R_m}{T} \leqslant 150 \tag{3-9}$$

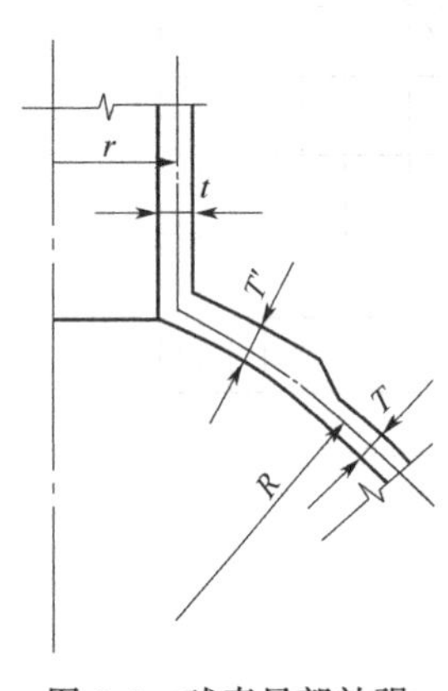

图 3-9 球壳局部补强示意

上述图线也可推广到球壳局部补强的情况。如图 3-9 所示，此时将开孔系数 ρ 中的厚度 T 改为 T' 即可。这是因为开孔接管处的应力集中有局部性，超过一定范围后 T' 变为 T 时，对应力集中系数也没有什么影响了。严格地讲应将补强部分的厚度 T' 视为整体壁厚。

应力集中系数曲线的方法已被英国的 BS 5500 所采用[14]。应力集中系数曲线不仅只有承受内压载荷的一种情况，还有接管受轴向力、横向剪力及弯矩等情况，在 BS 5500 中均可查到。

3. 椭圆形封头开孔的应力集中系数

椭圆形封头中心区开孔接管处的应力集中系数也可以近似地采用上述球壳开孔接管的曲线，只要将椭圆中心处的曲率半径折算为球的半径即可：

$$R_i = KD_i \tag{3-10}$$

式中 K——修正系数，按椭圆的长短轴之比见表 4-1；

D_i——椭圆封头的内直径；

R_i——折算为球壳的当量半径。

4. 圆筒上开孔接管及其他情况的应力集中系数

① 圆筒上的开孔接管应力集中系数求解比较复杂，这是由非轴对称性带来的。一种方法是采用上述球壳开孔接管的曲线近似地用于圆筒上。另外也有一些由实验获得的应力集中系数曲线可以供使用（此可参阅文献[21]中的第六章）。

② 其他情况，如球壳或圆筒的接管上作用有轴向力、剪力或弯矩，上面也提到可采用应力集中系数曲线的方法求得各自的最大应力[12,22]。如果几种载荷同时作用时，则可将各载荷单独作用时在同方向上的应力进行代数叠加而求得。

二、开孔补强设计的要求

开孔部位的应力集中将引起壳体局部的强度削弱。若开孔很小并有接管，且接管又足以使强度的削弱得以补偿，则不需另行补强。若开孔较大，此时就应采取适当的补强措施，这就是开孔补强设计。不同要求的容器，开孔补强设计的要求也不同。一般的容器只要通过补强将应力集中系数降低到一定范围即可。而需按“疲劳设计”要求设计的容器则应严格限制开孔接管部位的最大应力。经补强后的接管区可以使应力集中系数降低，但不能消除应力集中。

（一）允许不另行补强的最大开孔直径

容器开孔并非都要补强，因为常常有各种强度富裕量存在。例如焊接接头系数小于 1 且开孔位置又不在焊缝上；接管的壁厚大于计算值，有较大的多余壁厚；还有接管根部有填角焊缝。所有这些都起到了降低膜应力从而也降低了应力集中处的最大应力的作用，也可认为是使局部得到了加强，只要加强效果足够，这时可不另行补强。

一般当开孔系数 $\rho\leqslant 0.1$ 时应力集中系数均较小，因此英国 BS 5500 规定 $\rho\leqslant 0.1$ 时可不另补强。ASMEⅧ-2 则进一步考虑 $\rho=\frac{r_{\mathrm{m}}}{R_{\mathrm{m}}}\sqrt{\frac{R_{\mathrm{m}}}{T}}=\frac{d_{\mathrm{m}}}{\sqrt{2D_{\mathrm{m}}T}}$，由此得 $d_{\mathrm{m}}=1.4\rho\sqrt{D_{\mathrm{m}}T}$，当 $\rho\leqslant 0.1$ 时，便得允许不另补强的最大孔径为 $d_{\mathrm{m}}=0.14\sqrt{D_{\mathrm{m}}T}$。

中国容器标准规定当 $t_{\mathrm{n}}>12\mathrm{mm}$ 时，接管公称直径小于或等于 80mm、当 $t_{\mathrm{n}}\leqslant 12\mathrm{mm}$ 时，接管公称直径小于或等于 50mm 的单个开孔允许不另行补强。

当两孔中心之间的间距大于两孔直径之和的两倍时，则每一孔均可被视为单个开孔。

（二）最大开孔的限制

由于壳体上开孔越大开孔系数 ρ 越大，应力集中系数也越大，因此规范设计中对开孔的最大值加以限制。各国规范的规定相差不大，中国容器标准中对最大开孔直径的限制如下[3]：

① 圆筒上开孔的限制，当内径 $D_{\mathrm{i}}\leqslant 1500\mathrm{mm}$ 的容器，开孔最大直径 $d_{\mathrm{i}}\leqslant\frac{D_{\mathrm{i}}}{2}$，且 $d_{\mathrm{i}}\leqslant 500\mathrm{mm}$；当内径 $D_{\mathrm{i}}>1500\mathrm{mm}$ 时，开孔最大直径 $d_{\mathrm{i}}\leqslant\frac{D_{\mathrm{i}}}{3}$，且 $d_{\mathrm{i}}\leqslant 1000\mathrm{mm}$；

② 球壳或其他凸形封头上最大开孔直径 $d_{\mathrm{i}}\leqslant\frac{1}{2}D_{\mathrm{i}}$；

③ 锥形封头上开孔的最大直径 $d_{\mathrm{i}}\leqslant\frac{1}{3}D_{\mathrm{i}}$，此处 D_{i} 为开孔中心处锥体的内直径；

④ 在凸形封头的过渡部分开孔时，开孔的边缘或补强元件的边缘与封头边缘间在垂直于对称轴方向上的距离不小于 $0.1D_{\mathrm{i}}$，以防止封头上开孔位置离过渡区太近。

对容器开孔直径的限制往往满足不了化工工艺的要求。如果设计时必须开大孔而超过上述限制时，需要有特殊的论证、计算和补强设计，以充分说明所考虑的开孔结构在强度上是安全的。

（三）补强元件的类型

因为开孔应力集中是局部的，因此补强也可以是局部的，即可在开孔区附近置一补强元件。

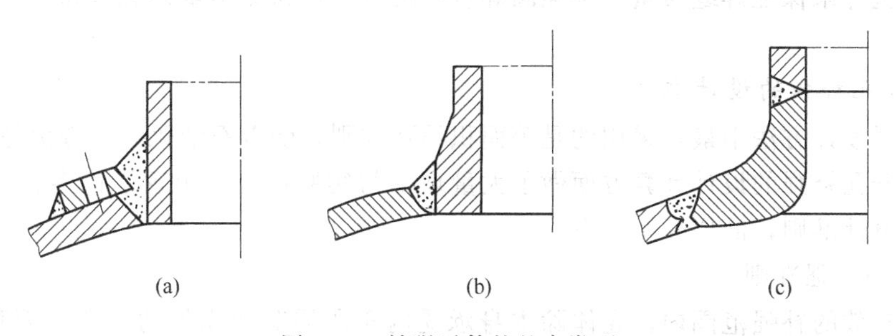

图 3-10　补强元件的基本类型

补强元件总的有三类，见图 3-10，现分述如下。

1. 补强圈补强

如图 3-10(a)所示，这是中低压容器中使用最多的补强元件。它结构简单，制造方便，使用经验丰富。但缺点是补强区域分散，且因采用与壳体搭焊连接，因此抗疲劳性能差（寿命比未开孔时约降低 30%）。又因不能与壳体表面十分贴合，在中温以上使用时壳壁局部热应力较大，所以使用条件一般为：静载、常温、中低压、材料的屈服强度低于 540MPa、补强圈的厚度小于 $1.5T$、壳体壁厚 T 不大于 38mm。

2. 接管补强

如图 3-10(b)所示，亦称厚壁管补强。补强区集中于开孔应力最大的地方，比补强圈更能有效地降低应力集中系数，而且结构简单，只需一段厚壁管即可，制造与检验都方便，但必须保证全焊透焊接。常用于低合金钢容器或某些高压容器。

3. 整锻件补强

见图 3-10(c)，补强区域更集中在应力集中区，能最有效地降低应力集中系数，而且全部焊接接头容易成为对接焊，易探伤，质量易保证。这种补强件的抗疲劳性能最好，疲劳寿命仅降低 10%～15%。缺点是锻件供应困难，制造繁琐，成本较高，只在重要设备中使用，如高压容器、核容器及材料屈服强度在 500MPa 以上的容器等。

本节着重讨论中低压容器中使用最多的补强圈补强法。

（四）补强圈和焊接的基本要求

大多数中低压化工容器均采用补强圈补强，基本结构有以下几种（参见图 3-11），即外补强、内补强、外补强接管内伸式、内外补强接管内伸式。最常用的是外补强的平齐接管式。只有在仅靠单向补强不足以达到补强要求时才采用内外双面补强结构。内伸式有利于降低应力集中系数（可参阅图 3-7 及图 3-8），但与容器的内件相碰时则不宜采用。

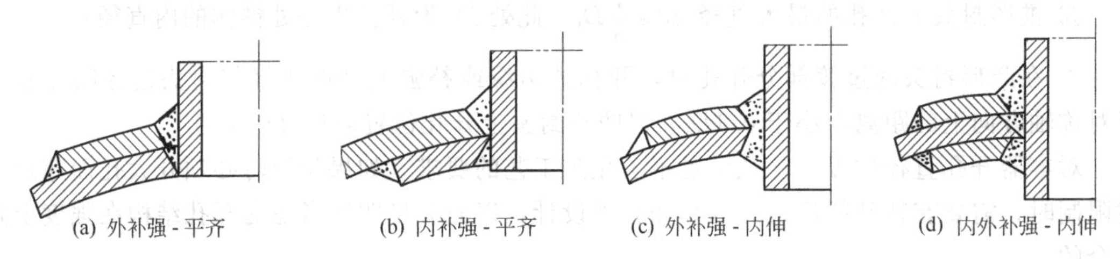

图 3-11　补强圈补强的基本型式

补强圈与接管及与壳体的焊接是填角焊及搭接焊，不一定都要求焊透，视容器操作条件与设计要求而定。但因为无法对补强圈内外圈焊缝的内部缺陷做无损检测，主要靠焊接结构设计和仔细施焊来保证焊缝质量。补强圈焊接结构设计可参见本章第五节和中国容器标准附录 K[3]。

（五）开孔补强的设计准则

开孔补强设计方法中最早采用的是等面积补强准则，随着石油化工，特别是核容器技术的发展，在开孔补强的设计计算方面做了大量理论与实验研究，出现了许多新的设计思想，形成了新的设计准则，简要介绍如下。

1. 等面积补强准则

认为在有效的补强范围内，壳体除本身承受内压所需截面积外的多余截面积 A 不应少于开孔所减少的有效截面积 A_0，即

$$A \geqslant A_0 \tag{3-11}$$

这种以通过开孔中心的纵截面上的投影面积来衡量的补强设计方法，具有使开孔后截面的平

均应力不至升高的含意。在一般情况下可以满足开孔补强设计的需要，方法简便，且在工程上有很长的使用历史和经验。中国的容器标准采用的主要是这一方法。

但是等面积法忽视了开孔处应力集中与开孔系数的影响，例如相同大小的孔，当壳体直径很大时ρ较小，造成的强度削弱就少，反之壳体直径很小时ρ很大，造成的削弱也大。因此等面积法有时显得富裕，有时显得不足。

2. 极限分析补强设计准则

由于开孔只造成壳体的局部强度削弱，如果在某一压力载荷下容器开孔处的某一区域其整个截面进入塑性状态，以至发生塑性流动，此时的载荷便为极限载荷。利用塑性力学方法对带有整体补强的开孔补强结构求解出塑性失效的极限载荷。以极限载荷为依据来进行补强结构设计，即以大量的计算可以定出补强结构的尺寸要求，使其具有相同的应力集中系数，这就是极限分析补强设计准则。这种方法首先由 ASMEⅢ及 ASMEⅧ-2 采用，中国容器标准及专业标准也采用了这一设计准则。但在这类设计规范中采用这种补强设计准则时是应用安定性准则（见第六章第二节），使其最大虚拟弹性应力控制在 3［σ］以内，即应力集中系数为 3。这一补强准则在第五章第四节还将进一步阐述。

三、等面积补强计算

等面积补强设计方法主要用于补强圈结构的补强计算。基本原则已如前述，即要求$A \geqslant A_0$，具体计算方法如下[3]。

（一）开孔削弱的截面积 A_0

该面积是指沿壳体纵向截面上的开孔投影面积，对圆筒体来说即为轴向截面上的开孔投影面积，如图 3-12 所示。

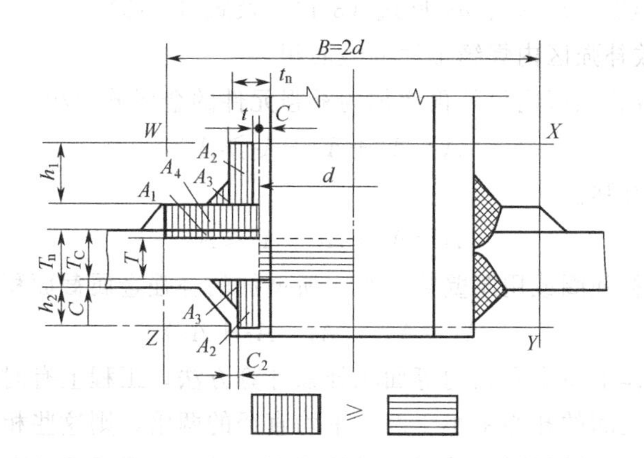

图 3-12 等面积补强设计中的面积计算及有效补强范围

$$A_0 = dT + 2T(t_n - C)(1 - f_r) \tag{3-12}$$

式中 d——开孔直径或接管内径加上壁厚附加量C以后的直径，$d = d_i + 2C$；

T——壳体按内压或外压计算所需的计算厚度，当开孔不在焊缝上时不需考虑焊接接头系数φ；

f_r——材料强度削弱系数，即设计温度下接管材料与壳体材料许用应力之比，$f_r \leqslant 1.0$。

（二）有效补强范围

等面积补强法认为在图 3-12 所示的$WXYZ$的矩形范围内实施补强是有效的，超过此范围的补强是没有作用的。

补强区宽度
$$\left.\begin{array}{l}B=2d\\B=d+2T_n+2t_n\end{array}\right\}\text{两者中取大值}\tag{3-13}$$

补强区外侧高度
$$\left.\begin{array}{l}h_1=\sqrt{dt_n}\\h_1=\text{接管实际外伸长度}\end{array}\right\}\text{两者中取小值}\tag{3-14}$$

补强区内侧高度
$$\left.\begin{array}{l}h_2=\sqrt{dt_n}\\h_2=\text{接管区实际内伸长度}\end{array}\right\}\text{两者中取小值}\tag{3-15}$$

式中 t_n——接管的名义厚度；

T_n——壳体的名义厚度。

（三）补强区内补强金属面积 A

在有效补强区 $WXYZ$ 内可计作为有效补强金属的面积有以下几种。

① A_1——承受内压或外压时容器壳体设计计算厚度之外的多余金属截面积。

$$A_1=(B-d)(T_n-T-C)-2(t_n-C)(T_n-T-C)(1-f_r)\tag{3-16}$$

式中 T_n，t_n——分别为容器壳体及接管的名义厚度；

T——容器壳体的计算厚度；

C——壁厚的附加量；

f_r——材料的强度削弱系数，同式（3-12）。

② A_2——接管承受内压或外压所需计算厚度之外的多余金属截面积。

$$A_2=2h_1[(t_n-C)-t]f_r+2h_2[(t_n-C)-C_2]f_r$$

式中 t，C_2——接管的按内压或外压计算所需的厚度及接管外壁腐蚀附加量。

t_n、C、f_r 同式（3-16）；h_1、h_2 见式（3-14）及式（3-15）。

③ A_3——在有效补强区内焊缝金属的截面积。

④ A_4——在有效补强区内另外再增加的补强元件的金属截面积。

如果
$$A=A_1+A_2+A_3\geqslant A_0$$
则开孔后不需要另行补强。

如果
$$A=A_1+A_2+A_3<A_0$$
则说明还需另外增加补强圈或用厚壁管补强，所增加的补强金属截面积 A_4 应满足：

$$A_4=A_0-(A_1+A_2+A_3)$$

以上介绍的是壳体上单个开孔的等面积补强计算方法。工程上有时还会碰到并联开孔的情况。如果各相邻孔之间的孔心距小于两孔平均直径的两倍，则这些相邻孔就不可再以单孔论处，而应做并联开孔来进行联合补强。另外还有开排孔、平板盖开孔等情况，其补强设计方法可参照《钢制压力容器》标准[3]中第六章的相应规定进行。对于成型封头开孔大小超过 $D_i/2$ 时，这已超出了等面积补强方法规定的适用范围，此时应采用“变径段”结构作过渡。变径段的设计计算可参考容器标准[3]第五章中相应的方法及本章第五节。

第三节 卧式容器支座设计

一、鞍座结构及载荷分析

化工厂的贮槽、换热器等设备一般都是两端具有成型封头的卧式圆筒形容器。卧式容器由支座来承担它的重量及固定在某一位置上。常用卧式容器支座形式主要有鞍式支座、圈座和支腿三种，如图 3-13 所示。支腿的主要优点是结构简单，但其反力给壳体造成很大的局部应力，因而只用于较轻的小型设备。对于较重的大设备，通常采用鞍式支座。鞍座的结构与尺寸，除特殊情况需另外设计外，一般可根据设备的公称直径选用标准形式，目前常用的鞍式支座标准为 JB/T 4712《鞍式支座》。因为对于卧式容器，除了考虑操作压力引起的薄膜应力外，还要考虑容器重量在壳体上引起的弯曲，所以即使选用标准鞍座后，还要对容器进行强度和稳定性的校核，这正是本节所要讨论的问题。

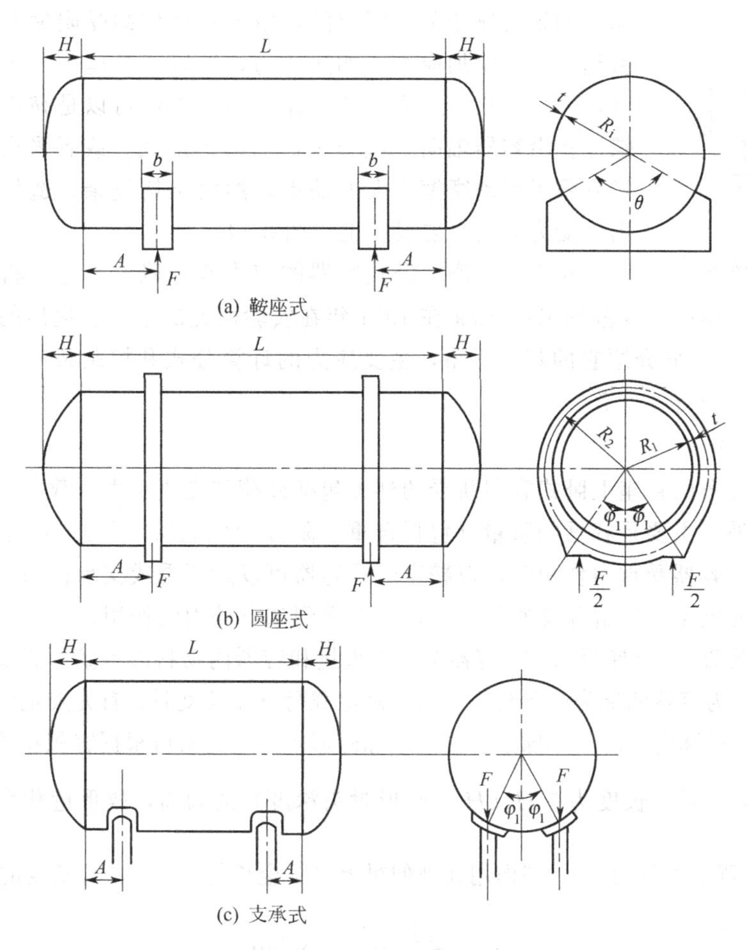

图 3-13　卧式容器支座

其次，置于鞍座上的圆筒形容器与梁相似，由材料力学分析可知，梁弯曲产生的应力与支点的数目和位置有关。当尺寸和载荷一定时，多支点在梁内产生的应力较小，因此支座数目似乎应该多些好。但当容器采用多于两个以上的鞍座时，由于支承面水平高度不等、壳体不直和不圆等微小差异以及容器不同部位在受力挠曲的相对变形不同，使支座反力难以为各支点平均分摊，导致壳体应力趋大，因此一般情况采用双支座。

采用双支座时，支座位置的选择一方面要考虑到利用封头的加强效应，另一方面又要考虑到不使壳体中因荷重引起的弯曲应力过大，所以按下述原则确定支座的位置：

① 双鞍座卧式容器的受力状态可简化为受均布载荷的外伸简支梁，按材料力学计算方法可知，当外伸长度 $A=0.207L$ 时，跨度中央的弯矩与支座截面处的弯矩绝对值相等，所以一般近似取 $A\leqslant 0.2L$，其中 L 取圆筒体长度（两封头切线间距离），A 为鞍座中心线至封

头切线的距离（参见图 3-13）。如 $A>0.2L$，则由于外伸作用而使支座截面处壳体的弯矩太大，A 最大不得大于 $0.25L$。

② 当鞍座邻近封头时，则封头对支座处筒体有加强作用。为了充分利用这一加强效应，在满足 $A\leqslant 0.2L$ 下应尽量使 $A\leqslant 0.5R_i$（R_i 为筒体内半径）。

鞍座包角 θ 的大小对鞍座处筒体上的应力有直接关系，因此一般采用 120°、135°、150°三种。

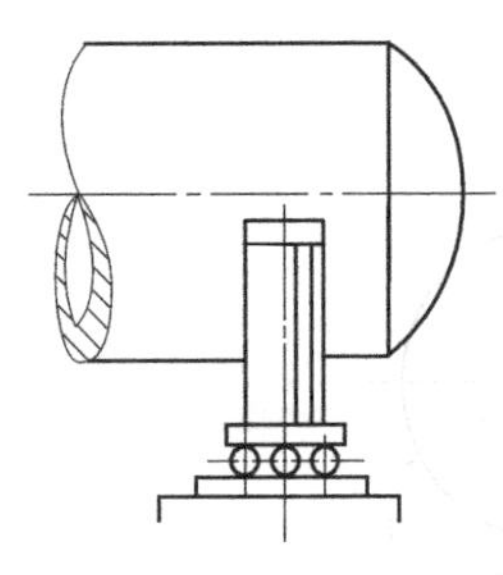

图 3-14 滚动支座

此外，卧式容器由于温度和载荷变化等原因使容器产生轴向移动，如果支座全部是固定的，由于自由伸缩受阻使容器器壁中可能引起过大的附加应力，如热应力，所以双鞍座中一个鞍座为固定支座，另一个鞍座应为活动支座。活动支座可以是鞍座底板上的地脚螺栓孔沿容器轴向开成长圆形的滑动形式；或者采用滚动支座。后者克服了滑动摩擦力大的缺点，然而结构复杂，造价较高，故一般用于受力大的重要设备上（图 3-14）。

对于双鞍座上卧式容器的应力作精确的理论分析十分繁复，目前国内外有关容器设计规范均采用 Zick 在 1951 年在实验研究的基础上提出的近似分析和计算方法[26,28,29]。下面介绍它的基本思路，主要应力的计算公式和控制条件。有关公式的详细推导，可以参阅有关专著[23]。

（一）载荷分析

置于对称分布的鞍座上卧式容器所受的外力包括载荷和支座反力。载荷除了操作内压或外压（真空）外，主要是容器的重量（包括自重、附件和保温层重等），内部物料或水压试验充水的重量。容器受重力作用时，双鞍座卧式容器可以近似看成支承在两个铰支点上受均布载荷的外伸简支梁。当解除支座约束后，梁上受到如下外力的作用。

(1) 均布载荷 q、支座反力 F　容器本身的重量和容器内物料的重量可假设为沿容器长度的均布载荷。因为容器两端为凸形封头，所以确定载荷分布长度时，首先要把封头折算成和容器直径相同的当量圆筒。对于半球形、椭圆形和碟形等凸形封头可根据容积相等的原则，折算为直径等于容器直径，长度为 $\frac{2}{3}H$（H 为凸形封头深度）的圆筒，故重量载荷作用的长度为 $L+\frac{4}{3}H$。如容器总重量为 $2F$。则作用在外伸梁上（梁全长仍为 L）单位长度的均布载荷为：

$$q=\frac{2F}{L+\frac{4}{3}H}\qquad \text{N/mm} \tag{3-17}$$

对于平封头，$H=0$，则

$$q=\frac{2F}{L}$$

显然，由静力平衡条件，对称配置的双鞍座中每个支座的反力就是 F，或写成：

$$F=\frac{q\left(L+\frac{4}{3}H\right)}{2}\qquad \text{N} \tag{3-18}$$

(2) 竖直剪力 V 和力偶 M　参见图 3-15 (a)，封头本身和封头中物料的重量为 $\left(\frac{2}{3}H\right)q$，此重力作用在封头（含物料）的重心上。对于半球形封头，可算出重心的位置 $e=\frac{3}{8}H$，e 为封头重心到封头切线的距离，这一关系也近似用于其他形式的凸形封头。按照力线平移法则，此重力可用一个作用在梁端点的横向剪力 V 和一个附加力偶 m_1 来代替，即

$$V=\frac{2}{3}Hq \tag{3-19}$$

和

$$m_1=\left(\frac{2}{3}Hq\right)\left(\frac{3}{8}H\right)=\frac{H^2}{4}q \tag{3-20}$$

对于平封头的 V 与 m_1 皆为零。

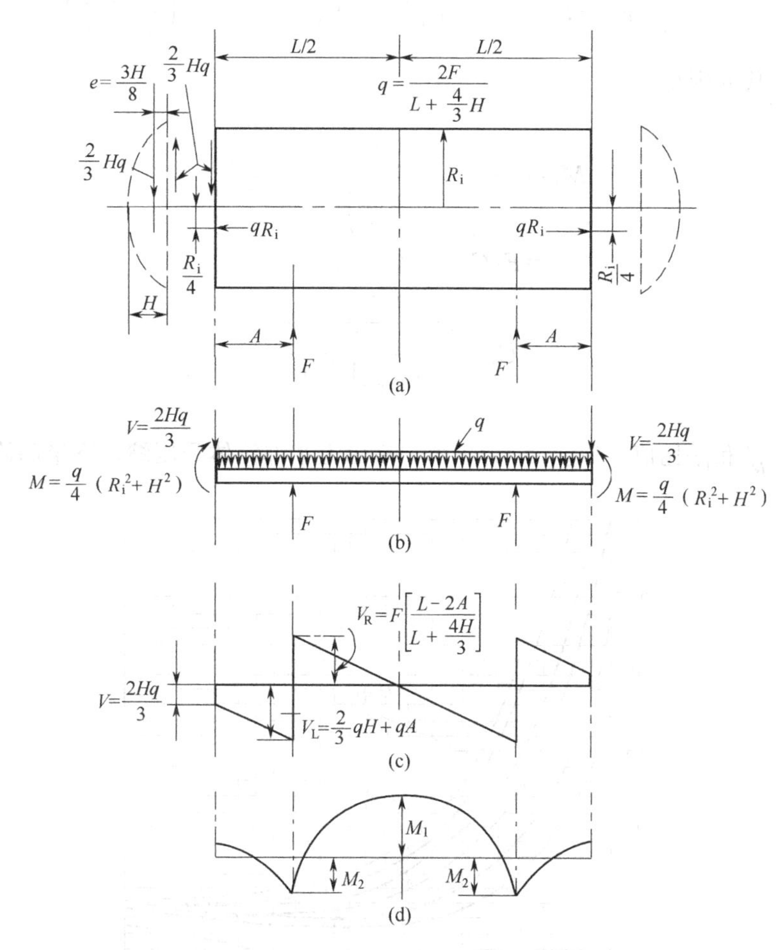

图 3-15　双鞍座卧式容器的受载分析

此外，当封头中充满液体时，液体静压力对封头作用一水平向外推力。因为液柱静压沿容器直径呈线性变化，所以水平推力偏离容器轴线，对梁的端部则形成一个力偶 m_2。如对液体静压力进行积分运算，可得到如下的结果：

$$m_2=(qR_i)\left(\frac{R_i}{4}\right)=\frac{R_i^2}{4}q \tag{3-21}$$

将式（3-20）的 m_1 与式（3-21）的 m_2 两个力偶合成一个力偶 M，即

$$M=m_2-m_1=\frac{q}{4}(R_i^2-H^2) \tag{3-22}$$

显而易见，对于半球形封头，$R_i=H$，$M=0$；而平封头，$H=0$，$M=\frac{q}{4}R_i^2$。

因此，双鞍座卧式容器力学简化为一受均布载荷的外伸简支梁，而梁的两个端部还分别

受到横剪力 V 和力偶 M 的作用，如图 3-15（b）所示。

（二）内力分析

和材料力学梁受弯曲分析相似，上述外伸筒支梁在重量载荷作用下，梁截面上有弯矩和剪力存在，其剪力图和弯矩图如图 3-15（c）、（d）所示。由图可知，最大弯矩发生在梁跨度中央的截面和支座截面上，而最大剪力在支座截面附近，它们可按下述方法计算。

（1）弯矩　筒体在支座跨中截面的弯矩，可分析图 3-15（b）所示梁的平衡条件得到。

$$M_i=\frac{q}{4}(R_i^2-H^2)-\frac{2}{3}Hq\left(\frac{L}{2}\right)+F\left(\frac{L}{2}-A\right)-q\left(\frac{L}{2}\right)\left(\frac{L}{4}\right)$$

以 $q=\dfrac{2F}{L+\frac{4}{3}H}$ 代入则得：

$$M_1=\frac{FL}{4}\left[\frac{1+2(R_i^2-H^2)}{1+\frac{4}{3}\frac{H}{L}}-\frac{4A}{L}\right]$$

$$=F(C_1L-A)\quad \mathrm{N\cdot mm} \tag{3-23}$$

式中

$$C_1=\frac{1+\dfrac{2(R_i^2-H^2)}{L^2}}{4\left(1+\frac{4}{3}\frac{H}{L}\right)} \tag{3-24}$$

可由图 3-16 按 $\dfrac{L}{R_i}$ 和 $\dfrac{H}{R_i}$ 比值查取。M_1 为正值，表示上半部筒体受压缩，下半部筒体受拉伸。

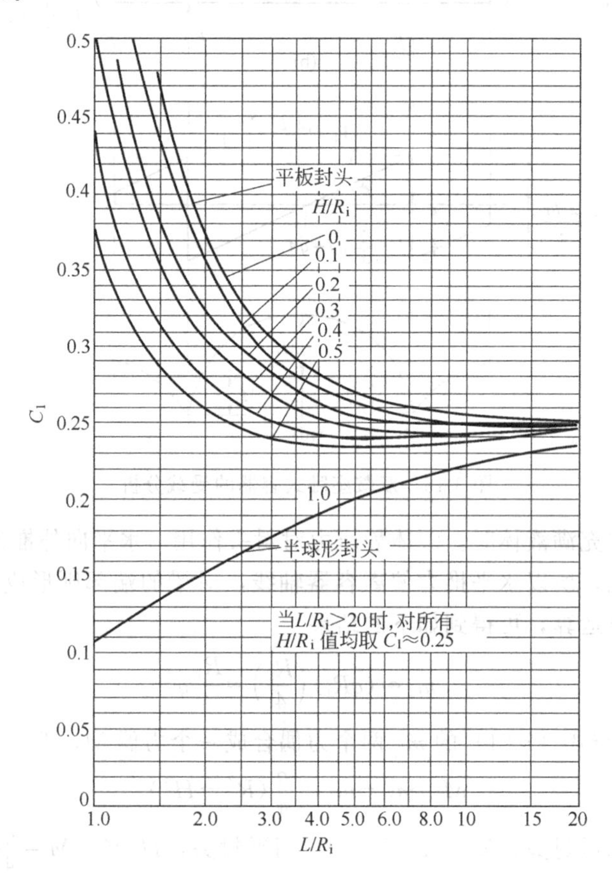

图 3-16　系数 C_1

筒体在支座截面处的弯矩为：

$$M_2=\frac{q}{4}-(R_i^2-H^2)-\frac{2}{3}HqA-qA\left(\frac{A}{2}\right)$$

$$=-FA\left[1-\frac{1-\dfrac{A}{L}+\dfrac{(R_i^2-H^2)}{2AL}}{1+\dfrac{4}{3}\dfrac{H}{L}}\right]$$

$$=\frac{FA}{C_2}\left[1-\frac{A}{L}+C_3\frac{R_i}{A}-C_2\right]\quad \mathrm{N\cdot mm} \tag{3-25}$$

式中

$$C_2=1+\frac{4}{3}\frac{H}{L} \tag{3-26}$$

$$C_3=\frac{R_i^2-H^2}{2R_iL} \tag{3-27}$$

C_2，C_3 可由图 3-17、图 3-18 按$\dfrac{H}{R_i}$和$\dfrac{L}{R_i}$的比值查得。M_2 一般为负值，表示筒体上半部受拉伸，下半部受压缩。

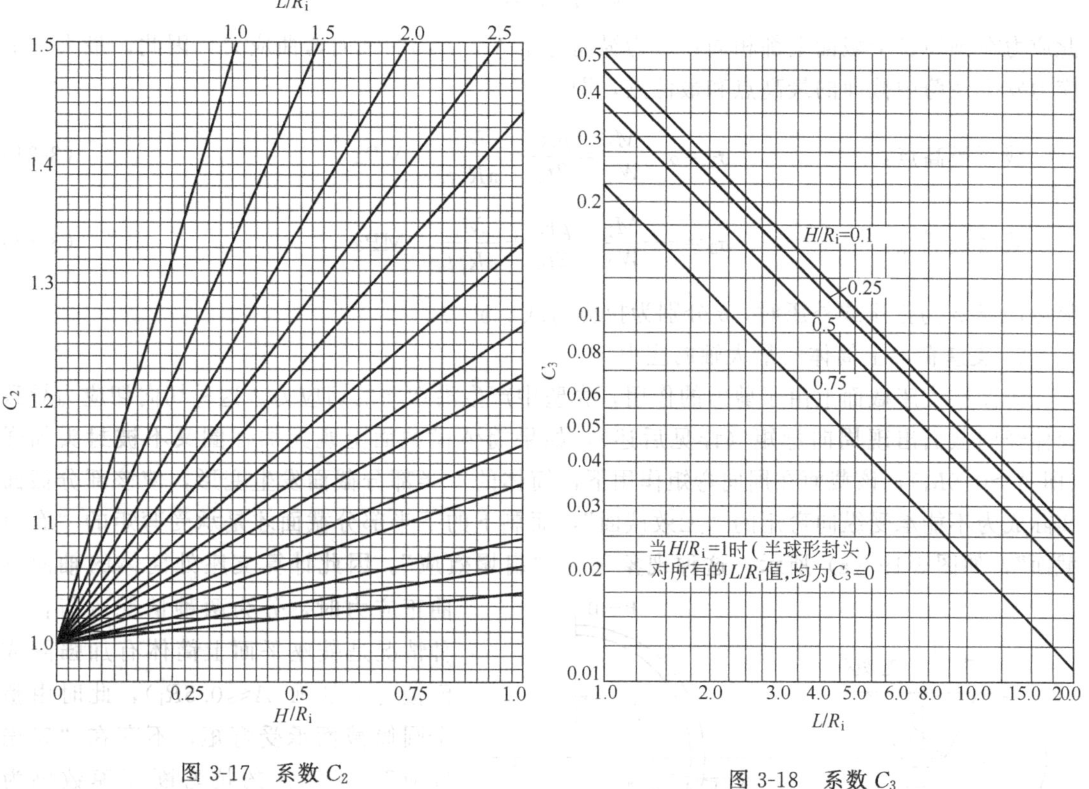

图 3-17　系数 C_2

图 3-18　系数 C_3

(2) 剪力　剪力最大值出现在支座处筒体上，以图的左支座为例，在支座左侧的筒体截面上剪力为：

$$V_L=\frac{2}{3}qH+qA\quad \mathrm{N} \tag{3-28}$$

而支座右侧筒体截面上剪力为：

$$V_R = F - q\left(\frac{2}{3}H + A\right) = F\left[\frac{L-2A}{L+\frac{4}{3}H}\right] \quad \text{N} \tag{3-29}$$

通常 $V_R > V_L$。

二、筒体的应力计算与校核

由以上分析可知，对于卧式容器除了考虑由操作压力引起的薄膜应力外，还要考虑容器总重导致筒体横截面上的纵向弯矩和剪力，而且跨中截面和支座截面是容器可能发生失效的危险截面。因此为了进行强度或稳定性校核，需要确定危险截面上的最大应力的位置与大小。

（一）筒体的轴向应力

1. 鞍座跨中截面上筒体的最大轴向应力

对充满液体的卧式容器进行试验表明，由于除鞍座附近筒体截面外，在其余截面上没有周向弯矩，故整个跨中截面能够承受纵向弯矩，抗弯断面模数为 $W_1 = \pi R_i^2 t_e$，式中 t_e 为容器的有效厚度，等于名义厚度减去壁厚附加量，即 $t_e = t_n - C$。筒体上的应力由两部分引起，一为操作压力 p 引起的轴向拉伸或压缩应力，其值为：

$$\sigma = pR_i/(2t_e) \tag{3-30}$$

此应力在圆筒各个截面上都相同；二为纵向弯矩 M_1 引起的轴向弯曲应力，因此，最大合成应力发生在跨中截面的最高点和最低点，即

截面最高点：
$$\sigma_1 = \sigma - \frac{M_1}{W_1} = \frac{pR_i}{2t_e} - \frac{M_1}{\pi R_i^2 t_e} \quad \text{MPa} \tag{3-31}$$

截面最低点：
$$\sigma_2 = \sigma + \frac{M_1}{W_1} = \frac{pR_i}{2t_e} + \frac{M_1}{\pi R_i^2 t_e} \quad \text{MPa} \tag{3-32}$$

显然，当 p 为正压或外压时，σ 分别为拉应力或压应力。

2. 支座截面上筒体的最大轴向应力

筒体在支座截面上由于剪力的作用，壳壁中产生沿切向的切应力。这种切向切应力导致筒体经向截面出现周向弯矩（详见后述），如果筒体横截面上既无加强圈又不被封头加强（即 $A > 0.5R_i$），该截面在周向弯矩作用下，筒体的上半部分截面发生变形，使该部分截面实际成为不能承受纵向弯矩的“无效截面”，而剩下的下半部分截面才是承受弯矩的“有效截面”，如图 3-19（a）所示，这种现象称为“扁塌效应”。因此计算支座处筒体的轴向弯曲正应力时，分为两种情况进行：一种情况是鞍座平面上筒体有加强圈或已被封头加强（$A \leqslant 0.5R_i$），此时由整个圆筒截面承受弯矩，不存在“扁塌效应”，该截面的抗弯断面模数仍为 $\pi R_i^2 t_e$；第二种情况是鞍座截面上筒体既未设置加强圈又 $A > 0.5R_i$，由于上述“扁塌效应”筒体截面仅有一部分能有效地承受弯矩，此有效截面的弧长和 2Δ 角对应，据实验测定此 $2\Delta=$

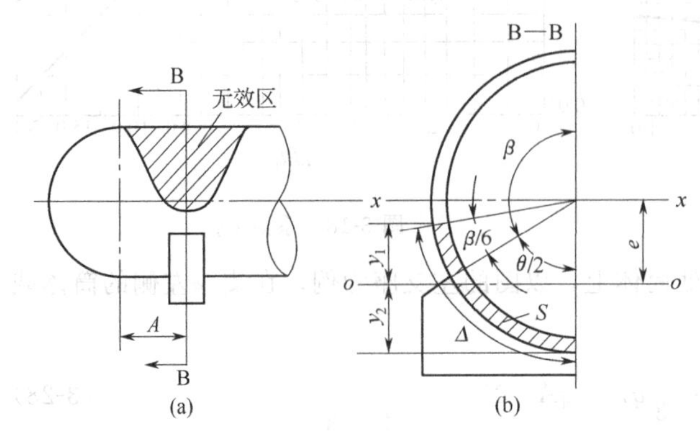

图 3-19　扁塌效应

$2\left(\frac{\theta}{2}+\frac{\beta}{6}\right)$［见图 3-19（b）］，最大弯曲应力就在该截面 2Δ 的角点和最低处。在计算这些应力时，因为有效截面对其形心的惯性矩为 $I_{o-o}=I_{x-x}-Se^2$，所以计算截面最高点弯曲应力的抗弯断面系数为 $W_{21}=I_{o-o}/y_1=K_1(\pi R_i^2 t_e)$ 和计算截面最低点弯曲应力的抗弯断面系数为 $W_{22}=I_{o-o}/y_2=K_2(\pi R_i^2 t_e)$，式中 K_1、K_2 分别是因"扁塌效应"而使圆筒整截面抗弯断面系数减少的折扣系数，与鞍座包角大小有关，数值列于表 3-1，显然有加强的筒体它们都为 1.0。于是鞍座有效截面最高和最低点的轴向合成正应力为：

在截面最高点：$$\sigma_3\ (\text{或}\ \sigma_3')=\sigma-\frac{M_2}{W_{21}}=\frac{pR_i}{2t_e}-\frac{M_2}{K_1\ \pi R_i^2 t_e}\quad \text{MPa} \tag{3-33}$$

在截面最低点：$$\sigma_4=\sigma+\frac{M_2}{W_{22}}=\frac{pR_i}{2t_e}+\frac{M_2}{K_2\ \pi R_i^2 t_e}\quad \text{MPa} \tag{3-34}$$

注意式中 M_2 为负值。

表 3-1　系数 K_1、K_2

条　件	鞍座包角 θ/(°)	K_1	K_2	条　件	鞍座包角 θ/(°)	K_1	K_2
筒体被封头加强	120	1.0	1.0	筒体未被封头加强	120	0.107	0.192
$\left(A\leqslant\frac{R_i}{2}\right)$或	135	1.0	1.0	$\left(A>\frac{R_i}{2}\right)$且在	135	0.132	0.234
在鞍座平面有加强圈	150	1.0	1.0	鞍座平面无加强圈	150	0.161	0.279

3. 筒体轴向应力的校核

由以上分析可知，卧式筒体上最大轴向应力为 $\sigma_1\sim\sigma_4$，其位置如图 3-20 所示。计算得到的轴向拉应力不得超过材料在设计温度下的许用应力 $[\sigma]^t$；压应力不应超过按第四章计算的轴向许用临界应力 $[\sigma]_{cr}$ 和材料的 $[\sigma]^t$。

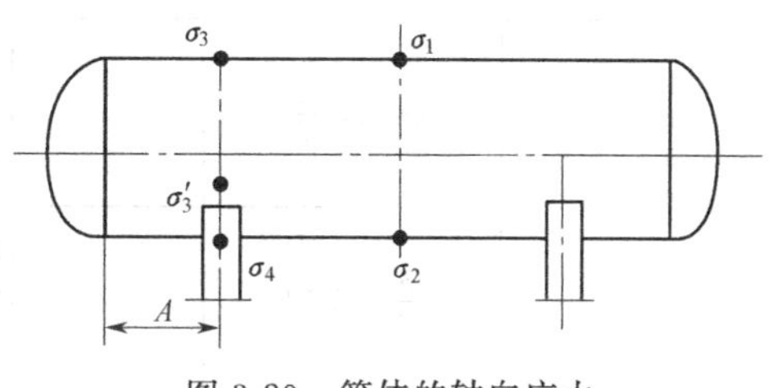

图 3-20　筒体的轴向应力

此外，按式（3-31）～式（3-34）计算 $\sigma_1\sim\sigma_4$ 时，应根据操作和非操作时（指无操作压力装满物料或水的情况）等不同工况，找出危险工况下可能产生的最大应力。例如对有加强的筒体，当 $|M_1|>|M_2|$ 时，只需校核跨中截面的应力，反之两个截面都要校核；又如对于正压操作的容器，在盛满物料而未升压时，其压应力有最大值，故对稳定应取这种工况进行校核。

（二）筒体的切向切应力

剪力在支座截面处为最大，该剪力在筒体器壁中引起切向切应力。计算鞍座截面切向切应力与该截面是否得到加强有关，所以应分为以下三种情况。

① 筒体有加强圈，但未被封头加强 $\left(A>\frac{1}{2}R_i\right)$，由于筒体在鞍座处有加强圈加强，不存在"扁塌效应"，筒体的整个横截面都能有效地承担剪力的作用，此时截面上的切向切应力分布呈正弦函数形式，如图 3-21（a）所示，在水平中心线处有最大值。

$$\tau_{max}=\frac{K_3 V_R}{R_i t_e}=\frac{K_3 F}{R_i t_e}\left(\frac{L-2A}{L+\frac{4}{3}H}\right)\quad \text{MPa} \tag{3-35}$$

式中系数 K_3 见表 3-2。

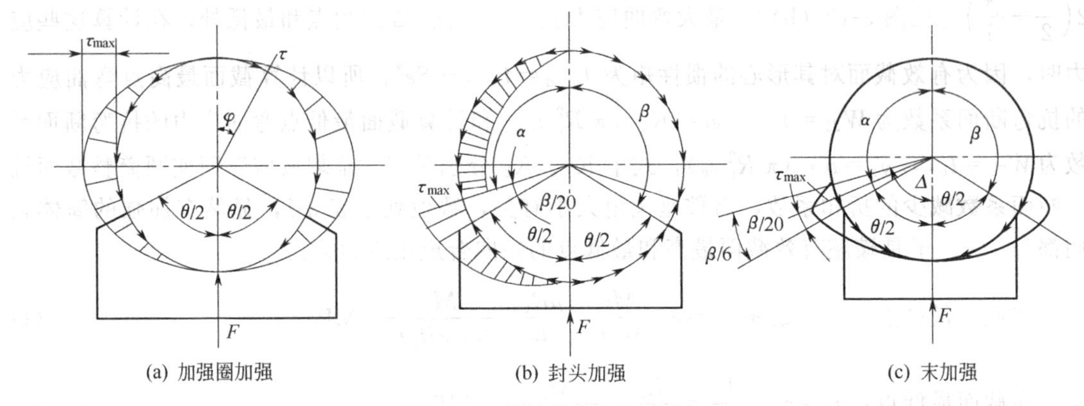

(a) 加强圈加强　　(b) 封头加强　　(c) 末加强

图 3-21　筒体的切向切应力

表 3-2　系数 K_3、K_4 值

条　　件		鞍座包角 $\theta/(°)$	K_3	K_4
$A>\frac{R_i}{2}$，且筒体无加强圈		120	1.171	—
		135	0.958	—
		150	0.799	—
$A>\frac{R_i}{2}$，且鞍座平面内筒体有加强圈		120	0.319	—
		135	0.319	—
		150	0.319	—
筒体被封头加强	$b<A\leqslant\frac{R_i}{2}$	120	0.880	0.401
		135	0.654	0.344
		150	0.485	0.295
	$\frac{b}{2}<A\leqslant b$	120	0.880	0.880
		135	0.654	0.654
		150	0.485	0.485

② 筒体被封头加强$\left(\text{即 } A\leqslant\frac{1}{2}R_i\right)$，筒体上无加强圈，但鞍座靠近封头，封头对筒体支座截面起加强作用。此时，大部分剪力先由支座（此处指左支座）的右侧跨过支座传至封头，然后又将载荷传回到支座靠封头的左侧筒体，此时筒体中切向切应力的分布呈图 3-21（b）所示的状态，最大切应力位于 $2\Delta=2\left(\frac{\theta}{2}+\frac{\beta}{20}\right)$的支座角点处。

最大切应力可按下式计算：

$$\tau_{max}=\frac{K_3F}{R_it_e}\quad \text{MPa} \tag{3-36}$$

在封头中的最大切应力由下式给出：

$$\tau_{hmax}=\frac{K_4F}{R_it_{he}}\quad \text{MPa} \tag{3-37}$$

式中　t_{he}——凸形封头的有效厚度，mm；

K_3，K_4——系数，由表 3-2 查得。

③ 筒体未被加强，当支座截面上筒体既无加强圈，又未被封头加强时，则由于存在

“扁塌效应”，筒体抗剪的有效截面减少。由实验测出，此有效截面的范围也为角 $2\Delta=2\left(\frac{\theta}{2}+\frac{\beta}{6}\right)$对应的弧段内，应力分布情况见图 3-21（c），最大切向剪应力在 $2\Delta=2\left(\frac{\theta}{2}+\frac{\beta}{20}\right)$处。切应力的计算式与式（3-35）相同，但 K_3 数值不相同。

④ 切向切应力的校核。由以上分析可知，鞍座处筒体的最大切向切应力 τ_{max} 的大小和位置决定于筒体的加强形式。求得的切应力值不得超过材料在设计温度下许用应力的 0.8 倍和轴向许用临界应力 $[\sigma]_{cr}$，即

$$\tau_{max}\leqslant\begin{cases}0.8\ [\sigma]^t\\ [\sigma]_{cr}\end{cases}$$

封头中的切应力，其最大值不应超过下列限制：

$$\tau_{hmax}\leqslant 1.25\ [\sigma]^t-\sigma_h$$

式中　σ_h——由操作压力在封头中引起的最大拉应力。例如对于椭圆形封头：

$$\sigma_h=\frac{KpD_i}{2t_{he}}\quad \text{MPa} \tag{3-38}$$

式中，K 为椭圆形封头的形状系数，见式（2-99）。

（三）筒体的周向应力

支座反力在支座处筒体截面引起切向切应力，这些切应力导致在筒体径向截面产生周向弯矩 M_t。当支座截面上筒体有加强圈加强时，周向弯矩在鞍座边角处有最大值［图 3-22（a)］。理论上最大周向弯矩为：

$$M_{tmax}=M_\beta=K_6FR_i$$

且作用在一有效计算宽度 l 的范围上，l 的取值根据不同的 l/R_i 比值而定。

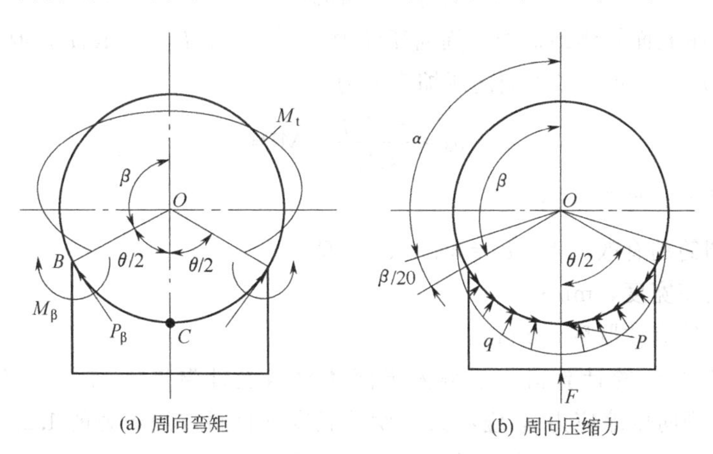

(a) 周向弯矩　　(b) 周向压缩力

图 3-22　支座处筒体的周向弯矩和周向压缩力

当筒体截面无加强圈，封头对支座处筒体也无加强作用，即 $A>0.5R_i$；虽无加强圈但封头有加强作用，$A\leqslant 0.5R_i$。根据 Zick 的假设与推导，最大周向弯矩都在鞍座边角处，数值上都低于支座截面有加强圈的情况，这两种情况中的最大周向弯矩仍按上式计算，但其中系数 K 按表 3-3 选取。

支座反力在与鞍座接触的筒体上还产生周向压缩力 P，当筒体未被加强圈或封头加强时，在鞍座边角处的周向压缩力假设为 $P_\beta=\frac{F}{4}$，且由 $b_2=b+1.56\sqrt{R_it_e}$的壳体有效宽度来承受。

表 3-3 系数 K_5、K_6

鞍座包角 $\theta/(°)$	$K_5$①	$K_6$②		鞍座包角 $\theta/(°)$	$K_5$①	$K_6$②	
		$\frac{A}{R_i}\leqslant0.5$	$\frac{A}{R_i}>1$			$\frac{A}{R_i}\leqslant0.5$	$\frac{A}{R_i}>1$
120	0.7603	0.0132	0.0529	147	0.6800	0.0084	0.0335
132	0.7196	0.0109	0.0434	150	0.6733	0.0079	0.0317
135	0.7108	0.0103	0.0413	162	0.6501	0.0063	0.0252

① 当鞍座与容器焊接时，K_5 取表列值的十分之一。

② 当 $0.5<\frac{A}{R_i}<1$ 时，K_6 可由表列值线性插值得到。

于是，鞍座边角处的最大合成周向压缩应力为：

$$\sigma_6=-\frac{F}{4t_eb_2}-\frac{K_6FR_i}{\frac{lt_e^2}{6}}\quad \text{MPa} \tag{3-39}$$

式中 l——鞍座处筒体承受周向弯矩的有效宽度，l 的取值与筒体的长径比有关。当 $L\geqslant8R_i$ 时，$l=4R_i$；$L<8R_i$ 时，$l=\frac{1}{2}L$。

因此，式 (3-39) 可写成以下形式：

当 $L\geqslant8R_i$ 时

$$\sigma_6=-\frac{F}{4t_eb_2}-\frac{3K_6F}{2t_e^2} \tag{3-40}$$

当 $L<8R_i$ 时

$$\sigma_6=\frac{-F}{4t_eb_2}-\frac{12K_6FR_i}{Lt_e^2}\quad \text{MPa} \tag{3-41}$$

其次，在支座截面筒体最低处，周向压缩力达到最大，$P_{max}=K_5F$，但不存在周向弯矩 M_t [图 3-22 (b)]，因此其最大周向压缩应力为：

$$\sigma_5=\frac{-K_5F}{t_eb_2}\quad \text{MPa} \tag{3-42}$$

式中 K_5——系数，见表 3-3；

b_2——圆筒的有效宽度，$b_2=b+1.56\sqrt{R_it_e}$；

b——支座宽度，mm；

t_e——筒体有效厚度，mm。

周向压缩应力 σ_5 的计算值，不得大于筒体材料设计温度下的许用应力 $[\sigma]^t$，即 $\sigma_5\leqslant[\sigma]^t$，而合成周向压缩应力 σ_6 应不大于设计温度下材料许用应力的 1.25 倍，即 $\sigma_6\leqslant1.25[\sigma]^t$。如上述条件不满足，则可加宽支座宽度 b 或在筒体与支座之间加放加强板（图 3-23），加强板厚度可取与筒体厚度相同，宽度 b_1 不小于 $(b+10t_e)$，且包角不小于 $(\theta+12°)$。设置加强板以后，在计算式 (3-40) 和式 (3-41) 中，应以筒体计算厚度和加强板厚度之和代替式中的 t_e。由于加强板边缘处筒体并无加强板，所以还应以式 (3-40) 和式 (3-41) 检查该处的合成压缩应力，但式中的 K_6 应以 $(\theta+12°)$ 作为包角查表 3-4 中的对应值。如应力仍超出允许值，则应增加鞍座宽度或包角，或两者同时增加，也可设置加强圈。

（四）鞍座设计

增大鞍座包角可以使筒体中的应力降低，但使鞍座相应变得笨重，同时也增加了鞍座所

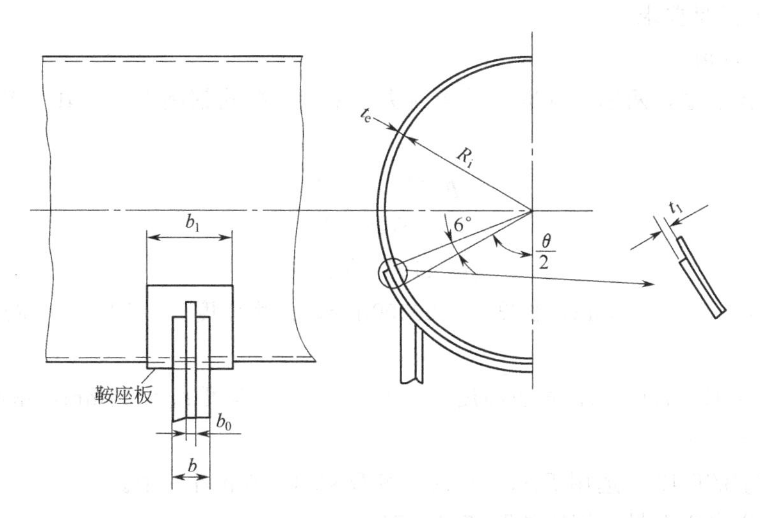

图 3-23 设置加强板的鞍座

承受的水平推力；过分地减小包角，又使容器容易从鞍座上倾倒，因此在一般情况下建议取 $\theta=120°\sim150°$范围内。

鞍座宽度 b 的大小，一方面决定于设备给予支座的载荷大小，另一方面要考虑支座处筒体内周向应力不超过允许值。

设备给予鞍座的载荷为沿包角 θ 对应弧段的不均匀分布的径向力 q，此载荷的水平分力将使鞍座向两侧分开，故鞍座的宽度 b 必须具有足够大小。

半个鞍座的水平分力的总和可以用下式表示：

$$F_s=K'F \quad \mathrm{N}$$

式中 F——支座反力，N；

K'——系数，见表 3-4。

表 3-4 系数 K'

鞍座包角 θ/(°)	120	135	150	165
K'	0.204	0.231	0.259	0.288

承受此水平分力的有效截面的高度为 H_s，最大为筒体最低点以下 $\frac{1}{3}R_i$ 的范围内，（图 3-24），此截面上的平均应力不应超过支座材料许用应力值的三分之二，即

$$\sigma=\frac{K'F}{H_s b_0}\leqslant\frac{2}{3}\ [\sigma]_{sa}^{t} \quad \mathrm{MPa} \tag{3-43}$$

式中 b_0——对钢制鞍座取腹板厚度；对混凝土鞍座则为鞍座宽度 b，mm；

H_s——计算高度，取鞍座实际高度与 $\frac{R_i}{3}$ 中较小值，mm；

$[\sigma]_{sa}^{t}$——鞍座材料的许用应力，MPa。

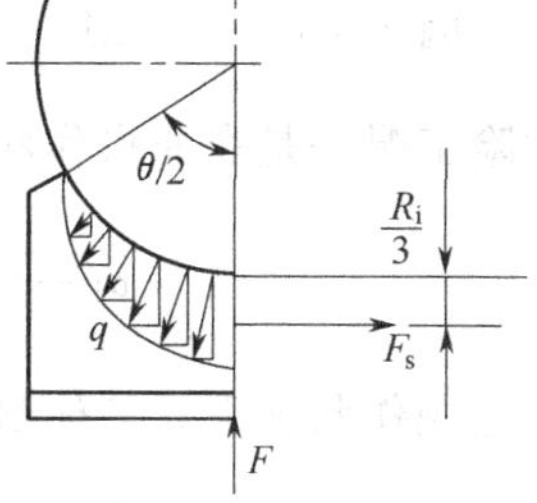

在大多数情况下，鞍座宽度 b 取 $\sqrt{30D}$（D 为容器的平均直

图 3-24 鞍座上的载荷

径，mm）将能满足要求。

（五）计算示例

一卧式液体贮槽，两端为标准椭圆形封头，采用双鞍式钢制支座，其主要尺寸和设计条件如下：

设计压力　　$p=1.2\ \text{MPa}$

设计温度　　$T\leqslant 200℃$

物料密度　　$\rho=1100\ \text{kg/m}^3$

筒体：内径 $D_i=3000\text{mm}$，长度 $L=20000\text{mm}$，公称厚度 $t_n=12\text{mm}$，壁厚附加量 $C=1.0\text{mm}$。

封头：深度 $H=750\text{mm}$，直边高度 $h=40\text{mm}$，公称厚度 $t_{hn}=14\text{mm}$，壁厚附加量 $C_h=3.0\text{mm}$。

鞍座：按 JB/T 4712 选用 DN3000-AⅠ和 DN3000-AⅡ各一个。

鞍座中心至封头切线的距离 $A=750\text{mm}$；

鞍座宽度 $b=300\text{mm}$，腹板厚度 $b_0=16\text{mm}$；

鞍座包角 $\theta=120°$。

容器与封头材料为 16MnR，$[\sigma]^{200}=170\text{MPa}$。

鞍座材料为 Q235-AF，$[\sigma]_{sa}^{200}=111\text{MPa}$。

经计算可得容器自重与充满物料的总重为：

$$2F=2\times 934620=1869240\quad \text{N}$$

该校核筒体各部分应力。

解　（1）弯矩计算

弯矩按式（3-25）和式（3-27）计算，式中系数 C_1、C_2 和 C_3 按 $\frac{L}{R_i}=20000/1500=13.33$ 和 $\frac{H}{R_i}=0.5$ 由图 3-16～图 3-18 查得：$C_1=0.24$，$C_2=1.045$，$C_3=0.028$，故跨中截面弯矩为：

$$M_1=F(C_1L-A)=934620\times(0.24\times 20000-750)$$
$$=37.852\times 10^8\quad \text{N}\cdot\text{mm}$$

$$M_2=\frac{FA}{C_2}\left(1-\frac{A}{L}+C_3\,\frac{R_i}{A}-C_2\right)=\frac{934620\times 750}{1.045}\left(1-\frac{750}{20000}+0.028\times\frac{1500}{750}-1.045\right)$$
$$=-17.776\times 10^6\quad \text{N}\cdot\text{mm}$$

（2）跨中截面处的轴向应力

因 $|M_1|>|M_2|$，$A=\frac{1}{2}R_i$，故仅需校核跨中截面筒体的轴向应力，且因正压操作，危险工况一是在非操作状态，即容器充满物料而无压力时，在筒体最高点有最大压应力：

$$\sigma_1=-\frac{M_1}{\pi R_i^2 t_e}=-\frac{37.852\times 10^8}{\pi\times 1500^2\times(12-1)}=-48.68\quad \text{MPa}$$

二是操作状态下，筒体最低处有最大拉应力：

$$\sigma_2=\frac{pR_i}{2t_e}+\frac{M_1}{\pi R_i^2 t_e}=\frac{1.2\times 1500}{2\times(12-1)}+\frac{37.852\times 10^8}{\pi\times 1500^2\times(12-1)}=130.5\quad \text{MPa}$$

因轴向许用临界应力由：

$$A=\frac{0.094}{R_i/t_e}=\frac{0.094}{1500/(12-1)}=0.000689$$

查第四章图 4-13 可得 $B=87\text{MPa}$，即 $[\sigma]_{cr}=87\text{MPa}$，故

$$|\sigma_1|<[\sigma]^t,\quad |\sigma_1|<[\sigma]_{cr}$$

$$\sigma_2<[\sigma]^t$$

验算合格。

（3）筒体和封头中的切向切应力

因 $A=\frac{R_i}{2}$，$\theta=120°$，$K_3=0.88$，$K_4=0.401$，故由式（3-36）、式（3-37）得：

$$\tau_{max}=\frac{K_3F}{R_it_e}=\frac{0.88\times934620}{1500\times(12-1)}=49.85\quad\text{MPa}$$

和

$$\tau_{hmax}=\frac{K_4F}{R_it_{he}}=\frac{0.401\times934620}{1500\times(14-3)}=22.71\quad\text{MPa}$$

封头内压引起的应力按式（3-38）计算：

$$\sigma_h=\frac{KpD_i}{2t_{he}}=\frac{1\times1.2\times3000}{2\times(14-3)}=163\quad\text{MPa}$$

因此

$$\tau_{max}<\begin{cases}0.8[\sigma]^t=0.8\times170=136\quad\text{MPa}\\ [\sigma]_{cr}=87\text{MPa}\end{cases}$$

$$\tau_{hmax}<1.25[\sigma]^t-\sigma_h=1.25\times170-163.6=48.9\quad\text{MPa}$$

（4）筒体的周向应力

鞍座截面筒体最低处的周向应力按式（3-42）计算，因 $A=\frac{R_i}{2}$，$\theta=120°$，$K_5=0.76$，故

$$\sigma_5=-\frac{K_5F}{t_e\left(b+1.56\sqrt{R_it_e}\right)}=-\frac{0.76\times934620}{11\times(300+1.56\sqrt{1500\times11})}=-129.1\quad\text{MPa}$$

鞍座边角处筒体的周向应力按式（3-40）计算，因 $\frac{L}{R_i}=\frac{20000}{1500}=13.33>8$，$\theta=120°$，$K_6=0.0132$，故

$$\sigma_6=-\frac{F}{4t_e(b+1.56\sqrt{R_it_e})}-\frac{3K_6F}{2t_e^2}$$

$$=-\frac{934620}{4\times11\times(300+1.56\sqrt{1500\times11})}-\frac{3\times0.0132\times934620}{2\times11^2}$$

$$=-195.39\quad\text{MPa}$$

因此

$$|\sigma_5|<[\sigma]^t$$

$$|\sigma_6|<1.25[\sigma]^t=1.25\times170=212.5\quad\text{MPa}$$

验算合格。

（5）鞍座腹板应力

鞍座腹板厚度 $b_0=16\text{mm}$，垫板离地高度为 250mm，此值小于$\frac{R_i}{3}$，故取实际高度为 $H_s=250-16=234\text{mm}$ 代替$\frac{R_i}{3}$。因 $\theta=120°$，$K'=0.204$，故：

$$\sigma=\frac{K'F}{H_s b_0}=\frac{0.204\times934620}{234\times16}=50.92\quad\text{MPa}$$

因此
$$\sigma<\frac{2}{3}\ [\sigma]_{sa}^{t}=\frac{2}{3}\times111=74\quad\text{MPa}$$

验算合格。

第四节　局部应力计算

一、引言

容器除了受内压或外压外，在其制造、安装和使用过程中还受到许多通过附件传来的其他载荷。这些附件包括支座、托架、吊耳和接管等，如图 3-25 所示。通过支座、托架、吊耳等附件传来的载荷主要是设备的自重及其内部物料等静重，由接管传来的载荷包括管道或管系的反力、重量以及由于受热膨胀引起的推力或力矩。这些载荷对壳件的影响通常仅限于附件与壳体连接处附近的局部地区，因此称为局部载荷。局部载荷将在壳体和接管等附件中产生较高的局部应力，除了上述局部载荷引起的应力外，当容器同时受到压力载荷时，在这些局部地区还有另外一些局部应力，如局部薄膜应力和弯曲应力，以及在截面尺寸突变的转角处的应力集中。这些局部应力的存在将成为容器发生强度或稳定性失效的主要原因。因为容器总有接管和支承附件，要想设计不受局部载荷的容器是不切实际的，所以计算局部载荷作用下壳体或接管中的局部应力变得十分必要。由于载荷或几何形状和载荷的非对称性，对局部应力作完整分析过于复杂，往往不便于应用。Leckie 和 Penny 在 20 世纪 60 年代对径向圆柱形接管与球壳相贯作过弹性分析，并绘制了和图 3-7、图 3-8 相似的应力集中系数的曲线图[18]，每张图对应一种类型的载荷，如推力、剪力、力矩或转矩。对于组合载荷，则简单地把每个单独载荷得出的最大应力相加，其结果显然是保守的。

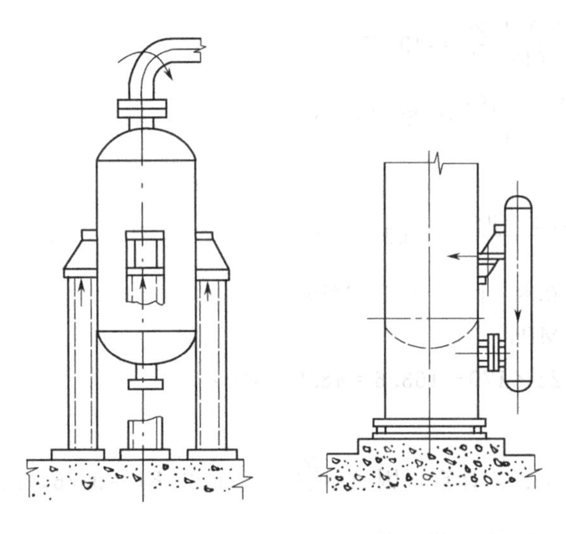

图 3-25　局部载荷的实例

Bijlaard 在 20 世纪 50 年代做了大量理论工作，分析了作用在球壳-圆形附件及圆柱壳矩形区域上受外载荷所引起的局部应力，奠定了英国压力容器设计标准 BS 5500 及美国焊接研究委员会（WRC）第 107 号通报和有关补充规定的这两个主要计算方法的理论基础[14,17,18]。虽然两者都基于同一理论分析，但规范的方法和使用的设计参数不同，本节介绍 WRC 第 107 号通报的计算方法。

二、球壳和圆柱壳局部应力的计算

WRC 计算球壳和圆柱壳的局部应力的方法采用了 Bijlaard 和其他研究者的理论研究结果，直到 1965 年 8 月其第 107 号通报以简便的形式发表后，才为设计人员广泛采用，此后又经几次修改，进一步从理论和实验两方面补充和扩大了它的使用范围。Bijlaard 在分析球壳时，采用了扁壳理论；对于圆柱壳，他所用的壳体方程是 Donnell 的圆柱壳方程，并做了修正，从而得到三个位移分量的微分方程，接着他把局部载荷展开为双重傅里叶级数，最后解出位移和内力。为了方便设计，他将分析结果表达为薄膜内力或内弯矩的无因次量曲线，对应不同的几何参数直接找出各种载荷单独作用下壳体中的最大内力。

（一）外载荷

通过附件传到球壳或圆柱壳上的外载荷（图 3-26）包括以下几种：

① 径向载荷 P；

② 外力矩 M（球壳）或周向外力矩 M_C 和经向外力矩 M_L（圆柱壳）；

③ 切向载荷 V（球壳）或周向切向载荷 V_C 和经向切向载荷 V_L（圆柱壳）；

④ 扭转力矩 M_T；

⑤ 上述载荷的不同组合。

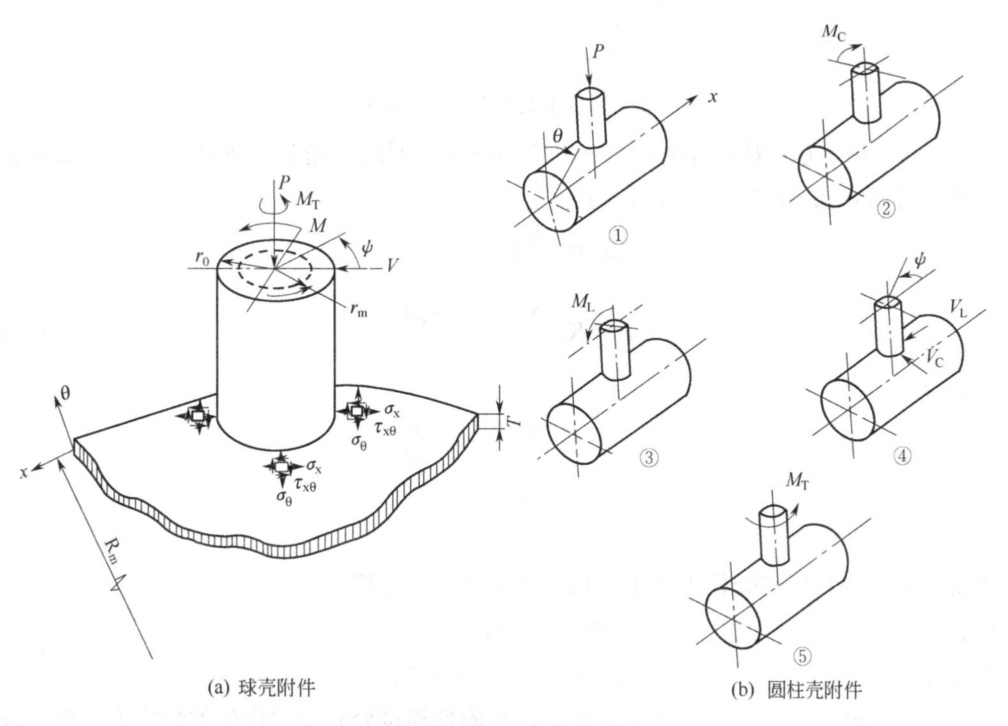

(a) 球壳附件　　(b) 圆柱壳附件

图 3-26　局部载荷的类型

（二）应力

1. 一般计算式

由径向载荷和外力矩在薄壳中产生的正应力可按下式计算：

$$\sigma_i = K_n \frac{N_i}{T} \pm K_b \frac{6M_i}{T^2} \quad \text{MPa} \tag{3-44}$$

式中 N_i——i 方向单位长度的薄膜内力，N/mm；

M_i——i 方向单位长度的内弯矩，N·mm/mm；

T——壳体厚度，mm；

K_n，K_b——分别为薄膜应力和弯曲应力的应力集中系数。对于脆性材料制成的容器或须做疲劳分析的容器，应计入此系数。图 3-27 列出了 K_n 和 K_b 的计算曲线；对于受静载荷的钢制容器，则取 $K_n = K_b = 1.0$。

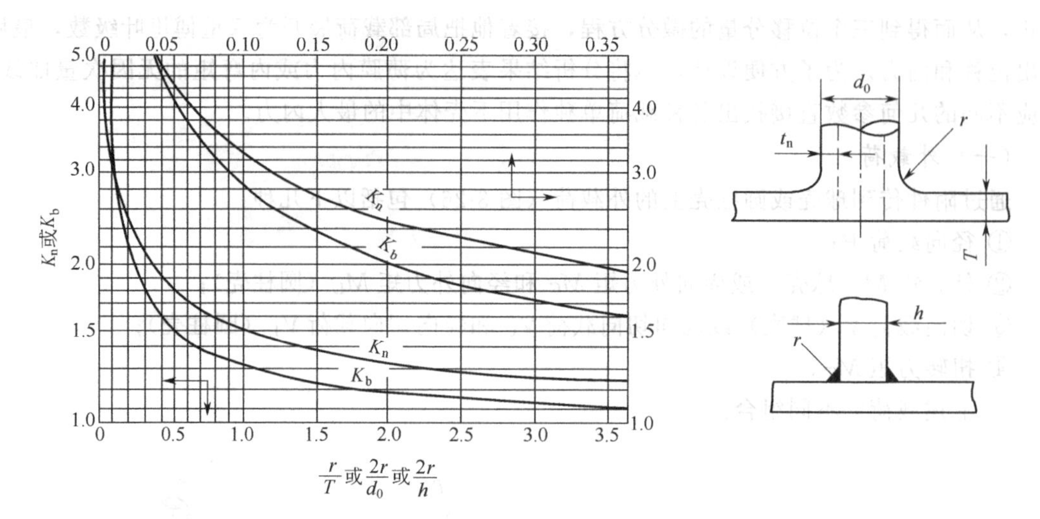

图 3-27 应力集中系数 K_n 和 K_b

式（3-44）中 i 方向对圆柱壳指周向 θ 和轴向 x，对球壳指切向 θ 和经向 x，如图 3-26 所示，因此对球壳式（3-44）可改写为：

$$\sigma_x = K_n \frac{N_x}{T} \pm K_b \frac{6M_x}{T^2}$$

$$\sigma_\theta = K_n \frac{N_\theta}{T} \pm K_b \frac{6M_\theta}{T^2} \tag{3-45}$$

对圆柱壳为：

$$\sigma_x = K_n \frac{N_x}{T} \pm K_b \frac{6M_x}{T^2}$$

$$\sigma_\theta = K_n \frac{N_\theta}{T} \pm K_b \frac{6M_\theta}{T^2} \tag{3-46}$$

由切向载荷和转矩在壳体中产生的切应力则按下式计算：

$$\left.\begin{aligned} &\text{球壳} \quad \tau = (\tau)_{M_T} + (\tau)_V \\ &\text{圆柱壳} \quad \tau = (\tau)_{M_T} + (\tau)_{V_L} + (\tau)_{V_C} \end{aligned}\right\} \tag{3-47}$$

式中 $(\tau)_{M_T}$——扭转力矩 M_T 在壳体与附件连接处壳壁中产生的切应力，对于圆柱形附件：

$$(\tau)_{M_T} = \frac{M_T}{2\pi r_0^2 T} \tag{3-48}$$

对于矩形或方形附件，扭转力矩在壳壁中产生复杂应力场，尚无满意的分析方法可供计算，需要时可由实验测定。

$(\tau)_V$，$(\tau)_{V_L}$，$(\tau)_{V_C}$——切向载荷 V 或 V_C、V_L 在壳壁中产生的切应力，对于球壳-圆柱形附件：

$$(\tau)_V = \frac{V}{\pi r_0 T} \sin\psi \tag{3-49}$$

对于球壳-方形附件：

$$(\tau)_V = \frac{V}{4C_1 T} \text{（在 } \psi = 90°\text{，}270°\text{处）} \tag{3-50}$$

对于圆柱壳-圆柱形附件：

$$(\tau)_{V_L}=\frac{V_L}{\pi r_0 T}\sin\psi$$

$$(\tau)_{V_C}=\frac{V_C}{\pi r_0 T}\cos\psi \tag{3-51}$$

对于圆柱壳-矩形附件：

$$(\tau)_{V_L}=\frac{V_L}{4C_2 T}$$

$$(\tau)_{V_C}=\frac{V_C}{4C_1 T} \tag{3-52}$$

C_1，C_2——矩形附件周向和经向的边长之半；

r_0——圆柱形附件的外半径。

切应力的正负号按抗剪方向判断。

切应力比较小，通常可不予考虑，但径向载荷和外力矩引起的正应力往往是主要应力。

2. 正应力位置和符号

在一般情况下，由局部载荷引起的最大正应力发生在附件与壳体连接处的壳壁内外表面上，如图 3-28 中的 A_U、B_U、C_U、D_U 和 A_L、B_L、C_L、D_L 八个点。这些点的应力状态为双向应力状态，即对球壳为经向应力 σ_x 和切向应力 σ_θ；对圆柱壳为轴向应力 σ_x 和周向应力 σ_θ。应力的正负号可以根据不同类型载荷引起的壳体变形情况来判断，如以图 3-29 (a) 中受径向载荷 P 作用的圆柱壳为例，P 犹如局部外压力作用在壳体中，引起的薄膜内力为负，而弯曲应力在壳体 C、D 处的外表面为负，内表面为正；又如当受外力矩 M_C 或 M_L 时，力矩可视为由相等相反的两个径向载荷组成的力偶，然后根据径向载荷的方向判断应力的正负号。如图 3-29 (b) 所示，M_L 在 A 处引起压缩薄膜应力，B 处为拉伸薄膜应力同时由图示壳体的局部弯曲变形可知，B 处外表面和 A 处内表面产生拉伸弯曲应力，而 A 处外表面和 B 处内表面产生压缩弯曲应力。表 3-5 是按照上述方式列出的球壳和圆柱壳在各种外载荷作用下的应力符号。

表 3-5　径向载荷和力矩载荷在球壳和圆柱壳上引起的应力的符号规定

载荷＼应力＼位置		A_U	A_L	B_U	B_L	C_U	C_L	D_U	D_L
$P\downarrow$	薄膜	−	−	−	−	−	−	−	−
	弯曲	−	+	−	+	−	+	−	+
M_1 或 $M_L=\downarrow\uparrow$ $A\ B$	薄膜	−	−	+	+	/	/	/	/
	弯曲	−	+	+	−	/	/	/	/
M_2 或 $M_C=\downarrow\uparrow$ $C\ D$	薄膜	/	/	/	/	−	−	+	+
	弯曲	/	/	/	/	−	+	+	−

3. 应力计算

WRC 方法的最大优点是把外载荷在壳体中引起的内力和内弯矩表示为由几个几何参数确定的无因次量，因此给设计计算带来极大方便。

(1) 计算几何参数　包括壳体参数和附件参数，这些几何参数与壳体和附件的几何尺寸有关，因此对球壳和圆柱壳以及不同几何形状的附件取法不同。

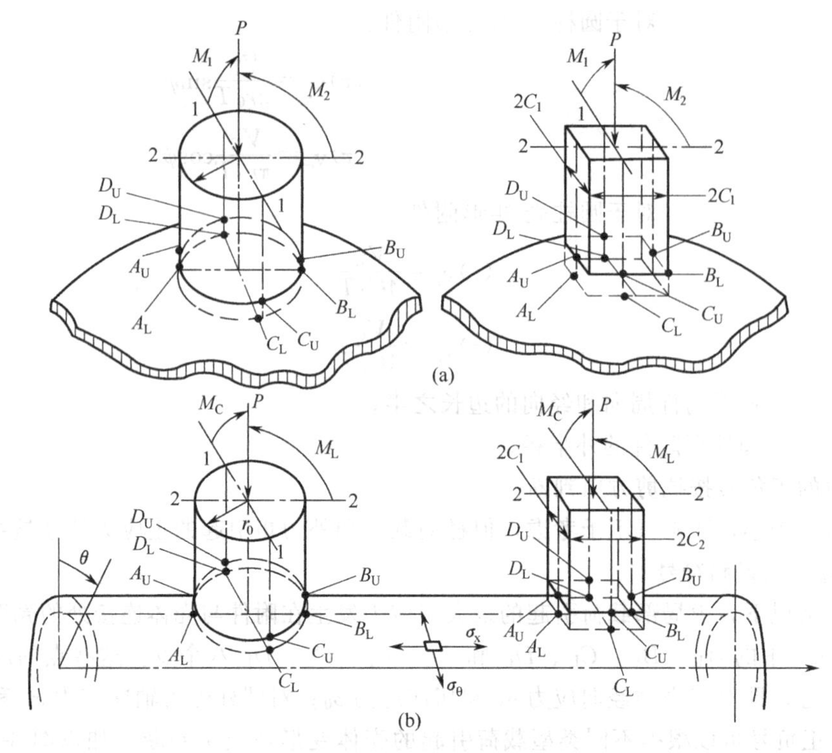

图 3-28　球壳和圆柱壳上局部应力方向和位置

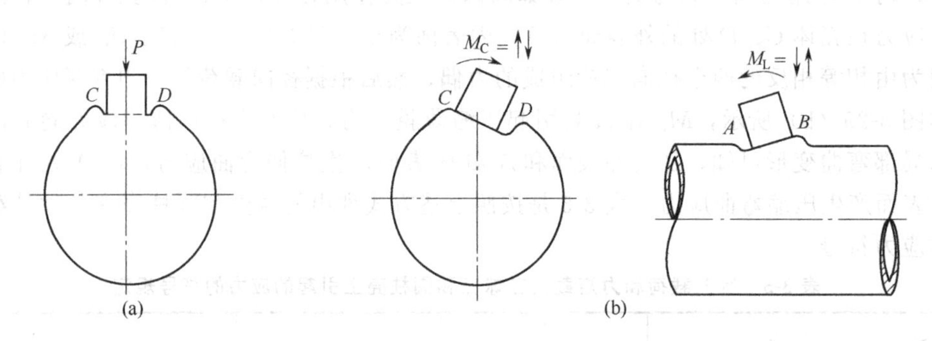

图 3-29　圆柱壳上局部应力的符号判断

（i）壳体参数

对球壳-圆柱形附件

$$U=\frac{r_0}{\sqrt{R_m T}} \tag{3-53a}$$

对球壳-方形附件

$$U=\frac{C_1}{0.875\sqrt{R_m T}} \tag{3-53b}$$

对圆柱壳-附件

$$\Gamma=\frac{R_m}{T} \tag{3-54}$$

式中　R_m——球壳或圆柱壳的平均半径，mm；

r_0——圆柱形附件的外半径，mm；

T——球壳或圆柱壳的壁厚，mm；

C_1——方形附件的边长之半，mm。

(ii) 附件参数

对球壳-空心圆柱形附件（如接管）

$$\gamma=\frac{r_m}{t},\ \rho=\frac{T}{t} \tag{3-55}$$

对球壳-空心方形附件

$$\gamma=\frac{C_1}{0.875t},\ \rho=\frac{T}{t} \tag{3-56}$$

对于球壳-实心附件则不需计算附件参数。

对圆柱壳-圆柱形附件

$$\beta=\frac{0.875r_0}{R_m} \tag{3-57}$$

对圆柱壳-矩形附件，其参数 β 与外载荷类型有关，例如受径向载荷 P 作用时：

$$\beta_1=\frac{C_1}{R_m},\ \beta_2=\frac{C_2}{R_m} \tag{3-58}$$

如

$$\frac{\beta_1}{\beta_2}>1,\ \beta=\left[1-\frac{1}{3}\left(\frac{\beta_1}{\beta_2}-1\right)(1-K_1)\right]\sqrt{\beta_1\beta_2}$$

$$\frac{\beta_1}{\beta_2}<1,\ \beta=\left[1-\frac{4}{3}\left(1-\frac{\beta_1}{\beta_2}\right)(1-K_2)\right]\sqrt{\beta_1\beta_2} \tag{3-59}$$

对圆柱壳-方形附件

$$\beta=\beta_1=\beta_2=\frac{C_1}{R_m}=\frac{C_2}{R_m} \tag{3-60}$$

式中 r_m——空心圆柱形附件的平均半径，mm；

C_1——矩形附件周向边长之半，mm；

C_2——矩形附件经向边长之半，mm；

t——空心附件的厚度，mm；

K_1，K_2——系数，见表 3-6，按计算不同内力时取值不同；表中系数在 $4\geqslant\beta_1/\beta_2\geqslant1/4$ 范围内近似有效。

其余符号同前。对于承受力矩作用的 β 取法参见文献 [4]。

(2) 应力计算　应力计算分为正应力和切应力计算，切应力按式 (3-49)～式 (3-52) 计算，正应力计算根据球壳或圆柱壳各自的几何参数和载荷类型在对应的曲线图中读出各种内力和内弯矩的无因次量，然后由式 (3-45) 或式 (3-46) 算出应力值。

表 3-6　系数 K_1、K_2

内　力	K_1	K_2	内　力	K_1	K_2
N_θ	0.91	1.48	M_θ	1.76	0.88
N_x	1.68	1.20	M_x	1.21	1.25

WRC 通报 107（1972 年）公布的无因次曲线以半对数坐标绘制，纵坐标为各个内力和内弯矩的无因次量，对于球壳横坐标为壳体参数 U，按不同的空心附件参数 γ 和 ρ，提供了 10 幅由径向力 P 和 10 幅倾覆力矩 M 引起的内力和内弯矩的无因次曲线图，图 3-30 为一示例，同时对于实心的刚性件又给出 3 张不同的曲线图。对于圆柱壳，横坐标为附件参数 β，按不同的壳体参数 γ 绘制了径向力 P 和力矩 M_L、M_C 引起的各种内力和内弯矩的无因次曲线图，共 16 幅，其中部分图如图 3-31～图 3-36 所示。

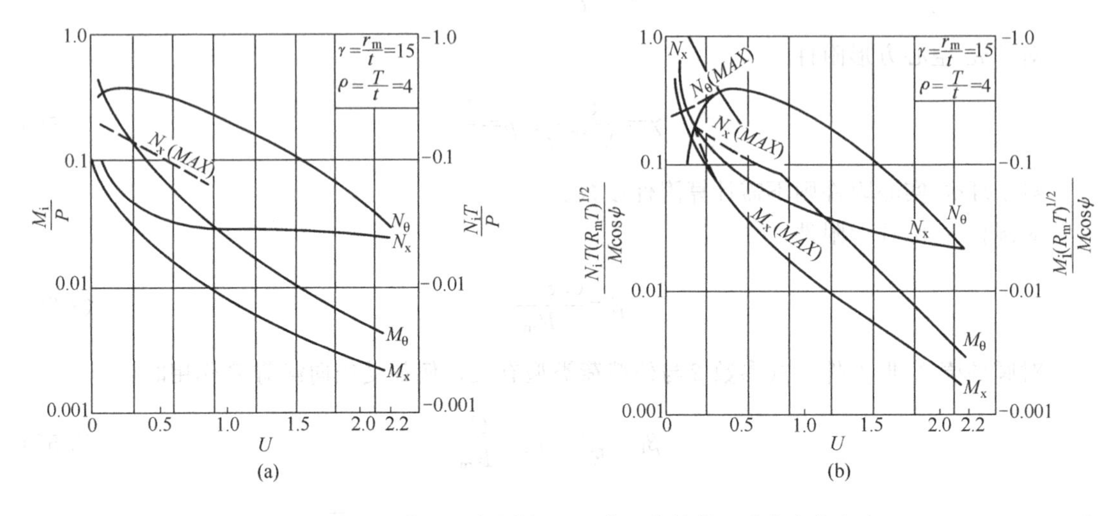

图 3-30　径向载荷 P 和倾覆力矩 M 作用在接管上球壳中的应力

(i) 球壳-附件：

几何参数 U、γ 和 ρ；

内力和内弯矩的无因次量

$$\left(\frac{N_iT}{P}\right),\left(\frac{M_iT}{P}\right),\left(\frac{N_iT\ \sqrt{R_mT}}{M}\right),\left(\frac{M_i\ \sqrt{R_mT}}{M}\right)$$

应力

$$\left.\begin{aligned}(\sigma_{im})_P&=\frac{N_i}{T}=\left(\frac{N_iT}{P}\right)\frac{P}{T^2}\\(\sigma_{ib})_P&=\frac{6M_i}{P}=\left(\frac{M_i}{P}\right)\frac{6P}{T^2}\\(\sigma_{im})_M&=\frac{N_i}{T}=\left(\frac{N_iT\ \sqrt{R_mT}}{M}\right)\frac{M}{T^2\ \sqrt{R_mT}}\\(\sigma_{ib})_M&=\frac{6M_i}{T^2}=\left(\frac{M_i\ \sqrt{R_mT}}{M}\right)\frac{6M}{T^2\ \sqrt{R_mT}}\end{aligned}\right\}\tag{3-61}$$

按照表 3-5 规定，将上述应力分量带上各自的正负号，必要时考虑相应的应力集中系数，由式（3-45）和式（3-49）计算前述 8 个特殊点上的正应力和切应力。当力矩 M 与坐标轴呈一夹角 ψ，则应以 $M\cos\psi$ 代替上式中的 M。

(ii) 圆柱壳-附件：

几何参数 β、γ；

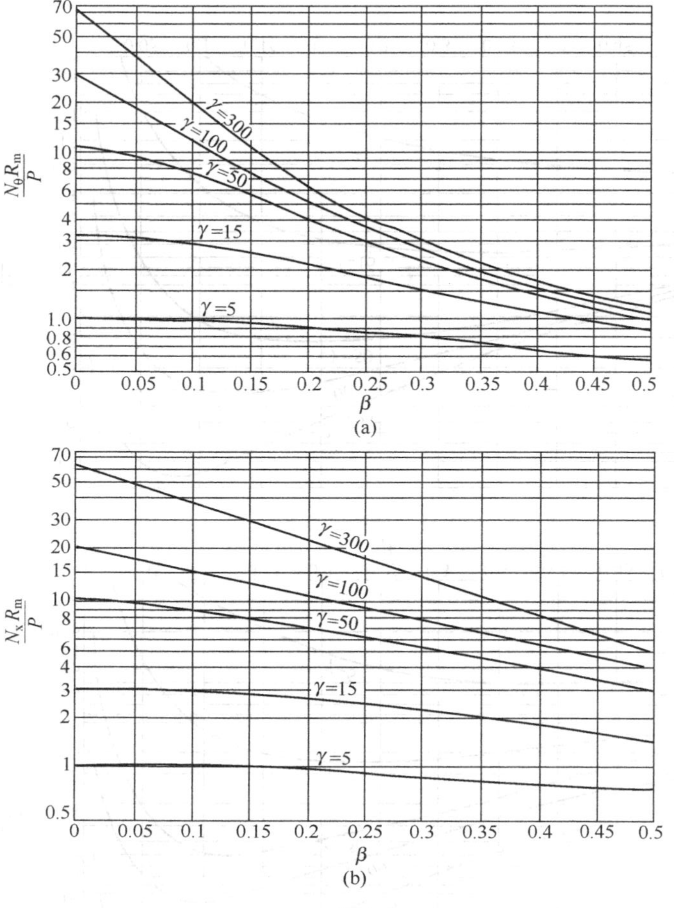

图 3-31 径向载荷 P 作用在附件上圆柱壳中的薄膜力

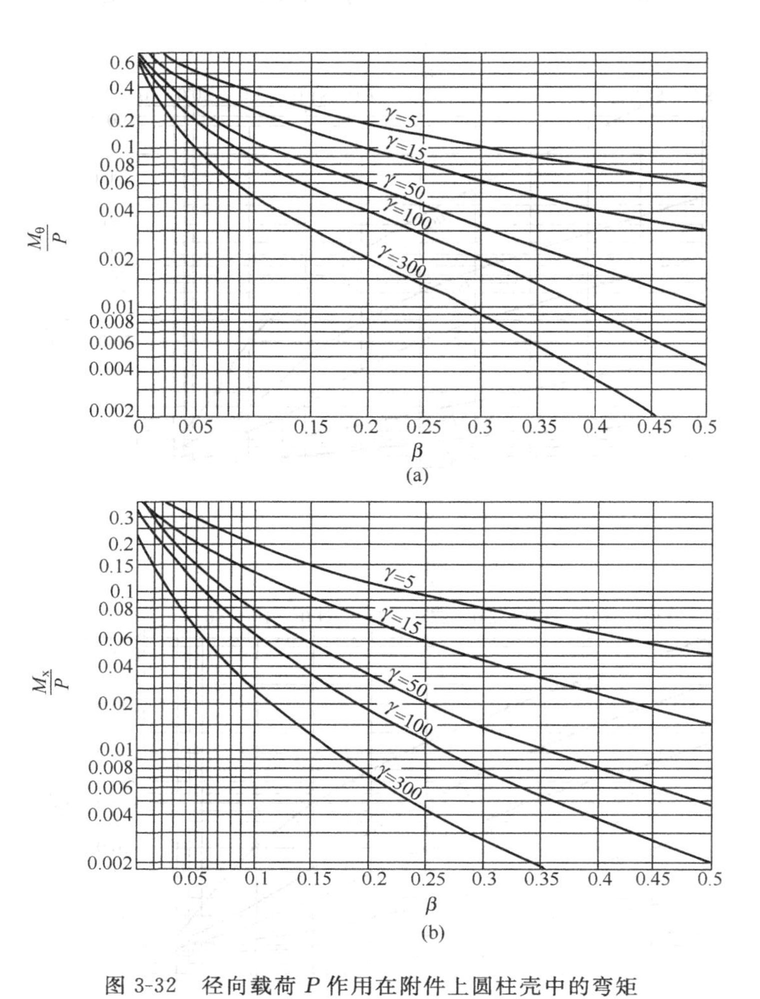

图 3-32 径向载荷 P 作用在附件上圆柱壳中的弯矩

γ=300
γ=100
γ=50
γ=15
γ=5
$\frac{N_\theta R_m^2 \beta}{M_L}$
40 30 20 15 10 8 6 4 3 2 1.5 1.0 0.7 0.5 0.4 0.3 0.2 0.15
0 0.05 0.1 0.15 0.2 0.25 0.3 0.35 0.4 0.45 0.5
β
(a)

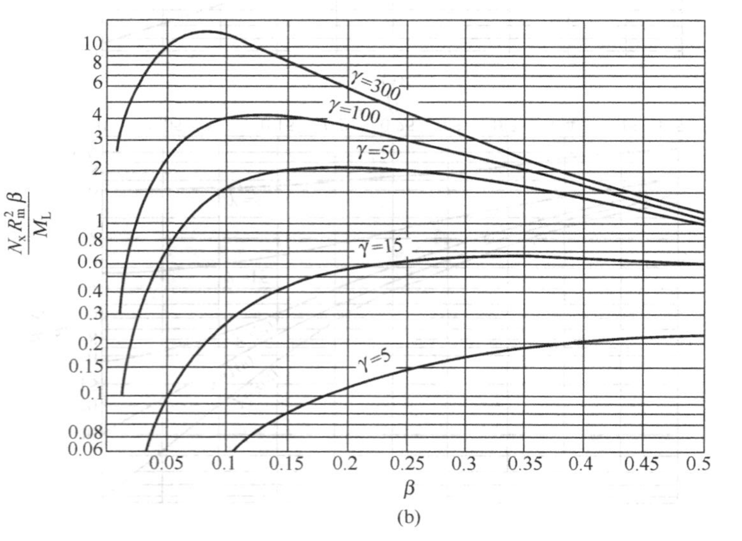

图 3-33　经向力矩 M_L 作用在附件上圆柱壳中的薄膜力

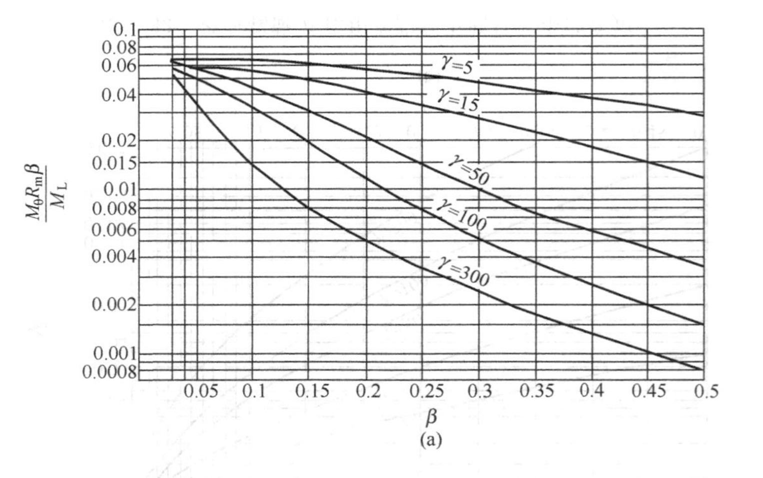

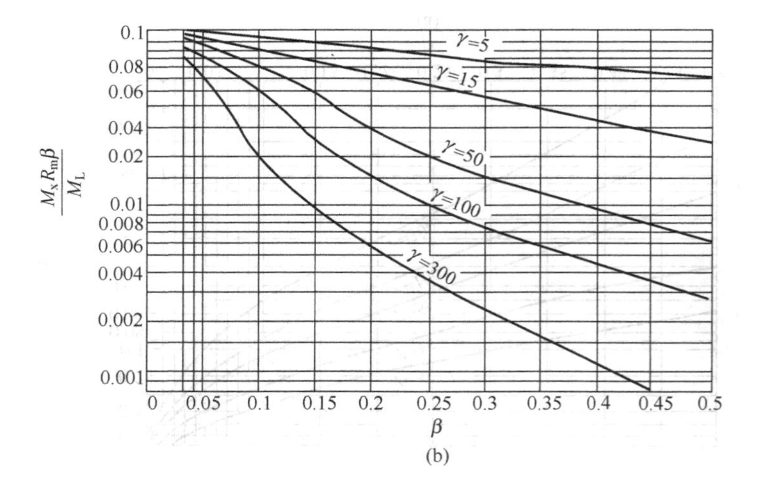

图 3-34　经向力矩 M_L 作用在附件上圆柱壳中的弯矩

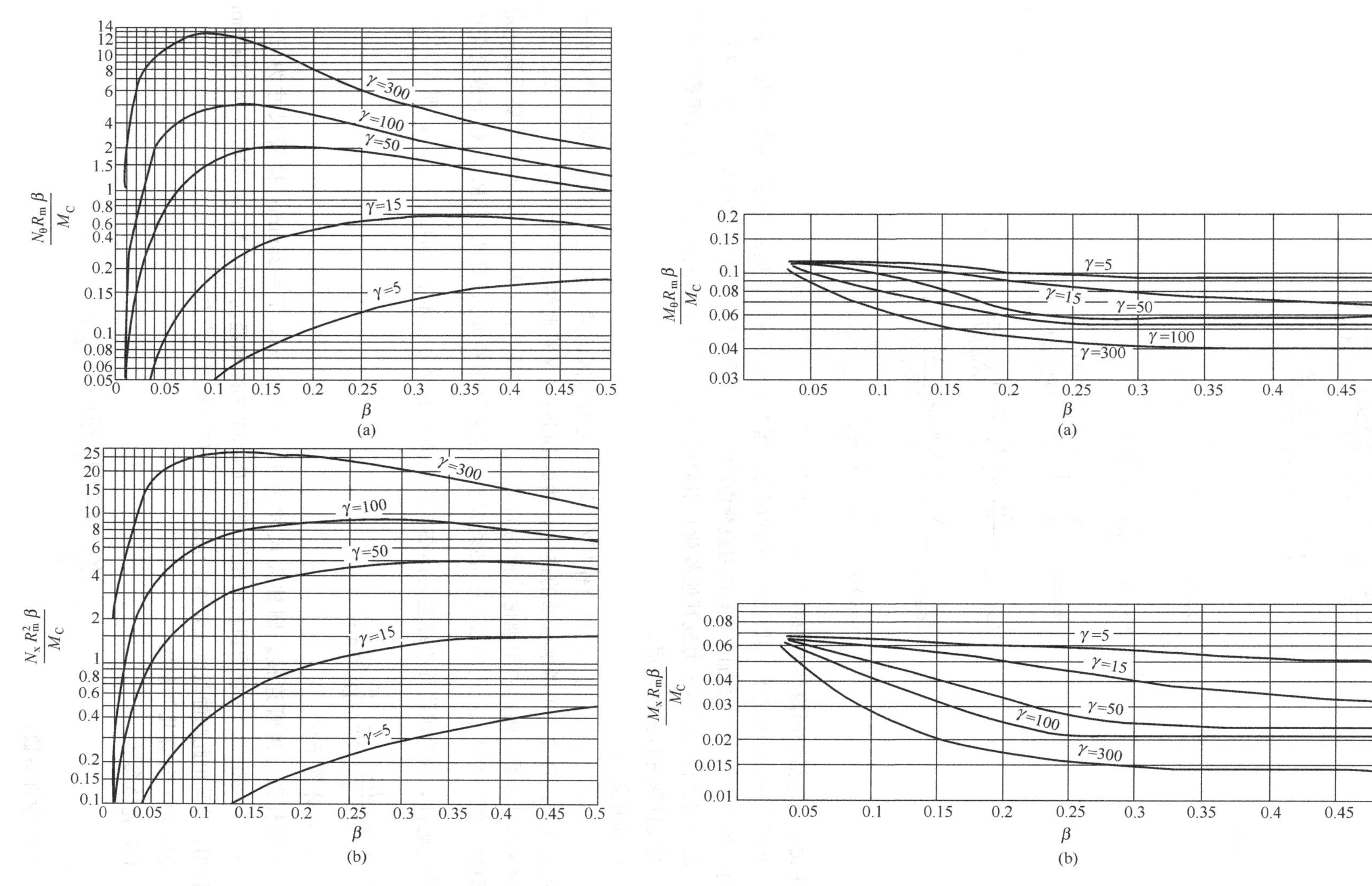

图 3-35 周向力矩 M_C 作用在附件上圆柱壳中的薄膜力

图 3-36 周向力矩 M_C 作用在附件上圆柱壳中的弯矩

内力和内弯矩的无因次量

$$\left(\frac{N_i R_m}{P}\right),\left(\frac{M_i}{P}\right),\left(\frac{N_i R_m^2 \beta}{M_L}\right),\left(\frac{M_i R_m \beta}{M_L}\right)$$

$$\left(\frac{N_i R_m^2 \beta}{M_C}\right),\left(\frac{M_i R_m \beta}{M_C}\right)$$

应力

$$\left.\begin{aligned}
(\sigma_{im})_P &= \frac{N_i}{T} = \left(\frac{N_i R_m}{P}\right)\frac{P}{R_m T} \\
(\sigma_{ib})_P &= \frac{6M_i}{T^2} = \left(\frac{M_i}{P}\right)\frac{6P}{T^2} \\
(\sigma_{im})_{M_L} &= \frac{N_i}{T} = \left(\frac{N_i R_m^2 \beta}{M_L}\right)\frac{M_L}{R_m^2 \beta T} \\
(\sigma_{ib})_{M_L} &= \frac{6M_i}{T^2} = \left(\frac{M_i R_m \beta}{M_L}\right)\frac{6M_L}{R_m \beta T^2} \\
(\sigma_{im})_{M_C} &= \frac{N_i}{T} = \left(\frac{N_i R_m^2 \beta}{M_C}\right)\frac{M_C}{R_m^2 \beta T^2} \\
(\sigma_{ib})_{M_C} &= \frac{6M_i}{T^2} = \left(\frac{M_i R_m \beta}{M_C}\right)\frac{6M_C}{R_m \beta T^2}
\end{aligned}\right\} \tag{3-62}$$

上述式中不包括矩形附件上的倾覆力矩引起的薄膜力，应另行计算。

上面求得的应力是单一载荷作用下的应力，当为组合载荷时，则需先将其分解为几个单独载荷，然后把各个应力叠加。当有压力载荷作用时，还应叠加压力引起的薄膜应力和弯曲应力。

对局部载荷（包括压力或其他载荷）引起的局部应力最大值的限制可按第六章第二节应力分析设计法进行强度评定。

4. 应用限制

Bijlaard 最初的理论工作是对作用在圆柱壳上矩形区的载荷作应力分析，对接管的处理是近似视作刚性件，不考虑管壁的挠性，然后 Bijlaard 又将此结果延伸到球壳，并以扁球壳理论为基础求解，因此由于理论分析的局限性，使用 WRC 的方法时，几何尺寸要受到一定的限制，例如对圆柱壳壳体长度 L 必须大于三倍壳体半径 R_m，即 $L>3R_m$，对于偏离壳体中心的附件，则要求附件边缘至筒体端部的距离 b 至少为壳体半径的二分之一，即 $b>\frac{R_m}{2}$；对于球壳，$\frac{D_m}{T}>55$，$\frac{d_i}{D_i}\leqslant\frac{1}{3}$。

（三）计算示例

一圆柱壳与接管连接。圆柱壳尺寸为 $D_i=2100$mm，$T=25$mm；接管尺寸为 $d_i=200$mm，$t=25$mm。接管受到径向压缩载荷 $P=53300$N 和经向弯矩 $M_L=16947\times10^3$N·mm 的作用，计算由此两静载荷在壳体中引起的经向应力和周向应力。

解：(1) 计算几何参数

(i) 壳体参数：

$$\gamma=\frac{R_m}{T}=\frac{(2100+25)/2}{25}=42.5$$

(ii) 附件参数：

$$\beta=\frac{0.875r_m}{R_m}=\frac{0.875\times(200+50)/2}{1062.5}=0.103$$

(2) 计算应力

(i) 由 γ 和 β 从图 3-31～图 3-34 中查得如下无因次量：

$$\frac{N_\theta R_m}{P}=6.0,\ \frac{N_x R_m}{P}=7.3;$$

$$\frac{M_\theta}{P}=0.125,\ \frac{M_x}{P}=0.088;$$

$$\frac{N_\theta R_m^2\beta}{M_L}=4.5,\ \frac{N_x R_m^2\beta}{M_L}=1.3;$$

$$\frac{M_\theta R_m\beta}{M_L}=0.045,\ \frac{M_x R_m\beta}{M_L}=0.072。$$

(ii) 根据 P、R_m 和 T 由式 (3-62) 计算 P 作用下壳体中周向薄膜应力和弯曲应力，即：

$$(\sigma_{\theta m})_P=\frac{N_\theta}{T}=\left(\frac{N_\theta R_m}{P}\right)\frac{P}{R_m T}=6.0\times\frac{53300}{1062.5\times25}=12.04\text{MPa}$$

$$(\sigma_{\theta b})_P=\frac{6M_\theta}{T^2}=\left(\frac{M_\theta}{P}\right)\frac{6P}{R_m T^2}=0.125\times\frac{6\times53300}{25^2}=63.96\text{MPa}$$

而 M_L 作用下的周向薄膜应力和弯曲应力为：

$$(\sigma_{\theta M})_{M_L}=\frac{N_\theta}{T}=\left(\frac{N_\theta R_m^2\beta}{M_L}\right)\frac{M_L}{R_m^2\beta T}=4.5\times\frac{16947\times10^3}{(1062.5)^2\times0.103\times25}=26.23\text{MPa}$$

$$(\sigma_{\theta b})_{M_L}=\frac{6M_\theta}{T^2}=\left(\frac{M_\theta R_m\beta}{M_L}\right)\frac{6M_L}{R_m\beta T^2}=0.045\times\frac{6\times16947\times10^3}{1062.5\times0.103\times25^2}=66.90\text{MPa}$$

同理可得到 P、M_L 作用下壳体中经向薄膜应力和弯曲应力为：

$$(\sigma_{xm})_P=14.65\text{MPa}$$

$$(\sigma_{xb})_P=45.03\text{MPa}$$

$$(\sigma_{xm})_{M_L}=7.58\text{MPa}$$

$$(\sigma_{xb})_{M_L}=107.04\text{MPa}$$

(iii) 按照表 3-5 的符号规定和式 (3-46)，壳体与接管连接处壳体上的 A、B 点内外表面的应力和叠加后得到总的应力的结果汇总在下表中，因 P、M_L 为静载荷，计算中取 $K_n=K_b=1.0$。

应力	σ_θ/MPa				σ_x/MPa			
	A_U	A_L	B_U	B_L	A_U	A_L	B_U	B_L
$(\sigma_{tm})_P$	−12.04	−12.04	−12.04	−12.04	−14.65	−14.65	−14.65	−14.65
$(\sigma_{tb})_P$	−63.96	+63.96	−63.96	+63.96	−45.03	+45.03	−45.63	+45.63
$(\sigma_{tm})_{M_L}$	−26.23	−26.23	+26.23	+26.23	−7.58	−7.58	+7.58	+7.58
$(\sigma_{tb})_{M_L}$	−66.90	+66.90	+66.90	−66.90	−107.04	+107.04	+107.04	−107.04
$(\Sigma\sigma_t)_{P,M_L}$	−169.13	+92.59	+17.13	−8.25	−174.30	+129.84	+54.94	−69.08

第五节　容器设计中的结构设计问题

一、容器的结构设计问题分析

化工容器设计中的结构设计问题涉及过程工艺、材料、制造与防腐蚀等因素，本节仅从应力与强度角度进行结构分析。从应力与强度上讲必须要考虑如何减小局部应力，若容器的容积愈大，压力愈高，在结构设计中对减小局部应力的考虑应愈仔细，否则局部应力过高将导致结构在局部区域发生过度变形失效，甚至使整个设备毁坏。

结构设计中减小局部应力的原则措施是：

① 在结构不连续处尽可能圆滑过渡，并应避开焊缝。

② 在有局部载荷作用的地方应适当予以加强，如垫以衬板以减小局部应力。

下面通过一些实例来进行分析。

（一）凸形封头边缘直边段的分析

凡碟形、椭圆形或球形封头，在封头与圆筒交接的切线处（图 3-37）总存在结构不连续应力，理应在不连续应力最大的地方避免设置焊缝，因此必须使封头具有一直边段。在直边段之外不连续应力已得到一定的衰减，这样焊缝中即使存在一些小的缺陷以及焊接残余应力，也不致对安全有太大的影响。

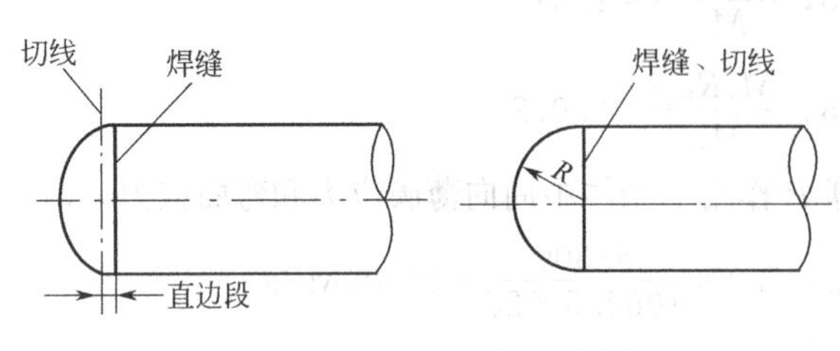

图 3-37 凸形封头与圆筒体连接焊缝的布置

对于球形封头，由于封头本身的深度已较深，制造时再要增加一直边段就更难冲压，因此一般不设直边段。这样就使球与圆筒的切线也同时成为焊缝（见图 3-37）。但不应忽视环焊缝也是球封头上的焊缝，因此即使球封头本身没有拼接焊缝，然而在计算壁厚时也应考虑焊接接头系数的选取，此种情况不考虑焊接接头系数是不合理的。

再如图 3-38（a）所示的球形封头与管板相连接的结构，由于焊缝所处的位置正是球与平板结合的不连续处，存在较大的不连续应力。加上此处的焊缝为单面角焊缝，又无法作内部探伤。这种结构在实际使用中已多次发生爆炸，不得不使数百台同类设备报废。从爆炸断口分析可知，此处存在许多未焊透缺陷。较为理想的做法是采用图 3-38（b）的结构，使管板周围突出，把角焊缝变成对接焊缝，既可保证焊接质量，又可有利于无损检测。且焊缝又不处于不连续应力最大的地方。但这也带来了新的问题，即管板毛坯太厚，加工较复杂。

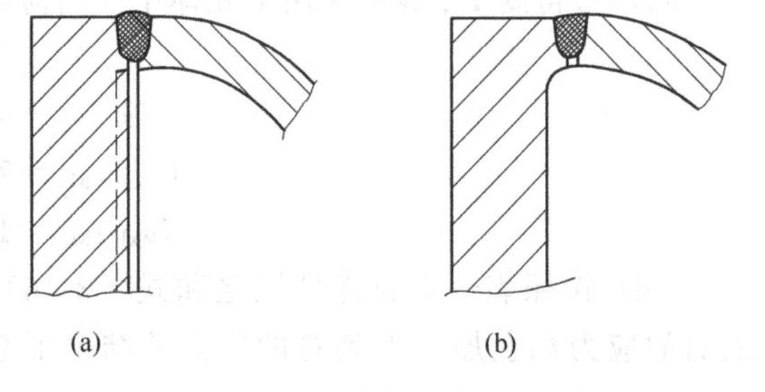

图 3-38 球形封头与管板的连接结构

（二）变径段结构分析

化工设备往往需要使直径不同的两段筒体连接在一起，连接部位必须考虑圆滑过渡的问题。如图 3-39（a）所示结构将使上下连接部位的结构不连续应力过大，仅能用于 $\alpha\leqslant30°$ 的情况。当半锥角 $30°<\alpha\leqslant45°$ 时大端应采用带过渡区的折边锥壳，见图 3-39（b）。当 $\alpha>45°$ 时小端也应采用如图 3-39（c）所示的带过渡区的折边锥壳，或者采用如图 3-39（d）所示的反向曲线形式的回转壳——变径段。

变径段的结构设计与强度设计方法在中国压力容器标准中有具体规定[3]。

所有带过渡段折边的焊缝均不布置在几何不连续的切点处，所有折边都有一直边段。

（三）支座与容器的连接结构

卧式容器的鞍式支座结构如图 3-13 所示。鞍座板垫在容器与鞍座之间，以焊接固定住，有效地降低了支座反力在容器中产生的局部应力。

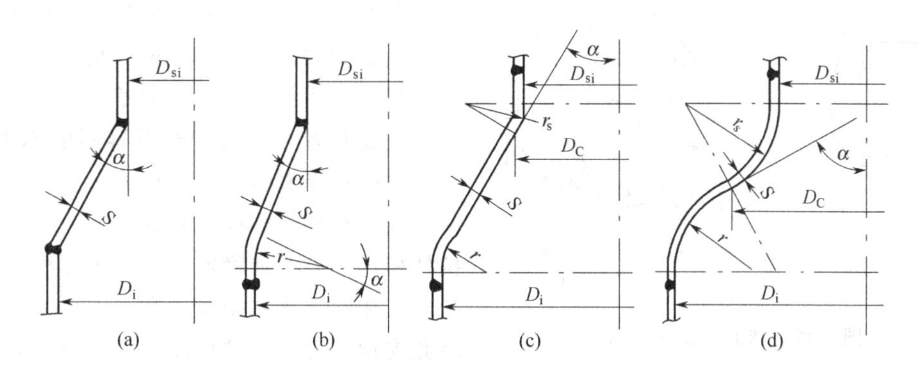

图 3-39　变径筒体的过渡结构

对用于支承立式容器的悬挂式支座（亦称耳式支座），其结构见图 3-40 及图 3-41。这些支座的反力作用在容器被支承的部位，容器便承受了局部载荷，将产生局部应力。但对于较小较轻的容器，如果容器本身已有足够的厚度，则可不加垫板。如果设备很重，例如重达数百吨的大型固定床反应器，则应在支座与容器之间焊上垫板，以减小壳体中的局部应力。

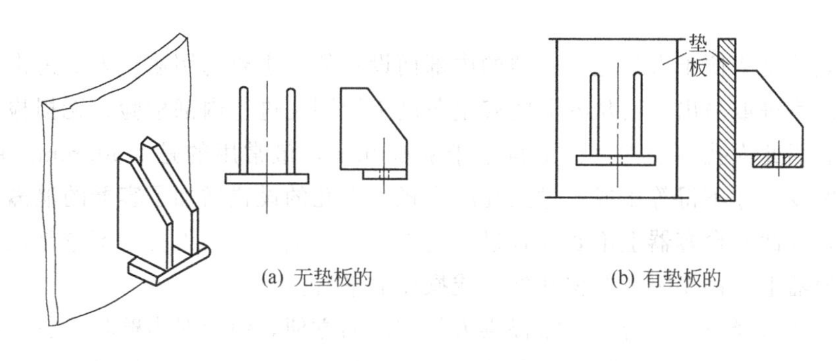

图 3-40　悬挂式支座

加垫板有时不完全是出于减小局部应力的目的，例如不锈钢容器，其支座当然不需要用不锈钢材料而用碳钢即可，但为了避免不锈钢壳体与碳钢支座直接焊接，可以在支座处衬上不锈钢的垫板。

对于大型立式容器及塔设备一般不用悬挂式支座及支承式支座，而是采用裙式支座。裙式支痤一般由一圆筒体和底部支承圈组成，圆筒体部分的顶端则与立式容器的底封头焊接相连。圆筒体的直径可以与容器直径相同。裙式支座对立式容器的反力作用比较均匀，局部应力不是很大，但裙座本身却要承受立式容器的重量（包括内部物料重量）和风载荷、地震载荷。其结构设计和强度与稳定性计算可参见《化工设备设计》。

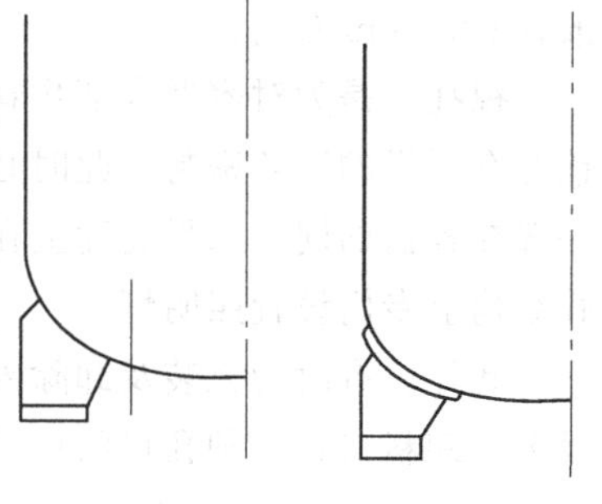

图 3-41　支承式支座

球形容器在工业上常常被用于大型的贮藏带有压力的气体或液化气体的贮存容器，它比同样压力同样容积的其他形状的容器消耗的钢材少，占地面积也最小，具有显著的经济性，因此在大型的化工、石油化工、城市煤气和冶金企业中被广

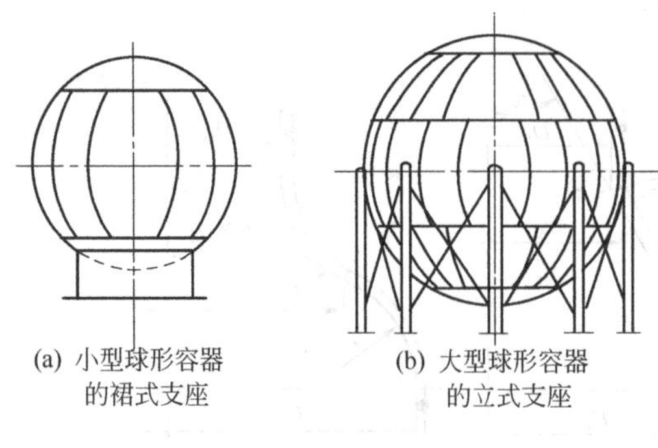

(a) 小型球形容器
的裙式支座
(b) 大型球形容器
的立式支座

图 3-42 球形容器的支承

泛应用。如图 3-42 所示，小型的（例如 $50m^3$）球形容器常采用小的裙式支座。而大型的工程上应用最多 $400m^3$、$1000m^3$ 及 $2000m^3$ 的球形容器常采用结构更为经济合理的立柱支承。而立柱又布置在正切于球形容器的赤道线上，此时立柱承受着容器及物料的全部重量，以及由风载荷和地震载荷构成的倾倒力。支柱间用拉杆相连，以增加稳定性。由于支柱在赤道处与球壳相切，支柱对球壳的法向作用力极小，因此支承处壳体中的局部应力最小，而且一般可以不加垫板，更大型的（例如 $8250m^3$ 的）球形容器在立柱与球壳板之间衬上了垫板，但也有 $2000m^3$ 的也加上了垫板。

（四）化工容器的人孔、手孔与视孔

化工容器上的开孔除安置接管以外还常设置必要的人孔、手孔及视孔（窥镜），它们有不同的用途。合理地设置这些人孔、手孔及视孔是容器整体结构设置的不可缺少的部分。

人孔、手孔与视孔本身的结构有许多标准或手册可以参照，本节着重讨论如何合理地设置。

人孔 人孔是为便于人员进入容器的内部而设置的。主要的用途除人员进出以外还便于容器内构件的吊进或吊出。而从容器的安全角度来说则是进行内部检验、无损检测所必需的人员进出口。因此人孔的公称直径不得小于 ϕ 450mm，最常用的是 ϕ 500mm。由此也决定了内构件的宽度尺寸不得等于或超过人孔的内径。人孔的设置增加了容器的泄漏点，这是不利的一方面，因此一台容器上不要设置过多的人孔。离地较高的人孔，不论是设置在卧式容器还是立式容器上，都要附设扶梯和站立或操作的平台。

手孔 一些直径较小的容器无需提供人员进出的方便，但为对内壁状况进行观察与检查应设置必要的手孔。许多容器既无人孔又无手孔，封头又不可拆，这给投运后的在役定期检验带来了极大麻烦，既无法观察，又不能到内壁贴片作 X 射线检测，将无法对容器的安全状况做出正确评价，无法执行质量监察部门对容器进行定期检查的规定。手孔的公称直径一般在 ϕ200mm 左右。

视孔 是为对容器内部物料情况进行肉眼观察所需要的。视孔必然要装有玻璃的透明视镜并有可靠的法兰密封。此时必须从实际使用温度与压力选用合适的透明材料。为观察方便一般在容器的同一水平高度上在直径方向的两端各开一视孔，以便于采光。必要时，可在视孔结构上专门设置照明灯。

此外，有时为充装及卸除内部的填料、固体物料或催化剂，需在顶部设装填口，底部再设置一卸料口；这种孔口的设置一般由化工工艺人员提出要求。

二、容器的焊接结构设计

容器各受压部件的组装均采用焊接，焊缝是焊肉、熔合线和热影响区的总称，亦称焊接接头。焊缝的接头形式和坡口形式的设计直接影响到焊接的质量与容器的安全。焊缝结构的设计应在化工容器的装配总图或部件图中以节点图方式表示出来，这是图纸上设计深度的重要标志。

（一）容器焊缝的分类

容器上不同部位不同部件间的连接焊缝可按其在整体强度与安全中所处地位的不同将它们分为 *A*、*B*、*C*、*D* 四类，以合理地设计这些焊缝结构和进行合适的质量控制与检验。焊缝分类情况可参见图 3-43。

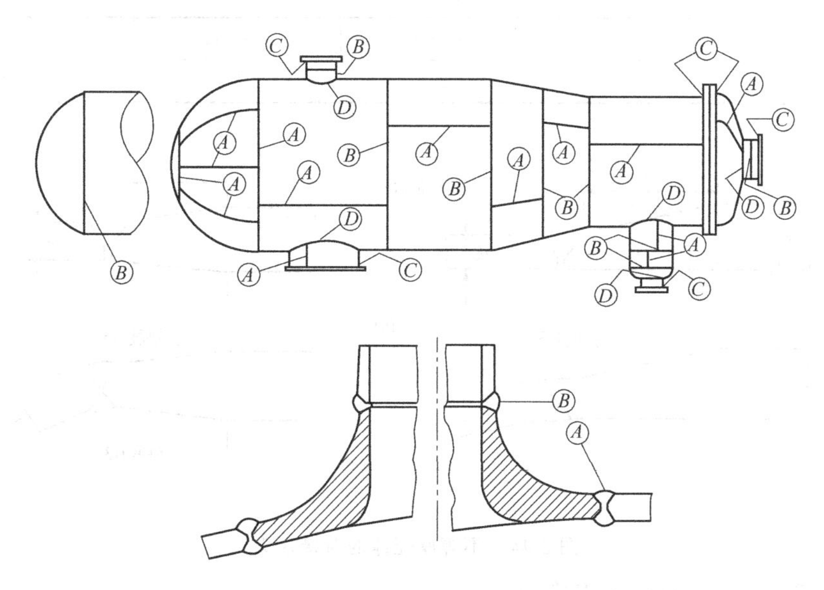

图 3-43　容器壳体上的焊缝分类

容器壳体上的所有纵向焊缝以及所有凸形封头上的拼接焊缝都承受最大主应力，因而均属于 *A* 类焊缝。容器壳体上的环向焊缝所受的主应力仅为纵焊缝应力的一半，因而将其分类为 *B* 类焊缝。但球形封头与圆筒壳的连接环缝不属于 *B* 类而应属于 *A* 类焊缝，因为这条环缝相当于凸形封头上的拼接焊缝。*A* 类及 *B* 类焊缝全部应为对接焊缝。

法兰、平封头、管板等厚截面部件与壳体及管道的连接焊缝属 *C* 类焊缝，一般 *C* 类焊缝是填角焊缝。

接管、人孔或集液槽等与壳体或封头的连接焊缝属于 *D* 类焊缝，这基本上是不同尺寸的回转壳体相贯处的填角焊缝。

这种焊缝分类方法源于 ASME 规范第Ⅲ卷，现已被吸收到中国容器标准中来[3,24]，这将有利于焊缝质量的管理。

（二）化工受压容器焊接结构设计的基本原则

1. 回转壳体的拼接焊缝必须采用对接焊缝

容器壳体上的所有纵向及环向焊缝、凸形封上的拼缝，即 *A*、*B* 两类焊缝，是容器上要求最高的焊缝，对容器的安全至关重要，必须采用对接焊。对接焊缝易于焊透，质量易于保证，易于作无损检测，可得到最好的焊缝质量。不允许用搭焊。

对接焊缝不需过于堆高，堆高将引起焊趾处的应力集中。宁愿焊缝内部质量好一点，残余应力小一点，而尽量降低堆高并过渡光滑，这对于低温操作和承受交变载荷防止疲劳破坏的容器是非常重要的。

2. 对接接头应采用等厚度焊接

当厚度不等的两部分回转壳体对接时必须使接头两侧的厚度加工得基本相等，以尽量减少刚度差，降低应力集中，并便于焊接。如果接头两侧的厚度之差不超过表 3-7 中数值，则可按其中较厚板的厚度进行坡口设计。若有超过，则对较厚板应作单面或双面削薄处理，其削薄部分的长度应至少是两板厚度差的3倍，即$l \geqslant 3(\delta_1-\delta_2)$，或斜度至少为1∶3。图3-44（a）是单面削薄（外壁）的接头，图（b）是厚度差较大时双面（内外壁）同时削薄的接头。

表3-7　对接接头的允许厚度差

较薄板的厚度/mm	≥2～5	>5～9	>9～12	>12
允许的厚度差/mm	1	2	3	4

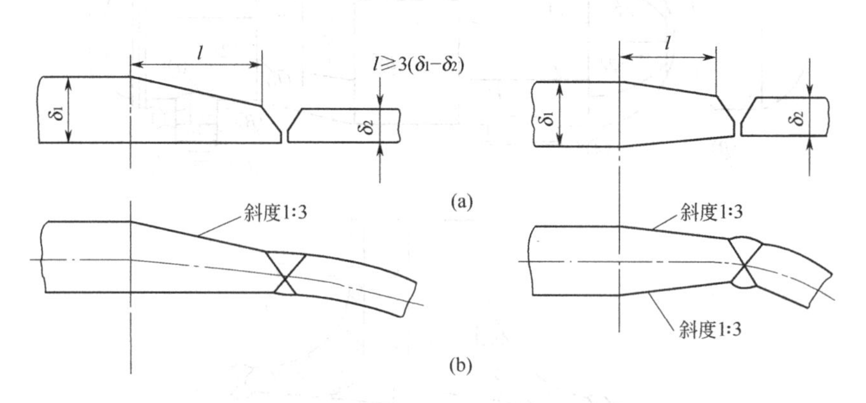

图3-44　不等厚壳体的对接接头

3．焊接接头应便于进行无损检测

对某些无损检测要求较高的容器，应使一些搭接或角接的接头设计成对接接头，例如前面图3-38（b）的管板与球形封头的焊接结构就优于图（a）的结构，它不但使结构的应力集中有所改善，而且能方便地进行X射线拍片和超声检验，从而在焊接结构上保证了容器的制造质量。

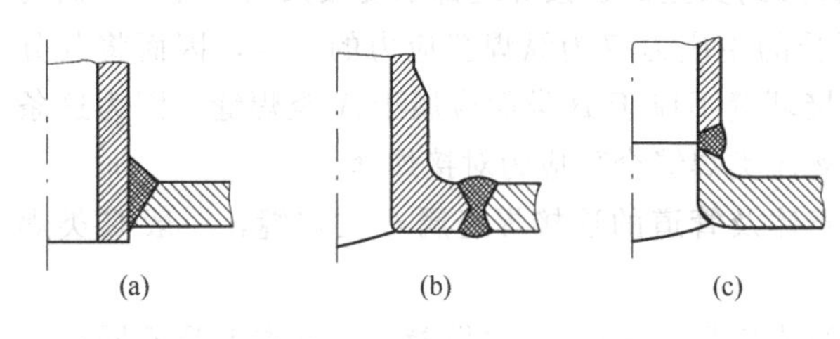

图3-45　容器接管的角接与对接

同样，对一些接管与壳体的焊接质量有较高检验要求的容器，接管与壳体不应采用角接焊缝，而应改为对接的结构。其结构如图3-45所示，其中图（b）和图（c）有利于探伤，但制造麻烦，只有在有特殊要求时才采用。

（三）容器焊接接头的坡口设计

焊缝坡口设计是焊接结构设计的重要内容，合适的坡口可让焊条或焊丝伸入坡口根部，以保证焊透。如图3-46所示，坡口的基本尺寸为坡口角度α、根高P和根距C。容器设计图纸上对重要的焊接接头必须用节点图表明坡口这三个尺寸的具体数值。对接、搭接和角接焊缝的坡口均有各自的特点，分别适用于不同的场合。但不论什么坡口均有一些共同的基本原则：

（1）尽量减少填充金属量　既可节省焊接材料，又可减少焊接工作量。

（2）保证焊透，避免产生各种焊接缺陷　根据需要尽量采用双面焊或单面焊双面成型；仔细清根，保证焊透。

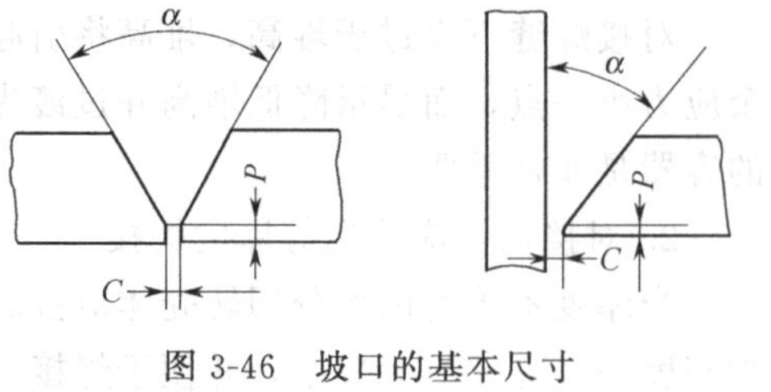

图3-46　坡口的基本尺寸

(3) 改善劳动条件　要便于焊接，便于清根，尽量减少容器内部的焊接工作量，清根尽可能在容器外部进行，因此常使V形坡口的开口设置在容器内壁，焊根设在外壁。

(4) 减少焊接变形和残余应力　如较厚板材拼接时宜设计成内外对称的X形坡口。

1. 壳体对接接头的坡口设计

属于对接的壳体焊缝，当厚度较小时可以进行双面焊的则可不开坡口，厚度较大时则必须开坡口。常用的对接坡口有V形、U形及X形三种。具体选用时应做如下考虑：

(1) 减少填充金属　一般板厚较薄时可采用V形坡口，但应在清根后做双面焊。厚度较厚时V形坡口的顶部将需填入大量金属，此时可改用U形坡口。厚度相同时U形坡口比V形坡口节省，而X形坡口则更节省。近年来，对100～300mm的大厚度容器的对接焊缝更倾向于采用窄间隙焊缝，其间隙比U形坡口更窄，焊接填充量更少。

(2) 保证焊透　不论什么坡口，对接焊时必须保证有合适的焊根，以造成一个熔池，根高过低易熔穿，根高过高又将使清根工作量加大，若清根不透时又将造成未焊透缺陷。另外根距过大易使熔化金属漏失，根距太小若清根不透也易形成未焊透，单面焊时尤易造成未焊透。为保证焊透，按操作的视野、空间位置、焊条运动角度来分析，V形坡口优于U形坡口，若焊件可以做双面焊，则X形坡口更好。直径小于500mm的容器，无法在内部做手工焊，则可用带垫板的单面焊，也可保证焊透。

(3) 坡口加工方便　V形和X形坡口的形状简单，可切削加工也可火焰切割加工而成。但U形坡口必须进行机械切削，比较麻烦。

化工容器中常用的对接坡口的形式和尺寸可参见表3-8进行选用。

表3-8　手工焊常用对接焊缝的坡口形式和尺寸

名称	坡口形式	坡口尺寸	适用范围
齐边		$\frac{\delta}{C}$ | $\frac{2}{0}$ | $\frac{3\sim5}{1\pm0.5}$	薄板的壳体纵环对接焊缝
V形		$\delta=6\sim30$ $P=2$ $C=2$ $\alpha=55°\sim60°$	壳体的纵环对接焊缝
X形		$\delta=20\sim30$ $P=2$ $h\geqslant3$ $C=2$ $\alpha=\beta=65°$	壳体的纵缝(常为内外对称的X形坡口) 常体的环缝(常为内外不对称的X形坡口,内侧较小)
U形		$\delta=20\sim50$ $P=2$ $C=0$ $R=6\sim8$ $\alpha=10°$	厚壁筒的单面焊环缝,但需氩弧焊打底
带垫板的V形		$\delta=6\sim30$ $C=4\sim8$ $\alpha=40°$	直径500mm以内的纵环焊缝(无法作双面焊的),可不清根

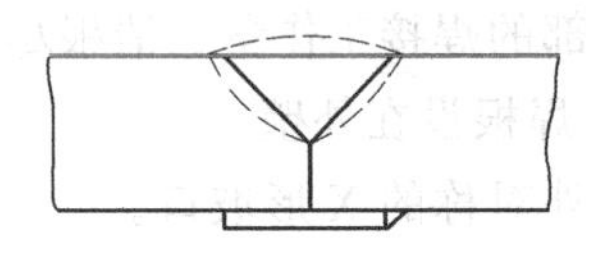

图 3-47　常见的错误焊接结构

当直径小于 500mm 的小尺寸圆筒无法做双面焊时，可在内壁垫上垫板，坡口设计应符合表 3-8 之要求。但图 3-47 所示的带垫板的单面坡口设计是错误的，既焊根过高又不留间隙，只要电流稍小极易造成未焊透缺陷。这常常是由于设计图纸上未用节点图明确坡口的结构与尺寸而制造中又自行其是所造成。

对于自动焊的对接坡口设计原则上也可按表 3-8 进行，但因自动焊的输入能量一般较大，可以将不开坡口的齐边焊接板厚增大到 8mm 左右。

不锈钢焊接时应注意到因导热系数较小而热膨胀系数又较大，故不宜采用过大的焊接输入能量，因此大于 4mm 的不锈钢壳体或管道就不能一次焊透，且需加工出坡口。另外 V 形坡口一般也只用到 12mm 厚度以下，大于 12mm 者为防止焊接变形采用 X 形坡口更为合适。

2. 圆平板与圆筒壳体焊接时的坡口设计

圆平板（包括平板封头与换热器管板）与筒体的连接焊缝其特点是两者厚度相差较大。图 3-48（a）及（b）是适用于不能到容器内侧做双面焊时的单面填角焊，图（b）采用垫板可使焊根焊透。图（c）也是一种可使根部焊透的单面焊坡口，但内壁转角处有一间隙，有交变载荷作用时易成为疲劳裂纹源。当能进行双面焊时可以采用图（d）的结构。图（a）～图（d）均为无法对焊缝内部质量进行 X 射线检验的填角焊结构，若设计成图（e）的结构则可成为对接结构，而且可以做到等厚度对接和双面焊，并便于作无损检验以保证焊缝质量。但这将使平板的毛坯厚度增大，也增加了切削工作量。

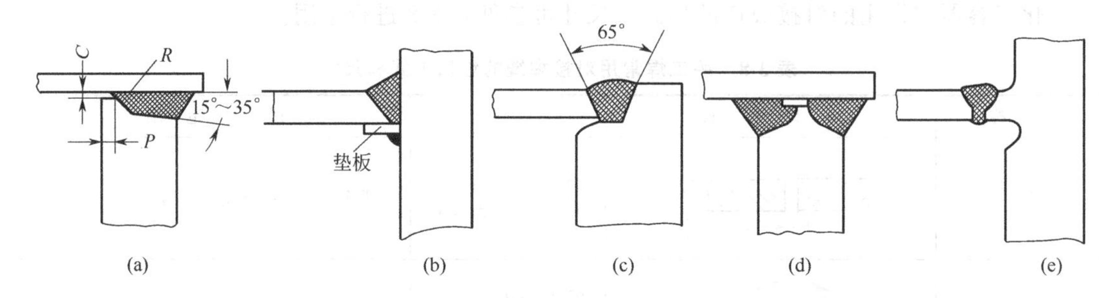

图 3-48　圆平板与筒体的焊接坡口结构

3. 带衬里的焊接坡口设计

容器为防止介质腐蚀常采用奥氏体不锈钢、钛或铅做成衬里，衬里可采用轧制的复合钢板、堆焊（包括焊丝堆焊及带极堆焊）、爆炸复合、热套与松套等形式。接头的坡口设计与法兰密封面防腐蚀设计是带衬里容器设计中的两个重要问题。

（1）壳体衬里的焊接坡口设计　带衬里的焊接坡口设计最重要的是不降低接头处的防腐蚀性能，尽量减少由防腐材料制成的焊条用量，此外仍要考虑保证焊透、方便清根、减少焊接工作量及便于检验等。

如图 3-49（a）所示的是复合钢板最常用的薄板焊接坡口结构，这种结构的不锈钢焊条用量最少，但内部清根不便。为了不降低焊缝处的防腐蚀性能，当采用不锈钢焊条之前必须先用过渡焊条（即含 Cr-Ni 量更高的焊条）先与碳钢或低合金钢焊接，过渡焊条的 Cr-Ni 合金元素被稀释后可形成与衬里 Cr-Ni 含量相仿的过渡层，然后再用正常的不锈钢焊条完成衬里层的焊接。

图 3-49（b）的坡口结构可以在外部清根，内坡口的大量金属的填入可用自动焊完成，但不锈钢焊接的工作量较大，且内壁的焊接条件较差。

图 3-49（c）和（d）均适用于厚度更大的情况。

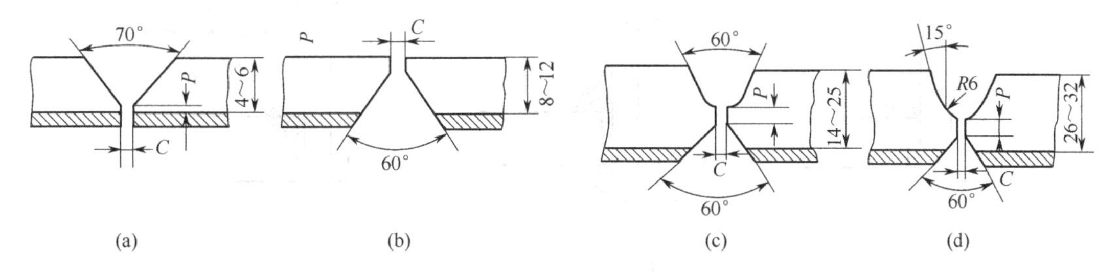

图 3-49　复合钢板纵环焊缝坡口

对于松套衬里的结构，外筒先已焊好，衬里层接缝坡口只要有一定的间隙即可，可以与外筒基体金属直接熔合，但也应先用过渡焊条。对于铅、铝这一类熔点明显低于基体金属的衬里材料，也可以在接缝处在基体金属上直接焊接，但实际上衬里与基体金属并未熔合。

（2）带衬里容器法兰密封面防腐蚀结构设计　为节约不锈钢，带衬里容器的法兰一般也是用碳钢或低合金钢制造，法兰同样要用防腐蚀的金属材料覆盖。一般防腐材料只要覆盖到密封面为止，密封面以外则不需再覆盖。防腐蚀材料可以用堆焊方法也可以用板材焊接覆盖，其结构可见图 3-50。主要应覆盖致密，不得有任何让介质泄漏至基体金属的通道。另外用不锈钢作衬里时，注意需先用含合金元素更多的过渡焊条，以防止合金元素稀释降低防腐蚀性能。

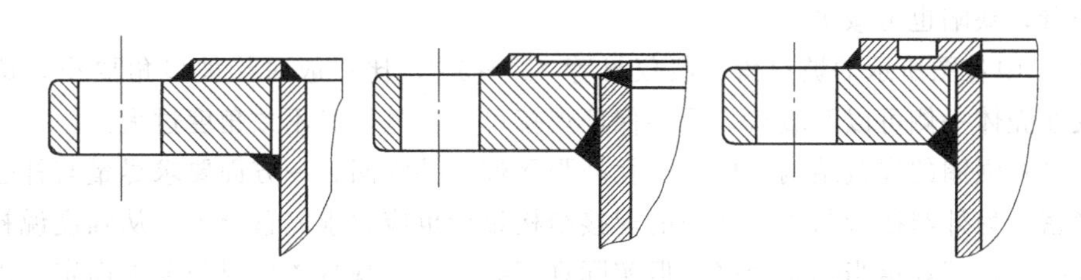

图 3-50　带衬里的法兰密封面结构

4．接管与补强圈的焊接结构设计

接管与壳体及补强圈之间的焊接一般只能采用角焊和搭焊，具体的焊接结构还与对容器强度与安全的要求有关，有多种形式，涉及到是否开坡口、单面焊与双面焊、焊透与不焊透等问题。应根据压力高低、介质特性、是否低温、是否必须考虑交变载荷与疲劳问题，以及材料的强度和对裂纹的敏感性等。下面介绍几种典型的接管及补强圈的焊接结构。

（1）插入式接管的焊接结构　这是中低压容器不需另作补强的小直径接管用得最多的焊接结构，插入处接管与壳体总有一定间隙，但此间隙应不大于 3mm，过大的间隙在焊接收缩时易产生裂纹或其他焊接缺陷。图 3-51（a）是小口径管的常用结构，不开坡口，无补强要求。图（b）则为双面焊不开坡口结构，有较好补强作用，而且接管与壳体间的缝隙被封住，不致形成腐蚀死角。图（c）为开坡口的单面焊结构，有较大的连接强度，管端可以与壳体平齐，也可内伸。对于低温或承受交变载荷的容器则希望采用图（d）的全焊缝结构，管端以圆角过渡，圆角半径可以为管壁厚度的 1/4，且不大于 19mm。

开坡口的双面焊接管焊接结构则如图 3-51（e）和（f）所示。图（e）是未焊透结构，且为内伸式，也可以做成平齐的。图（f）则为全焊透结构，壳体上只开有内坡口，也可以内外均开坡口，可以是平齐的也可以是内伸的，视容器的使用条件与补强要求而定。

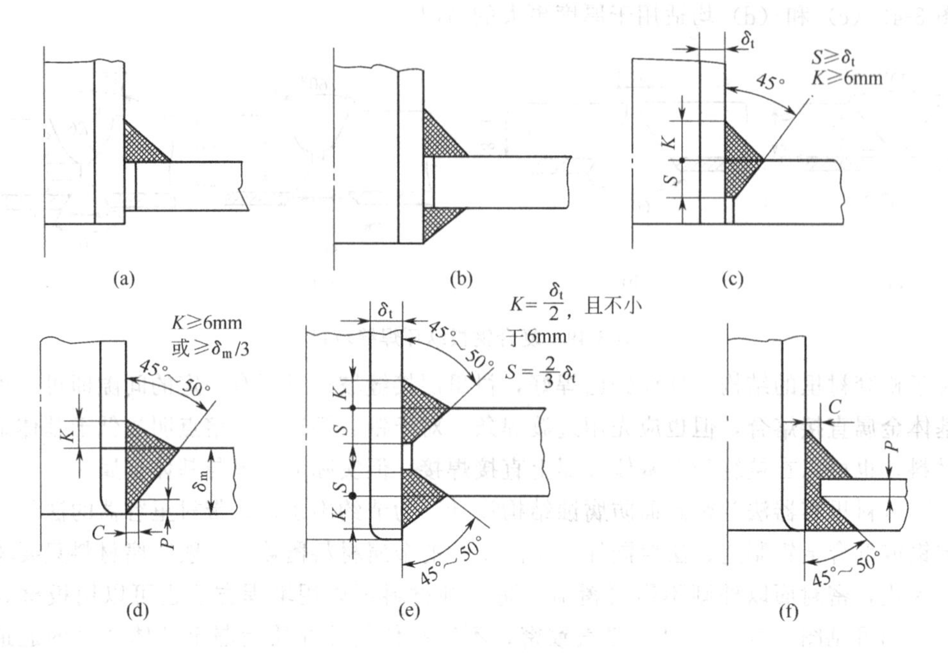

图 3-51 典型的接管焊接结构

对于大直径的厚度较大的容器，接管处的坡口采用 U 形坡口较为合理，可以减少许多焊接工作量，缺陷也可减少。

图 3-51 中各图所示的坡口角一般仅推荐 45°～50°，比一般对接坡口角要小，这是因为接管处仅在壳体一侧可以开坡口，既要保证焊接可以伸进，又不致角度过大。

（2）带补强圈的焊接结构 作为开孔补强元件的补强圈，一方面要求尽量与补强处的壳体贴合紧密，另外与接管与壳体之间的焊接结构设计也应力求完善合理。从强度说补强圈与接管及与壳体全部焊透当然是最好，但实际难于办到，要视具体情况与要求而定。由于补强圈与壳体及接管的焊接均非对接焊，而是搭接和角接（如图 3-11 所示），难于进行无损检测，焊接质量不易保证。一般要求补强圈内侧与接管焊接处的坡口设计成大间隙小角度，既利于焊条伸入到底，又减少焊接工作量。对要求较高的容器应保证接管根部及补强圈内侧焊缝焊透，如图 3-52（b）。首先保证接管与壳体焊透，然后采用较大间隙的补强圈坡口，则可保证焊透。对于一般要求的容器，即非低温的非交变载荷的容器，补强圈内侧不一定要求采用焊透结构，如图 3-52（a）。

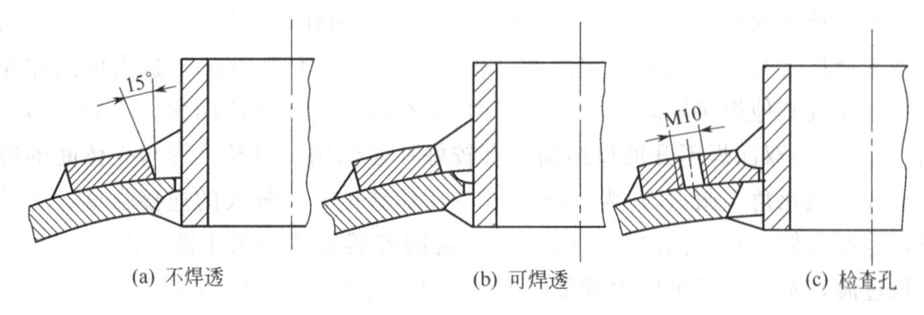

图 3-52 补强圈的焊接结构

补强圈内侧焊缝应有适当堆高，有利于补强，而堆高部分宜采用光滑过渡，若堆高部分过于突出反而引起新的应力集中。补强圈内侧堆高的高度约为接管壁厚的 1/2，且不小于

6mm。补强圈外侧需进行搭焊，当补强圈厚度 $\delta_c \leqslant 8mm$ 时，搭焊高度 $k=\delta_c$，若 $\delta_c > 8mm$ 时则 $K=0.7\delta_c$，且不小于 8mm，不一定要求搭焊得与补强圈一样平。

由于补强圈的焊缝质量无法有效地检验，惟一检验的方法是在补强圈上设置一个 M10 的螺纹孔，制造时由此孔通入压缩空气，在补强圈的内外圈焊缝上涂上皂液，以检查何处漏泄。但这只能检查穿透性的焊接缺陷。检查完毕应以螺塞堵闭。补强圈上的 M10 检查孔如图 3-52（c）所示。

焊接结构设计的核心是坡口设计，它关系到焊接质量的优劣。对于重要的化工容器与化工设备除必须在设计图纸的技术要求中注意应遵循的焊接标准及检测要求之外，还必须对重要的对接接头、接管角接的接头、开孔补强接头、主法兰与壳体焊接的接头作出详细的局部焊接结构设计，并以节点图的方式表示清楚，这对保证容器的安全至关重要。

三、对焊缝安全性的综合分析

在内压圆筒或球壳等壁厚的计算公式中［式（2-91）或式（2-93）］，针对焊接容器都增加了焊接接头系数 φ。φ 反映了容器因焊缝而被削弱的影响，但表 2-4 所反映的 φ 值是随焊缝被焊透的程度和焊后所做无损检测的周到程度而变的。焊缝质量越差，即焊接缺陷越严重，焊缝越是不安全，越要降低系数 φ，结果是容器的壁厚将越厚。现代承压容器都非常注意提高焊缝质量，即结构设计时应保证采用对接焊，并保证可以焊透，同时增加无损检测的要求以防容器焊缝中存在各种超标的缺陷（包括气孔、夹渣、未焊透、未熔合、裂纹）。所以焊接接头系数 φ 的主要含义是考虑焊缝中对焊接缺陷检测与了解的程度。设计人员不能简单地认为只要保证焊缝能焊透以及 100％的无损检测就能保证焊缝绝对安全，还要从焊缝材料的性能特点及正确掌握焊接工艺上加深对焊缝安全性的理解。

（一）对焊缝区材料性能及缺陷的认识

即使焊接材料（焊条或焊丝）的化学成分与母材相同，但施焊成焊缝后焊缝的组织是铸造态的，金相中可见到粗大的柱状晶，这与母材的轧制组织（甚至正火组织或调质态组织）有巨大差异，必然性能上也有很大差异。除组织差异之外，由于焊后的冷却速度较快，特别在热影响区往往出现淬硬组织（如马氏体相），导致焊缝材料硬度增高。因此焊缝材料的强度、塑性及韧性会明显与母材有差别，焊缝性能低于母材。为此要将焊接材料从成分上进行微调，增加一些硅锰含量，甚至增加可细化晶粒的钒和可增加韧性的镍等合金元素，以使焊缝强度等于或略高于母材，并有足够的塑性与韧性，这才是合理的。所以一般对焊接接头（包括母材、热影响区与焊缝）取试样做拉伸试验时常断在母材上而不断在焊缝上。因此钢制压力容器中，不同强度等级的压力容器用钢总有相匹配的不同强度等级的焊接材料可供选用。实际上从来不选用与母材化学成分完全相同的焊接材料。

不要认为只要做好焊接接头的结构设计和选择合适的与母材相匹配的焊接材料，焊缝的安全性就可得到完全的保证。必须理解焊接接头还潜在许多影响安全的因素，一是焊接缺陷，二是焊接接头各部分材料性能的变化。

焊接缺陷有焊缝表面成型方面的缺陷，也有焊缝内部的缺陷。表面成型缺陷如咬边、弧坑等，还有错边和角变形。咬边和弧坑要引起应力集中，错边与角变形要在焊接接头处产生附加的弯曲应力。这对强度较高的低合金钢来说容易引发出表面裂纹，特别是承受各种交变载荷（压力交变、温度交变或振动）的容器容易引发疲劳裂纹，降低疲劳寿命。若是低温容器，在低温下材料韧性偏低，应力集中过大则易引发脆性断裂。至于焊缝内部的缺陷，最常见的是气孔、夹渣、未熔合、未焊透和裂纹五种。气孔和夹渣是焊缝难于完全避免的。这两种缺陷也称为体积型的缺陷。一定数量以下的气孔和夹渣缺陷几乎对容器的静强度没有影响，但在承受交变载荷时易引发疲劳裂纹。而未焊透、未熔合和裂纹缺陷被称为面型缺陷。由于在射线检测中照相底片上缺陷呈线状，故亦称为线型缺陷。承受应力时会比体积型缺陷引起严重得多的应力集中，如果焊接接头材料的韧性较差，则很易引起低应力脆断的重大事故。

焊缝成型应尽量光滑，略有堆高，焊缝过分堆高不但对焊缝的加强起不到实质性的作用，反而在焊缝堆高处的边缘引起很大的应力集中，对焊缝的安全带来不利影响。

（二）焊接热影响区材料性能

焊接热影响区（HAZ）是焊接接头的一个特殊区域。原本属于焊接坡口处的母材，焊接时受到快速加热及快速冷却的热循环，这个区域的母材金相组织因而发生了明显的变化，相当于受到了多种热处理的作用。严格讲只有被加热到 A_{C3} 以上温度的金相组织发生明显变化的区域才是热影响区。热影响区的宽度一般仅 3～5mm，大线能量焊接时可能增宽到 5mm 以上。

热影响区视其受热和相变的程度通常又可大致分为粗晶区和细晶区。粗晶区是紧靠焊缝边缘熔合线的区域，由于被加热到较接近金属的熔点，所以晶粒快速长大，因而成为粗晶区。粗晶区之外的母材被加热温度稍低但达到 A_{C3} 温度以上，晶粒未及长大即遭快速冷却，相当于被进行了一次正火处理，晶粒被细化而成为细晶区。粗晶区材料容易变得硬脆，甚至析出脆性相（如魏氏组织或马氏体），在焊接残余应力或再叠加试验压力时发生开裂。有些强度较高的低合金钢焊接后很常见的焊接冷裂纹就容易产生在粗晶区。至于细晶区的材料性能则较好，强度与韧性反而得到优化，不大容易在细晶区首先出现裂纹。另外，一些冷加工强化或热处理强化效果很明显的低合金钢，在焊接热影响区很容易出现软化现象，也称失强现象[20]。典型的是一些必须经调质处理（淬火＋回火）后才能以最佳状态使用的低合金高强度压力容器用钢，热影响区材料会出现回火软化和沉淀强化合金的过时效软化，从而破坏了原先的调质状态，强度和硬度随之下降了，可能成为焊接接头中的薄弱环节。

材料的强度愈高，其可焊性一般也愈差，焊接后愈容易出现溶解氢导致的延迟裂纹。这是由于焊接高温下接头的材料会吸收并溶解过多的由水分分解出的原子氢，迅速冷却后溶解氢成为过饱和的氢。而且原子氢结合成为分子氢后在 200℃以下就很难逸出钢材，这样含氢量过高的焊接接头就出现氢脆，在焊接残余应力作用或叠加试验压力下很容易出现氢致延迟开裂，属于焊接冷裂纹，特别容易在热影响区的粗晶区和焊缝的脆性组织中出现。为此要十分注意焊接的环境，即手工焊焊条药皮的水分要烘干，自动焊的焊剂要烘干，阴天雨天湿度过大不得施焊等。此外焊后应立即对焊接接头加热到 200℃以上消除残余的过饱和的氢，这称之为“后热消氢”处理。这一处理可使焊接接头中的氢大部分得以排除。

（三）焊接残余应力问题

设计人员应当明白，凡焊接容器在焊接接头处必存在焊接的残余应力，它是焊接裂纹发生开裂的主要推动力。焊接熔池中的液态金属凝固与冷却收缩过程中变形受到限制与约束，就会产生残余应力。后凝固后冷却的部分，收缩变形时必受到早先凝固（或本来就未熔化过的）与冷却部分的变形约束，从而前者中出现拉伸残余应力，后者中出现压缩残余应力。焊接残余应力的拉伸与压缩是相伴而生的，是作用与反作用关系。从本书后面第六章第二节分析设计的应力分类观点来看，焊接残余应力是结构自身变形协调而产生的应力，属于“二次应力”，因此二次应力的所有特性都在残余应力中有所体现。

焊接残余应力的分布是很复杂的。一般取决于焊接冷却收缩过程中所受变形约束的条件。通常平行于焊缝方向的冷却变形所受拘束较大，此方向的残余应力可能达到最大值。而垂直于焊缝方向的冷却收缩变形拘束较小，该方向的残余应力也较小。由于这一原因，焊缝中最容易出现垂直于焊缝方向的裂纹。不少试验研究表明，焊接残余应力的最大值能达到材料的屈服应力。加上焊缝残余氢的内应力，足以使焊缝发生延迟开裂。

由于焊接残余应力分布的复杂性，难于得到解析方程。又由于焊接残余应力是二次应力，具有自限性特征，只要焊缝残余氢的作用不明显，既不会导致开裂，也不需要在设计时作计算校核。

焊接残余应力在设计时虽然不予计算，但也不等于听之任之。对于厚度较厚的容器，各国容器规范中都要求焊后进行消除残余应力的退火处理。中国 GB 150《钢制压力容器》规范中明确要求，碳素钢厚度大于 34mm、16MnR 厚度大于 30mm、15MnVR 厚度大于 28mm 以及强度级别更高的其他任何厚度的低合金钢板，焊后应进行消除应力热处理。这种消应力处理可以整体进行，局部修补时也可以局部做消应力处理。这种热处理中起主导作用的工艺参数是加热温度。一般应选在该钢种的临界点 A_1 以下和再结晶温度以上，以使残余应力在热处理的松弛过程中将局部塑性变形引起的晶格畸变和加工硬化现象通过回复及再结晶得以消除。这既可以最大限度地消除残余应力，又不致使焊缝和母材的强度降低，或又不出现再热裂纹与再热脆化问题。例如 16MnR 钢焊后最佳消应力处理的温度为 600～650℃，保温时间为 $T/25$ 小时（T 为板厚，mm），但最少不低于 1h。

容器焊缝的焊接结构、焊接材料的选用以及焊后是否要进行消除应力处理，均应由设计人员在设计图纸及其技术要求中明确表示。

习　题

1. 一双鞍座卧式容器，两端为标准椭圆形封头。已知其设计压力为 0.3MPa，设计温度为 50℃，容器的内直径 $D_i=1000$mm，壁厚 $t_n=6$mm，筒体长度（两端环焊缝之间距离）$L_0=4$m。筒体材料为 Q235-B，腐蚀裕量 $C_2=2.5$mm。物料密度 $\rho=980\text{kg/m}^3$，容器附件质量 $m_3=400$kg。鞍座包角 120°，腹板厚度 6mm，鞍座高度 200mm，鞍座材料 Q235-F，鞍座中心线与封头与筒体切线之间的距离 $A=300$mm，鞍座轴向宽度 $b=186$mm，垫板不起加强作用。试校核容器和支座腹板的强度。

2. 一受均匀内压 $p=10$MPa 的圆筒，其内直径 $D_i=800$mm，壁厚 $t_n=30$mm。筒体上有一与筒体正交的垂直接管，内直径 $d_i=200$mm，管子壁厚为 30mm。接管受一周向弯矩 $M_L=6\text{kN}\cdot\text{m}$ 的作用，计算上述静载荷在筒体与接管连接处的最大局部应力。

3. 试述发生焊接延迟裂纹的三个必要条件。

第四章　外压容器设计

第一节　概　　述

一、外压容器的稳定性

第二章讨论了内压薄壁容器的强度问题。容器在均匀内压力的作用下，若薄壁壳体中的薄膜拉伸应力超过了材料的极限强度，容器将发生显著的塑性拉伸变形或破裂。对同样的容器，若承受均匀外压力的作用，薄壁壳体中产生了与拉应力绝对值相等，但符号相反的薄膜压缩应力。此时，容器有两种可能的失效形式，一种是在壳体有足够的厚度时，该压缩应力超过材料的极限强度，发生塑性压缩变形或破坏，这仍属于强度问题；但还可能出现另一种失效形式，即在壳体厚度相当薄的情况下，当外压力达到某一数值时，壳体会产生突然的挠曲（也称翘曲）。图 4-1 示出一在均匀外压力作用下圆筒形壳体发生翘曲的情形。此时，壳体中的压缩应力尚未达到材料的屈限强度。此现象如同受压杆件丧失稳定，所以把容器的这种失效现象称为外压容器的失稳或屈曲。

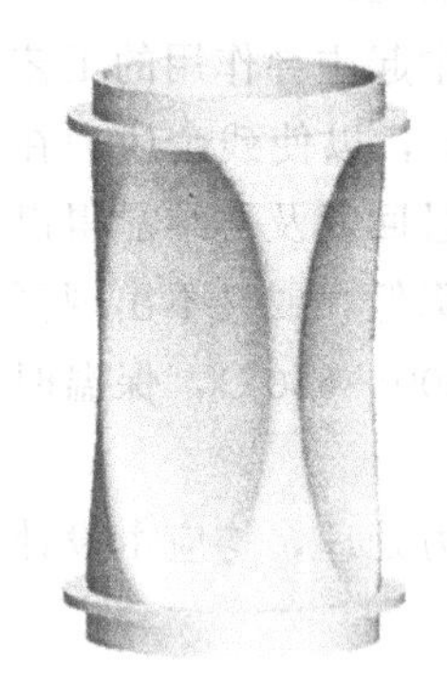

图 4-1　圆筒壳体在均匀外压下失稳后发生的翘曲

保证外压容器的稳定性是化工容器能够正常操作的必要条件。真空操作的冷凝器、结晶器、蒸馏塔等外壳，受到来自外部大气压的作用；反应釜用于加热或冷却的夹套中的介质对内壳的外压作用，都是外压容器的例子。

薄壁容器除了侧面受均匀外压力情况外，在受轴向压缩载荷时，同样会发生失稳。因此，对薄壁圆筒而言，受压缩载荷有三种情况，一是轴向受均匀压缩载荷，压缩载荷的合力为 P；其次是仅受侧向的均布外压力 p 作用；第三种是在侧向和轴向同时受均布外压力 p 的作用，理论分析表明第三种情况中的轴向外压力对圆筒失稳的影响不大[32]，在工程设计中，可按照第二种情况考虑。

二、稳定性问题的基本概念

任何物体的平衡状态可能有三种形式：稳定平衡状态、不稳定平衡状态和随遇平衡状态。所谓稳定平衡是当物体在其平衡位置附近作无限小的偏离后，物体仍能回复到它的原来的位置；如果物体微小偏离其平衡位置后，不能回复到它的原来的位置，反而继续偏离下去，则这种状态称为不稳定平衡状态或失稳状态。随遇平衡状态则是从稳定平衡状态向不稳定平衡状态过渡的一种状态。如前所述，对受均匀外压力作用的薄壁容器而言，在壳体未发生失稳前，通常被认为处于薄膜应力（压缩应力）状态之下。当外压力不大时，壳体内部的基本应力状态仍是一种薄膜应力状态，此时，如果给予某种侧向干扰力之后，壳体内部将改变其原有的受力状态。然而，当取消这种干扰力之后，壳体内部的应力和外部的变形仍完全回复到干扰之前的情形。这种薄膜应力状态下的平衡显然是一种稳定的平衡形式。但当外压力逐渐增加到某一临界值时，壳体虽然可在原有的薄膜应力状态下，暂时地维持其静力平衡，然而是不稳定的。此时，不论什么原因给以微小的（甚至是无限小的）侧向力或位移，即可使壳体产生突然的翘曲。此时，即使完全撤去这些干扰，这种翘曲也不会消失。也就是说，在该临界外压力作用下，这种弯曲应力状态是该壳体的一种新的稳定平衡状态。上述使壳体的原有平衡状态失去稳定的最小外压力，称为临界（外）压力，以 p_{cr} 表示。这就是外压容器稳定性问题的物理概念。

所谓外压容器的稳定性问题，实际上就是求解容器壳体的最小临界载荷（压力）的问题。所谓容器壳体的最小临界压力，就是使壳体丧失原有平衡状态的稳定所需的最小外压力数值，也即是壳体在新的微小弯曲状态下，维持稳定的平衡所需的最小外压力数值。容器薄壳的稳定性问题从本质上讲是几何非线性的，也就是应该考虑壳体大挠度的影响。图 4-2 为基于非线性分析的薄壳的载荷与挠度之间的关系，图中的曲线表示壳体失稳前后的平衡路径。一般情况下，存在两种类型的失稳，即极值点失稳和分歧点失稳。由图 4-2 可见，相应于失稳前的平衡路径 OA（也称为前屈曲变形），在开始时，随着载荷的增加，壳体发生缓慢的轴对称变形；当载荷接近最大值时，变形速率有较大的增加，直到中性平衡的状态。此时，平均曲率接近为零。理想壳体超过 A 点对应的极大载荷值后，发生突然的“压溃”失效。这种失稳称作极值点失稳，此极值载荷就是壳体的失稳载荷。但是，壳体也可以沿着 BD 路径，在超过 B 点后发生非轴对称变形，B 点即为分歧点。此种失稳称作分歧点失稳，B 点对应的最大载荷即为壳体的临界载荷。BD 路径也称为后屈曲路径。因为真实结构总包含各种各样的缺陷，因此对于非理想壳体，没有真正意义上的分歧点失稳存在，而往往遵循图示的 OEF 路径（虚线所示），而失稳发生在与 E 点对应的最大载荷值处。

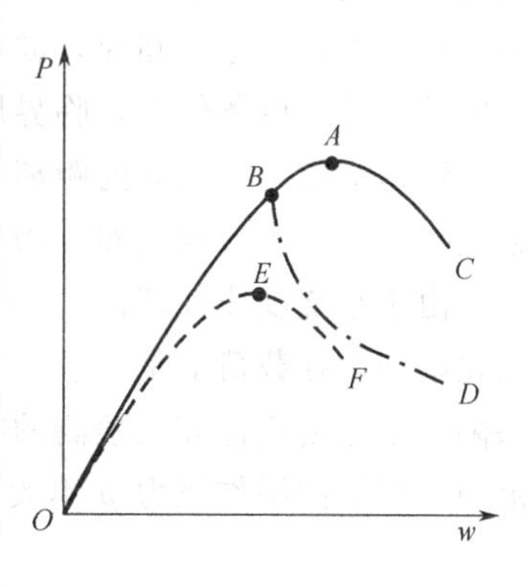

图 4-2　薄壳的载荷-挠度曲线

对于薄壳，按照非线性大挠度理论计算临界载荷是一个比较复杂的问题，为简便起见，当作线性小挠度问题求解，在有些情况下，理论计算的结果与实验结果比较接近，例如，承受横向均布外压力的圆筒壳体。有些情况则不然，两者很不一致，如承受轴向载荷的圆筒壳体。轴向受压的圆筒壳体按线性小挠度理论得到的临界载荷与试验数据明显不一致，试验值比理论值小$\frac{1}{2}\sim\frac{1}{5}$左右，且数据相当分散。大量研究结果表明，造成这一差别的原因之一是这时的屈曲变形已不是小挠度，所以线性小挠度理论不适用，必须应用非线性大挠度理论；其次，临界载荷对圆筒的初始缺陷十分敏感，在这种情况下必须考虑初始缺陷的影响；此外，发现在远低于线性临界载荷情况下，存在一种对应于最低载荷的后屈曲平衡位形，这个最低载荷接近当时许多实验结果的平均值。基于这些研究及以后的深入研究，极大地推进了近代薄壳稳定性理论的发展，如非线性前屈曲理论、初始后屈曲理论和非线性跳跃理论等[72]。本章将主要讨论由线性小挠度理论处理受压缩载荷的圆筒形壳体的临界载荷问题。

求解壳体的临界载荷（压力）主要有两种方法：静力法和能量法。静力法认为壳体在临界状态附近存在一种无限小的相邻平衡状态，即从新建立起在极微小的弯曲变形状态下的稳定平衡状态。然后写出它的平衡微分方程组，这时问题就归结为求解线性微分方程的本征值问题，从而获得需要的临界载荷。

因为物体平衡的稳定或不稳定性质，直接与承载系统的能量的变化相联系着，一个承载系统的平衡位置就是该系统总势能最小的位置，也就是说，总势能为极小值是系统保持平衡的充分必要条件，这就是最小势能原理。所以，在能量法中，认为在承载结构中存在一个总势能，如果它对相邻状态的能量值来说是最小的，则可判断基本状态是稳定平衡的。而在平衡位置上，势能有极值（总势能的变分 $\delta\Pi=0$），而当势能有极小值（$\delta^2\Pi>0$）时，平衡是稳定的，当势能有极大值（$\delta^2\Pi<0$）时，平衡是不稳定的。系统从稳定平衡状态向不稳定平衡状态过渡的中间状态，也就是临界状态，此时 $\delta^2\Pi=0$，由此可计算出临界载荷[34]。用能量法可得到较精确的近似解。

受侧向均布外压力作用的薄壁圆筒，在达到临界压力时，在其周向将产生几个波形，轴向为半个波，轴向半波远大于周向半波，如图 4-1 所示，较少的波数相应于最小的临界压力。对于给定尺寸的圆筒，波数主要决定于圆筒端部的约束条件和这些约束之间的距离。在一定的周边约束条件下，临界压力除与圆筒材料的 E、μ 有关外，主要和圆筒长度（确切地说应该是端部约束之间的距离）与直径之比值、壁厚与直径的比值有关。所谓圆筒端部的约束是指两端封头或加强圈等构件对圆筒部分的支持作用。

由于小挠度线性理论得到的临界压力，假定结构是完善的，即结构系统在几何上是无初始缺陷的，在载荷上是理想的（无偏心）。然而实际结构总是在不同程度上存在各种各样的缺陷，以至由线性理论预测的临界载荷不能直接作为设计依据。所以，在外压容器的设计规范中，容器的操作压力 p 不大于临界压力，即

$$p\leqslant[p]\leqslant\frac{p_{cr}}{m} \tag{4-1}$$

式中　$[p]$——许用设计外压，MPa；

p_{cr}——临界压力，MPa；

m——稳定（安全）系数，对于受均匀外压的圆筒，在 GB 150 标准[3]中，取 $m=3$。

其次，纵然考虑了稳定系数 m，对外压圆筒的形状偏差还是要有所限制。按照 GB 150 的规定，受外压及真空的筒体在同一断面一定弦长（按图 4-18 查得弧长的两倍所对应的弦长）范围内，实际形状与真正圆形之间的正负偏差不超过图 4-3 中查得的最大允许偏差值。

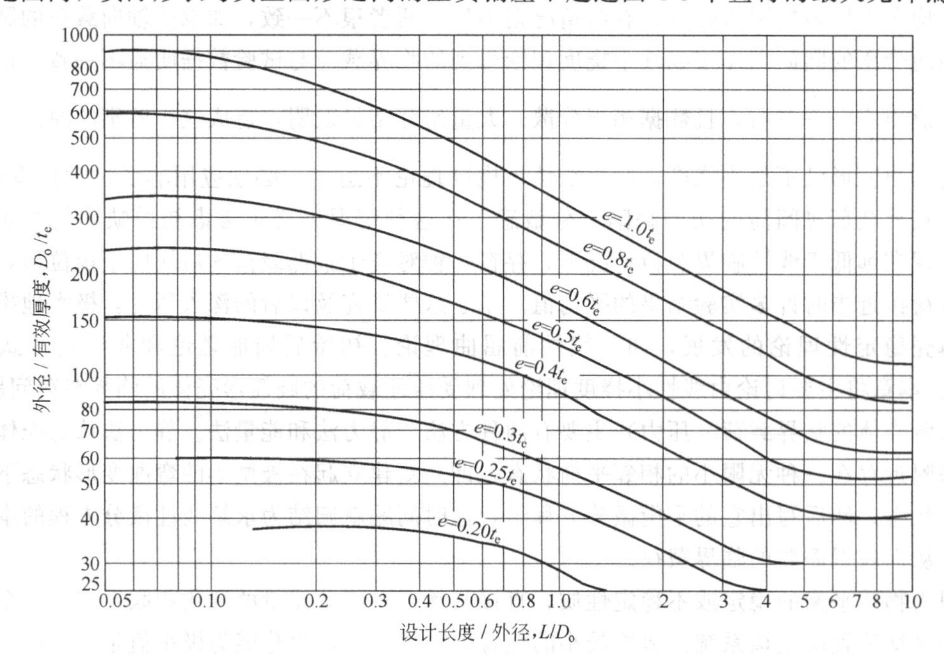

图 4-3　外压圆筒的最大允许圆形偏差

图中曲线系基于下列经验公式[17]：

$$\frac{e}{t}=\frac{C_1}{n(t/D_o)}+C_2 n \tag{4-2}$$

式中 e——最大允许偏差；

D_o——圆筒外径；

t——圆筒厚度（不包括壁厚附加量）；

n——失稳时的波数，与 L/D_o 和 D_o/t 有关。

C_1，C_2——由实验决定的系数。在对失稳压力考虑 20％安全裕度后，取 $C_1=0.018$，$C_2=0.015$，故式（4-2）可写成：

$$\frac{e}{t}=\frac{0.018}{n(t/D_o)}+0.015n \tag{4-3}$$

因此，这种要求使实际圆筒的失稳压力不低于理想圆筒的 80％。

上述曾提到过线性或非线性只是指几何非线性因素，如果容器在失稳之前已经发生塑性变形，则还需要考虑物理（材料）非线性因素。若同时考虑这两个因素将使稳定性问题变得十分复杂。所以，对于壁厚与壳体直径比较是一很小量的圆筒，失稳时器壁中的压缩应力在材料的比例极限以下，即不考虑物理非线性因素，称为弹性失稳；当壁厚与壳体直径相比不十分小，失稳时器壁中的压缩应力已超过了材料的比例极限，这种失稳称为非弹性失稳或弹塑性失稳。容器发生非弹性失稳时的压力与材料的屈服强度有关。非弹性失稳的理论分析比弹性失稳要复杂得多，工程上通常采用简化的计算方法，例如采用折算弹性模量等。

第二节　外压薄壁圆筒的稳定性计算

当圆筒的长度与直径之比较大时，其中间部分将不受两端封头或加强圈的支持作用，弹性失稳时横截面形成 $n=2$ 的波数，这种圆筒称为长圆筒。长圆筒的临界压力与长度无关，仅与圆筒壁厚与直径的比值有关。当圆筒的相对长度较小，两端的约束作用不能忽视，临界压力不仅和壁厚与直径之比有关，而且和长度与直径之比有关，失稳时的波数 n 大于 2，这种圆筒称为短圆筒。当圆筒的长径比较小，而壁厚与直径比很大，即圆筒刚性很大，此时圆筒的失效形式已不是失稳而是压缩强度破坏，这种圆筒称为刚性筒，不属本章讨论范围。下面将分别讨论长圆筒和短圆筒的临界压力计算方法。

一、受侧向均布外压力的长圆筒的临界压力

现先考察一受径向均布压缩载荷的圆环，采用上述静力法，计算圆环的临界载荷，然后将其结果应用到受侧向均布外压力作用的长圆筒。

（一）圆环的临界载荷

用静力平衡法求解圆环的临界载荷时，首先假设：当圆环的径向均布压缩载荷 q（沿圆环圆周上每单位长度的载荷）达到某一值时，其原横截面的圆形形状处于不稳定状态，发生了微小的弹性弯曲变形，变成近似椭圆形状，如图 4-4 所示（图中虚线表示圆环变形前的圆形形状，实线表示变形后的近似椭圆形状）。于是，列出在这种弯曲变形状态下的力平衡微分方程组，然后根据圆环变形前后的曲率变化关系，得到用曲率变化表示的线性微分方程式。通过求解这一方程式，就可得到圆环失去稳定性的最小临界载荷。详细的推导过程读者可参考文献［32］。式（4-4）为最终导得的圆环临界载荷的表达式。

$$q_{cr}=\frac{3EJ}{R^3} \tag{4-4}$$

式中　q_{cr}——沿圆环圆周上每单位长度的载荷，N/mm；

J——圆环横截面的惯性矩，mm^4；

R——圆环中性面的半径，mm；

E——圆环材料的弹性模量，MPa。

（二）长圆筒的临界压力

由于长圆筒的失稳不受筒端的约束作用，故在离开圆筒边缘相当远处切出高度为 1 单位长度的圆环（图 4-5），并将上述圆环临界压力公式（4-4）中的 EJ 代之以圆筒的抗弯刚度 $D'=\frac{EJ}{1-\mu^2}$，q_{cr} 换成 $q_{cr}=p_{cr}1$，则此圆环的临界压力为

$$p_{cr}=\frac{3D'}{R^3}=\frac{3EJ}{(1-\mu^2)R^3} \tag{4-5}$$

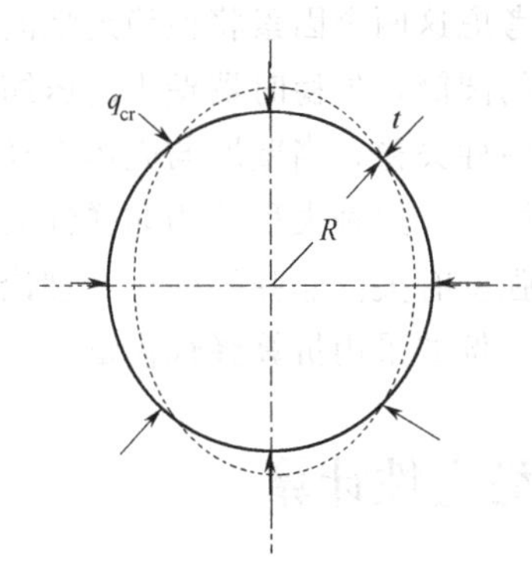

图 4-4　圆环的微小弹性变形

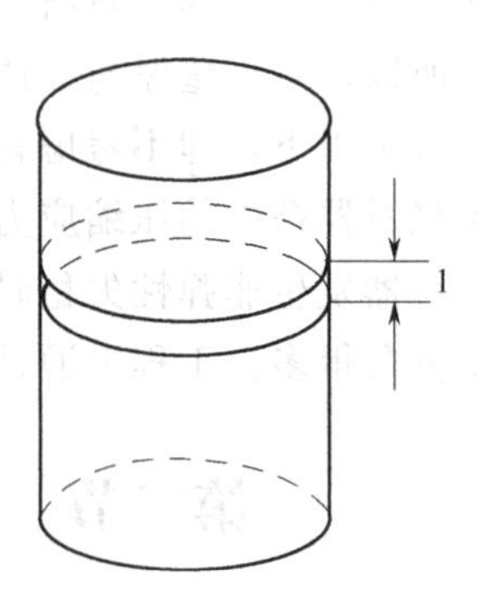

图 4-5　长圆筒中切出的圆环

而圆环的惯性矩为

$$J=\frac{1\times t^3}{12}$$

式中　t——圆环的厚度，mm。

将上式代入式（4-5），即得此圆环也即长圆筒的临界压力为

$$p_{cr}=\frac{E}{4(1-\mu^2)}\left(\frac{t}{R}\right)^3 \tag{4-6}$$

或

$$p_{cr}=\frac{2E}{1-\mu^2}\left(\frac{t}{D}\right)^3 \tag{4-7}$$

式中　p_{cr}——长圆筒的临界压力，MPa；

μ——泊松比；

t——圆筒的厚度，设计时采用有效厚度 t_e 代替，mm；

E——操作温度下的弹性模量，MPa；

D——圆筒中性面的直径，可近似地取圆筒的外径，$D\approx D_o$，mm。

对于钢质圆筒，可取 $\mu=0.3$，故：

$$p_{cr}=2.2E\left(\frac{t}{D_o}\right)^3 \tag{4-8}$$

临界压力在圆筒器壁中引起的周向压缩应力，称为临界应力：

$$\sigma_{cr}=\frac{p_{cr}D_o}{2t}=1.1E\left(\frac{t}{D_o}\right)^2 \tag{4-9}$$

式（4-8）或式（4-9）除了筒体应符合上一节的最大允许圆形偏差外，仅适用于弹性范围，也即 σ_{cr} 小于材料的比例极限 σ_P^t 或屈服强度 σ_y^t。

二、受均布侧向外压短圆筒的临界压力

（一）未加强圆筒的临界压力

短圆筒的临界压力公式是 Mises 在 1914 年按线性小挠度理论首先导出的，其结果如下[33]：

$$p_{cr}=\frac{Et}{R(1-\mu^2)}\left\{\frac{1-\mu^2}{(n^2-1)\left(1+\frac{n^2L^2}{\pi^2R^2}\right)^2}+\frac{t^2}{12R^2}\left[(n^2-1)+\frac{2n^2-1-\mu}{1+\frac{n^2L^2}{\pi^2R^2}}\right]\right\} \tag{4-10}$$

当 $\frac{L}{R}$ 较大时，上式中凡包含 $\frac{L^2}{R^2}$ 项可以忽略不计，则得到：

$$p_{cr}=\frac{(n^2-1)E}{12(1-\mu^2)}\left(\frac{t}{R}\right)^3 \tag{4-11}$$

若 $n=2$，上式变成长圆筒的临界压力计算式（4-6）。

将式（4-10）改写成如下形式：

$$p_{cr}=KE\left(\frac{t}{D}\right)^3 \tag{4-12}$$

式中，K 称为失稳系数，K 值取决于波数 n 和 $\frac{D}{t}$、$\frac{L}{R}$ 的比值，如图 4-6 所示。例如当 $\frac{L}{R}=5$ 和 $\frac{D}{t}=50$，失稳将出现在 $n=3$，式（4-12）中的 K 值近似等于 8.0。由图中也可看出当圆筒变长时，其失稳波数趋向 2，K 值在 AB 区间内变成 $\frac{2}{1-\mu^2}$ 的常数值，即为长圆筒。

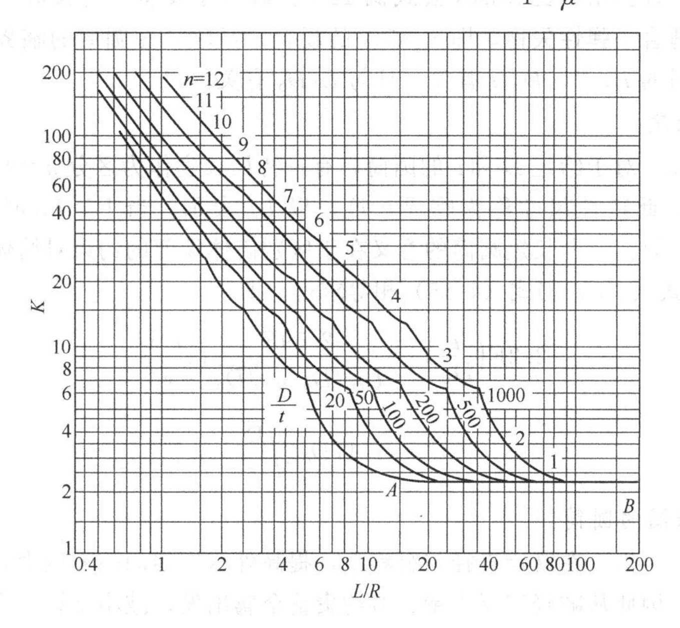

图 4-6 圆筒的失稳系数

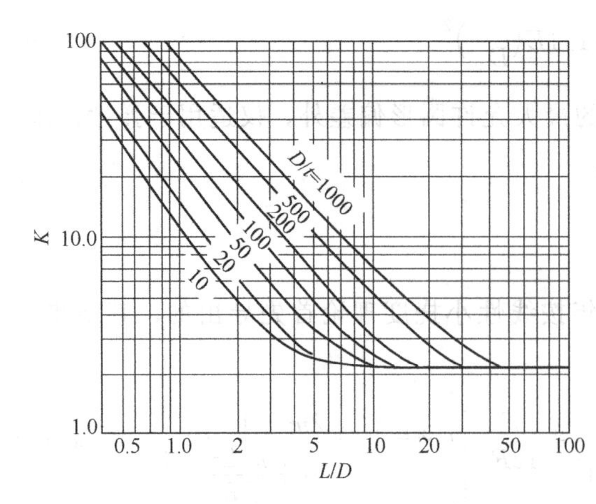

图 4-7　工程设计用的圆筒失稳系数（$\mu=0.3$）

若取图 4-6 中$\frac{D}{t}$曲线簇的包络线，则得到包含参数$\frac{D}{t}$和$\frac{L}{D}$的工程设计曲线（$\mu=0.3$），如图 4-7 所示。作为工程计算，还可以采用近似方法，即认定 $n^2 \gg \left(\frac{\pi R}{L}\right)^2$，故式（4-10）花括号内前一项分母中的 $1+\frac{n^2L^2}{\pi^2R^2} \approx \frac{n^2L^2}{\pi^2R^2}$，并略去后项方括号中第二项，得：

$$p_{cr}=\frac{Et}{R}\left[\frac{\left(\frac{\pi R}{nL}\right)^4}{n^2-1}+\frac{t^2}{12(1-\mu^2)R^2}(n^2-1)\right] \tag{4-13}$$

令$\frac{dp_{cr}}{dn}=0$，并取 $n^2-1\approx n^2$，$\mu=0.3$，可得与最小临界压力相应的波数：

$$n=\sqrt[4]{\frac{7.06}{\left(\frac{L}{D}\right)^2\left(\frac{t}{D}\right)}} \tag{4-14}$$

将式（4-14）代入式（4-13）中，仍取 $n^2-1\approx n^2$，$\mu=0.3$ 和 $D\approx D_o$，即得短圆筒最小临界压力的近似计算式：

$$p_{cr}=\frac{2.59Et^2}{LD_o\sqrt{D_o/t}}=\frac{2.59}{L/D_o\sqrt{t/D_o}}\left(\frac{t}{D_o}\right)^3 \tag{4-15}$$

或

$$\sigma_{cr}=\frac{p_{cr}D_o}{2t}=\frac{1.30E}{L/D_o}\left(\frac{t}{D_o}\right)^{1.5} \tag{4-16}$$

按式（4-15）计算结果比 Mises 公式低 12%，故偏于安全。与长圆筒临界压力的计算公式一样，它仅适合于弹性失稳，即 $\sigma_{cr}<\sigma_y^t$ 的场合。显然，短圆筒的临界压力与长圆筒不同，它不仅与材料的 E、μ、D_o/t 有关，且与 L/D_o 有关。

（二）临界长度

由图 4-6 可知，对于给定 D 和 t 的圆筒，有一特征长度作为区分 $n=2$ 的长圆筒和 $n>2$ 的短圆筒的界限，此特性尺寸称为临界长度，以 L_{cr} 表示。当 $L>L_{cr}$ 时属于长圆筒；当 $L<L_{cr}$ 时属于短圆筒。划分长短圆筒的意义在于区别筒体端部的约束对筒体的稳定性是否发生影响。L_{cr} 可令式（4-8）与式（4-15）相等求得，即：

$$2.2E\left(\frac{t}{D_o}\right)^3=\frac{2.59E}{L_{cr}/D_o\sqrt{t/D_o}}\left(\frac{t}{D_o}\right)^3$$

则

$$L_{cr}=1.17D_o\sqrt{\frac{D_o}{t}} \tag{4-17}$$

（三）带加强圈的圆筒

由式（4-15）可知，在既定直径与材料下，提高外压容器的临界压力，可增加筒体厚度或减小计算长度，因此从减轻容器重量、节约贵重金属出发，减小计算长度更有利。在结构上即是在圆筒的内部或外部相隔一定的距离焊接用型钢做的加强圈，如图 4-8 所示。因为计算假设圆筒与加强圈同时发生失稳，所以它们达到失稳的必要条件是加强圈必须有足够的刚度或截面惯性矩。

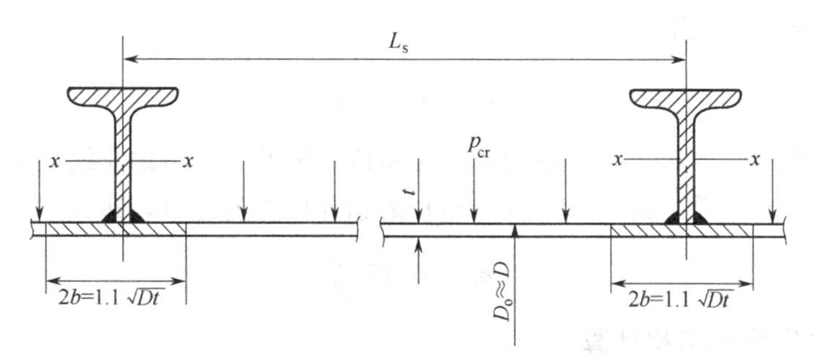

图 4-8　带加强圈的外压圆筒

每一加强圈可考虑承受圈两侧$\frac{L_s}{2}$距离内的外载荷。壳体和加强圈一起承受每单位周长的临界载荷等于 $p_{cr}L_s$，由式（4-4）得：

$$p_{cr}L_s=\frac{3EJ}{R^3}=\frac{24EJ}{D^3}$$

以 $\sigma_{cr}=\frac{p_{cr}D}{2t}$代替上式中的 p_{cr}，则得：

$$J=\frac{tL_sD^2}{12}\left(\frac{\sigma_{cr}}{E}\right) \tag{4-18}$$

对于能起加强作用的有效圆筒器壁与加强圈的组合惯性矩可考虑等效于一单层较厚圆筒，其厚度称为等效厚度 t_ε，大小为：

$$t_\varepsilon=t+\frac{A_s}{L_s} \tag{4-19}$$

式中，A_s 为加强圈的横截面积，因此把 t_ε 代替式（4-18）中的 t，并令 $\varepsilon_{cr}=\frac{\sigma_{cr}}{E}$，式（4-18）可改写成：

$$J=\frac{D^2L_s}{12}\left(t+\frac{A_s}{L_s}\right)\left(\frac{\sigma_{cr}}{E}\right)=\frac{D^2L_s}{12}\left(t+\frac{A_s}{L_s}\right)\varepsilon_{cr} \tag{4-20}$$

此处 ε_{cr}为加强圈与筒体达到失稳时，相应于 σ_{cr}的周向应变。

式（4-20）是带加强圈圆筒保持稳定所必需的最小加强圈与有效壳体组合截面的惯性矩，它是下一节设计带加强圈外压圆筒的基本公式之一。

当筒体的一部分与加强圈共同组成惯性矩时，筒体能起有效加强作用的宽度取加强圈中心线两侧各 b 宽度，$b=\frac{1}{\beta}=\frac{\sqrt{Rt}}{\sqrt[4]{3\ (1-\mu^2)}}$，当 $\mu=0.3$，$b=0.55\sqrt{Dt}$（图 4-8）。此外，若考虑适当的安全系数 1.1[23]，式（4-20）中的分母则变成 10.9，而不是 12，即

$$J=\frac{1.1D^2L_s\left(t+\frac{A_s}{L_s}\right)}{12}\left(\frac{\sigma_{cr}}{E}\right)=\frac{D^2L_s}{10.9}\left(t+\frac{A_s}{L_s}\right)\varepsilon_{cr} \tag{4-21}$$

三、轴向受压圆筒的临界应力

对于受轴向压缩的有限长的薄壁圆筒，不论其是轴对称失稳还是非轴对称失稳，按线性小挠度理论得到的临界应力的结果是一样的，即[33]

$$\sigma_{cr}=\frac{E}{\sqrt{3(1-\mu^2)}}\frac{t}{R} \tag{4-22}$$

对于钢材，取 $\mu=0.3$，则改写为：

$$\sigma_{cr}=0.605\frac{Et}{R} \tag{4-23}$$

如前所述，线性临界载荷值实际远大于实验值。因此必须考虑非线性分析。用非线性前屈曲理论和实验研究结果，得到了式（4-24）的临界压力的经验表达式[13]：

$$\sigma_{cr}=0.25\frac{Et}{R} \tag{4-24}$$

四、非弹性失稳的工程计算

在以上讨论中，假设薄壁圆筒的失稳都在弹性范围内，即器壁中的压缩应力不大于材料的比例极限。当该应力超过比例极限，圆筒已属于非弹性失稳范畴。若按弹塑性失稳进行理论分析将十分复杂，工程上通常采用近似的处理方法，即利用材料超过比例极限的压缩-应变曲线上的切线模量 E_t（图 4-9），代替以上弹性假设下确定临界压力的公式中弹性模量 E，按此计算的结果与实验结果比较接近。如对于长圆筒，则有：

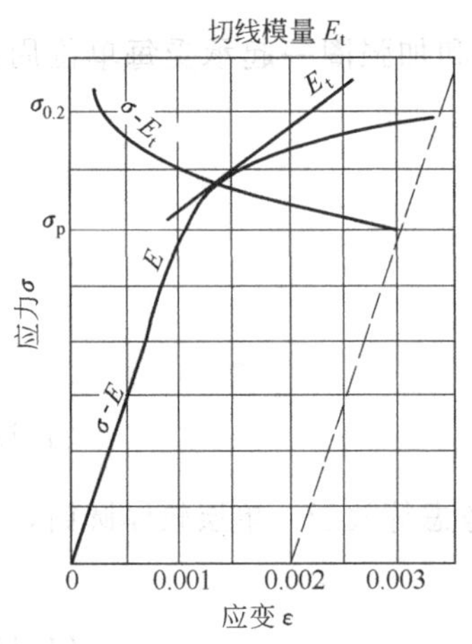

图 4-9　碳钢的切线模量

$$p_{cr}=\frac{2E_t}{1-\mu^2}\left(\frac{t}{D_o}\right)^3 \tag{4-25}$$

因为各种钢材的弹性模量十分接近，所以对于弹性失稳，临界压力与材料强度无关，采用高强度的材料对提高筒体稳定性没有效果。但对于非弹性失稳，因临界压力与材料的强度特性（或 E_t）有关，高强度的材料能够提高外压容器的临界压力。

第三节　外压圆筒的设计计算

由外压圆筒的失稳分析可知，计算圆筒的临界压力首先要确定圆筒包括壁厚在内的几何尺寸，但在设计计算之前壁厚尚是未知量，所以需要一个反复试算的步骤。若用解析法进行外压容器的计算就比较繁复，国外有关设计规范推荐采用比较简便的图算方法[21]，中国容器标准也借鉴此法。本节介绍外压圆筒及带加强圈圆筒的加强圈图算法的原理和用法。

一、图算法的原理

如前所述，外压圆筒按照圆筒的长度可以分为三种。

（1）长圆筒　这类圆筒的临界压力除与材料的 E、μ 有关外，与圆筒长度无关，仅与壁厚 t 和直径 D_o 有关，即 $L>L_{cr}$ 时，临界压力由式（4-7）或式（4-8）给出。

（2）短圆筒　因为这种圆筒失稳时波数 $n>2$，波数与 $\frac{t}{D}$ 和 $\frac{L}{D}$ 的比值有关，形成不同波数的临界压力也不同，因此它们的临界压力与 $\frac{t}{D}$ 和 $\frac{L}{D}$ 有关，即 $L<L_{cr}$ 时，临界压力按式（4-15）计算。

（3）刚性圆筒　此类圆筒的失效是由于器壁中的压应力达到材料的屈服强度而引起的塑性屈服破坏，因此不存在稳定性问题，其性质与厚壁圆筒相同，只需校核强度是否足够，L的影响不计。

假定材料的应力应变曲线为理想弹塑性模型，则对不同的$\frac{t}{D_o}$值可在双对数坐标纸上标绘强度和失稳失效曲线，如图 4-10 所示。这种曲线由三部分组成，分别代表上述三种圆筒的力学特征。这种曲线也可以用另一种方式标绘。如把式（4-9）和式（4-16）中的材料性能置于等式的一侧，而将几何尺寸列在另一侧，即

$L>L_{cr}$：
$$\frac{\sigma_{cr}}{E}=1.1\left(\frac{t}{D_o}\right)^2=\frac{1.1}{\left(\frac{D_o}{t}\right)^2}$$

$L<L_{cr}$：
$$\frac{\sigma_{cr}}{E}=\frac{1.30\ (t/D_o)^{1.5}}{L/D_o}$$

因 $\varepsilon_{cr}=\frac{\sigma_{cr}}{E}$，并令 $A=\varepsilon_{cr}$，则 $A=f(L/D_o,\ D_o/t)$，若以 A 为横坐标的参变量，而以（L/D_o）为纵坐标的参变量，就可得到如图 4-11 所示的不同（D_o/t）比值的一簇曲线，该图称为几何参数的计算图。此图实质上与图 4-10 相同，只是将图 4-10 中纵坐标改换成横坐标，并用 $A=\varepsilon_{cr}=\frac{\sigma_{cr}}{E}$ 代替 p_{cr}。图 4-11 曲线中与纵坐标平行的直线代表长圆筒，而倾斜线表示短圆筒。由于图 4-11 以 A 作为一个参变量，所以对任何材料的圆筒都适用。若已知 L、D_o 和 t，就可按$\frac{D_o}{t}$和$\frac{L}{D_o}$的比值从图上查得 A。对于不同材料的圆筒还需寻找 A 与 p_{cr} 的关系，即形成如下外压圆筒图算法中的另一种图线。

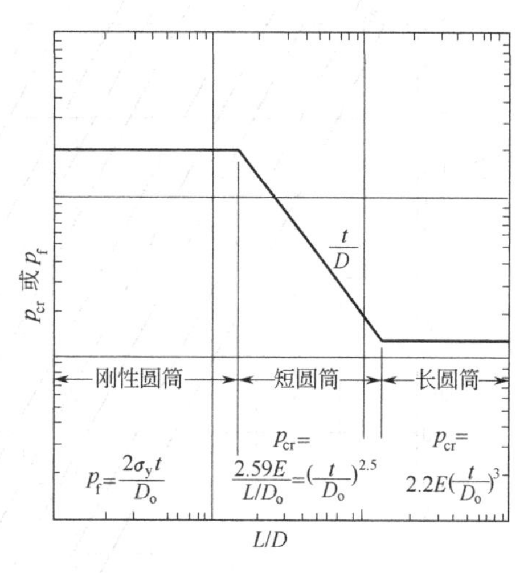

图 4-10　外压圆筒的失效曲线

因为 A 代表临界应力所对应的周向应变，即

$$A=\varepsilon_{cr}=\frac{\sigma_{cr}}{E} \tag{4-26}$$

而
$$\sigma_{cr}=\frac{p_{cr}D_o}{2t}$$

因此，利用 $[p]=\frac{p_{cr}}{m}$ 的关系，由以上两式可得到许用设计外压 $[p]$ 与 A 的关系，即

$$[p]=\frac{p_{cr}}{m}=\frac{2t\sigma_{cr}}{D_o m}=\frac{2AE}{(D_o/t)\ m} \tag{4-27}$$

中国容器标准取 $m=3$，故式（4-27）可写成：

$$[p]=\frac{2AE}{3\left(\frac{D_o}{t}\right)} \tag{4-28}$$

现令
$$B=\frac{[p]\ D_o}{t} \tag{4-29}$$

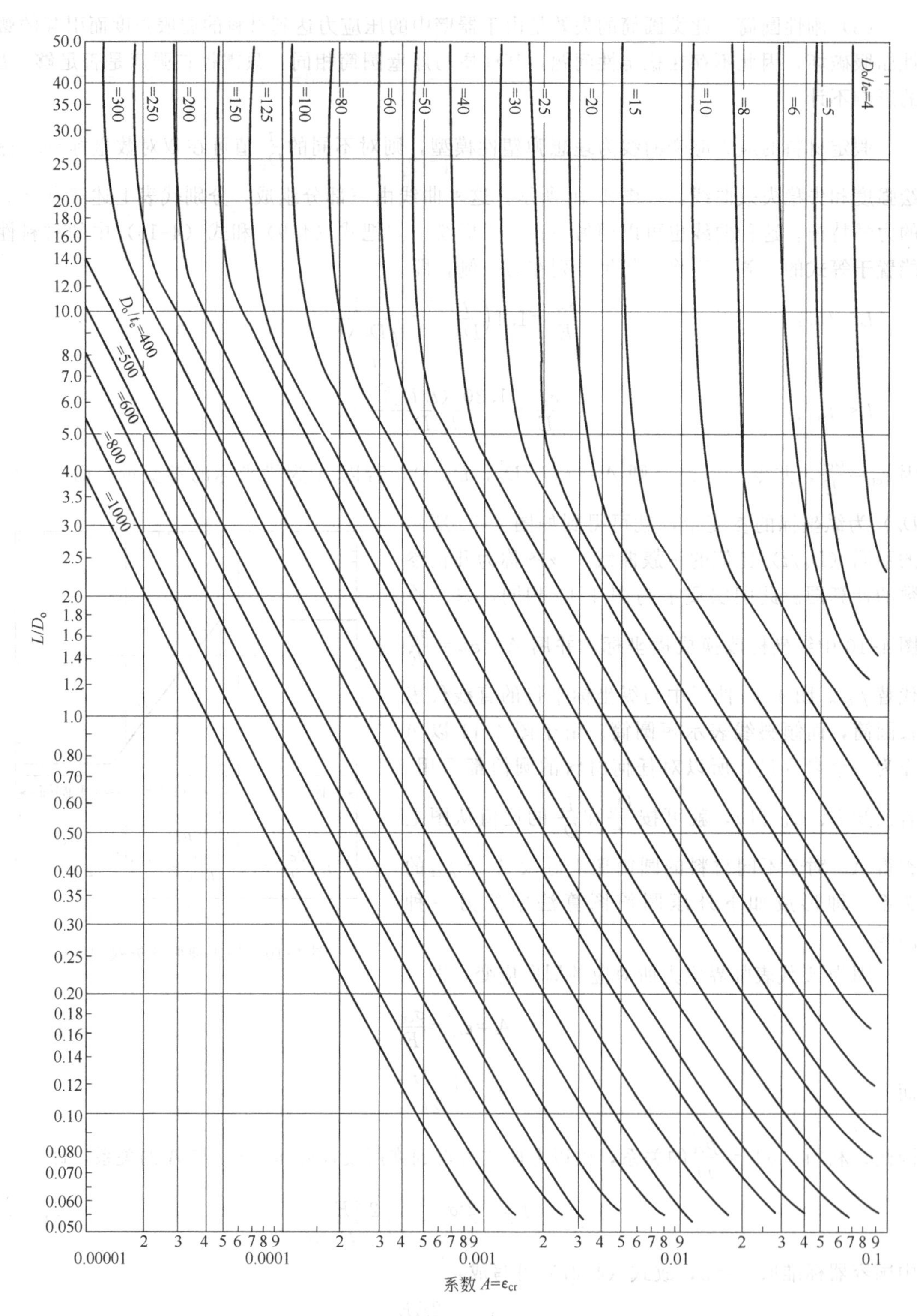

图 4-11 外压或轴向受压圆筒几何参数计算图（用于所有材料）

将上式代入式（4-28），得

$$B=\frac{2}{3}AE=\frac{2}{3}\sigma_{cr} \tag{4-30}$$

因 $A=\varepsilon_{cr}$，而 $B=\frac{2}{3}\sigma_{cr}$，故 B 与 A 的关系就是 $\frac{2}{3}\sigma_{cr}$ 与 ε_{cr} 的关系。若利用材料单向拉伸应力-应变关系（对于钢材，不计 Bauschinger 效应，拉伸曲线与压缩曲线大致相同），将纵坐标乘以 $\frac{2}{3}$，即可作出 B 与 A 的关系曲线。因为同种材料在不同温度下的应力-应变曲线不同，所以图中考虑了一组不同温度的曲线，或称材料温度线，如图 4-12～图 4-15 所示，显然图4-12～图 4-15 与图 4-11 有共同的横坐标 A，因此由图 4-11 查得的 A 可在图 4-12～图 4-15 中查得相应设计温度下的 B 值，继而由式（4-29）计算 $[p]$，即 $[p]=B\left(\frac{t}{D_o}\right)$，这就是利用上述两种图表计算外压圆筒的基本原理。

由于在弹性范围可直接按式（4-28）由 A 计算许用外压力，所以图 4-12～图 4-15 中左下方直线大部分被省略掉了。在塑性范围，因为使用了正切弹性模量，即曲线上的任一点的斜率为 $E_t=\frac{d\sigma}{d\varepsilon}$，所以上述图算法对非弹性失稳也同样适用。

由图 4-11 可知，对于$\frac{D_o}{t}<10$ 的圆筒，其 $A=\varepsilon_{cr}>1\%$，此时 σ_{cr} 已超过 σ_y，圆筒可能发生塑性失稳或塑性屈服破坏，所以要求按稳定性和强度两方面来考虑，即许用设计外压取下列两个压力 $[p]_1$ 和 $[p]_2$ 中的最小值：

$$\left.\begin{aligned}[p]_1&=\left(\frac{1.625}{\frac{D_o}{t}}-0.0625\right)B\\ [p]_2&=\frac{2\sigma_0}{\frac{D_o}{t}}\left(1-\frac{1}{\frac{D_o}{t}}\right)\end{aligned}\right\}\tag{4-31}$$

式中，σ_0 取 2 $[\sigma]^t$ 和 $0.9\sigma_y^t$ 中较小值，其中 σ_y^t 为相应温度下材料温度曲线右侧端点对应的 B 值的 1.5 倍。

式（4-31）第一式是按厚壁圆筒受外压时内壁当量应力（见第五章）符合 Tresca 屈服条件导出；而式（4-31）第二式出于对塑性状态采用稳定安全系数 m 为一变量，随$\frac{D_o}{t}$作线性变化，其变化范围在 $m=3.0$（$D_o/t=10$）和 $m=2.0$（$D_o/t=2.0$）之间[35]，即

$$\frac{1}{m}=\frac{13}{24}-\frac{1}{48}\left(\frac{D_o}{t}\right)$$

于是将$\frac{1}{m}$及 $B=\frac{2}{3}AE$ 代入式（4-27），按下式整理后得到式（4-31）：

$$\begin{aligned}[p]&=\frac{2AE}{(D_o/t)m}=\frac{3B}{(D_o/t)}\left[\frac{13}{24}-\frac{1}{48}\left(\frac{D_o}{t}\right)\right]\\ &=\left(\frac{1.625}{D_o/t}-0.0625\right)B\end{aligned}$$

但对于 $D_o/t<4$ 的外压圆筒，无论长或短圆筒其 $A=\varepsilon_{cr}>6.875\%$，已进入屈服，故 B 值都一样，因而可以按照长圆筒的式（4-9）计算 A，即

$$A=\varepsilon_{cr}=\frac{\sigma_{cr}}{E}=\frac{1.1}{(D_o/t)^2}\tag{4-32}$$

当 $A>0.1$ 时，已超出算图的范围，均按 $A=0.1$ 计算。

二、图算法的计算步骤

虽然利用算图可以使外压圆筒的设计计算比较简捷，但由于需要考虑多种因素，其计算过程还比较麻烦。现以$\frac{D_o}{t}\geqslant 10$为例，说明一般的计算步骤。以下的设计计算中，都以有效厚度$t_e=t_n-C_1-C_2$代替t。

① 假设t_n，计算出$\frac{L}{D_o}$和$\frac{D_o}{t_e}$。

② 在图4-11的纵坐标上找到$\frac{L}{D_o}$值，由此点沿水平方向移动与$\frac{D_o}{t_e}$线相交（遇中间值用内插法）。若$\frac{L}{D_o}$大于50，则用$\frac{L}{D_o}=50$查图。

③ 由此点沿垂直方向向下移，在横坐标上读得系数A。

④ 根据筒体材料选用图4-12～图4-15，在图的横坐标上找出系数A。若A落在设计温度的材料线的右方，则将此点垂直向上移动，与材料温度线相交（遇中间温度用内插法），再沿此交点水平右移，在图的右方纵坐标上得到B值，并按下式计算许可设计外压$[p]$：

$$[p]=\frac{B}{D_o/t_e}$$

若所得A值落在材料温度线左方，则按下式计算$[p]$：

$$[p]=\frac{2AE}{3(D_o/t_e)}$$

⑤ 比较p_c与$[p]$，若$p_c>[p]$，则须再假设t_n重复上述计算步骤，直到$[p]$大于且接近p_c时为止。

若是$\frac{D_o}{t_e}<10$的圆筒，则同上步骤求出B值后，按式（4-31）计算$[p]_1$和$[p]_2$；但$\frac{D_o}{t_e}<4$时，系数A按式（4-32）计算后，再计算$[p]_1$和$[p]_2$，最后选取$[p]$为$[p]_1$和

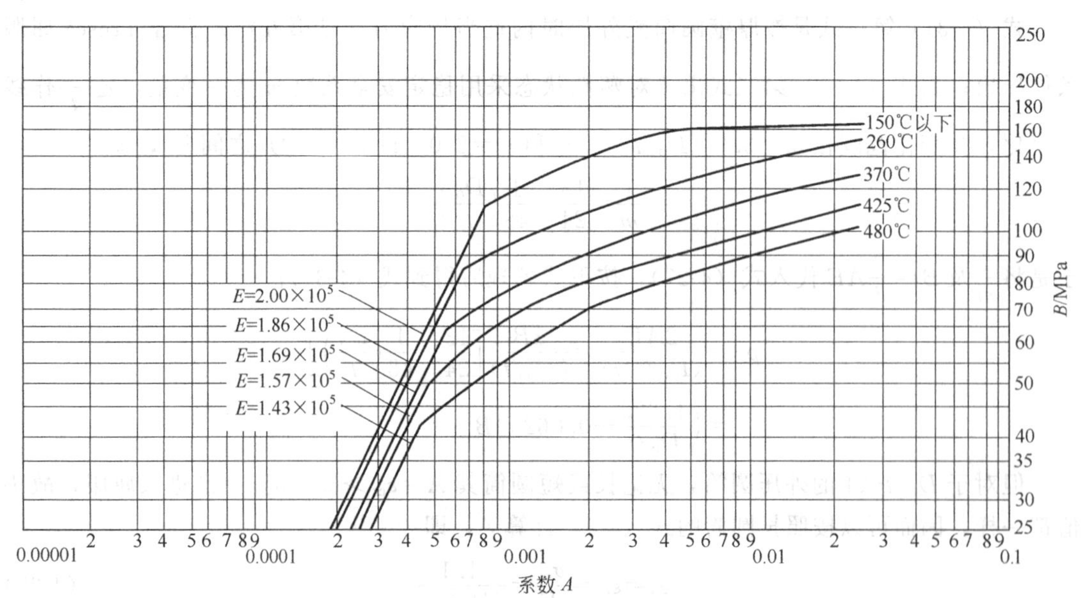

图4-12 外压圆筒和球壳壁厚计算图（$\sigma_y>207$MPa的碳素钢和0Cr13，1Cr13钢）

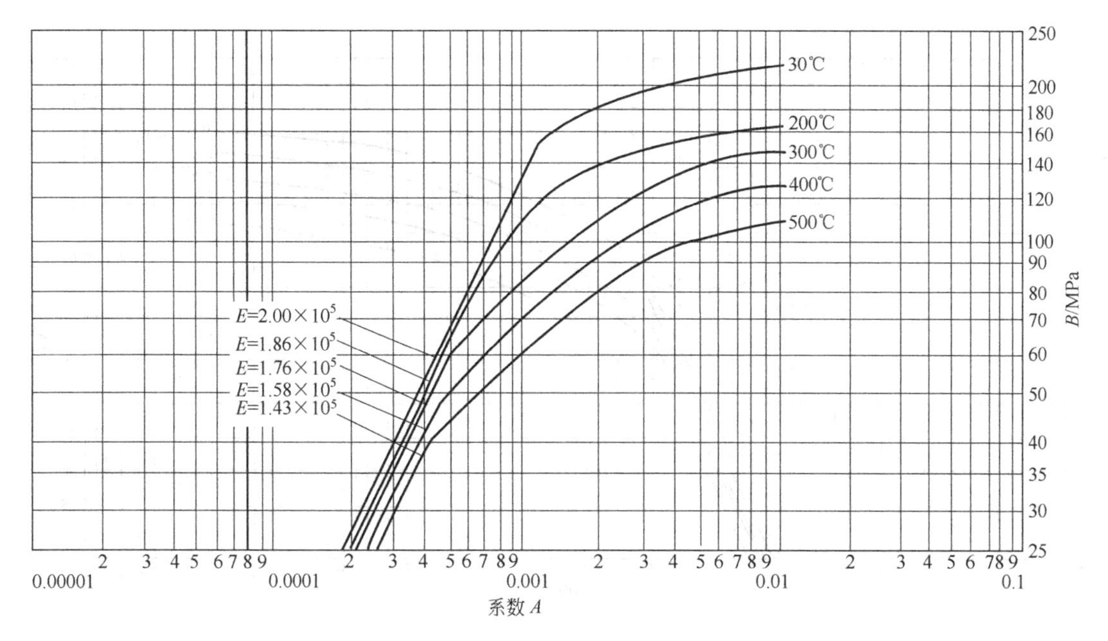

图 4-13　外压圆筒和球壳壁厚计算图（15MnVR 钢）

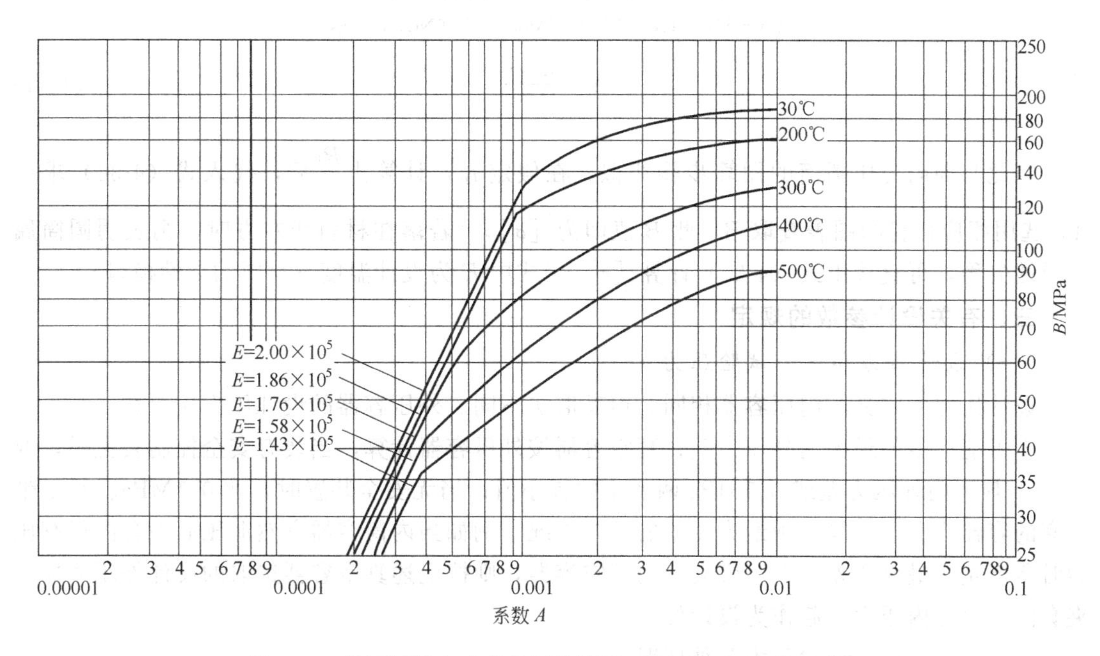

图 4-14　外压圆筒和球壳壁厚计算图（16MnR，15CrMo 钢）

$[p]_2$ 中的较小值。

对于轴向受压缩的圆筒，在弹性失稳范围内，利用式（4-24），取 $m=4$，$R\approx R_i$，从而得到[21]：

$$[\sigma_{cr}]=0.0625\frac{Et_e}{R_i} \tag{4-33}$$

当包括非弹性失稳利用前述算图时，规定 $B=[\sigma]_{cr}$，则按式(4-30)相应有：

$$B=\frac{2}{3}AE=0.0625\frac{Et_e}{R_i}$$

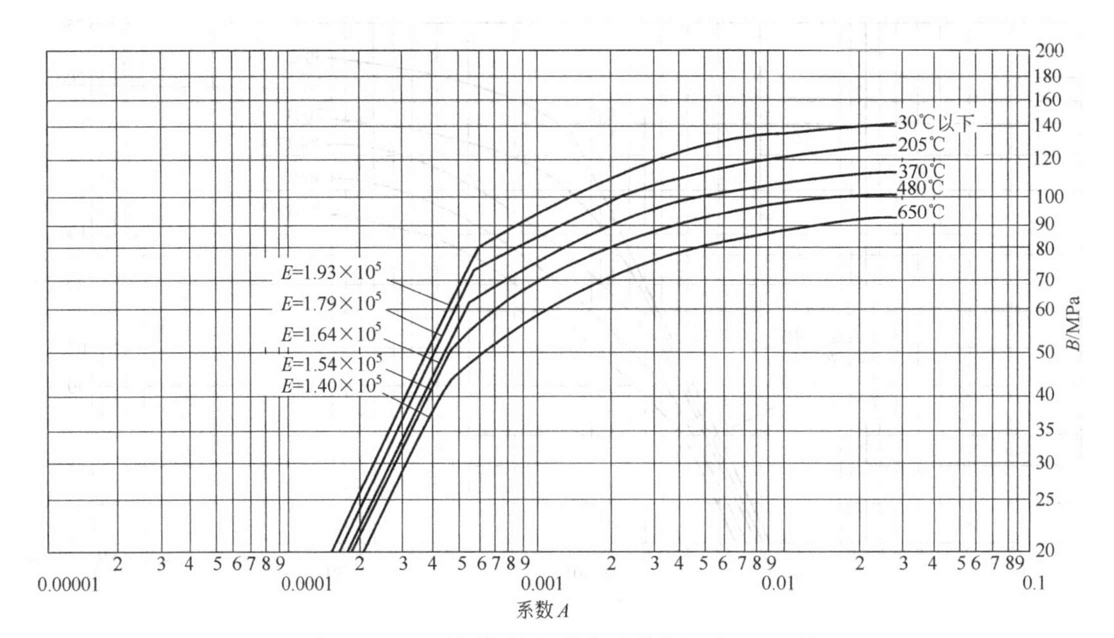

图 4-15　外压圆筒和球壳壁厚计算图

(0Cr18Ni10Ti，0Cr17Ni12Mo2，0Cr19Ni13Mo3 钢)

故

$$A=\frac{0.094}{R_i/t_e} \tag{4-34}$$

因此与周向受压圆筒的图算步骤相似，在假定 t_n，计算出$\frac{R_i}{t_e}$后，代入式（4-34）求出 A，选用相应材料的图表查取 B，此 B 值即为 $[\sigma]_{cr}$。若落在材料线左方时，则表明圆筒属于弹性失稳，可直接由式（4-33）计算 $[\sigma]_{cr}$（式中 E 为设计温度下材料的弹性模量）。

三、有关设计参数的规定

（一）设计压力和压力试验压力

设计压力的定义与内压容器相同，但其取法不同。外压容器的设计压力应取在正常工作过程中可能产生的最大内外压力差；真空容器按外压容器计算，当装有安全控制装置时，取 1.25 倍最大内外压力差或 0.1MPa 两者中的较小值；当无安全装置时，取 0.1MPa。对于带夹套的容器应考虑可能出现最大压差的危险工况，例如当内筒容器突然泄压而夹套内仍有压力时所产生的最大压差。对于带夹套的真空容器，则按上述真空容器选取的设计外压力加上夹套内的设计内压力一起作为设计外压。

外压容器的压力试验分为两种情况：

① 不带夹套的外压容器和真空容器，以内压进行压力试验，所以试验压力取法同前面内压容器所述；

② 带夹套外压容器，则分别确定内筒和夹套的试验压力，除内筒试验压力按①确定，因夹套一般受内压，故在按内压容器确定了夹套的试验压力以后，必须按内筒的有效厚度校核在该试验压力下内筒的稳定性。若内筒不能保证足够的稳定性，或增加内筒厚度或在压力试验过程中内筒保持一定的压力，以保证整个试压过程中夹套和筒体的压差不超过确定的允许试验压差。

（二）计算长度

圆筒的计算长度是指刚性构件，如封头、法兰、加强圈等之间的距离，取法兰如图

4-16 所示。当圆筒部分没有加强圈或可以作为加强的构件，则取直筒部分的长度加上每个凸形封头直边高度加上封头深度的$\frac{1}{3}$计入直筒长度内。当圆筒部分有加强圈等时，则取相邻加强圈之间的最大距离为计算长度。

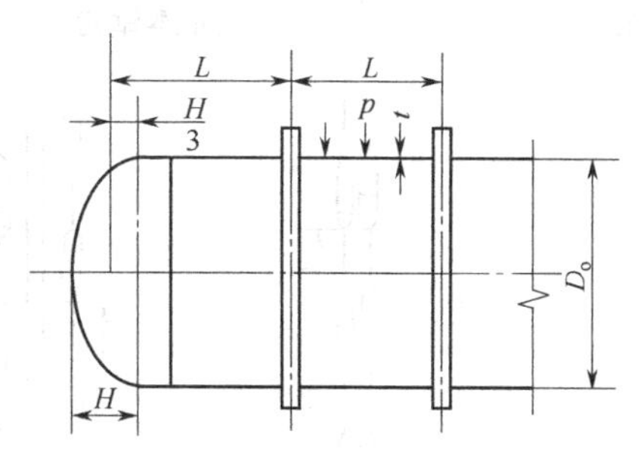

图 4-16　外压圆筒计算长度

四、加强圈的设计计算

（一）加强圈尺寸

前已指出，外压圆筒上设置加强圈借以缩短计算长度，达到减少壁厚的目的。为了保证壳体与加强圈的稳定性，加强圈必须有合适的尺寸，即满足式（4-21）给出的最小惯性矩的要求。根据上述图算法，以 $A=\varepsilon_{cr}$代入式（4-21）可得：

$$J=\frac{D_o^2 L_s}{10.9}\left(t_e+\frac{A_s}{L_s}\right)A \tag{4-35}$$

式中　J——加强圈和有效壳体所需的组合惯性矩，mm^4；

D_o——圆筒的外直径，mm；

L_s——加强圈的间距，mm；

A_s——加强圈的截面积，mm^2；

A——等效圆筒的周向临界应变；

t_e——圆筒的有效厚度，mm。

由前已知：

$$B=\frac{[p]D_o}{t_\varepsilon}$$

如计算外压力 $p_c=[p]$，并代入 $t_\varepsilon=t_e+\frac{A_s}{L_s}$和 $m=3$，则上式变成：

$$B=\frac{p_c D_o}{t_e+\frac{A_s}{L_s}} \tag{4-36}$$

因此确定加强圈尺寸时，可先假定加强圈的个数与间距 L_s（$L_s\leqslant L_{cr}$），然后选择加强圈尺寸，计算或由手册查得 A_s，并确定有效壳体的作用宽度，从而计算加强圈与有效壳体实际的组合惯性矩 J_s。另一方面根据已知的 p_c、D_o 和选择的 t_e、L_s，按式（4-36）计算 B，再应用上述外压圆筒的图 4-12～图 4-15 等算图，根据加强圈材料和相应的设计温度读取 A 值，最后按式（4-35）计算 J，比较 J 与 J_s，若 J_s 大于并接近 J，则满足要求，否则重新选择加强圈尺寸，重复上述计算，直至满足为止。如查图时无交点，则 A 按 $A=\frac{3B}{2E}$计算。

（二）加强圈的结构要求

加强圈可设置在容器的内面或外面，通常以间断焊缝与筒体连接。为了保证加强圈与筒体一起承受外压的作用。当加强圈焊在筒体外面时，加强圈每侧间断焊缝的总长度，不小于容器外圆周长度的$\frac{1}{2}$；当设置在容器内部时，应不少于容器内圆周长度的$\frac{1}{3}$。加强圈两侧的间断焊缝可以错开或并排，但焊缝之间的最大间隙对外加强圈为 $8t_n$，对内加强圈为 $12t_n$，如图 4-17 所示[3]，t_n 为筒体壁厚。

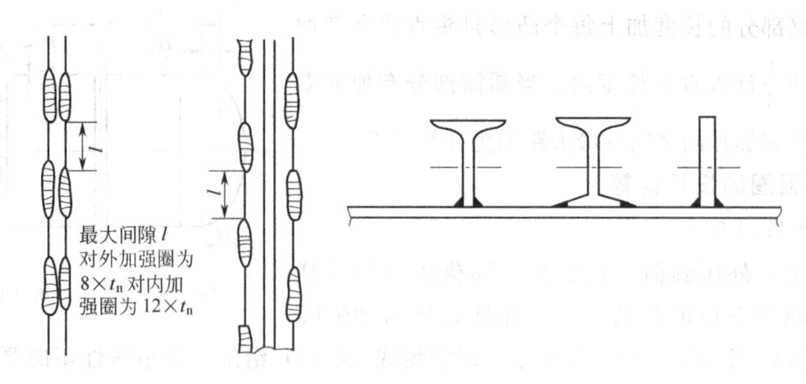

图 4-17　加强圈的型式及连接结构

为了保证壳体与加强圈的加强作用，加强圈不得任意削弱或割断。对内加强圈，由于排除残液、通过内件或液体等需要，往往难以做到这一点，则因此而留出的间隙弧长不得大于图 4-18 所给出的数值。

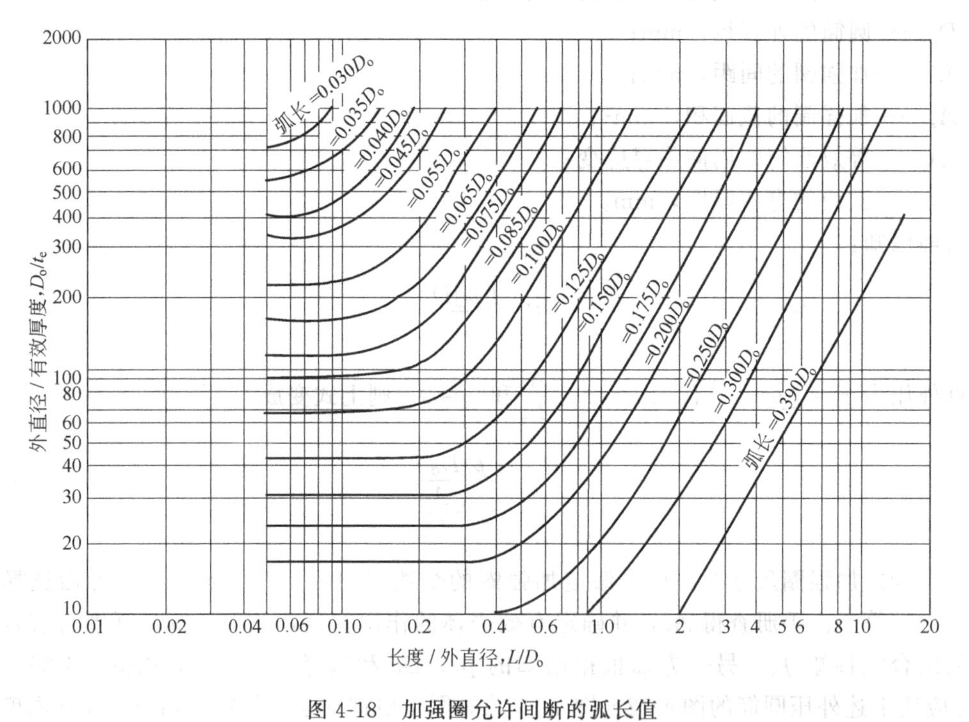

图 4-18　加强圈允许间断的弧长值

加强圈通常用扁钢、角钢、工字钢或其他型钢制成，因一方面型钢截面惯性矩较大，另一方面成型也较方便。加强圈材料多数为碳钢，因而不锈钢圆筒在外部可设置碳钢加强圈，节省了不锈钢消耗量。对于塔器内部的塔盘等，倘被设计成起加强作用，也可视作加强圈。

第四节　外压封头和法兰计算

外压容器封头的结构形式和内压容器一样，主要包括凸形封头，如半球形、椭圆形、碟形等，以及圆锥形封头。在外压作用下，这些封头上的主要应力是压应力，故与筒体一样也存在稳定性问题。正如前述，封头各种形状、材料等初始缺陷对其稳定性的影响更显著，所以对成型封头的壳体失稳研究在理论和实验上比圆筒复杂得多。外压封头的稳定性计算建立在球形壳体承受均布外压的弹性失稳分析基础上，并结合实验数据给出半经验的临界压力计算公式，但是将它们直接用于设计欠成熟。因此设计中仍采用一些近似方法，如类同外压圆筒的图算法等。

一、外压凸形封头

（一）半球形封头

按照弹性稳定理论，对于受均匀外压的球壳，其临界应力与同样厚度和半径的受轴向压缩圆柱壳相同。按式（4-22）有：

$$p_{cr}=\frac{2E}{\sqrt{3(1-\mu^2)}}\left(\frac{t}{R}\right)^2$$

对于钢材，$\mu=0.3$，代入上式得：

$$p_{cr}=1.21E\left(\frac{t}{R}\right)^2 \tag{4-37}$$

此即是经典小挠度解。与柱壳受轴压情况相同，经典解已为早期的实验结果所证实。1939年 Karman 和钱学森采用非线性大挠度理论，导出如下的临界压力值[17]：

$$p_{cr}=0.376E\left(\frac{t}{R}\right)^2 \tag{4-38}$$

但是许多实验结果的平均值表明：

$$p_{cr}=0.25E\left(\frac{t}{R}\right)^2 \tag{4-39}$$

取 $m=3$ 和 $R\approx R_o$，设计时用 t_e 替代 t，则得：

$$[p]=\frac{p_{cr}}{m}=\frac{0.0833E}{(R_o/t_e)^2} \tag{4-40}$$

式中　$[p]$ ——许用外压力，MPa；

E——材料弹性模量，MPa；

R_o——球壳外半径，mm；

t_e——球壳有效厚度，mm。

式（4-40）虽可用于半球形封头的弹性失稳计算，但设计时若利用图算法也比较简便，且可扩大呈非弹性失稳计算。

在球壳设计中，定义 $B=\frac{[p]R_o}{t_e}$，因为 $B=\frac{2}{3}EA=\frac{[p]R_o}{t_e}$，故代入式（4-40）得：

$$A=\frac{0.125}{R_o/t_e} \tag{4-41}$$

于是

$$[p]=\frac{B}{R_o/t_e} \tag{4-42}$$

因此用图算法计算半球形封头时，只要先假设壁厚 t_n，而 $t_e=t_n-C_1-C_2$，按式（4-41）计算出 A，然后根据所用材料选用图 4-12～图 4-15 等图由 A 查取 B 值，再按式（4-42）计算许用外压力，如所得 A 值落在材料温度线的左方，则直接按式（4-40）计算 $[p]$，最后比较计算压力 p_c 与 $[p]$，如 $p_c>[p]$，则须重新假设 t_n，重复上述步骤，直到 $[p]$ 大于且接近 p_c 为止。

（二）碟形和椭圆形封头

因为在均匀外压作用下，碟形封头的过渡区承受拉应力，而球冠部分是压应力，须防止发生失稳的可能，确定封头厚度时仍可应用球壳失稳的公式和图算法，只是其中 R_i 用球冠部分内半径代替。对于椭圆形封头，与碟形封头类似，取当量曲率半径 $R_i=KD_i$ 作计算，系数 K 由表 4-1 查得。

对于长短轴之比为 2 的标准椭圆形封头，由表 4-1 查知，$K=0.9$。

表 4-1　椭圆形封头的当量曲率半径折算表

$\frac{D_i}{2h_1}$	2.6	2.4	2.2	2.0	1.8	1.6	1.4	1.2	1.0
K	1.18	1.08	0.99	0.9	0.81	0.73	0.65	0.57	0.50

二、外压锥形封头

圆锥壳受均布外压的稳定性问题是一个在数学力学上很复杂的问题，因此工程上还是依赖于实验数据。比较锥壳与圆柱壳的试验结果，发现锥壳的失稳类似于一个等效圆柱壳，其高度等于锥壳母线的长度，而半径等于锥壳的平均曲率半径（指第二曲率半径）。同时研究表明（$1-D_1/D_2$）这一数值对锥壳失稳有很大的影响（D_1——锥壳小端直径，D_2——锥壳大端直径）。因此锥壳的临界压力可表示为：

$$p_{cr}=\bar{p}_{cr}f(1-D_1/D_2) \tag{4-43}$$

式中　$\bar{p}_{cr}$——等效圆柱壳的临界压力；

$f(1-D_1/D_2)$——与(D_1/D_2)有关的函数。

变换式（4-15）为下式：

$$\bar{p}_{cr}=\frac{2.59E(t_\varepsilon/2\bar{R})^3}{(L'/2\bar{R})\sqrt{t_\varepsilon/2\bar{R}}} \tag{4-44}$$

将 $t_\varepsilon=t\cos\alpha$，$\bar{R}=\frac{D_1+D_2}{4\cos\alpha}$，$L'=\frac{L}{\cos\alpha}$等几何关系代入上式，参见图 4-19 则得：

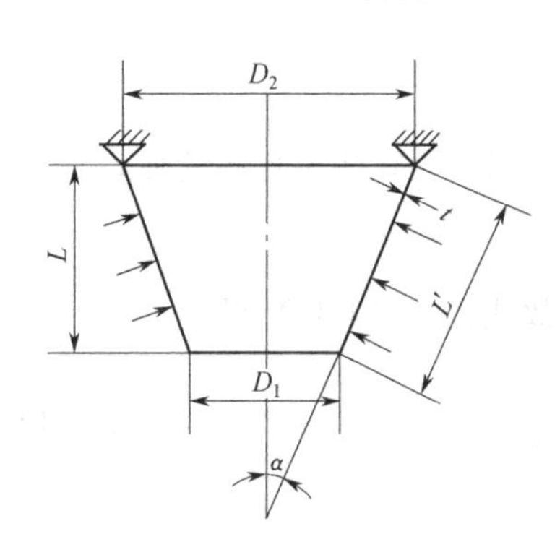

图 4-19　外压圆锥壳体

$$\frac{p_{cr}}{E}=\frac{2.59(\cos\alpha)^{2.5}}{L[(D_1+D_2)/2]^{1.5}}f\left(1-\frac{D_1}{D_2}\right) \tag{4-45}$$

函数 $f\left(1-\frac{D_1}{D_2}\right)$可以由理论和实验决定，以$\frac{D_1}{D_2}=1.0$，$f=1.0$到$\frac{D_1}{D_2}=0$，$f=0.8$之间作线性变化，式（4-45）变为：

$$\frac{p_{cr}}{E}=\left[\frac{2.59\left(\frac{t\cos\alpha}{D_2}\right)^{2.5}}{L/D_2}\right]\left[\frac{2^{1.5}\left(0.8+0.2\frac{D_1}{D_2}\right)}{1+D_1/D_2}\right]$$

上式后一方括号可近似等于$\frac{2}{1+D_1/D_2}$，则锥壳的临界压力为：

$$p_{cr}=\frac{2.59E}{(L_\varepsilon/D_2)}\left(\frac{t_\varepsilon}{D_2}\right)^{2.5}\quad \text{MPa} \tag{4-46}$$

式中　L_ε——等效圆筒长度，$L_\varepsilon=(L/2)(1+D_1/D_2)$，$L$ 取法见图 4-20，mm；

D_1——锥壳小端外直径，mm；

D_2——锥壳大端外直径，mm；

t_ε——等效圆筒壁厚，$t_\varepsilon = t\cos\alpha$，mm。

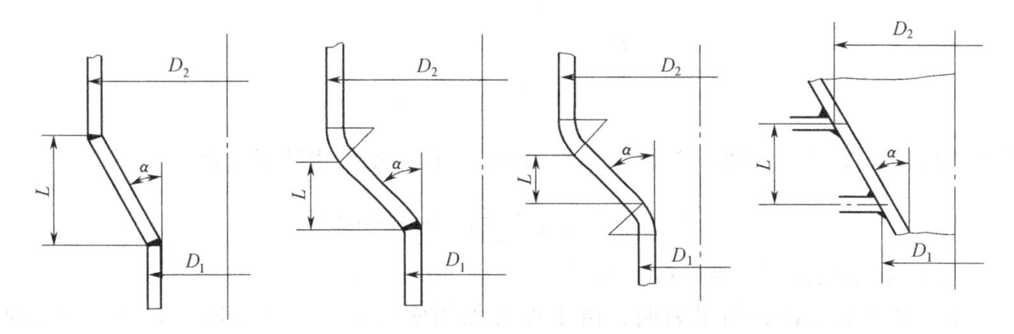

图 4-20　锥体计算尺寸

比较式（4-15）可知，式（4-46）相当等效短圆筒的临界压力公式，因而可以采用前述圆筒外压图算方法设计锥形封头，只是以 t_ε、L_ε 分别代替圆筒的 t、L。

以上方法适用于 $\alpha \leqslant 60°$ 的锥体，如 $\alpha > 60°$ 则按第二章平盖计算，平盖直径取锥壳最大直径。

设计举例

已知一减压塔的内径为 1000mm，塔体长度为 6500mm（不包括封头），其封头为椭圆形，直边高度为 40mm，长短轴比值 $D_i/(2h_i)=2$。减压塔在 0.00532MPa（绝对压力）及 150℃下操作，塔体与封头均由 Q235-B 钢板制成，屈服强度 $\sigma_y = 235\text{MPa}$。试确定：

① 无加强圈时塔体所需的壁厚；

② 若在塔体外壁设置 5 个加强圈，则塔体所需的壁厚及加强圈尺寸；

③ 封头的壁厚。

解　用图算法计算：

1. 无加强圈时

(1) 先假设筒体壁厚 $t_e = 8\text{mm}$

筒体外径　$D_o = 1000 + 2\times 8 = 1016\text{mm}$

筒体计算长度　$L = 6500 + 2\left(40 + \dfrac{1}{3}\times\dfrac{1000}{4}\right) = 6747\text{mm}$

故

$$\frac{L}{D_o} = \frac{6747}{1016} = 6.64$$

$$\frac{D_o}{t_e} = \frac{1016}{8} = 127 > 10$$

(2) 由 $\dfrac{L}{D_o}$、$\dfrac{D_o}{t_e}$ 查图 4-11，得 $A = 0.00013$。根据 Q235-B 材料的屈服强度 $\sigma_y = 235\text{MPa} > 206\text{MPa}$，查图 4-12 知 A 值在 150℃材料线左方，故许用外压力按下式计算：

$$[p] = \frac{2AE}{3(D_o/t)} = \frac{2\times 0.00013\times 2.1\times 10^5}{3\times 127} = 0.143\text{MPa}$$

因真空容器无安全装置时，取计算压力 $p_c = 0.1\text{MPa}$，现 $[p] > p_c$，故筒体取 $t_e = 8\text{mm}$ 合适。若取 $C_1 + C_2 = 2\text{mm}$，则 $t_n = 8 + 2 = 10\text{mm}$。

2. 有加强圈时

(1) 设 5 个加强圈在筒体上均匀分布，故计算长度为：$L' = \dfrac{6747}{6} = 1124.5\text{mm}$ 取壁厚

$t_e'=4\text{mm}$，则

$$\frac{L'}{D_o}=\frac{1124.5}{1000+8}=1.12$$

$$\frac{D_o}{t_e'}=\frac{1008}{4}=252>10$$

同上方法求得　$A=0.00032$，查图 4-12 得 $B=45\text{MPa}$，则许用外压力为：

$$[p]=\frac{B}{(D_o/t_e')}=\frac{45}{252}=0.178\text{MPa}$$

因 $p_c<[p]$，故选用壁厚 $t_e'=4\text{mm}$，且 $t_n'=4+2=6\text{mm}$ 合适。

上述两种情况的计算结果表明，由于设置加强圈增加了筒体的刚性，塔体壁厚减少 40%，相应钢材耗量也减少了。

(2) 加强圈设计，假设加强圈采用 L40×40×5 的角钢，材料为 Q235-B，其截面尺寸：$A_s=379.1\text{mm}^2$，$J_s=55300\text{mm}^4$，加强圈间距 $L_s=L'=1124.5\text{mm}$。

加强圈中心线两侧有效圆筒的宽度：

$$b=0.55\sqrt{1008\times4}=34.9\text{mm}$$

有效圆筒截面积：

$$A_e=2bt_e'=2\times34.9\times4=279.2\text{mm}^2$$

有效圆筒惯性矩：

$$J_e=\frac{2\times34.9\times4^3}{12}=372.27\text{mm}^4$$

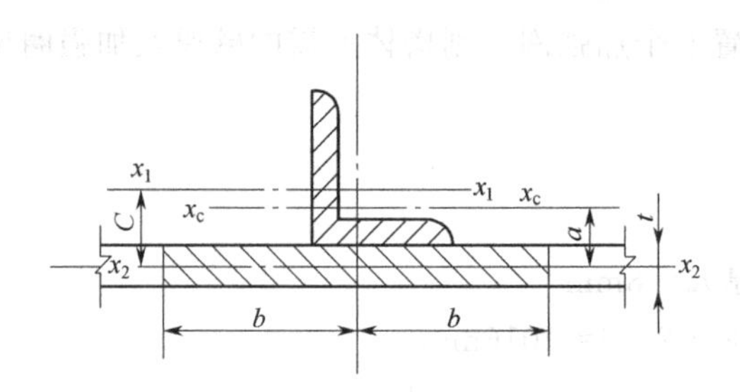

图 4-21　计算综合惯性矩尺寸图

组合截面的综合惯性矩（见图 4-21）：

$$J_s'=J_s+A_s(C-a)^2+J_e+A_ea^2$$

式中　a——组合截面形心离开 x_2-x_2 轴距离；

C——x_1-x_1 轴离开 x_2-x_2 轴距离。

因

$$a=\frac{A_sC}{A_s+A_e}=\frac{379.1\times13.7}{379.1\times279.2}=8.0\text{mm}$$

$$C=11.7+2=13.7\text{mm}$$

故

$$J_s'=55300+379.1\times5.7^2+372.27+279.2\times8^2=85858\text{mm}^4$$

为保持稳定，加强圈与有效筒体所需的最小惯性矩 J 为：

按式 (4-36) 计算 B，得

$$B=\frac{0.1\times1008}{4+\frac{379.1}{1124.5}}=23.24\text{MPa}$$

根据 Q235-B 材料和 B 值查图 4-12，因无交点按下式计算 A 值：

$$A=\frac{3B}{2E}=\frac{1.5\times23.24}{2.1\times10^5}=0.000166$$

将 A 代入式（4-35），得

$$J=\frac{D_o^2L_s}{10.9}\left(t_e'+\frac{A_s}{L_s}\right)A$$

$$=\frac{(1008)^2\times1124.5}{10.9}\times\left(4+\frac{379.1}{1124.5}\right)\times0.000166$$

$$=75468\text{mm}^4$$

因 $J_s'>J$，故加强圈选用∠40×40×5 合适。

3. 封头壁厚核算

如果 $t_n=10\text{mm}$，$C_1+C_2=3\text{mm}$，则 $t_e=7\text{mm}$。由表 4-1，椭圆形封头的当量曲率半径为：

$$R_i=0.9D_i=0.9\times1000=900\text{mm}$$

按式（4-41）求 A，$R_o\approx R_i$

$$A=\frac{0.125}{R_o/t_e}=\frac{0.125}{900/7}=0.00097$$

由 A 查图 4-12 得：

$$B=118\quad\text{MPa}$$

将 B 代入式（4-42），有

$$[p]=\frac{B}{R_o/t_e}=\frac{18}{900/7}=0.9\quad\text{MPa}$$

虽 $[p]>p_c$，且 $[p]$ 比 p_c 大得较多，但考虑制造方便，封头板材与筒体相同，仍取 $t_n=10\text{mm}$。

三、外压法兰的计算

外压法兰仍可利用 Waters 对内压法兰建立的应力公式进行计算。在预紧情况下，外压法兰与内压法兰的力矩计算相同，即

$$M_a=Wl_3\quad\text{N}\cdot\text{mm}\qquad(4\text{-}47)$$

式中，$W=\frac{1}{2}(A_m+A_b)[\sigma]_b$，N。

但在操作条件下，因流体轴向静压力 P_1 的方向恰与内压时相反，升压时螺栓力降低，垫圈反力反而增加，从偏安全考虑，可以假定$W=0$，因此 $P_3=P_1+P_2$，若对螺栓中心圆取力矩平衡式，则有（见图 4-22）：

$$M_P=P_1l_1+P_2l_2-P_3l_3$$

$$=P_1(l_1-l_3)+P_2(l_2-l_3)\quad\text{N}\cdot\text{mm}\qquad(4\text{-}48)$$

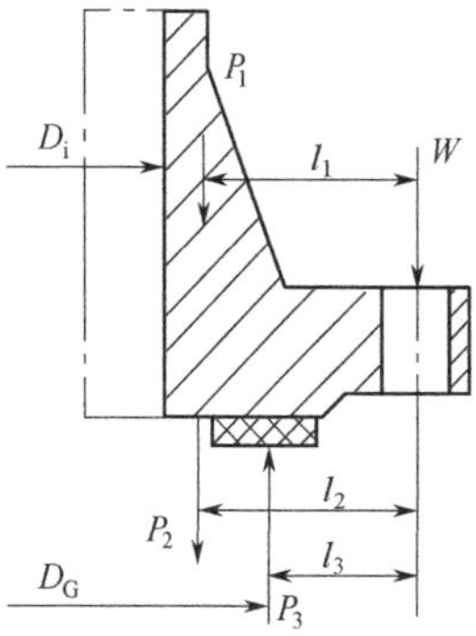

图 4-22 外压法兰

式中，$P_1=0.785D_i^2p_c$，N；$P_2=P_3-P_1$，N；$P_3=0.785D_G^2p_c$，N；p_c 为计算外压力，MPa。其余符号及应力计算公式和强度条件与受内压时相同。

习　题

1. 一分馏塔由内径 $D_i=1800$mm，长 $L=6000$mm 的圆形筒节和上下两个标准椭圆形封头（直边段长度为 50mm）焊接而成。塔体材料为 20R。该塔在负压下操作，最高操作温度为 370℃，腐蚀裕量 $C_2=2$mm。试分别用解析法和图解法确定塔体厚度。

2. 某厂拟设计一真空塔，材料为 Q235-B，圆筒形塔体内径为 $D_i=2500$mm，顶部和底部为标准椭圆形封头，塔体部分高度为 20000mm（包括封头直边段高度）。操作温度为 250℃，腐蚀裕量 $C_2=2.5$mm。试确定：

（1）塔体壁厚和封头厚度；

（2）塔体上均匀设置 6 个加强圈（材料与塔体相同）时的塔体壁厚和加强圈结构尺寸。

3. 一负压塔中部为一无折边锥形壳体过渡段，半锥角 $\alpha=15°$，大端内直径 $D_i=2500$mm，小端内直径 $D_{is}=1500$mm。壳体材料为 Q235-B，操作温度为 150℃，腐蚀裕量 $C_2=2$mm。试确定该锥壳的壁厚，并校核液压试验时锥壳大端与圆筒连接处是否需要加强（$\phi=1$）？

4. 一夹套反应釜，釜内圆筒与外部夹套底部的封头为标准椭圆形封头。内筒的内直径为 $D_i=1400$mm，夹套的内直径为 $D_{ir}=1500$mm，夹套与内筒焊接处至内封头直边的距离为 $H=1300$mm。釜内工作介质温度为 100℃，压力为 0.2MPa。夹套内加热介质压力为 0.3MPa。釜体和夹套材料均为 20R，腐蚀裕量 $C_2=2$mm。试确定内筒和夹套的壁厚，并确定液压试验压力和校核试验时的釜体的强度和稳定性。

第五章　高压及超高压容器设计

工程上一般将设计压力在 10～100MPa 之间的压力容器称为高压容器，而将压力在 100MPa 以上的称为超高压容器，中国《压力容器安全技术监察规程》[5] 也是这样规定的。高压容器一般都属于三类容器（除非体积特别小）。高压容器在筒体结构、材料选用、制造工艺、端盖与法兰、密封结构有很多特殊的地方，计算方法也有许多区别，而且设计、制造与使用的管理也不同一般。超高压容器更具有独特性。本章将专门介绍这些特殊的结构与设计方法。

第一节　概　　述

一、高压容器的应用

高压容器在化工与石油化工企业中有很广泛的应用。合成氨、合成甲醇、合成尿素、油类加氢等合成反应都是在高压反应器中借助压力、温度和催化剂而进行的。这类反应器不但压力高，而且也伴有高温，例如合成氨就常在 15～32MPa 压力和 500℃高温下进行合成反应。另外应用很广泛的是高压缓冲与贮存容器，例如高压压缩机的级间油分离器，废热锅炉装置中的高压蒸汽包等。在其他工业部门，例如核动力装置中的反应堆就有许多高压容器，水压机的蓄力器也是高压容器。

高压容器的设计理论与制造技术起源于军事工业中的炮筒。化学工业中应用最早的是合成氨工业。随着化工及石油化工的发展，高压容器的直径、厚度、吨位都在不断地增加。20 世纪 20～30 年代的氨合成塔内径一般为 700～800mm，重 30t 左右；50 年代增大到 800～1000mm，长 10m 以上，重 80t 左右；60 年代发展到 1600～1700mm 直径；而 70 年代以来由于单机大型化生产的发展更快，直径已达 2800～3600mm，长 20m 以上，重 300～400t。加氢反应器也是如此，有的目前已达到 4.5m 直径，厚度达 280mm，重约 1000t。

由于高压技术的复杂性，因此工艺上不应片面提高压力。愈是大型装置愈要设法限制压力的提高以避免由高压带来的一系列问题。例如合成氨工业从中小型发展到年产 30 万 t 氨的规模时，系统压力已从 32MPa 降低到 15～20MPa。

为避免合成反应的高温给高压容器带来的许多问题，常在内件的外层包上隔热材料，同时在内件与高压外筒之间留有间隙作为冷态原料气通道，形成可保护外壳免受高温作用的冷气层，从而使高压外筒不致变成“热壁”的容器。

二、高压容器的结构特点

高压容器设计与制造技术的发展始终围绕着既要随着生产的发展能制造出大壁厚的容器，又要设法尽量减小壁厚以方便制造这一核心问题。因此高压容器在结构上形成如下一些特点。

（1）结构细长　容器直径愈大，壁厚也愈大。这就需要大的锻件、厚的钢板，相应地要有大型冶、锻设备，大型轧机和大型加工机械。同时还给焊接的缺陷控制、残余应力消除、热处理设备及生产成本等带来许多不利因素。另外因介质对端盖的作用力与直径的平方成正比，直径愈大密封就愈困难。因此高压容器在结构上设计得比较细长，长径比达 12～15，有的高达 28，这样制造较有把握，密封也可靠。

(2) 采用平盖或球形封头　早先由于制造水平和密封结构形式的限制，一般较小直径的可拆封头不采用凸形的而采用平盖。但平盖受力条件差、材料消耗多、笨重，且大型锻件质量难保证，故平盖仅在 1m 直径以下的高压容器中采用。目前大型高压容器趋向采用不可拆的半球形封头，结构更为合理经济。

(3) 密封结构特殊多样　高压容器的密封结构是最为特殊的结构。一般采用金属密封圈，而且密封元件型式多样。高压容器应尽可能利用介质的高压作用来帮助将密封圈压紧，因此出现了多种型式的“自紧式”密封结构。另外为尽量减少可拆结构给密封带来的困难，一般仅一端可拆，另一端不可拆。甚至有些大直径的高压容器，例如凯洛格流程的氨合成塔内径达 3200mm，为了解决大直径的高压法兰难于密封的难题而将上下封头均做成不可拆的，只是在半球形上封头的中央开孔，与置于顶部上的列管式换热器采用小直径的法兰相连。这样的结构虽然避开了大直径法兰密封问题，但对日后在使用中的检验与无损检测带来了困难，而内件的维护检修也很困难，为内件的设计与制造也带来了更高的要求。

(4) 高压筒身限制开孔　为使筒身不致因开孔而受削弱，以往规定在筒身上不开孔，只允许将孔开在法兰或封头上，或只允许开小孔（如测温孔）。目前由于生产上迫切需要，而且由于设计与制造水平的提高，允许在有合理补强的条件下开较大直径的孔，也可允许孔径达筒身直径的 1/3。

三、高压容器的材料

高压容器所用钢材的要求与中低压容器是基本一致的，即在强度、塑性、韧性、硬度、冷弯性能以及耐腐蚀性能方面均应达到一定的要求。但高压容器筒体与封头还有一些特殊的要求。

(1) 强度与韧性　高压容器筒体之所以有许多种结构型式，其原因主要是考虑既要增加壁厚以满足容器强度的需要，又要尽量减薄壁厚以降低材料消耗、重量和制造成本。因此尽可能提高材料的强度以减少壁厚比中低压容器显得格外突出。目前高压容器沿用优质低碳钢的历史已基本结束，一般均采用低合金钢，例如中小型的较多采用 16MnR 或 15MnVR，大一些的倾向于采用 18MnMoNbR 或相近级别的国外钢种。中国 GB 150 标准附录 A 中推荐的 13MnNiMoNbR 是一种优良的屈服强度为 390MPa 级的压力容器用钢。其化学成分的特点是低的含碳量（0.12%～0.16%）、0.80%～1.00%的含镍量、添加少量的钼、铬元素（0.20%～0.40%）使其中温性能及强度改善、并添加细化晶粒元素铌（0.01%～0.03%），而磷、硫元素均要求严格控制在 0.02%以下。其热处理状态一般要求是正火＋回火。可以轧制成 100～125mm 厚的厚板。这种钢材源于德国的锅炉钢板 BHW35，中国曾大量应用于制造大型电站的锅炉汽包。该钢强度中等，韧性与焊接性能优良，适用于制造大直径高压容器及锅炉。但随着化工装置大型化的水平不断提高，还需要强度更高的钢使壁厚不致更厚。但强度的提高容易使材料的塑性与韧性下降，变得对缺口与裂纹更为敏感，同时可焊性下降，焊接时易淬硬和出现裂纹。国内外在发展高强度钢种时常因小的焊接裂纹而导致高压容器在压力试验过程中就发生筒体屈服前的低应力脆断。因此提高强度而又能保证良好韧性和可焊性是关键所在。近年来国外已发展了屈服点达 800MPa 左右的高强度钢，其含碳量反而降至 0.09%以下，主要依靠添加锰、镍、铬等强化元素及多种细化晶粒元素，并保证磷、硫杂质含量低于 0.004%，再以真空脱气与真空浇注以脱除氧、氮、氢有害气体。因此降低碳含量，减少磷、硫、氧、氮、氢五种有害元素含量，冶炼出“纯净钢”甚至“超纯净钢”，是 20 世纪 80 年代以来以至未来发展高强度压力容器用钢的主要努力方向，以求得到高强度、高韧性及高可焊性的“三高”钢。

在热处理方面，屈服点在 400MPa 以下的钢材应采用正火＋回火处理，可以使强度提高，而晶粒细化韧性改善。500MPa 以上的一般应采用调质（淬火＋回火）热处理，使强度与韧性的综合性能更为理想。

(2) 制造工艺性能　焊接结构的高压容器用钢，必须具有良好的焊接性能，包括可焊性、吸气性、热裂与冷裂倾向，晶粒粗大倾向等。一般凡可作为焊接容器用钢者均已具备较好的焊接性能，但仍应注意的是，强度愈偏高、板材愈厚时愈应仔细考虑如何避免产生延迟裂纹（冷裂纹），一般应在焊前预热、焊后保温及排除氢气、焊后热处理消除应力等方面作充分考虑。

一般来说，焊接结构的高压容器用钢还需要有良好的塑性，以保证卷制成形时不产生裂纹，其塑性指标 δ_5 不应低于 16％～18％，同时还需进行 180°的冷弯试验，弯芯直径不应大于 3 倍的板厚。

对于锻焊结构的高压容器虽然不会遇到冷弯断裂的问题，但锻造筒节之后还需用深环焊缝进行焊接，因此仍要求钢材有良好的可焊性。

锻造式高压容器的材料必须具有良好的可锻性。35 及 45 钢的锻造性与韧性良好，强度中等，但焊接性能差，一般可作为全锻造式的容器材料或不焊接的零部件（如可拆的平盖）材料。而需与筒体焊接的大法兰或底封头则常采用 20MnMo 或 16Mn 锻件。强度再需高一些的还可以用 35CrMo 或 32MnMoVB 作锻件。

(3) 耐腐蚀及耐高温性能　一般来说高压容器的材料选择的主要注意力放在强度上，并同时注意高强度下的高韧性及可焊性问题。而介质的腐蚀性问题则主要依靠用耐腐蚀材料做衬里来解决。例如在内壁衬上 18-8 型的奥氏体钢衬里或采用带极堆焊的方法覆盖上 18-8 型钢的堆焊层。例如大型的尿素合成塔内壁总是堆焊含钼的超低碳不锈钢（如 316L 或 0Cr18Ni12Mo2Ti）以防止尿素母液的强腐蚀。

但化工高压容器除高压外还常伴有高温，有的加氢反应器还会带来高温高压下的氢腐蚀问题。高温容器主要应选用高温下具有较高强度、抗珠光体球化与石墨化能力较强、抗直接火氧化甚至抗蠕变能力较强的 Cr-Mo 低合金钢。例如可以允许用到 550℃的 12CrMo、15CrMoR、12Cr2Mo1R 等铁素体类中温钢及 1Cr5Mo 或 1Cr9Mo 珠光体耐热钢。在高温高压临氢环境下用于制造热壁加氢反应器的板材以 2.25Cr-1Mo（即国产钢 12Cr2Mo1R）最为普遍，在高温高氢分压下具有良好的抗氢腐蚀性能。近年来国内外更趋于采用 2.25Cr-1Mo-0.25V，有更好的韧性与很低的回火脆化敏感性。600℃以上使用的高温高压容器一般需采用奥氏体类的高镍铬合金钢，如 0Cr19Ni9（相当于 304 钢）、0Cr17Ni11Mo2（相当于 316 钢），一般可用到 700℃。但 600～700℃下长期使用会导致碳化物相沿晶析出与 σ 相（Cr-Fe 间金属化合物）析出，致使材料明显脆化。

(4) 其他要求　高压容器用钢在制造投料前对原材料的各种检验要求比中低压容器要严格。例如应进行化学成分和力学性能的复验、冷弯与冲击性能的复验、钢板厚度负偏差的复验，还需要对钢板逐张进行 100％超声波检验以剔除有严重分层缺陷的板料[1]或有严重缺陷

---

[1] 参见 JB 1150《压力容器用钢板超声波探伤》，共分三级，Ⅰ级为合格。

的锻件[1]，以保证投料的钢材是合格的。

第二节　高压容器筒体的结构与强度设计

一、高压筒体的结构型式及设计选型

高压筒体各种结构型式的出现始终围绕着如何方便经济地获得足够壁厚这一问题，这当中制造上的可能性与经济性又是关键问题。现就各种筒体结构围绕这一观点进行分析。

（一）整体锻造式

整体锻造式高压容器是最早采用的筒体型式，其结构如图 5-1（a）所示。这是沿用整体锻造炮筒的技术来制造的高压容器，由于焊接技术不发达，筒体与法兰可整锻而出或用螺纹连接。显然这需要非常大的钢锭、锻压机械、车床与镗床，而且毛坯要比净重大 2～2.5 倍。高压容器趋向大型化后，锻造更难。焊接技术发展后曾出现过分段锻造然后焊接拼合成整体，这便叫锻焊式高压容器，但它仍旧受到锻造条件的限制。锻造容器的质量较好，特别适合于焊接性能较差的高强钢所制造的超高压容器。锻造式高压容器一般直径为 ϕ300～800mm，长度不超过 12m。

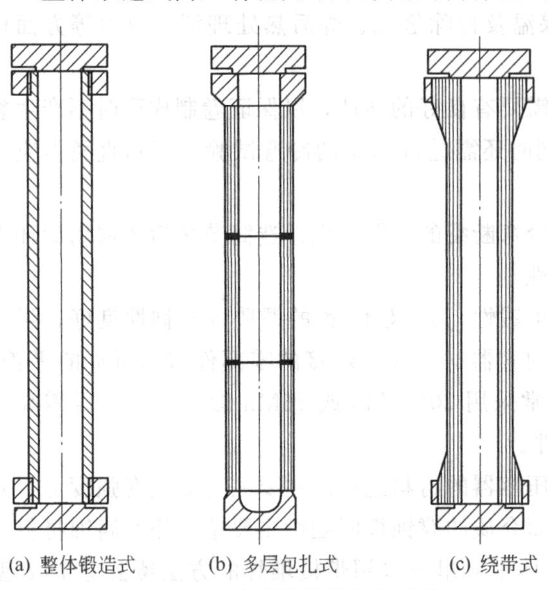

图 5-1　高压容器筒体的结构型式

各国国情也有所区别，德国和美国的大型锻压设备较多，有较好的基础，比较愿意采用锻造式的。中国虽有大型万吨级的锻压机，但不普遍，且成本高，较少采用。

（二）单层式

如果有足够的卷板或锻压能力，可以制造单层的厚壁高压容器。单层式高压容器主要有如下三种形式。

（1）单层卷焊式　将厚板加热后到大型卷板机上卷成圆筒，再将纵缝焊接成筒节，然后由几个筒节再组焊成高压容器。单层卷焊式由于工序少，因而周期短效率高。由于采用大型卷板机，若圆筒直径过小便无法卷筒，因此直径 400mm 以下的圆筒难于采用单层卷焊式结构。另外可卷制的板厚也受到卷板机能力的限制，目前国内最大卷制厚度可达 110mm 而直径不小于 1000mm 的筒体。

（2）单层瓦片式　没有大型卷板机而有大型水压机时，可将厚板加热后在水压机上压制成半个圆筒节或小于半个圆筒节的“瓦片”。然后将“瓦片”用焊接纵缝的方法拼成圆筒节，再组焊成筒体，此时每一筒节上必有 2 条或 2 条以上的纵焊缝，它的生产效率要比单层卷焊的差一些，较费工费时。

（3）无缝钢管式　用厚壁无缝钢管也可制造单层的厚壁容器，效率高，周期短。中国小

---

[1] 参见 JB 755《压力容器锻件技术条件》，共分四级，达到Ⅲ级或Ⅳ级方为合格。

型化肥厂的许多小型高压容器即采用此种结构。但高压无缝钢管的直径不超过 500mm。

以上三种单层厚壁容器的选择受到几个方面因素的制约：

① 厚壁原材料的来源；

② 大型加工装备的条件；

③ 纵向或环向深厚焊缝中缺陷检测与消除的可能性。

由于这些因素而使以上三种结构的使用受到限制，从而相继又出现了许多组合壁厚的高压容器。

（三）多层式

为避免由单层厚板制造高压容器带来的问题而出现了多层组合式的高压筒体。最常见的有以下几种。

(1) 层板包扎式 先由薄壁圆筒作为内筒（一般内筒厚 14～20mm），在其外面逐层包扎上层板以形成必要的厚度，见图 5-1 (b)。层板选用 4～8mm 的薄板，经逐张检验合格后下料并卷成半圆形板片或几分之一圆周的板片，亦形同“瓦片”。经校圆及表面喷砂处理后在专用的包扎机上包扎，用钢丝绳捆扎在层板上用油压千斤顶把钢丝绳拉紧，使层板与内筒贴紧，然后将板的纵焊缝焊好并磨平即告一层包扎成功，如此逐层包扎到所需厚度即成筒节。

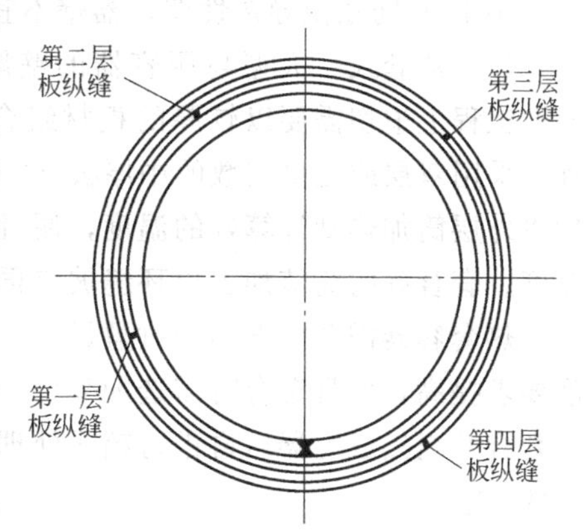

图 5-2 多层包扎筒节层板纵缝错开形式

由于高压容器筒体的材料在承载时一般不受剪力作用，因此将厚壁制成薄板组合体，对承载能力是不受影响的。实际上层板与层板之间不可能完全贴紧，总有些间隙，在加载时有可能消除这些间隙。即使存在一些间隙也不会影响筒体的承载能力。为避免因纵缝焊接质量不好影响强度，因此应将各层纵焊缝相互错开一个角度，这样就不会明显影响筒体的整体强度。层板纵缝错开的情况可参见图 5-2。每个筒节上应开安全孔，如图 5-3。这种小孔可使层间空隙中的气体在工作时因温度升高而排出，也可以当内筒出现泄漏时可通过小孔排出，以起监察之用。

中国自 1956 年试制成功多层包扎式高压容器以来，习惯于采用低碳低强度而焊接性能好的 20 号锅炉钢板（20g），内筒厚 19mm，层板 6mm。显然随着向大型化发展应采用强度高的层板，目前国内较多采用 16 锰容层板 (16MnR)，也可采用强度再高一些的 15 锰钒容层板（15MnVR)。板厚有 6、7、8 (mm) 三种。为制造更大型的多层包扎式高压容器可以采用更高强度的层板，原则上可以作为压力容器用钢的 6～12mm 厚的钢板均可使用。同时采用 12mm 厚的层板则可提高包扎的工效。

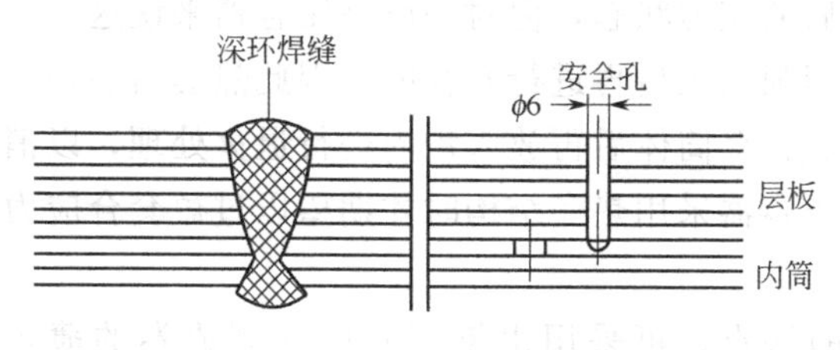

图 5-3 多层包扎筒节上深环缝及安全小孔

归纳起来层板包扎式结构具有如下特点：

① 原材料供应方便，不需厚板只需薄板，质量比厚板容易达到要求；

② 制造中不需大型加工设备，只需一般卷板机和一台结构并不复杂的包扎机；

③ 改善了筒体的应力分布，因为每包扎一层，纵缝焊完时的收缩便使层板贴紧内筒并

形成压应力，层数愈多，内层压应力愈大，受载后筒体内外壁应力趋于均匀，于强度有利；

④ 较单层安全，薄板韧性易保证，爆破时仅是层板撕开大缺口，而无碎片，同时纵缝错开后避免了纵向的深焊缝，消除了沿深厚纵缝裂开的危险；

⑤ 内筒可采用与层板不同的材料，以适合介质的要求。

层板包扎式高压容器中国自1956年试制成功以来一直是国内中型高压容器所采用的主要结构型式，制造的厂家也较多。但是层板包扎式也有一些不足之处，主要是：

① 生产效率低，工序繁琐，不适合制造大型容器，壁厚愈厚包扎量也愈多；

② 层板材料利用率低，除因质量不合格被剔除之外，还有层板下料后的边角余料也很多；

③ 层板间的间隙较难控制，有松有紧。但有人认为有间隙也不影响强度，因而不需要严格控制松动面积，或制造后用内压试验使其间隙贴紧；

④ 因有间隙使导热性差，器壁不宜作传热之用。

(2) 热套式　大型高压容器的壁厚很厚，常在100mm以上，多层包扎式显得极为费时，工程上迫切需要以较厚的板材组合成层数不多的厚壁筒，热套式厚壁筒便是其中之一种。采用双层或更多层数的中厚板（30mm以上）卷焊成直径不同但可过盈配合的筒节，然后将外层筒加热到计算好的温度，便可进行套合，冷却收缩后便配合紧密。逐层套合到所需厚度。套合好的筒节加工出环缝坡口再拼焊成整台容器。

热套容器需要较准确的过盈量，但又要力求对配合面不进行机械加工，这就对卷圆的精度要求提高，而且套合时需选配套合。但即使有过盈量，套合后贴紧得也不会很均匀。如果在套合并组接成容器后再进行超压处理，则可使其贴合紧密，这样可降低对过盈量及圆筒精度的要求。

热套式大型高压容器在中国已被采用，曾用18MnMoNbR的50mm钢板制造过内径3200mm壁厚150mm的三层热套式氨合成塔。热套式容器有可能成为今后国内制造大型石油化工高压容器的主要型式之一。归纳起来它有如下特点：

① 生产效率高，主要是采用了中厚板，层数少（一般2～3层），明显优于层板包扎式；

② 材料来源广泛且材料利用率高，中厚板的来源比厚板来源多，且质量比厚板好，材料利用率比层板包扎式约高15%～20%；

③ 焊缝质量易保证，每层圆筒的纵焊缝均可分别探伤，且热套之前均可作热处理。

虽然热套时的预应力可以改善筒体受内压后的应力状态，但对一般高压容器来说这一点并不重要。而且这种热套筒体不是在经过精密切削加工后再进行套合的，因此热套后的预应力各处的分布很不均匀。所以在套合后或组装成整个筒体后再放入炉内进行退火处理，以消除套合后的或组焊后的残余应力。只是在超高压容器采用热套结构时才期望以过盈套合应力来改善筒体的应力分布状态。

(3) 绕板式　为克服层板包扎式效率低的缺点，可采用由钢厂专门轧制成卷的薄板（2～3mm），将薄板的一端与内筒相焊，接着将薄板连续地缠绕在内筒上，达到需要的厚度时便停止缠绕并将薄板割断再焊死在筒体上，便成筒节。为了使绕板的开始端与终止端能与圆筒形成光滑连接，分别置有楔形过渡段。最外层往往再加焊一层套筒作为保护层。绕板式筒节与多层包扎式相比有以下特点：

① 效率高，不需一片一片地下料成型；

② 材料利用率高，绕板时基本上没有边角余料；

③ 机械化程度高，内筒制成后便可在绕板机上一次绕制完毕，而且绕板机占地小。

中国早已形成一定的绕板容器生产能力。一般说绕板容器所用钢板太薄，不适合于绕制成大型的壁厚很厚的高压容器。

(4) 无深环焊缝的层板包扎式　上面所述的各种多层容器均先制成筒节，筒节与筒节之间就不可避免地需要采用深环缝焊接。深环焊缝的焊接质量对容器的制造质量和安全有重要影响，这是因为：

① 探伤困难，由于环缝的两侧均有多层板，影响了超声波探伤的进行，仅能依靠射线检验；

② 有很大的焊接残余应力，且焊缝晶粒极易变得粗大而韧性下降；

③ 环缝的坡口切削工作量大，焊接也复杂。

因此去除高压筒体上的深环焊缝是众所关心的问题。具有制造高压容器很久历史的德国克虏伯工厂近年来开发了一种无深环焊缝的层板包扎式高压容器。它是将内筒首先拼接到所需的长度，两端便可焊上法兰或封头，然后在整个长度上逐层包扎层板，待全长度上包扎好并焊好磨平后再包扎第二层，直包扎到所需厚度。这种方法包扎时各层的环焊缝可以相互错开，至少可错开 200mm 的距离。另外每层包扎时还应将层板的纵焊缝也错开一个较大的角度，以使各层板的纵向焊缝不在同一个方位。这些做法均对保障结构的安全有好处。如图 5-4 所示。这种结构的高压容器完全避免了出现深环焊缝，连与法兰及封头连接的深环焊缝也被一般的浅焊缝所代替，使得焊缝质量较易保证，又简化了工艺，但需较大型的包扎机，中国近年来已进行了研制，并已取得了成功。

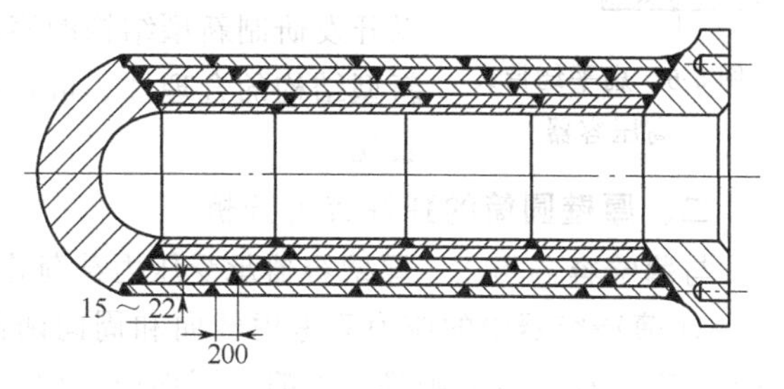

图 5-4　无深环焊缝的多层包扎式高压容器

(四) 绕带式

这是一种以钢带缠绕在内筒上以获得大厚度筒壁的方法，绕带有两种基本形式。

(1) 槽形绕带　如图 5-5 所示是槽形绕带的横截面，内筒的外表面先车削成为与槽形钢带形状吻合的螺旋槽，在专用的机床上缠绕上经电加热的钢带，冷却后收缩，可保证每层钢带贴紧。每层钢带的两头均焊在筒身上。每层钢带之间靠凹槽相互扣住，故槽形钢带可以承受一部分由内压形成的轴向力。这种钢带需由钢厂专门轧制。端部法兰也可由钢带绕制而成，参见图 5-1 (c)。法兰最外层绕带绕好后车去凹槽，再热套上法兰箍。车削端部平面和密封面之后就在由绕带组成的法兰上钻出主螺栓孔。中国 20 世纪 60 年代曾制造过这种结构的容器，但以后应用很少。

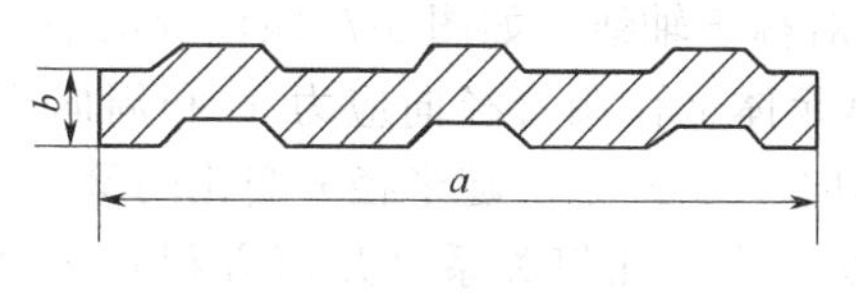

图 5-5　槽形绕带的截面

(2) 扁平绕带　这种绕带容器的制造要比槽形绕带容器方便得多，结构很简单，内筒不需加工出螺纹槽，也不采用经特殊轧制的槽形钢带，而用扁平钢带。钢带一般厚 4～8mm，宽 40～120mm。为了使钢带借助带间摩擦力能承受轴向力，特将缠绕的角度由小倾角变为大倾角 (26°～31°)，每层由一组钢带绕制而成（如多头螺旋状）见图 5-6。而相邻的另一层绕带则反向缠绕，这样可减少筒体的扭剪力。因此这种绕带容器应称“倾角错绕扁平钢带式”容器。

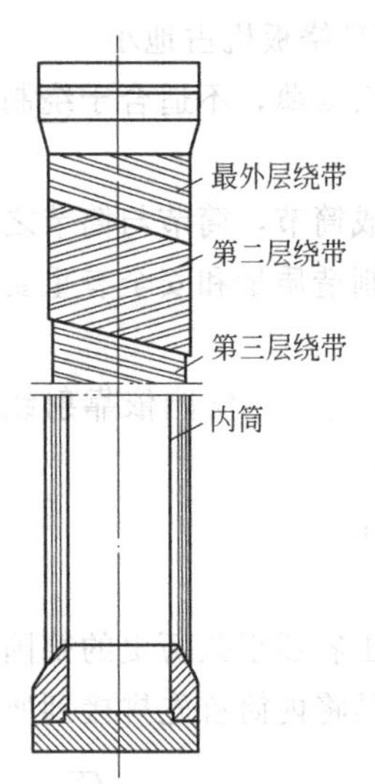

图 5-6 扁平绕带式高压容器

扁平绕带容器是一种具有中国特色的高压容器。由于对原材料要求较为一般，材料利用率也相当高，缠绕机简单，制造方便，成本低，很适合在中小型容器制造厂中制造。它在中国 20 世纪 60～70 年代大规模发展小型化肥工业中发挥了重要作用，也取得了重大经济效益。这种结构的高压容器在美国已获得认可。

（五）设计选型原则

综上所述，各种结构型式的高压容器主要是围绕如何用经济的方法获得大厚度这一中心问题而逐步发展出来的。各种结构型式的高压容器中国都能制造，并均具有一定的生产能力。但在设计选型时必须综合原材料来源，配套的焊条焊丝、制造厂所具备的设备条件和工夹具条件，以及对特殊材料的焊接能力、热处理要求及工厂装备条件等等。在做充分调查论证后才能做到选型正确，确有把握。必要时也可以开发研制新型结构的容器，但必须首先调查国内外现状，充分论证新型结构的合理性、可行性与经济性，同时要付出艰巨的劳动以付诸实现。

二、厚壁圆筒的弹性应力分析

与薄壁容器相比，厚壁容器承受压力载荷作用时所产生的应力具有如下特点。

① 薄壁容器中的应力只考虑经向和周向两向应力，而忽略径向应力。但厚壁容器中因压力很高，径向应力则难以忽略，因而应考虑作三向应力分析。

② 在薄壁容器中将二向应力视为沿壁厚均匀分布薄膜应力，而厚壁容器沿壁厚出现应力梯度，上述薄膜假设将不能成立。

③ 因内外壁间的温差随壁厚的增大而增加，由此产生的温差应力相应增大，因此厚壁容器中的温差应力就不应忽视。

本节首先分析单层厚壁圆筒中由内压产生的弹性应力，然后分析温差应力，这是厚壁圆筒强度设计的基础。

（一）受内压单层厚壁圆筒中的弹性应力[15]

由于厚壁圆筒具有几何轴对称性，其应力和变形也对称于轴线。如图 5-7（a）所示是一个切出的沿轴向为单位长度的厚壁筒薄片，其中任一单元体上作用着径向应力 σ_r 和周向应力 σ_θ，还有轴向应力 σ_z。虽然是三向应力，但其中的轴向应力 σ_z 是不随半径 r 变化的量。

σ_θ 与 σ_r 的求解以位移为基本未知量较为方便。即以变形的几何关系（几何方程）导出应变表达式，再以虎克定律所表达的应力-应变关系（物理方程）导出应力表达式，另外再以微体平衡关系导出周向应力和径向应力的关系式（平衡方程），最后便可求解各向应力。

（1）几何方程　图 5-7（b）所示单元体两条圆弧边的径向位移分别为 w 和 $w+\mathrm{d}w$，可导出其应变表达式为：

$$\left.\begin{aligned}&\text{径向应变}\quad \varepsilon_r=\frac{(w+\mathrm{d}w)-w}{\mathrm{d}r}=\frac{\mathrm{d}w}{\mathrm{d}r}\\&\text{周向应变}\quad \varepsilon_\theta=\frac{(r+w)\mathrm{d}\theta-r\mathrm{d}\theta}{r\mathrm{d}\theta}=\frac{w}{r}\end{aligned}\right\}\tag{5-1}$$

对第二式求导并变换可得：

$$\frac{\mathrm{d}\varepsilon_\theta}{\mathrm{d}r}=\frac{1}{r}(\varepsilon_r-\varepsilon_\theta)\tag{5-2}$$

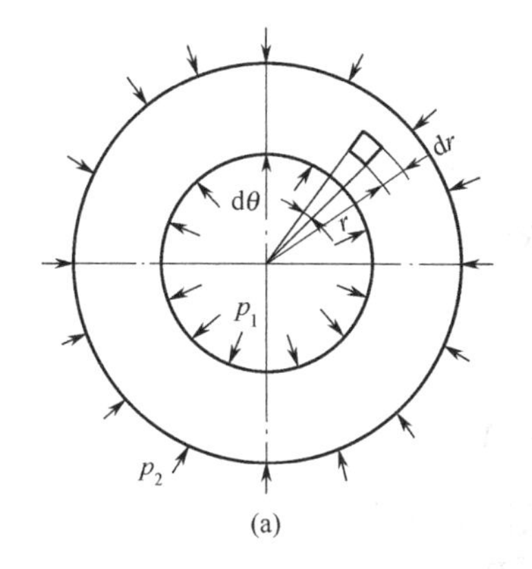

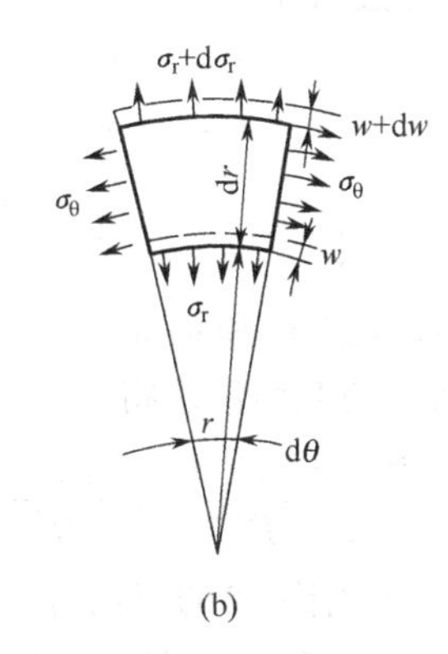

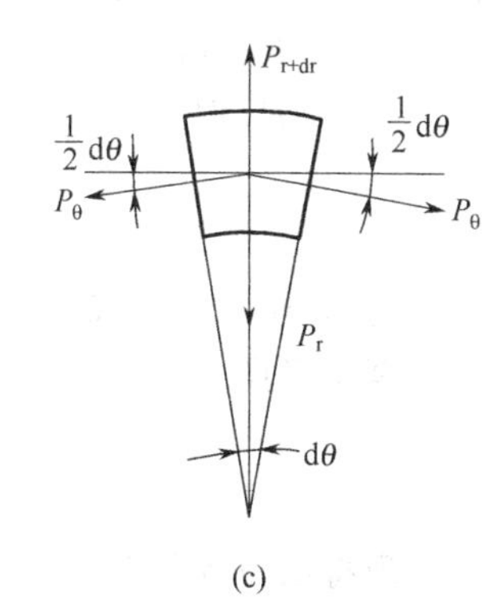

图 5-7 厚壁圆筒的应力与变形分析

物理方程 按广义虎克定律可表示为：

$$\left.\begin{aligned}\varepsilon_r&=\frac{1}{E}[\sigma_r-\mu(\sigma_\theta+\sigma_z)]\\ \varepsilon_\theta&=\frac{1}{E}[\sigma_\theta-\mu(\sigma_r+\sigma_z)]\end{aligned}\right\}\tag{5-3}$$

式中的 E、μ 分别为材料的弹性模量和泊松比。

由上述两式可得：

$$\varepsilon_r-\varepsilon_\theta=\frac{(1+\mu)}{E}(\sigma_r-\sigma_\theta)\tag{5-4}$$

同时对（5-3）式的第二式求导，可得（σ_z 为沿 r 均匀分布的常量）：

$$\frac{d\varepsilon_\theta}{dr}=\frac{1}{E}\left(\frac{d\sigma_\theta}{dr}-\mu\frac{d\sigma_r}{dr}\right)$$

另外将式（5-4）代入式（5-2）得：

$$\frac{d\varepsilon_\theta}{dr}=\frac{(1+\mu)}{rE}(\sigma_r-\sigma_\theta)$$

由这两式相等可得：

$$\frac{d\sigma_\theta}{dr}-\mu\frac{d\sigma_r}{dr}=\frac{1+\mu}{r}(\sigma_r-\sigma_\theta)\tag{5-5}$$

（2）平衡方程 由图 5-7（c）的微体平衡关系可得出下列方程：

$$(\sigma_r+d\sigma_r)(r+dr)d\theta-\sigma_r r d\theta-2\sigma_\theta dr\sin\frac{d\theta}{2}=0$$

因 $d\theta$ 极小，故 $\sin\frac{d\theta}{2}\approx\frac{d\theta}{2}$，再略去二级微量 $d\sigma_r dr$，上式可简化为：

$$\sigma_\theta-\sigma_r=r\frac{d\sigma_r}{dr}\tag{5-6}$$

为消去 σ_θ，将式（5-5）代入式（5-6），整理得：

$$r\frac{d^2\sigma_r}{dr^2}+3\frac{d\sigma_r}{dr}=0$$

由该微分方程求解，便可得 σ_r 的通解，将 σ_r 再代入式（5-6）得 σ_θ：

$$\sigma_r=A-\frac{B}{r^2},\sigma_\theta=A+\frac{B}{r^2}\tag{5-7}$$

根据以下边界条件可以求出积分常数 A 和 B：

当 $r=R_i$ 时，　　　　$\sigma_r=-p_i$

当 $r=R_o$ 时，　　　　$\sigma_r=-p_o$

$$A=\frac{p_iR_i^2-p_oR_o^2}{R_o^2-R_i^2} \qquad B=\frac{(p_i-p_o)R_i^2R_o^2}{R_o^2-R_i^2}$$

将 A 与 B 代入式（5-7）便可得到 σ_r 和 σ_θ 的表达式，见式（5-8）。

至于经向（轴向）应力 σ_z 则可按截面法求得：

$$\sigma_z=\frac{\pi R_i^2p_i-\pi R_o^2p_o}{\pi(R_o^2-R_i^2)}=\frac{p_iR_i^2-p_oR_o^2}{R_o^2-R_i^2}=A$$

现将已得到的在内外压作用下厚壁圆筒的三向应力表达式汇总如下：

$$\left.\begin{aligned}&\text{周向应力}\quad \sigma_\theta=\frac{p_iR_i^2-p_oR_o^2}{R_o^2-R_i^2}+\frac{(p_i-p_o)R_i^2R_o^2}{R_o^2-R_i^2}\times\frac{1}{r^2}\\&\text{径向应力}\quad \sigma_r=\frac{p_iR_i^2-p_oR_o^2}{R_o^2-R_i^2}-\frac{(p_i-p_o)R_i^2R_o^2}{R_o^2-R_i^2}\times\frac{1}{r^2}\\&\text{轴向应力}\quad \sigma_z=\frac{p_iR_i^2-p_oR_o^2}{R_o^2-R_i^2}\end{aligned}\right\}\tag{5-8}$$

式中　p_i，p_o——内压载荷及外压载荷；

R_i，R_o——圆筒的内半径及外半径；

r——圆筒壁内任意点的半径。

当仅有内压作用时上式可以简化，即令 $p_o=0$，另外将 $r=R_i$ 和 $r=R_o$ 分别代入式（5-8），便可得到仅在内压作用下厚壁圆筒的内、外壁应力，并列于表 5-1。表中各式采用了壁厚比$K=\dfrac{R_o}{R_i}$表示，K 值可表示厚壁筒的壁厚特征。

表 5-1　单层厚壁圆筒在内压作用下的筒壁应力

应　　力	任意半径 r 处	内表面 $r=R_i$ 处	外表面 $r=R_o$ 处
径向应力 σ_r	$\frac{p_i}{K^2-1}\left(1-\frac{R_o^2}{r^2}\right)$	$-p_i$	0
周向应力 σ_θ	$\frac{p_i}{K^2-1}\left(1+\frac{R_o^2}{r^2}\right)$	$p_i\left(\frac{K^2+1}{K^2-1}\right)$	$p_i\left(\frac{2}{K^2-1}\right)$
轴向应力 σ_z	$p_i\left(\frac{1}{K^2-1}\right)$	$p_i\left(\frac{1}{K^2-1}\right)$	$p_i\left(\frac{1}{K^2-1}\right)$

式（5-8）即为著名的拉美（Lame）公式。现讨论三向应力沿厚度的分布规律。式（5-1）中的 r 为从 R_i 到 R_o 范围内的半径变量，则分布规律可参见图 5-8。其分布规律可归纳为以下几点。

① 周向应力 σ_θ 及轴向应力 σ_z 为正值（拉应力），径向应力为负值（压应力）。

② 在数值上有如下规律：

i. 内壁周向应力 σ_θ 为所有应力中的最大值，其值为 $\sigma_\theta=p\dfrac{K^2+1}{K^2-1}$，内外壁 σ_θ 之差为 p；

ii. 径向应力内壁处为 $\sigma_r=-p$（中低压容器中由于 p 很小而可忽略），外壁处 $\sigma_r=0$；

iii. 轴向应力是周向应力和径向应力的平均值，且为常数，即 $\sigma_z=\dfrac{1}{2}$（$\sigma_\theta+\sigma_r$），σ_z 沿壁

厚均匀分布，在外壁处$\sigma_z=\frac{1}{2}\sigma_\theta$。

③ 应力沿壁厚的不均匀程度与径比K值有关，以σ_θ为例，内壁与外壁处的σ_θ之比为$\frac{(\sigma_\theta)_i}{(\sigma_\theta)_o}=\frac{K^2+1}{2}$，$K$值愈大不均匀程度也愈严重，当$K$值趋近于1时其比值接近1，说明薄壁容器的应力沿壁厚接近于均布。

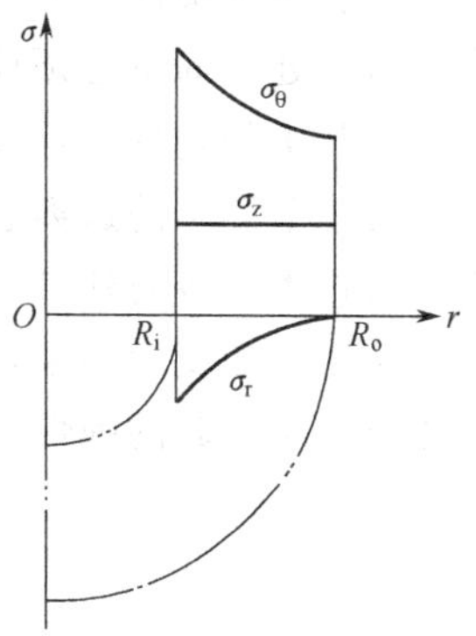

（二）单层厚壁圆筒的位移表达式[38]

由式（5-1）和式（5-3）首先可得厚壁圆筒的径向位移w的表达式：

$$w=\frac{r}{E}[\sigma_\theta-\mu(\sigma_r+\sigma_z)]$$

图 5-8 单层厚壁筒内压作用下的应力分布图

将式（5-7）所示的σ_r及σ_θ代入该式，若是开口的则$\sigma_z=0$，若是封闭的，则$\sigma_z=\frac{1}{2}(\sigma_\theta+\sigma_r)=A$，便得到：

开口厚壁筒的径向位移 $$w=\frac{r}{E}\left[(1-\mu)A+(1+\mu)\frac{B}{r^2}\right]$$

封闭厚壁筒的径向位移 $$w=\frac{r}{E}\left[(1-2\mu)A+(1+\mu)\frac{B}{r^2}\right]$$

将前面所得积分常数A和B代入上面两式便得：

$$\left.\begin{aligned}&\text{两端开口}\quad w=\frac{r}{E(R_o^2-R_i^2)}\left[(1-\mu)(p_iR_i^2-p_oR_o^2)+(1+\mu)\frac{(p_i-p_o)R_i^2R_o^2}{r^2}\right]\\&\text{两端封闭}\quad w=\frac{r}{E(R_o^2-R_i^2)}\left[(1-2\mu)(p_iR_i^2-p_oR_o^2)+(1+\mu)\frac{(p_i-p_o)R_i^2R_o^2}{r^2}\right]\end{aligned}\right\}\tag{5-9}$$

当采用过盈配合的热套圆筒时需要计算在内压或外压作用下的直径变化量ΔD。圆筒在任意半径r处的直径变化量可由下式导出：

$$\Delta D=\varepsilon_\theta D$$

由式（5-3）及式（5-7）可得ΔD的表达式：

两端开口的ΔD为：

$$\Delta D=\frac{2r}{E(R_o^2-R_i^2)}\left[(1-\mu)(p_iR_i^2-p_oR_o^2)+(1+\mu)\frac{(p_i-p_o)R_i^2R_o^2}{r^2}\right]$$

两端封闭的ΔD为：

$$\Delta D=\frac{2r}{E(R_o^2-R_i^2)}\left[(1-2\mu)(p_iR_i^2-p_oR_o^2)+(1+\mu)\frac{(p_i-p_o)R_i^2R_o^2}{r^2}\right]\tag{5-10}$$

（三）单层厚壁圆筒中的温差应力

1. 温差应力方程

对无保温层的高压容器，若内部有高温介质，内外壁面必然形成温差，由于内外壁材料的热膨胀变形存在相互约束，变形不是自由的，就导致出现温差应力。例如内壁温度高于外壁时（称为内加热），内层材料的自由热膨胀变形必大于外层的，但内层变形又受到外层材料的限制，因此内层材料出现了压缩温差应力，而外层材料则出现拉伸温差应力。当外加热时，内外层温差应力的方向则相反。可以想象，当壁厚愈厚时，沿壁厚的传热阻力加大，内外壁的温差也相应增大，温差应力便随之加大。

单层厚壁圆筒中的温差应力是弹性力学中的典型问题，其推导过程与拉美式的推导有许多相似之处，即也必须应用几何方程、物理方程和微体平衡方程，也需要应用一些边界条件。但其中的物理方程和边界条件有所不同，现简介如下。

设厚壁筒中的远离边缘区的任一单元体由原来的 0℃升温到 t℃时，如果不存在变形约束，其自由的各向热应变均相同，即 $\varepsilon_r^t=\varepsilon_\theta^t=\varepsilon_z^t=\alpha t$（$\alpha$ 为弹性体材料的线膨胀系数，1/℃）。若弹性体存在变形约束，则会产生热应力，则其中每个单元体的各向应变是各向热应变及各向热应力所引起的弹性应变之和。因此类似式（5-3）的物理方程为：

$$\left.\begin{aligned}\varepsilon_r&=\frac{1}{E}\left[\sigma_r^t-\mu(\sigma_\theta^t+\sigma_z^t)\right]+\alpha t\\ \varepsilon_\theta&=\frac{1}{E}\left[\sigma_\theta^t-\mu(\sigma_r^t+\sigma_z^t)\right]+\alpha t\\ \varepsilon_z&=\frac{1}{E}\left[\sigma_z^t-\mu(\sigma_r^t+\sigma_\theta^t)\right]+\alpha t\end{aligned}\right\}\tag{5-11}$$

由于所考虑的单元体远离边缘区，厚壁筒各个横截面在变形前后始终保持为平面，即轴向应变 ε_z 不随半径 r 而变化，即 $\varepsilon_z=$常量。设圆筒任意半径 r 处的径向位移为 w，则由式（5-11）可导出径向和周向的热应力： $G=\dfrac{E}{2\ (1+\mu)}$

$$\left.\begin{aligned}\sigma_r^t&=2G\left[\frac{dw}{dr}+\frac{\mu}{1-2\mu}\left(\frac{dw}{dr}+\frac{w}{r}+\varepsilon_z\right)-\frac{1+\mu}{1-2\mu}\alpha t\right]\\ \sigma_\theta^t&=2G\left[\frac{w}{r}+\frac{\mu}{1-2\mu}\left(\frac{dw}{dr}+\frac{w}{r}+\varepsilon_z\right)-\frac{1+\mu}{1-2\mu}\alpha t\right]\end{aligned}\right\}\tag{5-12}$$

将其代入微体平衡方程式（5-6），得到以下微分方程：

$$\frac{d^2w}{dr^2}+\frac{1}{r}\frac{dw}{dr}-\frac{w}{r^2}=\left(\frac{1+\mu}{1-\mu}\right)\alpha\frac{dt}{dr}$$

$$\frac{d}{dr}\left[\frac{1}{r}\frac{d}{dr}(wr)\right]=\left(\frac{1+\mu}{1-\mu}\right)\alpha\frac{dt}{dr}$$

其解为：

$$w=\left(\frac{1+\mu}{1-\mu}\right)\frac{\alpha}{r}\int_{R_i}^{r}tr\,dr+\frac{1}{2}C_1r+\frac{1}{r}C_2$$

式中，C_1 及 C_2 为积分常数，此式代入式（5-12），并根据传热学中的圆筒体在稳定传热时的温度场方程，任意 r 处的温度 t 为：

$$t=\frac{t_i\ln\dfrac{R_o}{r}+t_o\ln\dfrac{r}{R_i}}{\ln\dfrac{R_o}{R_i}}$$

式中内壁处（R_i 处）的壁温为 t_i，外壁处（R_o 处）的壁温为 t_o，设 $\Delta t=t_i-t_o$。并应注意到内外表面（$r=R_i$ 及 $r=R_o$）处 $\sigma_r^t=0$ 的边界条件，最后导出稳定传热状态的三向温差应力表达式（详细推导参见文献［36］附录及文献［37］第一章第一节）：

$$\left.\begin{aligned}&\text{周向温差应力}\qquad \sigma_\theta^t=\frac{E\alpha\Delta t}{2(1-\mu)}\left(\frac{1-\ln K_r}{\ln K}-\frac{K_r^2+1}{K^2-1}\right)\\ &\text{径向温差应力}\qquad \sigma_r^t=\frac{E\alpha\Delta t}{2(1-\mu)}\left(-\frac{\ln K_r}{\ln K}+\frac{K_r^2-1}{K^2-1}\right)\\ &\text{轴向温差应力}\qquad \sigma_z^t=\frac{E\alpha\Delta t}{2(1-\mu)}\left(\frac{1-2\ln K_r}{\ln K}-\frac{2}{K^2-1}\right)\end{aligned}\right\}\tag{5-13}$$

式中　E，α，μ——分别为材料的弹性模量、线膨胀系数及泊松比；

Δt——筒体内外壁的温差，$\Delta t = t_i - t_o$；

K——筒体的外半径与内半径之比，$K=\dfrac{R_o}{R_i}$；

K_r——筒体的外半径与任意半径之比，$K_r=\dfrac{R_o}{r}$。

根据式（5-13）可计算出内外壁面处的温差应力，令：$\dfrac{E\alpha\Delta t}{2(1-\mu)}=P_t$，则各处的温差应力见表 5-2。

表 5-2　单层厚壁圆筒中的温差应力

温差应力	任意半径 r 处	圆筒内表面处 $K_r=K$	圆筒外表面 $K_r=1$ 处
径向 σ_r^t	$P_t\left(-\dfrac{\ln K_r}{\ln K}+\dfrac{K_r^2-1}{K^2-1}\right)$	0	0
周向 σ_θ^t	$P_t\left(\dfrac{1-\ln K_r}{\ln K}-\dfrac{K_r^2+1}{K^2-1}\right)$	$P_t\left(\dfrac{1}{\ln K}-\dfrac{2K^2}{K^2-1}\right)$	$P_t\left(\dfrac{1}{\ln K}-\dfrac{2}{K^2-1}\right)$
轴向 σ_z^t	$P_t\left(\dfrac{1-2\ln K_r}{\ln K}-\dfrac{2}{K^2-1}\right)$	$P_t\left(\dfrac{1}{\ln K}-\dfrac{2K^2}{K^2-1}\right)$	$P_t\left(\dfrac{1}{\ln K}-\dfrac{2}{K^2-1}\right)$

式（5-13）及表 5-2 所表示的温差应力分布可用图 5-9 说明。

圆筒中的温差应力及分布大体有如下的分布规律。

① 内壁面或外壁面处的温差应力最大。虽然径向温差应力 σ_r^t 在内外壁面均为 0，且 σ_r^t 在各任意半径处的数值均很小，但周向和轴向温差应力在壁面处均较大，从安全分析角度是首先需要考虑的位置。内加热时最大拉伸温差应力在外壁面，外加热时则在内壁面。但不论是内加热还是外加热，内壁的 σ_θ^t 与 σ_z^t 相等，外壁的 σ_θ^t 与 σ_z^t 也相等。沿壁厚各点 $\sigma_z^t=(\sigma_\theta^t+\sigma_r^t)$，内外壁温差应力之差 $|\sigma_i^t-\sigma_o^t|=2P_t$。

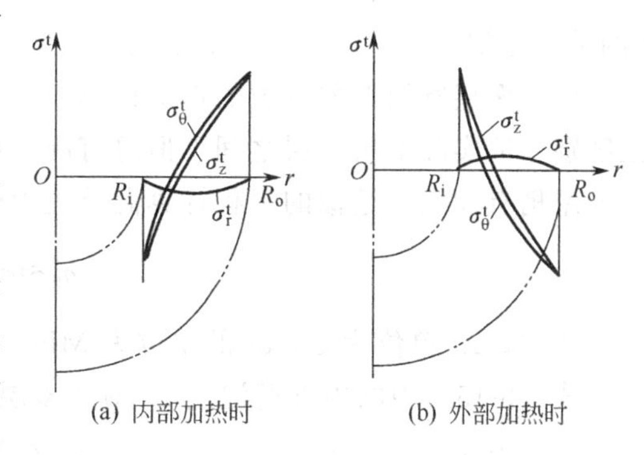

图 5-9　单层厚壁圆筒中的温差应力分布

② 温差应力的大小主要取决于内外壁的温差 Δt，其次也与材料的线膨胀系数等常数有关。然而 Δt 又取决于壁厚，K 值愈大 Δt 值也将愈大，表 5-2 中的 P_t 值也愈大。还应注意，温差应力的正负与内加热或外加热有关，这取决于 Δt 的正负符号，应该是 $\Delta t=t_i-t_o$，内加热时 Δt 为正，外加热时 Δt 为负。

2. 温差应力的工程近似计算

从式（5-13）或表 5-2 可知，温差应力的计算稍繁一些，工程上可采用近似计算方法。

(1) 计算公式的简化　表 5-2 中的$\left(\dfrac{1}{\ln K}-\dfrac{2K^2}{K^2-1}\right)$及$\left(\dfrac{1}{\ln K}-\dfrac{2}{K^2-1}\right)$虽是 K 的函数，但其值较接近于 1，因此近似取 1 时可使计算大为简化。其次 $P_t=\dfrac{E\alpha}{2(1-\mu)}\Delta t$ 中的 E 和 α 虽然均与温度有关，但随温度变化的趋向正好相反，其乘积 $E\alpha$ 值变化不大，因此可将$\dfrac{E\alpha}{2(1-\mu)}$

近似地视为材料的常数。令 $m=\frac{E\alpha}{2(1-\mu)}$，则 m 值见表 5-3。

表 5-3 材料的 m 值 $\left[m=\frac{E\alpha}{2(1-\mu)}\right]$

材 料	高碳钢	低碳钢	低合金钢	Cr-Co 钢，Mo 钢 Cr-Ni 钢
m	1.5	1.6	1.7	1.8

注：E 的单位为 MPa。

由此温差应力的近似计算方法为：

$$\sigma_\theta^t=\sigma_z^t\approx m\Delta t \tag{5-14}$$

温差 Δt 的计算较繁，在无保温时内外壁的温差与内外介质的给热系数有关，Δt 应通过传热计算确定。但可作如下近似分析与估算。首先应注意到，内加热的厚壁筒，内壁温度高于外壁，内壁的温差应力为压应力，因此内壁的内压加温差的总应力容易满足强度要求。而外加热时外壁温度高于内壁，外壁的温差应力为拉应力。若外壁的最大拉伸热应力的相当应力（数值上即为 $\sigma_{\theta_0}^t$ 或 $\sigma_{z_0}^t$）加上外壁由内压引起的相当应力 $\sqrt{3}p/(k^2-1)$ 之和，以不超过内壁内压引起的相当应力［见式（5-17），将 σ_y 改为 σ］为限，可求得 $\sigma_{\theta_0}^t\leqslant\sqrt{3}p$。再以碳钢或低合金钢的物性 E、α 和 μ 代入 $\sigma_{\theta_0}^t$ 表达式，则可求得 $\Delta t\approx1.1p$（压力 p 的单位为 MPa，t 的单位为℃）。这表示 $\Delta t\leqslant1.1p$ 时，外壁的温差应力也不必校验。

（2）多层圆筒温差应力的近似计算　多层式的组合圆筒若层间毫无间隙则与单层圆筒毫无区别。但实际上层与层之间不但总有间隙而且还可能有锈蚀层存在，增加了传热阻力，使壁温差稍有加大。近似的工程计算温差应力的方法是

$$\sigma_\theta^t\approx\sigma_i^t=2.0\Delta t \tag{5-15}$$

式中，Δt 单位为℃，σ^t 的单位为 MPa。

式（5-15）中的内外壁温差 Δt 对于多层组合容器则更难计算，工程上可近似取为：

$$\left.\begin{aligned}&\text{对于室外容器}\quad \Delta t=0.2t\,℃\\&\text{对于室内容器}\quad \Delta t=0.15t\,℃\end{aligned}\right\} \tag{5-16}$$

式中的 t 为圆筒实际壁厚，单位为 mm。

（四）内压与温差同时作用的厚壁圆筒中的应力

当厚壁筒既受内压又受温差作用时，在弹性变形前提下筒壁的综合应力则为两种应力的叠加，叠加时理当按各向应力代数相加，即

$$\sum\sigma_r=\sigma_r+\sigma_r^t,\ \sum\sigma_\theta=\sigma_\theta+\sigma_\theta^t,\ \sum\sigma_z=\sigma_z+\sigma_z^t$$

具体表达式见表 5-4，分布情况可见图 5-10。

内加热与外加热的情况仍取决于 P_t 的正负号，内加热时 Δt 为正，外加热时 Δt 为负。

由图可见，内加热情况下内壁应力综合后得到改善，而外壁有所恶化。外加热时则相反，内壁的综合应力恶化，而外壁应力得到很大改善。

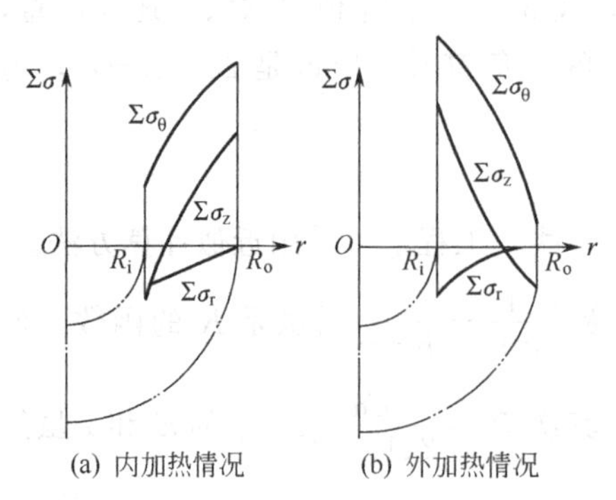

图 5-10 厚壁筒内的综合应力

表 5-4 厚壁圆筒中内压与温差的综合应力

综合应力	筒体内表面 $r=R_i$	筒体外表面 $r=R_o$
径向 $\Sigma\sigma_r$	$-p$	0
周向 $\Sigma\sigma_\theta$	$(p-P_t)\frac{K^2+1}{K^2-1}+P_t\frac{1-\ln K}{\ln K}$	$(p-P_t)\frac{2}{K^2-1}+P_t\frac{1}{\ln K}$
轴向 $\Sigma\sigma_z$	$(p-2P_t)\frac{1}{K^2-1}+P_t\frac{1-2\ln K}{\ln K}$	$(p-P_t)\frac{1}{K^2-1}+P_t\frac{1}{\ln K}$

(五) 工程设计是否计及器壁温差应力的问题

中国 GB 150“钢制压力容器”1989 年版中是考虑计算温差应力的，即在强度计算时将压力引起的相当应力与温差应力的相当应直接相加，校核时以 2 倍许用应力来限定。此处已考虑到温差应力的二次应力属性。但这一考虑温差应力的强度校核方法在 GB 150 的 1998 版中已被取消。基本理由有 3 点：

① 绝大多数非常温的压力容器（包括小于等于 35.0MPa 的高压容器）总有保温层的，此时内外壁温差及温差应力均微不足道，可以忽略；

② 将两种应力不是矢量相加而是将相当应力（应力强度）相加，在概念上是很不严格的；

③ 美国规范 ASME Ⅷ-1 及其他一些国家规范中也未列入温差应力校核的内容。

另外，容器在高温下会发生蠕变变形的，也可不计算温差应力。因为金属蠕变过程中会不断调整消减掉温差应力。

苏文献与郑津洋等人对厚壁圆筒强度校核中是否要计及温差应力的问题进行了研究[67]，按分析设计（见本书第六章第一节）的方法对受内压厚壁圆筒存在内外壁温差时的应力做了分类，通过对一次薄应力和一次薄膜加二次应力的限定条件（即 $P_L+Q\leqslant 3[\sigma]$），分内加热与外加热两种情况计算求得相应的内外壁最大允许温差。不同径比 K 值下不同许用应力下会得到许多结果，可详见 [67]。结果认为在规定的 35MPa 内压范围内，在不同设计压力与许用应力下，外加热时圆筒体内外壁最大允许的温差中的最小值为－79.4℃；内加热时圆筒体内外壁最大允许温差中的最小值为 95.6℃。也就是说若内外壁温差超出这些允许的最大值时则应专门计及温差应力对强度的影响。

三、高压筒体的失效及强度计算

(一) 高压筒体强度失效及强度设计准则

就高压容器而言可能碰到的失效类型大体有：强度不足引起的塑性变形甚至韧性破坏、材料脆性或严重缺陷引起的脆性破坏、环境因素引起的腐蚀失效、高温下的蠕变失效以及交变载荷下的疲劳失效等。就高压容器常规设计计算而言，主要考虑的是要使高压容器具有足够的防止发生过度的塑性变形及爆破等强度失效的能力，其核心即要具有足够的强度。

防止高压筒体的强度失效应考虑厚壁筒应力分布的两个重要特点：

① 沿壁厚的应力分布不均匀，弹性状态下内壁的应力状态是最恶劣的；

② 处于三向应力状态，其径向应力 σ_r 此时不应忽略。

因此对筒体强度的设计计算时必然会碰到这样的问题，即采用什么强度失效的设计准则和采用什么强度理论来处理三向应力。

针对强度失效的设计准则一般有三种，即弹性失效设计准则、塑性失效设计准则和爆破失效设计准则。而考虑三向应力的相当应力（或称应力强度）一般可按第一强度理论、第三强度理论和第四强度理论的方法求出。下面作简要介绍。

1. 弹性失效设计准则

为防止筒体内壁发生屈服，以内壁相当应力达到屈服状态时为发生弹性失效。这就应将内壁的应力状态限制在弹性范围以内，此为弹性失效设计准则。这是目前世界各国使用得最多的设计准则，中国高压容器设计也习惯采用此准则。

设计计算时如何表达内壁三向应力的相当应力（应力强度）这需要采用各种强度理论。将相当应力限制在设计许用应力之内，以此作为强度条件即可防止筒体发生弹性失效，并有足够的安全裕度。

第一强度理论式（即最大主应力理论）及强度条件为：

$$\sigma_{eq}^{\mathrm{I}}=(\sigma_\theta)_{r=R_i}\leqslant[\sigma]$$

第三强度理论式（即最大剪应力理论）及强度条件为：

$$\tau_{max}=\frac{1}{2}(\sigma_\theta-\sigma_r)_{r=R_i}\leqslant\frac{1}{2}[\sigma]$$

或

$$\sigma_{eq}^{\mathrm{III}}=(\sigma_\theta-\sigma_r)_{r=R_i}\leqslant[\sigma]$$

第四强度理论式（即能量理论式）及强度条件为：

$$\sigma_{eq}^{\mathrm{IV}}=\sqrt{\frac{1}{2}[(\sigma_\theta-\sigma_z)^2+(\sigma_z-\sigma_r)^2+(\sigma_r-\sigma_\theta)^2]}\Bigg|_{r=R_i}\leqslant[\sigma]$$

按 Lame 公式将内壁面各向应力值代入上述强度理论表达式，结果汇总于表 5-5。各强度理论所计算出的壁厚比较见图 5-11。按第一强度理论计算所得的壁厚偏薄，而按第三强度理论计算时最厚。但从实验结果来看，按第四强度理论计算出的内壁开始屈服的压力与实验较为接近。

表 5-5　高压筒体各种强度计算式

强度理论	相当应力 σ_{eq}（应力强度）	筒体直径比 K	筒体壁厚 t
第一强度理论	$p\frac{K^2+1}{K^2-1}$	$\sqrt{\frac{[\sigma]+p}{[\sigma]-p}}$	$R_i\left(\sqrt{\frac{[\sigma]+p}{[\sigma]-p}}-1\right)+C$
第三强度理论	$p\frac{2K^2}{K^2-1}$	$\sqrt{\frac{[\sigma]}{[\sigma]-2p}}$	$R_i\left(\sqrt{\frac{[\sigma]}{[\sigma]-2p}}-1\right)+C$
第四强度理论	$p\frac{\sqrt{3}K^2}{K^2-1}$	$\sqrt{\frac{[\sigma]}{[\sigma]-\sqrt{3}p}}$	$R_i\left(\sqrt{\frac{[\sigma]}{[\sigma]-\sqrt{3}p}}-1\right)+C$
中径公式	$p\frac{K+1}{2(K-1)}$	$\frac{2[\sigma]+p}{2[\sigma]-p}$	$R_i\left(\frac{2[\sigma]+p}{2[\sigma]-p}-1\right)+C$

综上可知，①若要较准确计算筒体内壁开始屈服的压力建议用第四强度理论式：

$$p_{yi}=\frac{K^2-1}{\sqrt{3}K^2}\sigma_y \tag{5-17}$$

② 在壁厚较薄时即压力较低时各种强度理论差别不大。

表 5-5 中的中径公式将在本节（二）中介绍。

2. 塑性失效设计准则

当筒体内壁开始屈服时除内表面以外的其他部分均处于弹性状态，筒体仍可提高承载能力。只有当载荷增大到使筒壁的塑性层扩展至外壁，即达到整体屈服时才认为达到失效状态，这就是塑性失效。筒体整体发生塑性失效时的载荷即为筒体的极限载荷。按塑性失效的极限载荷作为高压筒体设计的基准再给予适当的安全系数便可确定筒体的壁厚，这就是塑性失效设计准则。前苏联的设计规范曾采用了这种方法。

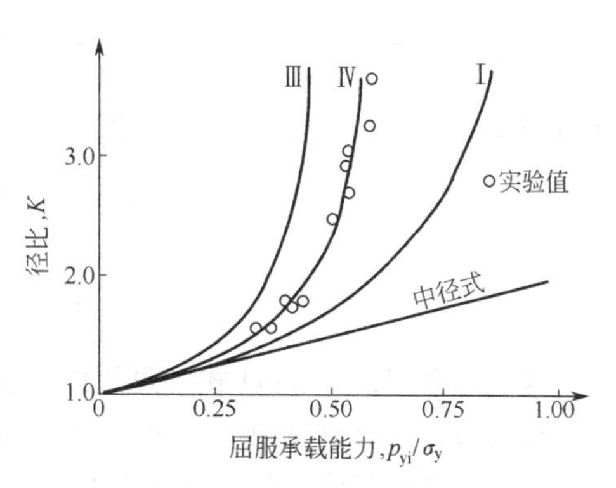

图 5-11　各种强度理论的比较

高压圆筒发生整体塑性失效的极限载荷即称为整体屈服压力，其推导过程如下。从弹塑性圆筒应力分析可知，如果弹塑性界面随内压的增大而扩展到外壁面时便出现整体屈服状态。如果视材料为理想塑性，采用 Tresca（特雷斯卡）屈服条件，按内压圆筒的弹塑性分析式（5-43），令 $R_c=R_o$ 便可导出整体屈服时的内压力 p_{yo} 表达式（称 Turner 式）：

$$p_{yo}=\sigma_y \ln K \tag{5-18}$$

若采用 Mises（米赛斯）屈服条件，则 p_{yo} 表达式（称 Nadai 式）：

$$p_{yo}=\frac{2}{\sqrt{3}}\sigma_y \ln K \tag{5-19}$$

将所得 p_{yo} 除上安全系数 n 时即可得许用压力。

3. 爆破失效设计准则[75,76,85～89]

非理想塑性材料在筒体整体屈服后仍有继续承载的能力。这是因为随着压力的增加筒体的屈服变形增大，因而筒体材料不断发生屈服强化。当筒体出现塑性大变形时，如果筒体因材料强化而使承载能力继续上升的因素与因塑性大变形造成壁厚减薄而使承载能力下降的因素相抵消，此时筒体便无法增加承载能力，筒体即将爆破，此时的压力即为筒体的最大承载压力，称为爆破压力（压力与筒体变形之间的关系曲线即爆破曲线可参见第六章图 6-1）。

若以容器爆破作为失效状态，以爆破压力作为设计的基准，再适当考虑安全系数便可确定能安全使用的压力或确定筒体的设计壁厚，这便称为爆破失效设计准则。

非理想塑性材料的筒体爆破压力计算涉及到塑性大变形理论，早在 20 世纪 50～60 年代已有人作了理论分析，有些理论分析已有较高的精度，但较为繁复。例如英国 Manning 认为韧性好的钢制高压容器实际上塑性失效时是切应力导致失效的，故而提出应采用材料的扭转试验的切应力数据，并采用塑性变形中的体积不变原理，筒体进入塑性大变形与硬化阶段后可用数值积分法求取不同应变值时的内压值，直至求出爆破压力。Manning 的论文于 1945 年发表，简单的介绍可参见［74］的 P26～32。Manning 法计算复杂，还要用扭转试验数据，很不方便，但精度高。Faupel（福贝尔）曾从若干实验总结出来的经验式则比较简单，也有一定的精度，现简介如下。

Faupel 曾对 150 个碳钢、低合金钢、不锈钢及铝青铜等材料制成的模拟高压容器作过爆破试验，材料的抗拉强度范围为 $\sigma_b=460\sim1320$MPa，延伸率范围为 $\delta=12\%\sim80\%$。采用式（5-19）整理数据时，发现爆破压力在下面两式计算出来的压力之间，即：

爆破压力的上限值为 $p_{bmax}=\frac{2}{\sqrt{3}}\sigma_b \ln K$

爆破压力的下限值为 $p_{\mathrm{bmin}}=\frac{2}{\sqrt{3}}\sigma_{\mathrm{y}}\ln K$

而且容器的爆破压力随材料的屈强比 $\sigma_{\mathrm{y}}/\sigma_{\mathrm{b}}$ 有线性的变化规律，对爆破压力 p_{b} 可归纳为：

$$p_{\mathrm{b}}=p_{\mathrm{bmin}}+\frac{\sigma_{\mathrm{y}}}{\sigma_{\mathrm{b}}}(p_{\mathrm{bmax}}-p_{\mathrm{bmin}})$$

得

$$p_{\mathrm{b}}=\frac{2}{\sqrt{3}}\sigma_{\mathrm{y}}\left(2-\frac{\sigma_{\mathrm{y}}}{\sigma_{\mathrm{b}}}\right)\ln K \tag{5-20}$$

这就是著名的 Faupel 式，可用以简便地估计压力容器的爆破压力，也可以作为高压容器爆破失效设计准则的基本方程，此时还需考虑给以一定的安全系数。日本工业标准中的 JIS 8270 及日本其他一些企业的标准即采用 Faupel 式来设计高压容器，对爆破压力 p_{b} 所用的设计安全系数为 $n=3\sim3.2$。

应当知道，除弹性失效设计准则外，采用塑性失效准则时并非容许筒体可以整体进入塑性状态，甚至也未必可以使内壁进入塑性状态。同样采用爆破失效准则时也并非意味着容许筒体可以发生塑性大变形，这均取决于所采用的安全系数。各国所采用的对各种设计准则的安全系数虽有不同，但当考虑各自的安全系数之后，各种准则设计出的高压筒体实际上连内壁也不会屈服，整个筒体都全部处于弹性状态。这说明设计准则的出发点虽然反映了设计思想不同的先进观点，但至今尚由于种种因素（例如材料因素、制造因素及操作因素等）的复杂性，规范的制订者仍不敢容许内壁出现屈服，控制安全系数后反映在筒体设计壁厚上只有不大的差别。

（二）单层高压圆筒的强度计算

内压作用下单层高压圆筒的强度计算方法。

上面分析了各种失效形式的设计准则及失效压力计算式［式（5-17）～式（5-20）]，各国设计规范所用的设计准则及设计公式各不相同。ASME Ⅷ-2[44] 及中国钢制容器标准均采用弹性失效设计准则，而且设计公式又是第一强度理论式。但是具体采用以 Lame 的应力表达式为基础的第一强度理论式还是中径式（见表 5-5)，可以作如下分析。

前已述及，各种强度理论的计算结果的差异与 K 值有关，K 值愈小时差异愈小。当设计压力低于 35MPa 时（即中国钢制容器标准规定的最高适用范围）容器的 K 值一般不会超过 1.5，因而按不同强度理论设计出的壁厚差值不会超过 1.25 倍。实际若采用 16MnR 级以上的钢材所得的 K 值不会超过 1.2（设计压力在 35MPa 以下时），各种强度理论式的差别更小。但各种计算式中又以中径公式最为简单，故中国的容器标准采用的是中径公式[3]。

中径式是用沿壁厚的平均应力按第三强度理论导出的：

$$\sigma_{\mathrm{eq}}=\sigma_{\max}-\sigma_{\min}\leqslant[\sigma]，即\ \sigma_{\theta}-\sigma_{\mathrm{r}}\leqslant[\sigma]$$

周向平均应力 $\sigma_{\theta}=\frac{pD_{\mathrm{i}}}{2t}$，此即为三向应力中的 $\sigma_{\max}$。径向平均应力 σ_{r} 应为 $\sigma_{\min}$，该 $\sigma_{\mathrm{r}}=\frac{1}{2}\left[(\sigma_{\mathrm{r}})_{r=R_{\mathrm{i}}}+(\sigma_{\mathrm{r}})_{r=R_{\mathrm{o}}}\right]=\frac{1}{2}\left[-p+0\right]=-\frac{p}{2}$。代入第三强度理论式则得：

$$\frac{pD_{\mathrm{i}}}{2t}+\frac{p}{2}\leqslant[\sigma]$$

$$\frac{p(D_{\mathrm{i}}+t)}{2t}\leqslant[\sigma] \tag{5-21}$$

式中，p 为内压（MPa)，D_{i} 为内径（mm)，［σ］为设计温度下的材料许用应力

(MPa)，t 为计算壁厚。(D_i+t) 即为中径；故上式亦称中径公式，可改为：

$$t=\frac{pD_i}{2[\sigma]\varphi-p} \tag{5-22}$$

该中径公式与中低压容器的壁厚计算式形式上一致。所以压力在 35MPa 以下或壁厚比 $K<1.2$ 的高压筒体计算方法与中低压时一样。

将式（5-21）中分母的 $2t$ 改为 $2t=(D_o-D_i)$，分子 (D_i+t) 为中径，改写为 $\frac{1}{2}(D_o+D_i)$，则式（2-21）变为：

$$\frac{p}{2}\frac{(D_o+D_i)}{(D_o-D_i)}\leqslant[\sigma]$$

$$\frac{p}{2}\frac{K+1}{K-1}\leqslant[\sigma] \tag{5-23}$$

该式即为表 5-5 中的中径公式。

以上是以第三强度理论及平均应力导出中径公式的过程。但也可将中径式认为是爆破失效式的体现。因为若将 Turner 的爆破压力的上限式 $p_b=\sigma_b\ln K$ 进行简化，用级数展开 $\ln K$：

$$\ln K=2\left[\frac{K-1}{K+1}+\frac{1}{3}\left(\frac{K-1}{K+1}\right)^2+\frac{1}{5}\left(\frac{K-1}{K+1}\right)^5+\cdots\right] \tag{5-24}$$

当 $K<1.5$ 时可近似取 $\ln K\approx 2\left[\frac{K-1}{K+1}\right]$，即 $p_b=2\sigma_b\left(\frac{K-1}{K+1}\right)$，此即为以中径式计算爆破压力的表达式，因此也有人认为中径公式是以爆破失效设计准则得出的设计式。

但实际的爆破压力与中径公式计算出的爆破压力尚有一定距离，不一定要将中径式视为爆破失效式的体现。

中国 GB 150《钢制压力容器》中规定，当设计压力低于 35MPa 时可以采用中径公式是适当的。当选用的钢材强度越高时，壁厚比 K 值还将下降，内外壁的应力差值还将缩小，更接近于薄壁容器，因此采用中径公式更为合适。在 35MPa 压力以上的高压容器则应考虑采用以上介绍的以 Lame 公式为基础的强度设计方法，或者采用塑性失效、爆破失效的设计方法，而不应再采用中径式。所以从厚壁筒的应力分析来说，本章的各理论公式（见表 5-1 和表 5-2）实质上更适用于 K 值超过 1.25 的壁厚更厚的超高压容器使用。35MPa 压力及 $K=1.2$ 以下的容器，其压力虽然已超过 10MPa，强度计算方法仍可取中低压容器的方法。但必须注意的是，压力达 10MPa 时厚壁筒体可能不再是单层的，尤其当直径很大时；另外高压密封结构也是与中低压容器有很大区别的。

（三）多层圆筒的强度计算

多层圆筒包括层板包扎式、绕板式及热套式等结构型式。不论在包扎、缠绕或热套时都会在逐层紧缩过程中产生一定大小的预应力，这些预应力使内层材料受到周向压缩预应力作用，而外层材料的收缩（如包扎中纵焊缝收缩、绕带收紧、热套冷却收缩）受到内层的抑制时便产生拉伸预应力。这些预

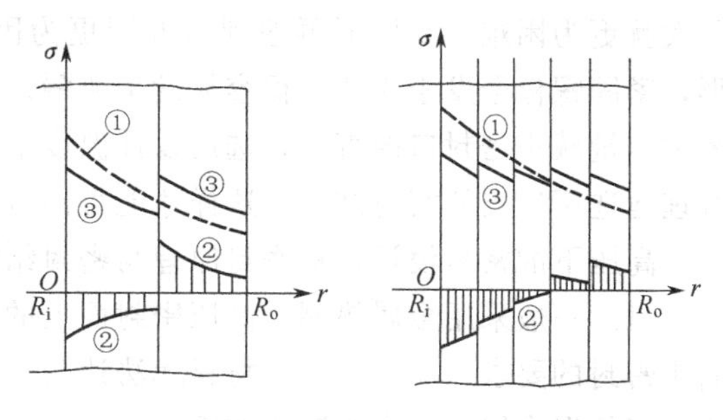

图 5-12　多层容器预应力对应力分布的影响

①—单层受压时的应力；②—双层或多层热套后的预应力；③—双层或多层热套受压后的应力

应力将使筒体在受内压的工作状态下的应力分布由不均匀趋向于均匀，如图 5-12 所示。但这是理论分析的情况，实际的多层容器在层间要做到无间隙是困难的，间隙或大或小，且不均匀，因此应力分布是很复杂的。在水压试验时又有不同程度的贴紧而能消除部分间隙，应力分布情况又发生了改变。还有，目前压力在 35MPa 以下的多层容器不以得到满意的预应力为主要目的，而是以得到较大壁厚为目的，例如热套容器在热套之后再作热处理，反使预应力被消除。因此在设计时不必考虑多层容器中预应力的影响。

目前对层板包扎式、绕板式和绕带式（包括槽形与扁平钢带）多层容器的强度计算按以下的简化方法进行（不包括热套容器）：壁厚计算式仍按式（5-22），然后将许用应力按组合许用应力考虑，组合许用应力为：

$$[\sigma]^t\varphi=\frac{t_i-C_i}{t_n-C}[\sigma]_i^t\varphi_i+\frac{t_o-C_o}{t_n-C}[\sigma]_o^t\varphi_o \tag{5-25}$$

式中 C_i，C_o——分别为内筒及外壁材料的壁厚附加量；

C——壁厚附加量，$C=C_i+C_o$；

t_n——圆筒的名义厚度；

t_i、t_o——分别为内筒的厚度和外层材料的总厚度；

$[\sigma]_i^t$，$[\sigma]_o^t$——分别为内筒材料及外层材料在设计温度下的许用应力；

φ_i、φ_o——分别为内筒及外层材料的焊缝系数，层板的 $\varphi_o=0.95$，绕板或绕带的 $\varphi_o=1.0$。

由上可见，多层厚壁筒体的强度计算方法是一种粗糙的工程化方法。采用这种方法并非出于对多层圆筒应力分析的困难，而是由于实际多层圆筒并非理想的组合圆筒，其贴紧度、层间预应力不可能达到理想的均匀的状况，因此采用简化的工程化方法反而是合理的。

对于直径不太大的双层或多层热套的超高压容器，可以用机加工方法保证过盈量的精度，所得预应力或承压后的应力均可计算出来。可以采用优化的设计方法求得各层等强度情况下最小总厚度。

第三节　高压容器的密封结构与设计计算

一、高压密封的结构形式[27,41,73]

高压容器的密封比中低压容器困难得多，这主要是压力高引起的。如果高压下再遇到直径大就更为困难。高压下再遇到高温则更为困难。高温下材料易发生塑性变形以至蠕变变形，紧固螺栓会发生松弛，很容易发生泄漏。无疑在进行高压容器总体结构设计时必须首先考虑尽量减小密封口的直径，选用设计温度下难于发生松弛变形而强度较好的材料，然后再合理地选用适当的密封结构，这样才能得出可靠的密封设计。

高压下的密封设计，从密封原理与密封结构上总的原则如下。

（1）一般采用金属垫圈　高压密封面上的比压大大超过中低压容器的密封比压才能满足高压密封的要求，非金属垫片材料无法达到如此大的密封比压。高压容器常用的金属垫圈是延性好的退火铝、退火紫铜或软钢。

（2）采用窄面密封　采用窄面密封代替中低压容器中常用的宽面密封有利于提高密封面比压，而且可大大减少总的密封力，减小密封螺栓的直径，也有利于减小整个法兰与封头的结构尺寸。有时甚至将窄面密封演变成线接触密封。

(3) 尽可能利用介质压力达到自紧密封　如何利用介质的高压来帮助密封这是很有意义的。首先使垫圈预紧，然后工作时随着介质压力提高能使垫片压得愈紧，达到自紧的目的。自紧式密封要比中低压容器中常用的强制密封更为可靠和紧凑。

采用什么型式的密封垫圈以及如何设计出既可靠又紧凑、轻巧、装拆方便的自紧式密封结构，这是高压密封结构设计的中心问题。为此不断出现了若干型式的高压密封结构，总的可以分为强制式与自紧式密封两大类。本节将分析这些密封结构并讨论一些设计计算方法。

(一) 平垫密封

依靠紧固件（螺栓）压紧垫圈而达到预紧并保证工作时也能密封的称为强制式密封。最常见的强制式高压密封结构是平垫密封结构。此种结构与中低压容器中常用的法兰垫片密封相似，只是将非金属垫片改为金属垫圈，将宽面密封改为窄面密封。所用的窄面金属垫圈常为退火紫铜、退火铝或10钢制成的扁平金属圈。预紧和工作密封全靠端部大法兰上的主螺栓施加足够的压紧力。预紧时需使垫圈产生一定的塑性变形以堵塞若干微小的泄漏通道。预紧力的大小与垫片的宽度和材料的屈服强度有关。工作时内压上升后介质压力作用在顶盖上并传至主螺栓、使主螺栓发生弹性伸长，垫片随之发生回弹，平衡状态下仍需保持垫片上有一定的比压。因此不论从预紧还是工作状态看，尽可能减小垫片的宽度是有利的。中国《钢制容器标准》[3]的附录G.2给出了经验的平垫圈系列尺寸（直径、宽度、厚度）。平垫密封的结构如图5-13所示。为防止因垫圈发生塑性变形咬死密封口而无法拆卸，常在顶盖上配有4～6个起卸螺栓，使该螺栓的端面顶住法兰端面，便可将平盖顶开。

平垫密封的结构简单是它的主要优点。缺点是主螺栓直径过大，使法兰与平盖的外径也随之加大，变得笨重；装拆主螺栓都极不方便；不适合温度与压力波动较大的场合，对垫片压紧力变化敏感易引起泄漏。因此一般仅用于200℃以下的场合，容器内径也不大于1000mm。

(二) 卡扎里密封

这也是强制式密封，但为了解决拧紧与拆卸主螺栓的困难，改用螺纹套筒来代替主螺栓，见图5-14。螺纹套筒与顶盖和法兰上的螺纹是间断的螺纹，每隔一定角度（10°～30°）螺纹断开，装配时只要将螺纹套筒旋转相应角度就可装好，而垫片的预紧力要靠预紧螺栓施加，通过压环传递给三角形截面的垫圈。由于介质压力引起的轴向力由螺纹套筒来承担，因

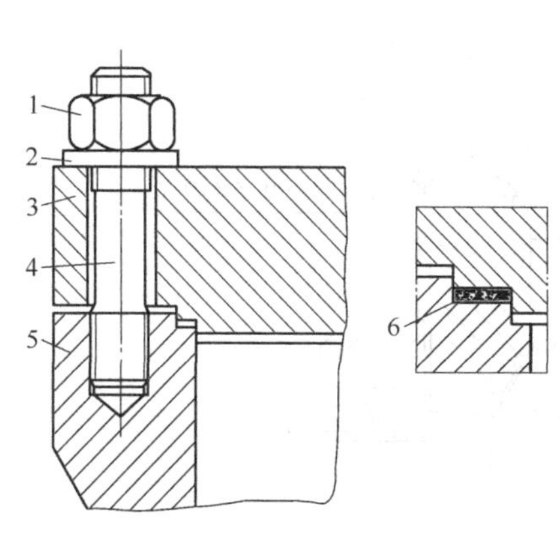

图5-13　平垫密封结构

1—主螺母；2—垫圈；3—平盖；4—主螺栓；5—筒体端部；6—平垫片

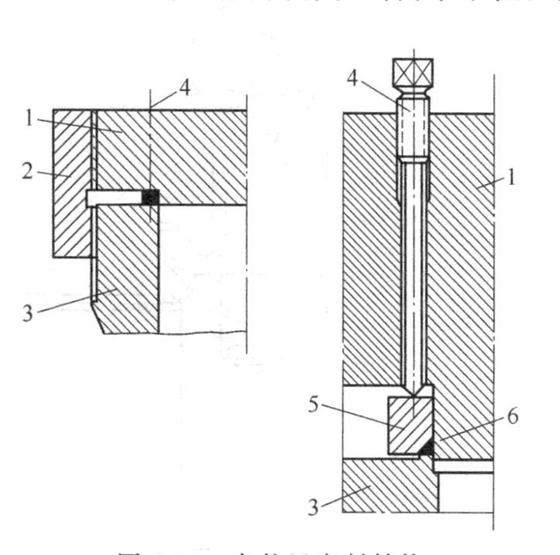

图5-14　卡扎里密封结构

1—平盖；2—螺纹套筒；3—筒体端部；4—预紧螺栓；5—压环；6—密封垫

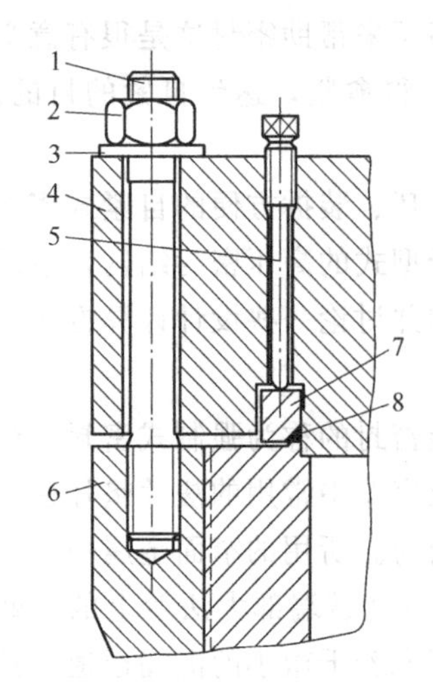

图 5-15 改进型卡扎里密封结构

1—主螺栓；2—主螺母；3—垫圈；4—平盖；5—预紧螺栓；6—筒体端部法兰；7—压环；8—密封垫圈

而预紧螺栓的直径比平垫密封的主螺栓要小得多。预紧方便这是卡扎里密封最大的优点。

改进卡扎里密封（见图 5-15）主要是为改善套筒螺纹锈蚀给拆卸增加困难的情况，仍旧采用主螺栓，但预紧仍依靠预紧螺栓来完成，而主螺栓不需拧得很紧，从而装拆较为省力。

卡扎里密封中的压环材料一般应采用强度较高硬度也较高的 35CrMo 钢或优质钢 45、35 钢。密封垫圈所用材料与金属平垫密封相同。

卡扎里密封结构比较适宜于平垫密封已不适用的较大直径的情况，例如直径在 1000mm 以上、压力在 30MPa 以上的情况，但设计温度在 350℃以下较为合适。具体可参见文献［3］的附录 G.5。

（三）双锥密封

这是一种保留了主螺栓但属自紧式的密封结构，采用双锥面的软钢制的密封垫圈，两个 30°的锥面是密封面，密封面上垫有软金属垫，如退火铝、退火紫铜或奥氏体不锈钢等。双锥垫的背面靠着平盖，但与平盖之间又留有间隙 g（见图 5-16），预紧时让双锥垫的内表面与平盖贴紧。间隙 g 设计得要使双锥环贴紧时不致发生压缩屈服。当内压升高平盖上浮时一方面靠双锥垫自身的弹性扩张（称为回弹）而保持密封锥面仍有相当的压紧力，另一方面又靠介质压力使双锥垫径向向外扩张，进一步增大了双锥密封面上的压紧力。因此双锥密封是有径向自紧作用的自紧式密封结构。合理地设计双锥环的尺寸，使其有适当的刚性，保持有适当的回弹自紧力是很重要的。当双锥环的截面尺寸过大时刚性则过大，不仅预紧时使双锥环压缩弹性变形的螺栓力要求过大，而且工作时介质压力使其径向扩张的力显得不够，自紧作用小。若截面尺寸过小，刚性不足，则工作时弹性回弹的力不足，而且环的高度不足时介质压力引起的径向自紧力也会不足，从而影响自紧力。因此双锥环尺寸设计很重要。根据一系列实验研究双锥环采用以下尺寸较为可靠（符号见图 5-16）。双锥环的系列尺寸可参见文献［3］附录 G.3。

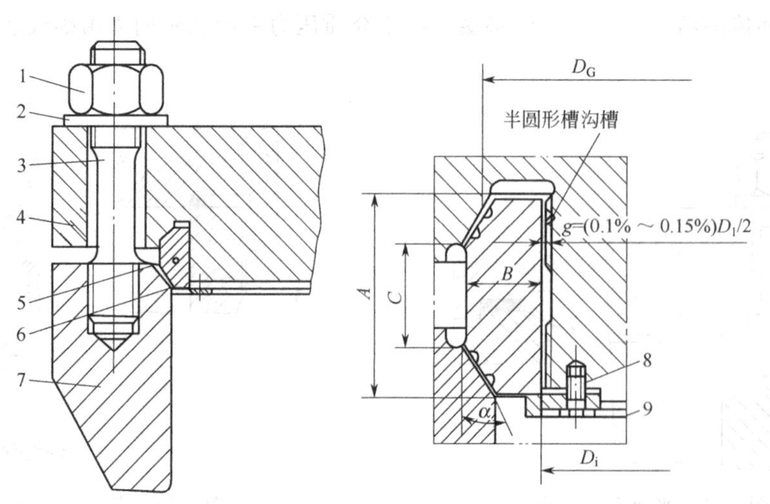

图 5-16 双锥密封结构

1—主螺母；2—垫圈；3—主螺栓；4—顶盖；5—双锥环；6—软金属垫片；7—筒体端部；8—螺栓；9—托环

双锥环高度：　$A=2.7\sqrt{D_i}$　mm

$C=(0.5\sim0.6)A$　mm

双锥环厚度：　$B=\frac{A+C}{2}\sqrt{\frac{0.75p}{\sigma_m}}$　mm

式中　σ_m——双锥环高度中点处的弯曲应力，设计时可取 50～100MPa；

p——设计内压，MPa。

双锥环与顶盖之间的径向间隙的选取也十分重要。该间隙过大时则易使环在预紧密封时被压缩屈服，从而使自紧回弹力不足。而间隙过小又会使环的弹性回弹力不足，也影响自紧效果。一般应使间隙控制在 $g=(0.1\%\sim0.15\%)D_i$ 较好，D_i 为环的内径。

双锥环的材料可选用 20、35、16Mn、20MnMo、15CrMo 及 0Cr19Ni9 等钢号，可大体满足常用设计压力、设计温度及环境腐蚀的要求。

双锥环锥面上的软金属密封垫（软铝或退火紫铜等）其厚度一般选用 1mm。

双锥密封的结构简单，加工不要求有很高精度，装拆方便，不易咬紧。因双锥密封利用了自紧作用，因此主螺栓比平垫密封小，而且在压力与温度波动时密封也很可靠。我国采用双锥密封较为普遍，适合于设计压力为 6.4～35MPa、温度为 0～400℃、内径为 400～2000mm 的高压容器。

（四）伍德密封

这是一种使用得最早的自紧式高压密封结构，如图5-17所示，平盖是一个稍可上下浮动的端盖 8，安装时先放入容器顶部，放入楔形密封垫 2，再放入由四块拼成一个圆圈的便于嵌入筒体顶部凹槽的四合环 4，并用螺栓将四合环位置固定，然后放入牵制环 5，再由牵制螺栓 7 将浮动端盖吊起而压紧楔形垫，便可起到预紧作用。工作压力升高后压力载荷全部加到浮动端盖上，压力愈高，垫圈的压紧比压愈大，密封愈可靠。

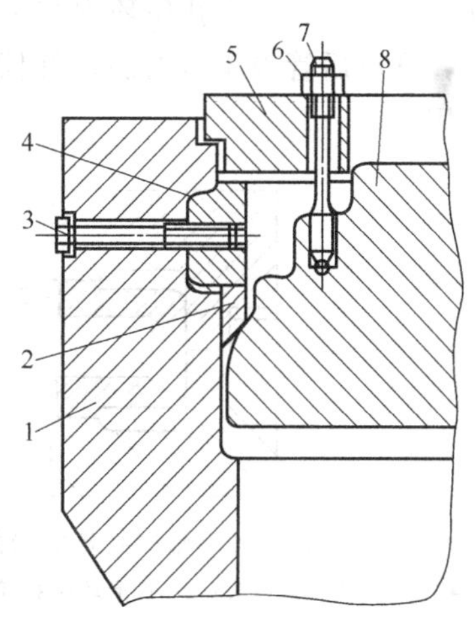

图 5-17　伍德式密封结构

1—筒体顶部；2—楔形垫；3—拉紧螺栓；4—四合环；5—牵制环；6—螺母；7—牵制螺栓；8—端盖

楔形垫是一关键零件。它与筒体端部接触的密封面略有夹角（$\beta=5°$），另一个与端盖球形部分接触的密封面做成倾角较大的斜面，$\alpha=30°\sim35°$，这实际上是呈线接触的密封面。密封面均很光洁，需经研磨保证密封可靠。自紧时浮动端盖向上的作用力通过球面部分传递给楔形垫，楔形块便得到向外扩张的径向压紧力。为了使楔形垫与筒体端部有更好的密封作用，将楔形垫的外表面加工出 1～2 道 5mm 深左右的环形凹槽，既增加了楔形垫的柔度，使楔形垫更易与密封面贴合，又减少了密封面的接触面积，提高了密封比压。

伍德密封的最大特点是：

① 全自紧式，压力和温度的波动不会影响密封的可靠性；

② 取消了主螺栓，使筒体与端部锻件尺寸可大大减小，而装拆时的劳动强度比有主螺栓的密封结构，特别是比平垫密封的低得多。

缺点是结构笨重，零件多，加工也麻烦。

（五）“C”形密封环

钢质“C”形密封环形状如图 5-18 所示，环的上下面均有一圈突出的圆弧，这是线接触密封部分。由紧固件预紧时“C”形环受到弹性的轴向压缩，甚至允许有少量屈服。工作时顶盖上浮，一方面密封环回弹张开，另一方面由内压作用在环的内腔而使环进一步张开，使线接触处仍旧压紧，且压力越高越紧。因此“C”形环是自紧式密封环。

“C”形环应具有适当的刚性，刚性过大虽然回弹力可望增大，但受压后张开困难而使自紧作用不够。同时“C”形环预紧时的下压量，即顶盖与法兰间的放置“C”形环后形成的轴向间隙也是一个重要的设计参量，下压量过大将使“C”形环压至屈服，下压量过小将使“C”形环预紧密封力不足。参考文献［27］中提供了环的系列尺寸和设计计算方法。

“C”形环的优点是结构简单，无主螺栓，特别适合于快开连接，但由于使用大型设备的经验不多，一般只用于内径1000mm以内32MPa压力以下及350℃以下的场合。

（六）空心金属“O”形环密封

空心金属“O”形环是用外径不超过12mm的金属小圆管弯制而成的，见图5-19。“O”形环放在密封槽内，预紧时由紧固件将管子压扁，其回弹力即为“O”形环的密封面压紧力。如果在管内充以惰性气体或能升温后气化的固体，可形成3.5～10.5MPa的压力，或者在环内侧钻若干小孔使环内与工作介质连通，都可加强自紧密封作用。充气“O”形环工作时，升温后管内压力增加，补偿了由于温度升高而使材料回弹能力降低的影响，起到自紧作用。

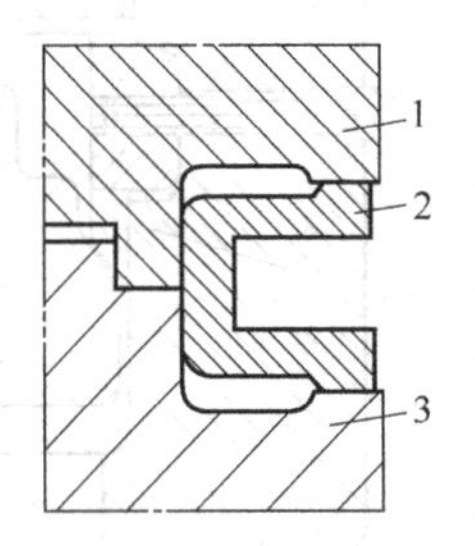

图5-18 “C”形密封环的局部结构

1—平盖或封头；2—C形环；3—筒体端部

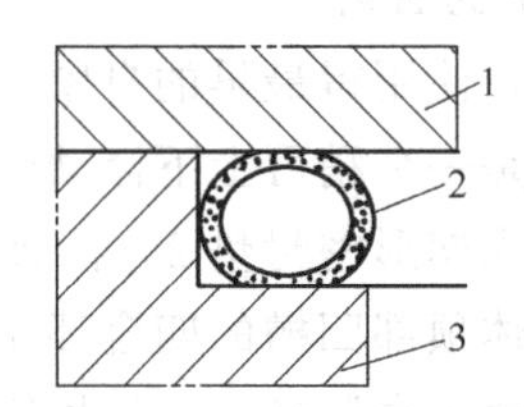

图5-19 “O”形密封环的局部结构

1—封头；2—O形环；3—筒体端部

“O”形环密封的结构简单，密封可靠，使用经验较多。可用于从中低压到超高压容器的密封，压力最高可达280MPa，个别甚至达350～700MPa。温度可从常温用到350℃，充气环甚至用到过400～600℃。“O”形环常用奥氏体不锈钢小管制成，为改善密封性能，常在“O”形环外表面镀银。

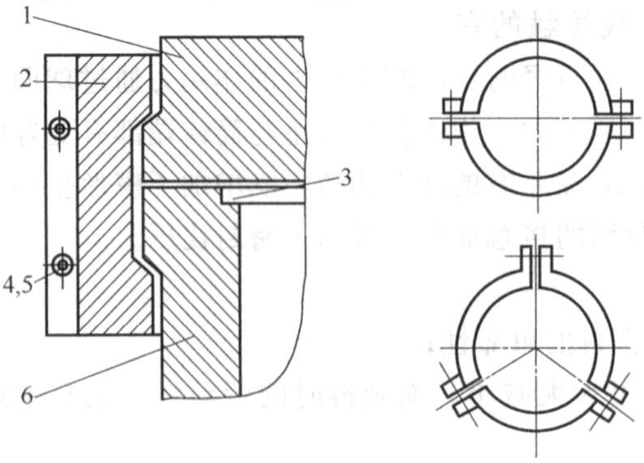

不论是“C”形环或“O”形环的预紧密封均可采用螺栓预紧，但对于直径不太大的设备常采用卡箍式紧固件。卡箍的结构如图5-20所示。可由两块或三块组成一圈，当连接螺栓收紧时卡箍依靠内侧的上下两个斜面，将端盖与筒体轴向压紧，达到预紧“C”形环或“O”形环的目的。

图5-20 卡箍连接结构

1—顶盖；2—卡箍；3—密封环槽；4,5—紧固螺栓和螺母；6—筒体端部

（七）其他型式的自紧密封

1. 楔形垫与平垫自紧密封

图5-21所示的楔形垫密封又称N.E.C.式密封。当工作时浮动的端盖受内压作用升

高将楔形垫压紧，达到自紧目的。楔形垫有两个密封面，靠斜面受力所得径向分力将垫与筒体压紧。这种结构虽有自紧作用，但仍有主螺栓，主螺栓不仅要提供预紧力，浮动端盖所受到的介质载荷也将由主螺栓承担。因此主螺栓较大，使法兰尺寸也较大。

平垫自紧密封，其结构如图 5-22 所示，亦称布里奇曼密封。它由螺栓套筒进行预紧，工作时内压载荷加在端盖上，从而使金属平垫更加压紧。这种密封结构取消了大螺栓，预紧及工作密封载荷均由螺纹套筒承担，但大直径的装拆困难，较少采用。

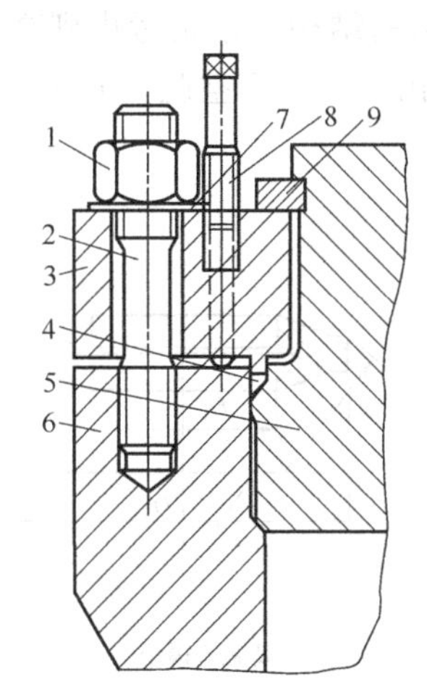

图 5-21　楔形垫自紧密封（N. E. C）

1—主螺母；2—主螺栓；3—压环；4—密封垫；5—顶盖；6—筒体端部；7—垫圈；8—顶起螺栓；9—卡环（由两个半圆环组成）

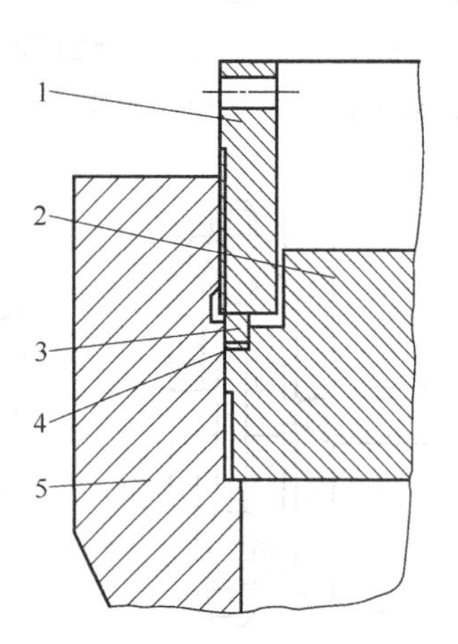

图 5-22　平垫自紧密封（布里奇曼）

1—螺纹套筒；2—顶盖；3—压环；4—平垫片；5—筒体端部

2. 三角垫、B 形环、八角垫与椭圆垫密封

这些都是特殊形式的密封垫，如图 5-23 所示。三角垫和 B 形环均依靠工作介质的压力使密封圈径向压紧，从而产生自紧作用。它们的结构都比较精细，接触面小，加工要求高，特别是 B 形环要求在密封槽内有一定的过盈量，这样使制造与装配的要求都大大提高，参考文献［27］中有较详细介绍。其中 B 形环密封在石油工业中较早采用，从中低压到高压以至在较高温度下都有较可靠的密封性能，但其自紧作用较小。金属的八角垫及椭圆垫是炼油与加氢装置中习惯采用的密封结构，简单可靠，如图 5-23（c）、（d）所示。

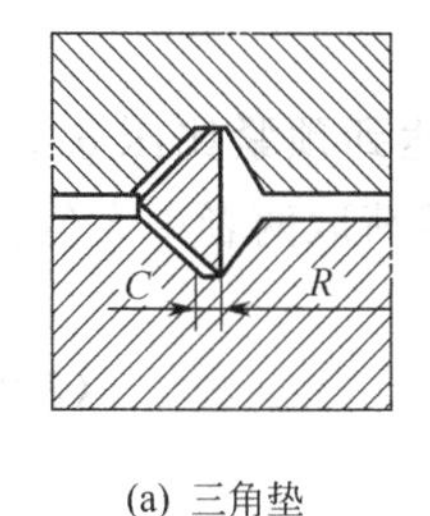

(a) 三角垫

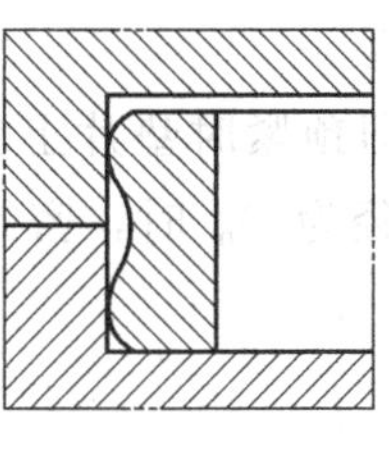

(b) B 形环

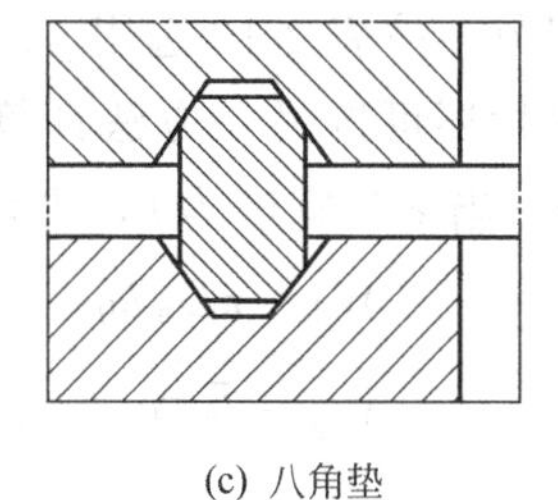

(c) 八角垫

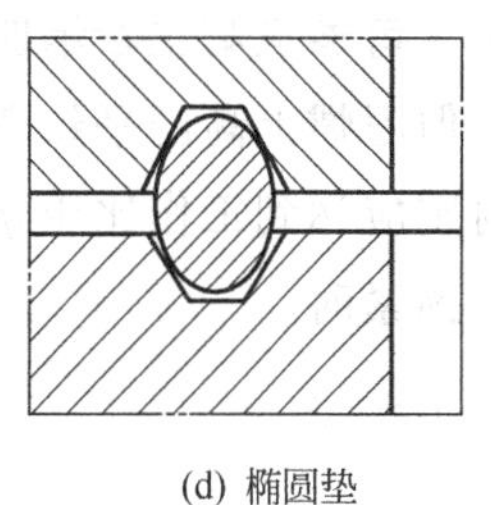

(d) 椭圆垫

图 5-23　其他几种密封形式

（八）高压管道密封

由于高压管道是在现场安装的，对连接的尺寸精度不可能要求过高，常出现强制连接的情况，这将带来很大的附加弯矩或剪力。因此高压管道的连接结构设计应给予特殊的考虑。

其一是采用球面金属垫，形成球面与锥面之间的线接触密封。这种接触面能自动适应两连接管道不直的情况，即自位性好，而且线接触处可得到较高密封比压，使密封可靠。如图5-24所示，将管端加工成$\beta=20°$的锥面作为密封面，垫圈则为带有两个球面的透镜式垫圈，一般用软钢制成，或用原管道材料车削而成。其二是管道与法兰的连接不用焊接，而用螺纹连接，这样法兰螺栓紧固时法兰对管道的附加弯曲应力就很小，尤其当安装管道不同心不直时法兰对管道的附加弯矩可大为减小。

高温高压管道的透镜垫常制成如图 5-24 中的右图所示的结构。这是考虑到高温下螺栓法兰可能因变形而松弛使密封性能降低，若将透镜垫加工出一个环形空腔，介质的压力使垫有部分自紧作用，则有利于密封的可靠性。

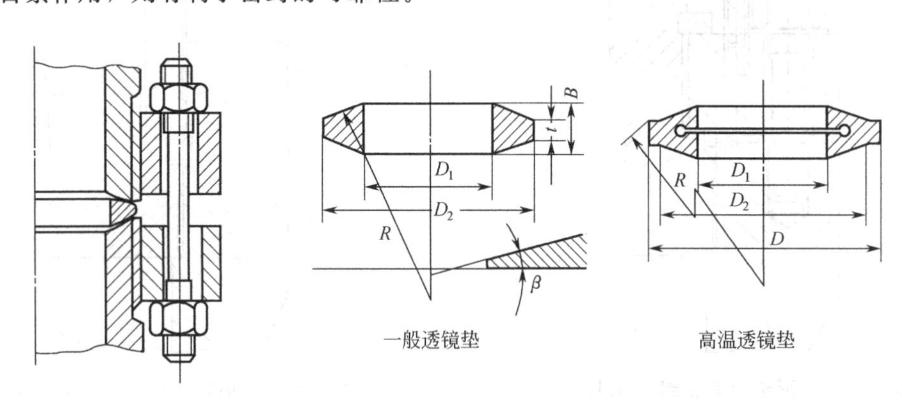

图 5-24　高压管道的透镜式密封

二、主要密封结构的设计计算

这里主要讨论密封结构密封力的计算问题，这是密封结构强度计算的关键。由于密封型式很多，这里仅对最基本的平垫密封和双锥环密封进行分析，其他结构的分析方法有许多相似和不同之处，可参见文献[3，27]。

（一）平垫密封的密封载荷分析

高压平垫密封的原理与中低压容器的非金属平垫密封是相同的。按中国容器标准规定[3]，中低压平垫密封的载荷分析计算方法可以用到 35MPa 的压力。密封力全部由主螺栓提供，既要预紧时能使垫片发生塑性变形（达到预紧比压 y），又要在工作时仍旧有足够的密封面比压（即 mp）。高压平垫是窄面的金属垫片，常用退火软铝、退火紫铜、软钢或不锈钢，可参见第二章第四节，按表 2-12 选用 y、m 值。

但习惯上高压平垫密封还可按另一方法计算，即预紧时垫片上应达到预紧比压 q_0，工作时则应达到工作比压 q。当垫片宽度为 b，平均直径为 D_m 时，密封载荷取两者中大值：

$$\left.\begin{aligned}&\text{预紧时}\quad && W_1=\pi D_m b q_0\\&\text{工作时}\quad && W_2=\frac{\pi}{4}D_m^2 p+\pi D_m b q\end{aligned}\right\}\tag{5-26}$$

退火铝垫的 $q_0=100\text{MPa}$，$q=50\text{MPa}$，退火紫铜的 $q_0=170\text{MPa}$，$q=85\text{MPa}$。

应该注意的是，虽预紧时压紧了，工作时随着工作压力的上升使紧固螺栓进一步伸长，因而密封的压紧力也随之有所下降，但松弛后只要还能保持密封面上有足够的压紧力（如上述 q 值）就可。这是整个密封系统法兰、螺栓与垫三者之间相依关系，也是变形协调关系。在所有强制式高压密封中都是如此，在中低压容器的法兰密封结构上亦同样如此。所以用

W_1 或 W_2 来设计螺栓是为了保证螺栓强度的，不等于垫上的压紧力就一定是 q_0 值或 q 值。

（二）双锥密封的密封载荷分析

双锥密封的密封载荷也分预紧与工作两种情况，因与平垫片密封的原理不同，涉及到斜锥面上的力分析、相对滑动时密封面上的摩擦力分析，自紧作用分析等。

（1）预紧时的螺栓载荷 W_1　预紧时应保证将锥面上的软金属垫片压至屈服，同时又应使双锥环产生径向弹性压缩以消除双锥环与顶盖之间的径向间隙。前者，按锥面上法向压紧力计算，达到初始预紧密封必须施加的压紧力应为 $W_0=\pi D_G by$。但预紧时迫使双锥环收缩而产生滑动，应考虑摩擦力的作用。以双锥环为分析对象时，预紧中封头斜面给予双锥环的摩擦力 F 的方向如图 5-25（b）所示，且摩擦力 $F=\pi D_G by\tan\rho$。F 与 W_0 作矢量合成后再分解到垂直方向就是预紧时螺栓必须提供的载荷 W_1，因此得：

$$W_1=\pi D_G by\frac{\sin(\alpha+\rho)}{\cos\rho} \tag{5-27}$$

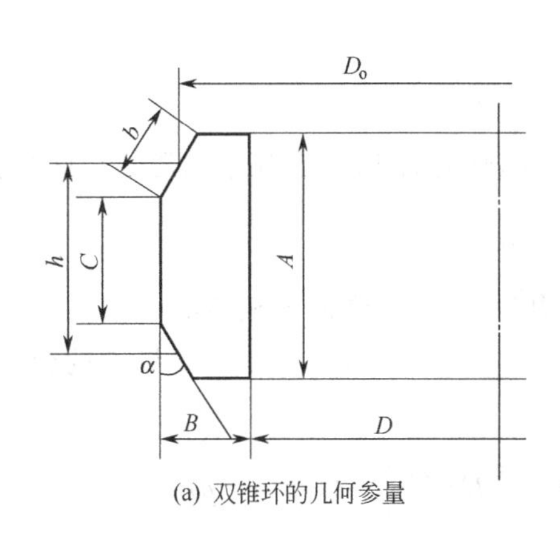

(a) 双锥环的几何参量

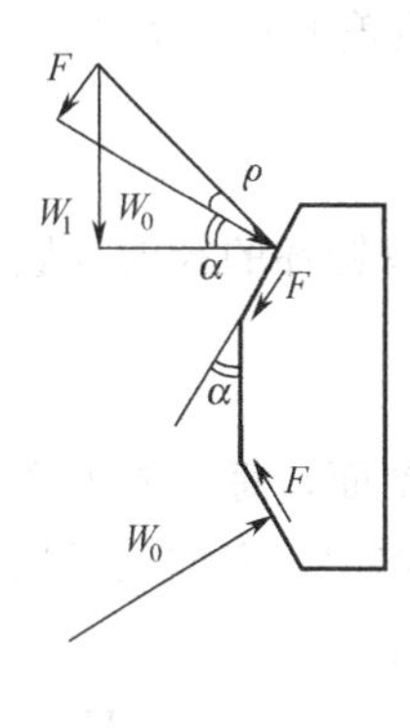

(b) 预紧时的力分析

图 5-25　双锥环几何与预紧分析

由图 5-25（a）可知 $b=\dfrac{A-C}{2\cos\alpha}$，代入上式得：

$$W_1=\frac{\pi}{2}D_G(A-C)y\frac{\sin(\alpha+\rho)}{\cos\alpha\cos\rho} \tag{5-28}$$

式中　　D_G——双锥环的密封面平均直径，$D_G=D+2B-\dfrac{A-C}{2}\tan\alpha$；

A，C，B，D，α——双锥环的几何尺寸，见图 5-25（a）；

y——垫片预紧时的密封比压，与平垫片的 y 相同。

预紧时还同时应使双锥环产生径向弹性压缩，一般至少压缩至径向间隙 g 被消除。已知径向变形量 ΔR（$=g$），则可按弹性变形的胡克定律求出径向压缩力 V_R，即：

$$V_R=2\pi E_R\frac{\Delta R}{r_G}F_R=2\pi E_R F_R\frac{2g}{D_G} \tag{5-29}$$

式中　E_R，F_R——双锥环材料的弹性模量及环的截面积；

ΔR——双锥环的径向压紧变形量，预紧时可贴紧顶盖，$\Delta R=g$；

r_G——双锥环的平均半径，$r_G=\dfrac{1}{2}D_G$。

考虑到双锥环所受的摩擦力，由图 5-25（b）可知，每一锥面上的 $V_R/2$ 所对应的螺栓力 W_1' 为：

$$W_1' = \frac{V_R}{2}\tan(\alpha+\rho) = \pi E_R F_R \frac{2g}{D_G}\tan(\alpha+\rho) \tag{5-30}$$

此力 W_1'往往比 W_1 小，即 $W_1 > W_1'$，这样预紧密封时的载荷只要按式（5-28）计算既满足预紧垫片的要求，同时又满足了压缩双锥环产生径向弹性变形的要求。

（2）双锥环工作时的螺栓载荷 W_2　工作时螺栓将承受三部分力：

① 介质压力的轴向载荷 F；

② 介质作用在双锥环内侧面而产生的径向自紧力，再传递到螺栓上的轴向载荷 F_p；

③ 双锥环预紧受压缩而产生的回弹力，再传递为轴向载荷 F_c。

分析时应注意到工作条件下环的变形情况，即压力升高使顶盖上浮，锥面可产生一径向位移 Δr_w。但同时由于内压对双锥环的径向推力和环的径向回弹力而使环产生一径向位移 Δr，若 $\Delta r > \Delta r_w$，才能有效地形成自紧。W_2 应为：

$$W_2 = F + F_p + F_c$$

（i）内压对顶盖的轴向力 F

$$F = \frac{\pi}{4} D_G^2 p$$

（ii）内压对双锥环的径向自紧力所产生的轴向力 F_p，首先求内压的径向扩张推力 V_p：

$$V_p = \pi D_G \frac{A+C}{2} p \tag{5-31}$$

因双锥环有两个锥面，每一锥面受到的推力为 $V_p/2$，锥面上相应有一法向力 G。向外扩张时受到摩擦力 f 作用，方向与预紧时相反，如图 5-26（a）所示。G 与 f 的合力再分解，其垂直分力即为 F_p：

$$F_p = \frac{V_p}{2}\tan(\alpha-\rho) = \frac{\pi}{2} D_G \frac{A+C}{2} p\tan(\alpha-\rho) \tag{5-32}$$

（iii）径向回弹自紧力的轴向力 F_c，因预紧时间隙 g 消除，当工作时顶盖若上浮到使环的回弹量正好达 $\Delta r = g$ 时双锥环恢复原状，回弹自紧力全部消除。因此合理地选择间隙 g 及环的刚性 $E_R F_R$ 是很重要的。g 过大可能在预紧时屈服，g 过小则不足以形成足够的回弹自紧力。大量试验证实 $g = (0.1\% \sim 0.15\%)D$ 较为合适（D 为环内径），可保持工作时始终处于回弹状态，可提供充分的回弹力。最大回弹力为 V_R：

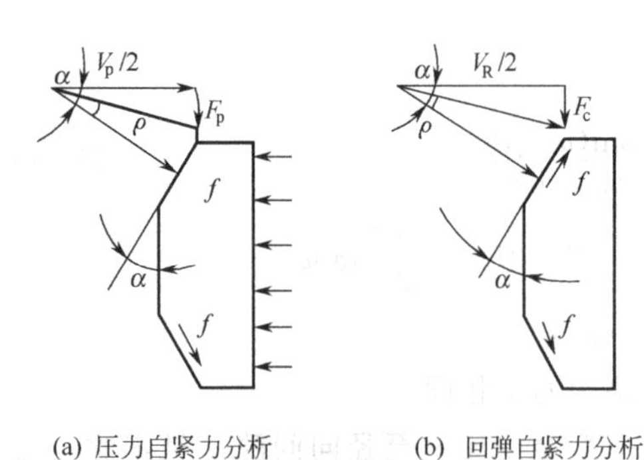

(a) 压力自紧力分析　(b) 回弹自紧力分析

图 5-26　双锥环工作时的力分析

$$V_R = 2\pi E_R F_R \frac{g}{r_G} = 2\pi E_R F_R \frac{2g}{D_G}$$

同理，回弹状态下压紧面上的法向力与摩擦力合成，然后再分解到轴向，则回弹产生的轴向力 F_c 为［见图 5-26（b）］：

$$F_c = \frac{1}{2} V_R \tan(\alpha-\rho) = \pi E_R F_R \frac{2g}{D_G}\tan(\alpha-\rho) \tag{5-33}$$

由此可知，双锥环的径向自紧力为 V_p 与 V_R 之和，这些力的大小除与压力 p 和变形量 ΔR 有关之外，还取决于环的 $E_R F_R$ 值。因此当双锥环的自紧力不能满足工作条件下密封比压要求时，可调整 F_R 值（增大）。这是双锥密封达到自紧作用的关键，其中适当增加环的高度（A 和 C），还可提高介质压力的自紧力 V_p［参见式（5-31）］。通过试验研究，已确定了合理的双锥环系列尺寸[3]。

(iv) 工作条件下螺栓载荷 W_2　W_2 应为 F（压力载荷）、F_p 及 F_c 之和，即 $W_2=F+F_p+F_c$，因此：

$$W_2=\frac{\pi}{4}D_G^2 p+\frac{1}{2}\pi D_G \frac{A+C}{2}p\tan(\alpha-\rho)+\pi E_R F_R \frac{2g}{D_G}\tan(\alpha-\rho) \tag{5-34}$$

取预紧载荷 W_1 及工作载荷 W_2 中大者为螺栓、顶盖及法兰的设计载荷 W。

这里仅介绍了平垫密封和双锥密封的螺栓载荷计算方法。至于伍德密封、卡扎里密封或八角垫、椭圆垫密封的螺栓载荷计算方法可参见 GB 150《钢制压力容器》[3]的附录 G。

螺栓载荷是密封计算的重要内容，根据螺栓力可以进一步作主螺栓、筒体端部、端部法兰以及顶盖的设计计算。

第四节　高压容器的主要零部件设计

一、高压螺栓设计

高压容器的主螺栓及高压管道法兰连接的螺栓，在结构设计要求上与中低压螺栓有许多不同之处，现分析如下。

(一) 高压螺栓设计要求

高压螺栓承受的载荷有压力载荷和温差载荷（即工作时的温度常高于装配时的温度），此外压力与温度还有波动，甚至有时还因各种变化引起的冲击载荷，因此螺栓的工作条件较复杂，在结构设计时应予以特殊考虑。

(1) 采用中部较细的双头细牙螺栓　如图 5-27 所示，此种结构螺栓的温差应力较小（见文献［41］P169），柔度大，耐冲击，抗疲劳。中间部分直径应等于或略小于螺栓根径。细牙螺纹有利于自锁，且根径比粗牙螺纹大。如系容器的主螺栓，埋入法兰的一端常凸出一点，以便在预埋时顶紧螺栓孔的底部，使螺栓工作时各圈螺纹受力均匀。主螺栓的螺母端可以钻注油孔，以便加油润滑螺纹部分 。埋入部分的螺纹长度一般等于螺纹部分的公称外径，埋入过深是没有意义的。

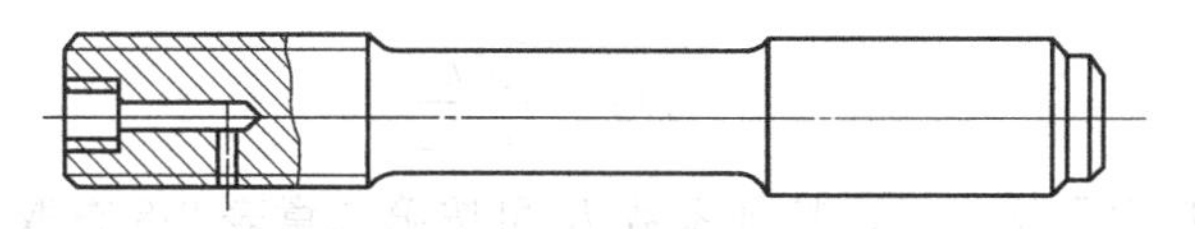

图 5-27　高压螺栓结构图

(2) 要求有较高的加工精度　一般高压螺栓的螺纹的公差精度应达到精密的要求，螺栓与螺母有较好的配合。

(3) 螺母与垫圈采用球面接触　当螺栓孔与法兰面的垂直度有偏差时，为防止产生附加的弯矩而采用螺母和垫圈的球面接触，可进行自位调节，并可大大减少螺栓的附加弯矩。

(4) 螺栓与螺母材料的选用　一般在强度上选用比中低压容器螺栓强度更高的材料，并同样要具有足够的塑性与韧性。主螺栓及管道法兰螺栓最常用的材料是 35CrMoA 或 40MnB。35CrMoA 的使用温度范围为 －20～500℃，40MnB 的使用温度范围为 －20～400℃。其相匹配的螺母材料应为强度与硬度相对低一点的 30CrMoA 及 35（或 40Mn）钢，以免螺纹粘接。当使用温度超过 500℃时可选用铬钼钢，如 1Cr5Mo（可使用到 600℃），或奥氏体钢 0Cr19Ni9（勉强可使用到 700℃）。0Cr19Ni9 不仅可用到高温，还可用于低温（最低可用到－196℃）。

35CrMoA 及 40MnB 等低合金钢螺栓均应进行调质处理，其回火温度不得低于 550℃，以保证有良好的韧性。当这些低合金钢螺栓使用到－20℃时应进行－20℃下的低温冲击试验。

高压螺栓的设计及加工要求可参见文献［27］第四章及文献［3］的附录。

（二）高压螺栓的设计计算

应根据各种密封结构分析计算出的螺栓载荷或按预紧载荷和工作载荷中的最大螺栓载荷 W 来设计螺栓，在计算方法上与中低压螺栓是一样的，螺栓的螺纹根径 d_0 应为：

$$d_0=\sqrt{\frac{4W}{\pi[\sigma]_b^t n}}$$

式中，n 为螺栓个数，应为 4 的倍数。许用应力 $[\sigma]_b^t$ 可按 GB 150 标准[3]的第二章选用，亦可查阅本书附录一。根据计算出的 d_0 选择标准螺纹尺寸，此时的实际根径不应比计算出的 d_0 小。

二、高压平盖的设计计算

一些不可拆的高压端盖，对大型容器一般采用球形盖或焊接的带缩口的平底锻制封头。球形盖的设计方法与中低压容器的球形盖相同，只要压力不超过 35MPa 即可。应该注意的是，当球盖厚度明显薄于筒体时，必须注意球盖与筒体连接焊缝的过渡结构设计，可参阅文献［3］。

高压容器上的可拆式封头大多采用锻造平盖。由于不需焊接，常用 35 号钢，强度中等，锻造性能、塑性与韧性都能达到容器上锻件的要求。这种可拆的锻造平盖设计计算方法有两种，现介绍如下。

（一）平板盖的小挠度计算方法[40]

可拆式平盖是一种受均布压力载荷及周边受螺栓力和垫片反力两圈集中载荷作用的圆平板，四周的支承情况介于固支与简支之间，较接近于简支。中国容器标准[3]的附录 J 提出平垫密封和双锥密封的平盖可以采用与中低压容器可拆平盖的强度计算方法，即基于弹性薄圆平板小挠度解的方法，厚度 t_d 可按下式计算：

$$t_d=D_G\sqrt{\frac{Kp}{[\sigma]^t\varphi}} \tag{5-35}$$

式中，D_G 为密封面平均直径，特征系数 K 可按第二章表 2-8 查取。

应指出，此式未能反映高压平盖有许多接管孔的情况，现可采用如下的经验算法。如平盖开孔直径 $d\leqslant0.5D_i$，同时又采用平盖整体加厚补强的方法，此时将上式中的系数 K 改为 K/ν，ν 为削弱系数：

$$\nu=\frac{D_G-\sum d_i}{D_G}$$

式中，$\sum d_i$ 为平盖的沿直径断面上开孔内径之和。

（二）近似简化计算

另一类平盖，如卡扎里密封的以间断齿作连接的平盖，或 C 形 O 形密封常用卡箍连接时的平盖，或者楔形垫及平垫的自紧式密封中所用的平盖，它们不采用主螺栓，故封头直径相对较小，厚度与直径的比可能超出薄板的范畴，再用弹性小挠度式就不尽合理，此时常用工程简化算法。

简化法是将圆平盖视为受均布载荷的圆板，假设沿直径的纵向断面弯曲破坏，即简化为图 5-28 的巴赫悬臂梁模型。将不一定符合材料力学中梁的条件的构件简化为受弯曲载荷的悬臂梁，应用简单的材料力学方法进行弯曲强度校核，这是传统的巴赫法的特点。GB 150《钢制压力容器》附录 G 中对卡扎里密封的平盖就推荐这一简化方法进行强度校核。

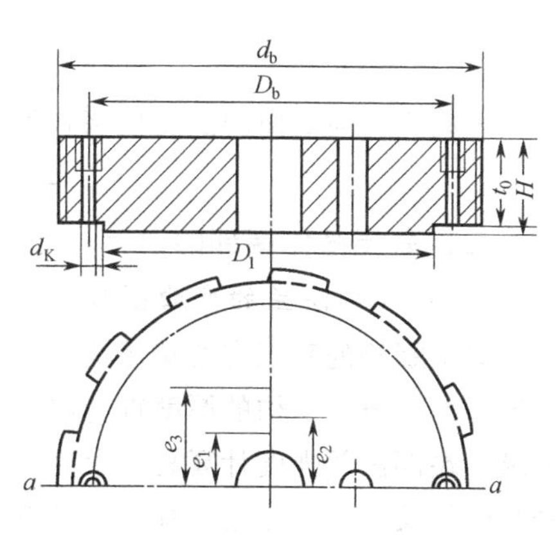

图 5-28 卡扎里密封的平盖

如图 5-28 所示的平盖纵向断面上的弯矩由以下三部分组成。

① 均布的内压，可简化为作用在半圆面的形心上，形心位置离 a-a 断面的距离 e_1 及作用力 Q_1 分别为：

$$e_1=\frac{2D_1}{3\pi},\qquad Q_1=\frac{\pi}{4}D_1^2p$$

② 垫圈反力 $Q_0/2$，视为作用在垫圈半圆周的形心 e_2 上，$e_2=\frac{D_b}{\pi}$。其中垫片反力 Q_0 即为密封力的轴向分力，并取预紧状态和工作状态的密封力中的较大者为 Q_0。

③ 沿外圆周均布的作用力，例如卡扎里密封螺纹处的作用力，此力即为 $(Q_1+Q_0)/2$，假定作用在螺纹半圆周的形心上，即 $e_3=\frac{d_b}{\pi}$。由此总弯矩为：

$$\begin{aligned}M&=-\frac{Q_1}{2}\frac{2D_1}{3\pi}-\frac{Q_0}{2}\frac{D_b}{\pi}+\frac{(Q_1+Q_0)}{2}\frac{d_b}{\pi}\\&=\frac{1}{2\pi}\left[\left(d_b-\frac{2}{3}D_1\right)Q_1+(d_b-D_b)Q_0\right]\end{aligned}$$

a-a 断面的抗弯断面模数为：

$$W=\frac{1}{6}[(D_1-\sum d_i)H^2+(d_b-D_i-2d_K)t_0^2]$$

式中，$\sum d_i$ 为 a-a 断面上开孔直径之和，$\sum d_i=d_1+d_2+d_3+\cdots$。a-a 断面的弯曲强度校核式则为：

$$\sigma_{a-a}=\frac{3\left[\left(d_b-\frac{2}{3}D_1\right)Q_1+(d_b-D_b)Q_0\right]}{\pi[(D_1-\sum d_i)H^2+(d_b-D_1-2d_K)t_0^2]}\leqslant 0.7[\sigma]^t \qquad (5\text{-}36)$$

式中，0.7 为锻件的元件系数。Q_0 应根据密封结构的具体情况分析计算出的垫圈密封力，可参照钢制容器标准附录 G 各种密封结构的计算式算出[3]。

有时当平盖的某一环向断面明显有削弱时，如图 5-16 所示的双锥密封顶盖放置双锥环的一圈环向断面，既要校核该断面的弯曲强度，又要校核剪切强度。

该断面的弯曲应力可采用上述类似简化方法计算：

$$\sigma_m=\frac{3W(D_b-D_G)}{\pi D_G h_1^2}$$

式中，D_b 为主螺栓中心圆的直径；D_G 为双锥环锥面的平均直径；h_1 为锥面槽处法兰的厚度，也是双锥密封平盖上最薄处的厚度；W 为螺栓设计载荷。

该断面的剪切应力可按下式计算：

$$\tau=\frac{W}{\pi D_G h_1}$$

因此该环向断面的强度校核式为：

$$\sigma_e=\sqrt{\sigma_m{}^2+3\tau^2}\leqslant 0.7[\sigma]^t \tag{5-37}$$

三、高压筒体端部的设计

（一）端部法兰的弯曲强度校核

有主螺栓的高压容器端部法兰，其形状如具有部分锥面的厚壁筒节，其厚度明显大于高压容器的筒身。结构的厚度首先取决于放置埋入的主螺栓的尺寸要求，其次还应满足强度的要求。端部法兰强度计算是一个复杂的问题，本身的受力既有内压的作用，更有螺栓载荷和密封垫片反力等的作用，甚至法兰下部与筒体相连接部位还有边缘载荷的作用。因此受力复杂，引起端部法兰发生强度失效的模式也难于准确判断。工程上至今还是采用近似的计算方法。下面介绍我国 GB 150《钢制压力容器》标准[3]第 9 章(9.8.4 节)中推荐的方法。

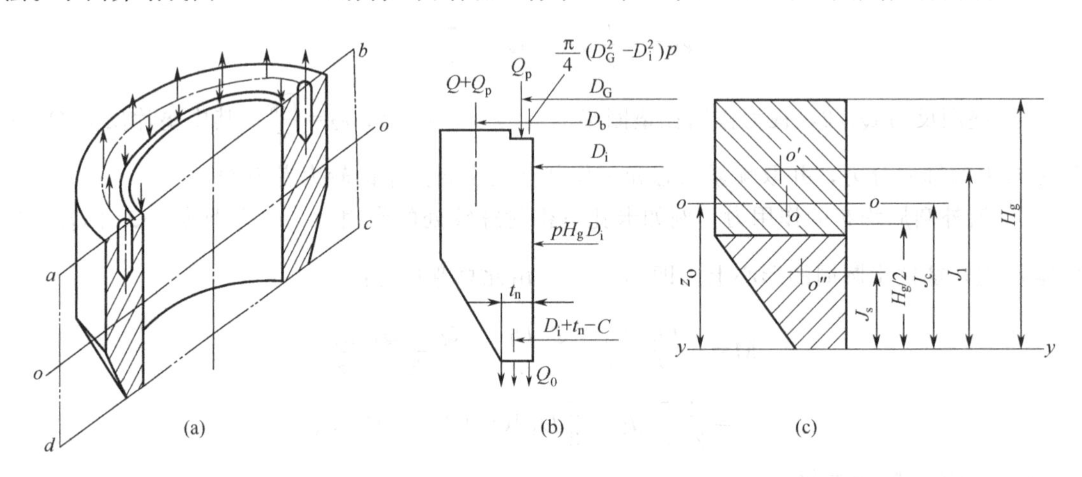

图 5-29　端部法兰计算的简化模型

工程简化方法是将有主螺栓的端部法兰视为在各种载荷作用下可能沿纵向断面［图5-29(a)］发生弯曲失效的构件。因此将校核 a-b-c-d 断面的弯曲强度。引起弯曲失效的各种载荷如图 5-29（b）所示。对于这样的简化隔离体，断面 a-b-c-d 上共有 5 项力矩作用[36]：

① 作用在法兰下端部上的由内压引起的向下的轴向力 Q_0，由于 Q_0 是沿下端部圆周分布的，该力可视为集中作用在它的形心上，该形心对 a-b-c-d 断面的力臂为$(D_i+t_n-C)/\pi$。t_n 为下端部的名义厚度，C 为壁厚裕量；

② 作用在垫片平均直径 D_G 与筒体内径之间环形面积上的介质压力，其总和为$\frac{\pi}{4}(D_G^2-D_i^2)p$。该力对 a-b-c-d 断面也形成弯矩。可将其视为两个部分的叠加，一部分为 $Q=\frac{\pi}{4}D_G^2p$，力臂为$\frac{2D_G}{3\pi}$，另一部分为 $Q_0=\frac{\pi}{4}D_i^2p$，力臂为$\frac{2D_i}{3\pi}$；

③ 工作密封状态下垫片压紧力 $Q_p=2\pi D_G bmp$，此处垫片比压倍数 m 可查见表 2-12。该力对 a-b-c-d 截面的力臂为$\frac{D_G}{\pi}$；

④ 主螺栓在工作状态下的螺栓力（$Q+Q_p$），力臂为 D_b/π。该螺栓力大于预紧时的螺栓力。

⑤ 内压侧向作用在端部法兰的力 pH_gD_i，该力为水平方向，对形心 o（在 o-o 线上）的力臂为 J_o，$J_o=J_c-\frac{H_g}{2}$ [符号见图 5-29（c）]。

各力矩以逆时针方向为正，顺时针为负进行叠加，则 a-b-c-d 断面上的总弯矩为：

$$M=\frac{1}{2}Q_0\left(\frac{D_i+t_n-C}{\pi}\right)+\left(\frac{1}{2}Q\frac{2D_G}{3\pi}-\frac{1}{2}Q_0\frac{2D_i}{3\pi}\right)+\frac{1}{2}Q_p\frac{D_G}{\pi}-\frac{1}{2}(Q+Q_p)\frac{D_b}{\pi}-pH_gD_iJ_o$$

整理为：

$$M=\frac{1}{2\pi}\left[Q_0\left(\frac{D_i}{3}+t_n-C\right)-Q\left(D_b-\frac{2}{3}D_G\right)-Q_p(D_b-D_G)\right]-pD_iH_gJ_o \qquad (5\text{-}38)$$

断面的抗弯模量按图 5-29（c）求解，先求出断面组合图形（矩形加梯形）的形心位置 o-o，求出断面对 o-o 的惯性矩 I_c，然后按下式计算抗弯模量 Z_g：

$$Z_g=\frac{I_c}{J_c}$$

图 5-29（c）中矩形截面部分、梯形截面部分的惯性矩以及组合截面的惯性矩 I_c，以及各部分截面对转动中心的距离 J_c 等，它们的计算方法均可参见 GB 150 的 9.8.4 节[3]。最后端部法兰的弯曲强度校核式为：

$$\sigma=\frac{M}{Z_g}\leqslant[\sigma]_f^t$$

$[\sigma]_f^t$ 为法兰材料的许用应力。

应当注意，有主螺栓的高压筒体端部法兰的尺寸设计首先取决于结构设计（详见 GB 150 的第 9 章的 9.8.4 节），以后再需进行以上的强度校核。

（二）无主螺栓的筒体端部弯曲强度计算法

像伍德密封、卡扎里密封或楔形垫、平垫自紧密封，不采用主螺栓连接形式，筒体端部的厚度比有主螺栓时要大为减薄。而筒体端部所受之力除内压之外基本上可简化为端部弯矩 M 及径向推力 Q。于是便成为第二章中所讨论的壳体有力矩理论的弯曲解问题，即边缘问题。

此时的强度校核问题首先是求出弯矩 M_r 沿轴向 x 的分布，然后求出最大弯矩 $M_{r(\max)}$，接着就可进行弯曲强度校核。

由于不同密封结构在筒体端部的受力条件不同，则应按不同情况求解弯矩。例如伍德密封的受力条件如图 5-30（a）所示，可分别按 M 和 Q_r 来求解 M_r。而卡扎里密封筒体端部螺栓部分有偏心弯矩 m 作用，在端部引起的弯矩分布与弯曲应力分布又有所不同，见图 5-30（b）。

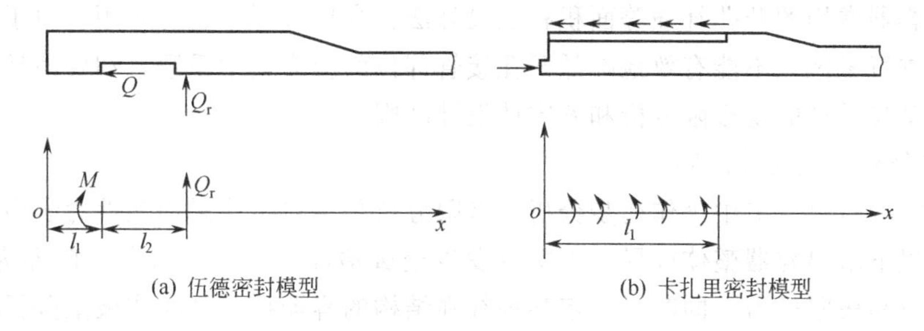

图 5-30　无主螺栓的筒体端部受力情况

为了工程设计时计算方便，可绘制一系列曲线，以简化计算过程，具体可参见 GB 150《钢制压力容器》的附录 G(G. 5～G. 9)[3]。

四、高压容器的开孔补强

由于容器上开孔总会引起应力集中，以往总是力求避免在高压容器的筒体部分开孔，而把必须开的孔放在平盖或端部法兰等处，而在筒体部分的开孔直径限制在壁厚的 3/4 以内。随着石油化工的发展越来越需要在筒体上开大孔，因此必须妥善解决开孔后的补强问题。

高压容器开孔与补强的特殊性在于：①不采用补强圈形式而采用接管补强或整锻件补强，使补强更有效；②补强设计的强度准则除仍可采用等面积法以外更加重视采用极限分析的准则和安定性设计准则。

（一）高压容器补强件的结构

补强构件的基本型式如图 5-31 所示，其中图（a）是只补强接管；图（b）为密集补强；图（c）只对筒体补强。密集补强是在应力最大的区域给以最有效的补强。

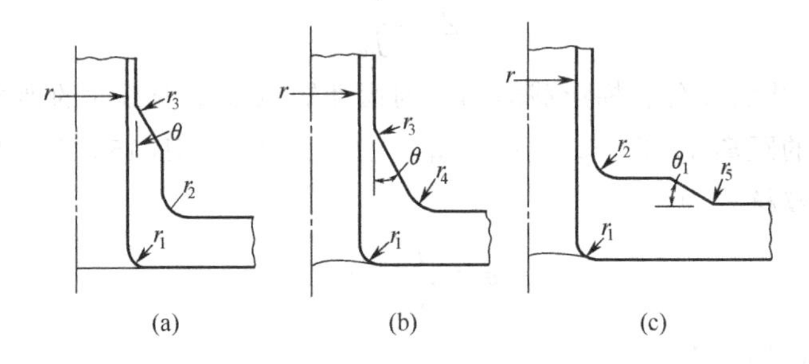

图 5-31　高压容器开孔补强构件的基本型式

补强件的结构尺寸，如各过渡圆弧的 r 及角度 θ 在有关设计规范中都有具体的规定[3]。

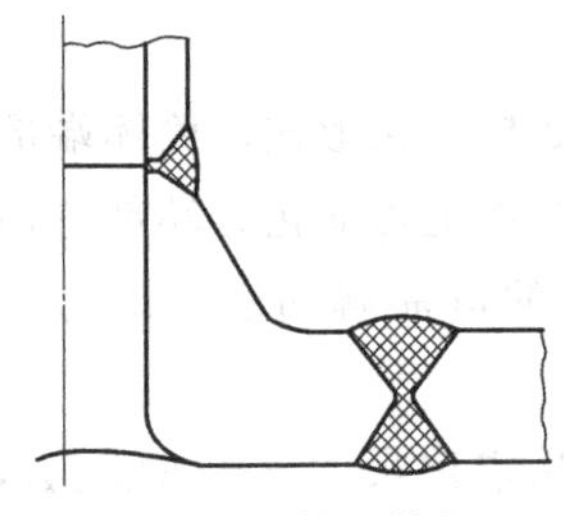

图 5-32　补强件与筒体的焊接

除图 5-31（a）可以采用厚壁管补强件以外，图（a）、（b）、（c）三种补强构件均可采用整锻件。虽加工制造较为困难，但在重要结构如受交变载荷的高压容器仍有必要采用。在与筒体焊接时特别要注意的是尽量避免采用填角焊而应采用对接焊，这将方便于射线与超声波探伤，以保证焊缝质量。对接焊形式如图 5-32 所示。

多层厚壁容器以往只在端盖上开孔，现在根据使用的需要也已实现了在多层圆筒的筒体上进行开孔，焊上厚壁管并实行局部补强。但这种补强结构的焊缝只能对表面质量进行检验，而无法对内部质量检查，因此其焊缝质量不能得到确切保证。这种开孔补强结构如图 5-33 所示。

（二）高压容器接管补强的强度设计准则

中低压容器常用的开孔补强等面积补强设计法在高压容器中也可采用。由于该方法仅针对薄膜应力进行考虑，不能有效地降低开孔接管部位的应力集中系数，却要消耗较多的补强材料。目前备受重视的是极限分析和安定性设计准则。

1. 极限分析补强设计准则

该法在第四章第二节中已作初步分析。极限分析是指对结构采用塑性力学中方法，在理想塑性的前提下求出容器整体或局部沿壁厚发生全域塑性流动时的载荷，此即为极限载荷，对容器来说就是极限压力。同时对于带某种补强结构的容器接管区亦作极限分析后求出的极限压力，若与无接管时的筒体（或封头）极限压力基本相同，则可认为该补强结构是可行的，此即为补强设计的极限分析准则。

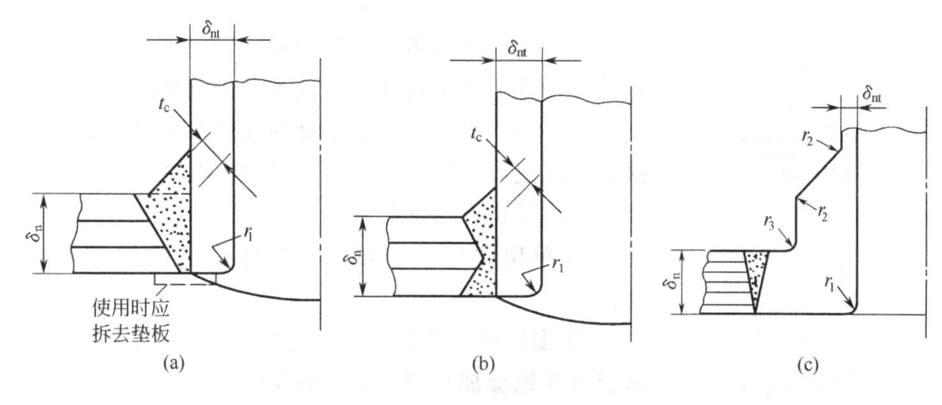

图 5-33　多层容器的开孔补强

2. 安定性补强设计准则

它不涉及塑性分析方法而仅用弹性分析方法对结构进行弹性应力分析，但允许接管部位的应力超过材料的屈服强度，从而局部材料会进入塑性状态，但控制该最大弹性虚拟应力不得超过一定限度仍可保证安全。美国压力容器研究委员会（PVRC）允许的最大值为 3[σ]，而英国 BS 5500[26] 中允许最大值为 2.25[σ]。这种应力限度是由安定性分析而得出的，所谓“安定”，就是结构经受过第一次加载时可以允许局部区域出现塑性变形，而卸载后第 2 次及以后的重复加载时不再出现新的塑性变形，仅呈现出弹性行为，结构便达到“安定”状态。能保证重复加载中结构安定的最大虚拟应力为 3[σ]（详见第六章第二节），因此用 3[σ]（英国用 2.25[σ]）来限制开孔部位最大应力值（按弹性分析得出的）的准则称为安定性设计准则。

3. 美国 PVRC 的补强设计方法

美国 PVRC 经大量对整锻件补强结构的实验分析后提出的补强设计准则是：接管与筒身（或球壳）发生全域塑性失效时的极限压力等于未开孔时筒身（或球壳）的屈服压力（即 $P_1=0.98P_s$），并允许开孔或接管处最大应力为三倍许用应力（即 $\sigma_{max}=3[\sigma]$）。显然前半部分是极限设计准则，后半部分是安定性准则，所以它是两种设计准则的结合。PVRC 为此提出了一系列曲线图以便按上述两种准则来具体设计补强结构。这一方法的原理可进一步查阅钢制石油化工压力容器《设计规定》1985 年版的编制说明[40]。中国的钢制容器标准也原则上采用了这一方法，而对其适用范围作了补充说明，设计时可参照使用。

第五节　超高压容器

1939 年德国建成了 150MPa 的超高压聚乙烯装置，是人类首次解决 100MPa 压力以上超高压装置的设计、材料、制造与操作控制问题。聚合压力愈高，所得聚乙烯产品的品质愈好。工业发达国家相继建成了 250MPa、350MPa、以至 400MPa 压力的超高压聚乙烯装置。聚合反应器有的做成釜式的，也有做成管式的。另外人造水晶的结晶反应釜也是在 100MPa 以上的压力下运行的，可以得到棱柱状的单晶态水晶。等静压处理装置是将物质（气或液）置于超高的小型容器中，对物质各个方向施加很大的压力，使物质缩小分子距离，增大密度，甚至产生分子与原子变形，从而使物质各种物理性能改善。例如人造金刚石是用石墨与叶蜡矿石以及一些助剂在5000MPa的极大超高压力及1000℃高温下经等静压处理而得到的。超高压容器在近代化学工业和各种过程工业中的应用愈来愈广。

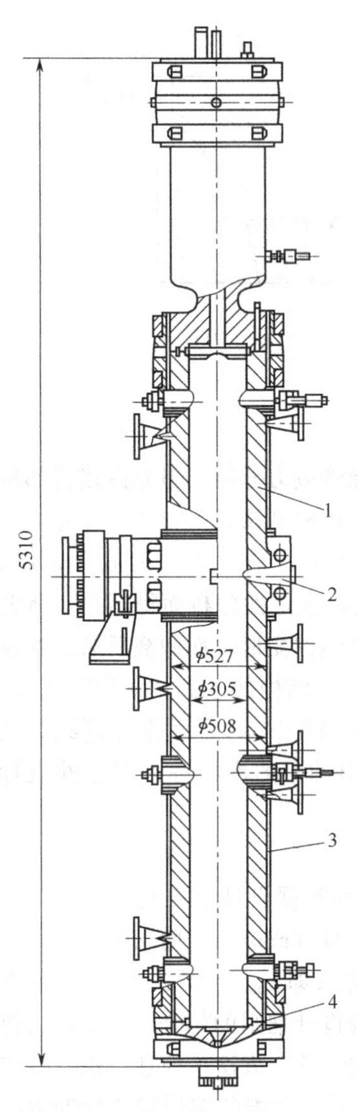

图 5-34　250立升反应釜总装配
1—筒体；2—泄爆装置；
3—夹套；4—“B”形密封环

由于超高压容器所受压力极高，应力水平便较高，轴对称结构的受力情况较好，并且为便于制造，因此一般均采用圆筒形结构。又由于所用钢材的强度级别较高，不适合于焊接，所以超高压容器的圆筒多采用锻造式结构。常见的超高压筒体的结构有如下几种[74,89]。

① 单层式厚壁容器。有整体锻造筒体和单层自增强筒体。

② 多层缩套容器（有过盈配合的）。有双层缩套、多层缩套以及缩套加自增强处理的筒体。

③ 绕丝式筒体（利用筒外多层绕丝增厚的）。有绕丝式筒体和绕丝式框架。

④ 剖分式筒体。在内外筒之间夹有剖分式的扇形块以分离主应力，外筒是缩套在扇形块上的。

⑤ 压力夹套式容器。系在同心的内外筒之间的夹套环隙内注入压力可控的液体，可使内筒的应力得到夹套压力的平衡而提高内筒的操作压力。

超高压容器筒体结构的选择，不仅取决于容器的大小和操作条件，往往还取决于制造厂的装备条件。但不管何种形式，更重要的是必须保证容器在运行条件下能够长期地安全使用。

图5-34是一台较小型的超高压乙烯聚合釜的结构。其设计压力为225.6MPa，设计温度为300℃，材料相当于34CrNi3MoA。系单层整体锻造式结构。

中国历来将100MPa压力以上的容器划分为超高压容器。GB 150规范中不包括超高压容器。原劳动部曾于1993年颁布过《超高压容器安全监察规程》(试行)[78,79]，对100～1000MPa压力范围的超高压容器的材料、结构、设计、制造、使用、管理、检验和安全附件等方面，从安全监察角度提出明确要求和规定。值得注意的是，美国ASME于1997年正式颁布了锅炉压力容器规范第Ⅷ卷的第三分卷，名为“高压容器建造的另一规程”[84]，是对69MPa（10000psi）以上高压容器制定的规程。由于没有压力的上限，所以可以视为ASMEⅧ-3实际上是超高压容器的规程。

一、厚壁筒的弹塑性应力分析

根据拉美公式可知，超高压的厚壁筒中由于内压太高，必须考虑径向应力的存在，所以必须考虑三向应力。按拉美公式还可看出，随着径比K值的增大，沿壁厚的应力分布不均匀程度更为显著。值得注意的是，从计算内壁开始屈服的压力值的式（5-17）可知，$(K^2-1)/K^2$函数的极值为1，表示不管壁厚的K值大到什么程度，只要内压达到$\sigma_y/\sqrt{3}$值时内壁就达到屈服状态，此时筒体外侧的应力还很小。所以只顾增大壁厚，对超高压容器提高屈服承载能力是有限的，甚至是徒劳的。所以超高压容器设计时一方面要采用高强钢，但另一方面又要在设计理念上要有所突破，即不要受“弹性设计”准则的束缚。厚壁筒承受内压时应力沿壁厚的分布有很大的不均匀性，如果设计时允许内壁材料发生屈服，并形成一定深度的屈服层，允许整个筒体在承受内部超高压时处于弹塑性状态，甚至允许人为地先加载，使内侧材料事先发生屈服，并使卸载后屈服层形成足够的压缩残余应力，到工作升压时便可明显提高内壁的屈服压力。所以本节首先要讨论厚壁筒的弹塑性应力分析。

当内压大到使内壁材料屈服后，再增加压力时则屈服层向外扩展，从而在近内壁处形成塑性层，塑性层之外仍为弹性层，筒体处于弹塑性状态。弹塑性的交界面应为与圆筒同心的圆柱面，界面圆柱的半径为 R_c。现需分析该 R_c 与内压 p 的关系及弹性区塑性区内的应力分布。

设想从单层厚壁圆筒上远离边缘处的区域切取一筒节，并沿 R_c 处分成弹性层与塑性层，如图 5-35 所示。设弹塑性层界面上的压力为 p_c（即相互间的径向应力），则弹性层所受外压为 0，内压为 p_c，而塑性层所受外压力 p_c，内压为 p_i。

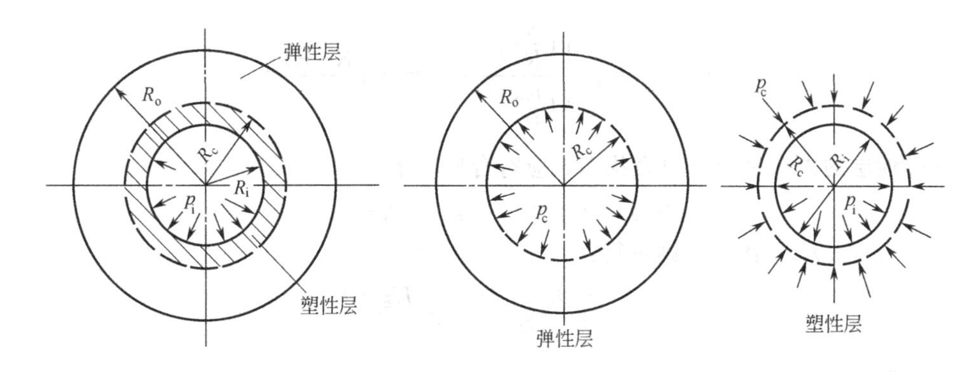

图 5-35　处于弹塑性状态的单层厚壁圆筒的分解

（一）塑性层

处于塑性状态时，式（5-6）的微体平衡方程仍旧成立，即

$$\sigma_\theta-\sigma_r=r\frac{d\sigma_r}{dr}$$

当材料的拉伸屈服行为符合理想塑性体的情况下，按 Tresca 的屈服条件，即当最大剪应力达到材料的剪切屈服强度 τ_y 时便进入屈服状态：

$$\tau_{max}=\frac{1}{2}(\sigma_\theta-\sigma_r)=\tau_y=\frac{1}{2}\sigma_y \tag{5-39}$$

此处取 τ_y 为材料单向拉伸屈服强度 σ_y 的一半。代入式（5-6）积分得：

$$\sigma_r=\sigma_y\ln r+A$$

积分常数 A 按边界条件确定：

① $r=R_i$ 处 $\sigma_r=-p_i$；

② $r=R_c$ 处 $\sigma_r=-p_c$。

利用第①边界条件代入积分式后便可得塑性层内 σ_r 的表达式；再代入 Tresca 屈服条件，则可得塑性层内的 σ_θ 表达式；再利用 $\sigma_z=\frac{1}{2}$（$\sigma_\theta+\sigma_r$）关系可得到塑性层内 σ_z 的表达式。综合为：

$$
\left.\begin{aligned}
\sigma_r&=\sigma_y \ln\frac{r}{R_i}-p_i\\
\sigma_\theta&=\sigma_y\left(1+\ln\frac{r}{R_i}\right)-p_i\\
\sigma_z&=\sigma_y\left(0.5+\ln\frac{r}{R_i}\right)-p_i
\end{aligned}\right\} \tag{5-40}
$$

利用第②边界条件代入式（5-40）中的第一式，便可得弹塑性层交界面上的压力 p_c：

$$
p_c=-\sigma_y \ln\frac{R_c}{R_i}+p_i \tag{5-41}
$$

（二）弹性层

弹性层相当于承受 p_c 内压的弹性圆筒，设 $K_c=\frac{R_o}{R_c}$，按 Lame 式（5-8）或表 5-1 可得弹性层内壁 $r=R_c$ 处的应力表达式：

$$
(\sigma_r)_{r=R_c}=-p_c
$$

$$
(\sigma_\theta)_{r=R_c}=p_c\left[\frac{\left(\frac{R_o}{R_c}\right)^2+1}{\left(\frac{R_o}{R_c}\right)^2-1}\right]=p_c\left(\frac{K_c^2+1}{K_c^2-1}\right)
$$

因该弹性层的内壁是处于屈服状态，应符合屈服条件式（5-39）：

$$
(\sigma_\theta)_{r=R_c}-(\sigma_r)_{r=R_c}=2\tau_y=\sigma_y
$$

将 $(\sigma_\theta)_{r=R_c}$ 及 $(\sigma_r)_{r=R_c}$ 代入，则可得：

$$
p_c=\frac{\sigma_y}{2}\frac{R_o^2-R_c^2}{R_o^2}=\frac{\sigma_y}{2}\frac{K_c^2-1}{K_c^2} \tag{5-42}
$$

式中，$K_c=R_o/R_c$。

考虑到弹性层与塑性层是同一连续体内的两个部分，界面上的 p_c 应为同一数值，令式（5-41）与式（5-42）相等，则可导出塑性层达 R_c 处时的内压 p_i 的表达式：

$$
p_i=\sigma_y\left(0.5-\frac{R_c^2}{2R_o^2}+\ln\frac{R_c}{R_i}\right) \tag{5-43}
$$

弹性区内各应力随半径 r 的分布可按弹性应力分析中的 Lame 式（5-8）列出，其内压 p 此处应改为 p_c，而 p_c 按式（5-42）代入得：

$$
\left.\begin{aligned}
\sigma_r&=\frac{\sigma_y}{2}\frac{R_c^2}{R_o^2}\left(1-\frac{R_o^2}{r^2}\right)=\frac{\sigma_y}{2K_c^2}(1-K_r^2)\\
\sigma_\theta&=\frac{\sigma_y}{2}\frac{R_c^2}{R_o^2}\left(1+\frac{R_o^2}{r^2}\right)=\frac{\sigma_y}{2K_c^2}(1+K_r^2)\\
\sigma_z&=\frac{\sigma_y}{2}\frac{R_c^2}{R_o^2}=\frac{\sigma_y}{2K_c^2}
\end{aligned}\right\} \tag{5-44}
$$

若按 Mises 屈服条件 $\left(\sigma_\theta-\sigma_r=\frac{2}{\sqrt{3}}\sigma_y\right)$ 可导出类似的上述各表达式。

现将弹塑性分析中所导出的各种表达式列于表 5-6 中，弹性层与塑性层中的应力分布如图 5-36（a）中的曲线所示，可见当出现屈服层时屈服层与弹性层的应力分布有明显区别。但卸载之后，塑性层产生残余拉伸变形，弹性层仍有完全恢复弹性变形的能力，因此产生残余应力，其分布如图 5-36（b）所示。

表 5-6　整体式厚壁圆筒，塑-弹性状态的应力（$p_o=0$ 时）

屈服条件	应　力	塑　性　区 ($R_i \leqslant r \leqslant R_c$)	弹　性　区 ($R_c \leqslant r \leqslant R_o$)
Tresca	径向应力 σ_r	$\sigma_y \ln \frac{r}{R_i} - p_i$	$\frac{\sigma_y}{2}\frac{R_c^2}{R_o^2}\left(1-\frac{R_o^2}{r^2}\right)$
	周向应力 σ_θ	$\sigma_y\left(1+\ln\frac{r}{R_i}\right)-p_i$	$\frac{\sigma_y}{2}\frac{R_c^2}{R_o^2}\left(1+\frac{R_o^2}{r^2}\right)$
	轴向应力 σ_z	$\sigma_y\left(0.5+\ln\frac{r}{R_i}\right)-p_i$	$\frac{\sigma_y}{2}\frac{R_c^2}{R_o^2}$
	p_i 与 R_c 关系	$p_i=\sigma_y\left(0.5-\frac{R_c}{2R_o^2}+\ln\frac{R_c}{R_i}\right)$	
Mises	径向应力 σ_r	$\frac{2}{\sqrt{3}}\sigma_y \ln\frac{r}{R_i}-p_i$	$\frac{\sigma_y}{\sqrt{3}}\frac{R_c^2}{R_o^2}\left(1-\frac{R_o^2}{r^2}\right)$
	周向应力 σ_θ	$\frac{2}{\sqrt{3}}\sigma_y\left(1+\ln\frac{r}{R_i}\right)-p_i$	$\frac{\sigma_y}{\sqrt{3}}\frac{R_c^2}{R_o^2}\left(1+\frac{R_o^2}{r^2}\right)$
	轴向应力 σ_z	$\frac{\sigma_y}{\sqrt{3}}\left(1+2\ln\frac{r}{R_i}\right)-p_i$	$\frac{\sigma_y}{\sqrt{3}}\frac{R_c^2}{R_o^2}$
	p_i 与 R_c 关系	$p_i=\frac{\sigma_y}{\sqrt{3}}\left(1-\frac{R_c^2}{R_o^2}+2\ln\frac{R_c}{R_i}\right)$	

二、超高压容器的自增强处理

（一）自增强原理

自增强处理就是将厚壁筒在使用前进行大于工作压力的超压处理，目的是形成预应力使工作时壁内应力趋于均匀。如前所述，超压时可形成塑性层和弹性层。卸压后，塑性层将有残余应变，而弹性层又受到该残余应变的阻挡也恢复不到原来的位置，两层之间便形成相互作用力。无疑，塑性层中形成残余压应力，弹性层中形成残余拉应力，也就是筒壁中形成了预应力。

重新加载到工作压力时，筒壁内重新建立由 Lame（拉美）式所确定的弹性应力，与残留的预应力叠加后内层的总应力有所下降，外层的总应力有所上升，沿整个筒壁的应力分布就比较均匀，即应力分布得到改善，见图 5-36（c）。这样厚壁筒径自增强处理后增大了弹性承载的范围，即也提高了屈服承载能力。这种自增强处理技术在超高压容器中常有应用。

按式（5-43）可计算塑性层到达 R_c 时的自增强处理的压力 p_i。

卸载时若压力降为 Δp（卸压到 0 时 $\Delta p=p_i$），由于只能卸去弹性应力，则可由 Δp 按 Lame 式（表 5-1）计算出卸除的三向应力 $\Delta\sigma$（包括 $\Delta\sigma_\theta$、$\Delta\sigma_r$、$\Delta\sigma_z$），则卸载后的残余应力 σ' 为：

$$\sigma'=\sigma-\Delta\sigma$$

式中的 σ 是自增强处理时在 p_i 压力下的塑性层应力与弹性层应力，分别见式（5-18）及式（5-22），均含三向应力。具体计算参见文献 [27]。自增强卸载后筒壁的残余应力如图 5-36（b）所示，内侧塑性层卸载后受到很明显的压应力。工作时操作压力总低于自增强压力，因而操作压力引起的弹性应力与卸载后的残余应力相叠加而得的合成应力如图 5-36（c）所示，这要比未经自增强处理的低许多。

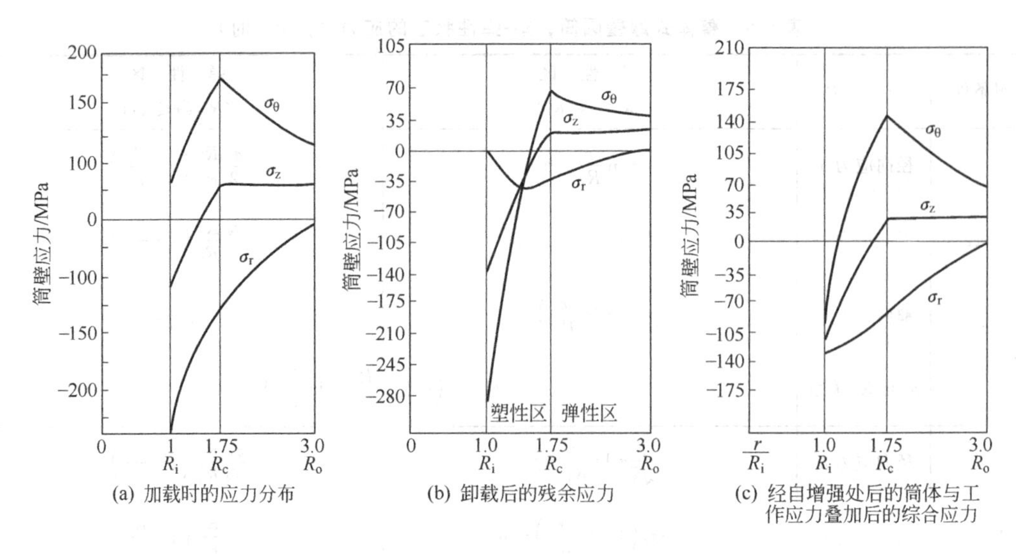

图 5-36 弹-塑性区的应力分布

厚壁筒自增强处理的方法一种是液压法，另一种是机械式挤压法。液压法是采用超高压的液压泵对已密闭的厚壁筒进行加压使内层筒壁发生塑性变形。挤压法是用冲头或水压机将有过盈的心轴压入厚壁筒，或用桥式起重机将心轴拉过厚壁筒等方法使筒壁内层发生塑性变形。另外还有爆炸胀压法，其是利用高能源的炸药在极短的时间内产生高压和冲击波使圆筒迅速产生塑性变形。

（二）超应变度的选择

不论用什么方法使筒壁内层发生塑性变形，自增强处理中最核心的问题是将筒壁中的弹塑性分界层应控制在何处，其目的是控制卸载后得到最合理的残余应力分布，以使工作承载后得到最合理的应力分布。这就是筒壁径向变形的最佳选择或称“最佳超应变度”的选择。超应变度的含义是指自增强处理时内壁塑性层厚度与总厚度之比。

最佳超应变度的选择一是从不发生反向屈服的原则考虑，另一是从工作承载时获得最佳应力分布考虑。不发生反向屈服是考虑自增强处理卸载后内壁得到最大压应力［见图 5-36 (b)］不致使材料发生反向屈服。

按工作承载时的最佳应力分布原则考虑，是指经自增强处理后的三向残余应力，再叠加上工作压力作用下的三个主应力以求得的相当应力（或称应力强度）达到最佳，从而提高工作时的安全性。按这一最佳相当应力可以解出弹塑性层的界面半径 R_c[74,89]：

$$R_c = R_i \exp\left[\frac{E}{E^t}\frac{p}{\sigma_y}\right]$$

式中，E/E^t 是考虑工作温度对残余应力的影响。按此 R_c 值代入式（5-43）可以求出自增强处理中的最佳施加压力。

求解塑性层位置及自增强压力时需注意闭式厚壁筒与开式厚壁筒之分。如果自增强处理不是采用液压法而是用机械型压法时，则应按开式厚壁筒处理，即运用屈服条件时不考虑轴向应力。另外还应注意的是采用 Tresca 屈服条件还是 Mises 屈服条件，两者所得结果略有差异。详细可参阅文献［89，74］。

自增强处理相当于做爆破试验过程中的中途卸载，显然自增强处理并不能改变筒体的爆破压力。自增强的优点只在于可以提高筒体的弹性承载能力，这是残余压应力作出的贡献。

另外残余压应力的存在使原先内壁处的最大拉伸应力得以明显降低，因而在工作状态下加压卸压循环中的应力幅也随之降低，这对筒体延长疲劳寿命是非常有利的。因此对承受交变载荷的超高压筒体来说进行事先的自增强处理是很有必要的。

（三）自增强处理中的反向屈服问题

自增强处理中的超应变度一般为30%～50%，视径比K值而定。为了取得内壁会有很大的压缩残余应力，以得到最大的弹性操作范围，有时取超应变度达到100%，即圆筒从内壁到外壁整体屈服。K值越大，整体屈服的内压也越高。必须注意的是壁厚比大到一定值时，自增强压力卸除后内壁的残余压应力会大到材料的抗压屈服强度，此时要发生反向屈服(Reverse Yielding)。反向屈服的出现将使圆筒内壁残余压应力比正常自增强获得的内壁残余压应力为小，圆筒的弹性操作范围反而减小。因此应尽量避免反向屈服的出现，要适当控制自增强处理的超应变度。

可以利用塑性屈服条件导出圆筒100%超应变度后卸载后发生反向屈服的临界径比K值，对于闭式圆筒：

$$K_{cr}=2.22$$

对于开式圆筒：

$$K_{cr}=2.03$$

达到或超过以上K_{cr}值，自增强使得圆筒整体屈服再卸载时便要引起内壁反向屈服。详细导出过程可以参阅文献［74］和［89］。

（四）塑性应变硬化及鲍辛格效应的影响

以上对圆筒的弹塑性分析都基于对材料力学性能的一个基本假设，即理想塑性假设。这一假设认为材料一旦拉伸屈服后不管塑性应变有多大，应力总保持在屈服应力水平上，即材料不发生应变强化（或称应变硬化）。这一假设可使圆筒塑性层的应力应变分析大为简化。实际上大多数钢材并非理想塑性材料，屈服后的应力应变为非线性关系，中低强度钢屈服后的应变硬化较明显，随着应变量的增大，材料抗力（即应力）有明显增强，此时按理想塑性假设求得的自增强压力下圆筒的塑性层偏薄，卸载后的压缩残余应力偏低，自增强效果显得不足。而高强钢的屈强比一般较高，屈服后强化效应较小，按理想塑性假设求得的自增强压力下圆筒的塑性层偏薄的效应不太明显，残余压力偏低的效应也不太明显，自增强效果尚可。要精确分析塑性应变硬化对自增强效果的影响是很复杂的，主要困难在于对材料应变硬化效应本构关系的描述上，现有的塑性力学中的线性强化模型和指数强化模型均有各自的局限性，而且分析也十分复杂。对于自增强圆筒的部分塑性变化情况，在影响不大的一般情况下，可以不考虑应变硬化的影响。

鲍辛格（Bauschinger）效应是指这样一种情况，即材料受到拉伸屈服后继续加载将会产生一定量的塑性变形，如果卸除拉伸载荷继而承受压缩载荷，其压缩屈服强度明显小于原来的拉伸屈服强度。这种压缩屈服强度明显小于拉伸屈服强度的现象称为鲍辛格效应。将压缩屈服强度与拉伸屈服强度之比称为鲍辛格效应系数（简称BEF）。当材料不存在预拉伸屈服史的情况下BEF值应等于1，当预拉伸屈服应变值不断增大时BEF值随之下降，但当预拉伸屈服应变值达到或超过一定值时BEF值将不再降低而趋向为一常数。鲍辛格效应的存在会使厚壁圆筒自增强卸载过程中内壁过早屈服，内壁的压缩残余应力绝对值降低，减少了圆筒的弹性操作范围。由于鲍辛格效应还会使自增强处理卸载时更容易发生内壁的反向屈服。当鲍辛格效应愈明显（即BEF值愈低）时，厚壁筒100%超应变度卸载时发生反向屈

服的临界径比 K_{cr} 也愈低。过于容易发生反向屈服的厚壁筒就会在今后的投用运行中随着开车与停车不断发生反复的拉伸与压缩塑性变形，从而影响筒体的疲劳寿命。参考文献［74］及［89］中都详细介绍了鲍辛格效应及其对自增强影响的内容。

（五）自增强效果的衰减

超高压容器或管道径自增强处理后在内壁形成压缩残余应力会对容器带来很多好处。但如果长期在高温环境下使用或有振动的影响，自增强残余应力会有一定程度的衰减。例如高压聚乙烯的超高压管式反应器运行 10 年后，由于温度与振动的影响残余应力会衰减 30％～40％。若经残余应力测定衰减至 50％以上，就需要考虑进行再次自增强处理，以恢复残余应力，从而提高超高压设备的安全性。这对存在压力与温度交变的设备延长疲劳寿命显得尤为重要。

三、超高压容器的材料

超高压容器所承受的内压特别高，因此选用特高强度钢甚至超高强度钢来制造超高压筒体是理所当然的。由于这些高强度钢不适合于焊接，所以超高压筒体不可能采用锻焊结构，基本上采用整体锻造结构。为此超高压容器的钢材在强度、塑性及韧性上均有一些特殊要求，同时必然在化学成分、冶炼技术和热处理方面也有一些特殊要求。

（一）强度要求

通常中国在工程上将抗拉强度在 400～700MPa 范围内的钢称为非调质高强度钢，这类钢通常都是普通低合金钢或低合金钢，中低压容器大量采用这类钢。抗拉强度在 600～1200MPa 范围内的称为调质型高强度钢，要经过淬火加回火的调质处理才能达到高的强度及合适的韧性，其含碳量在 0.2％左右，可以得到低碳马氏体组织。而抗拉强度超过 1200MPa 或 1400MPa 的则称为超高强度钢。国外情况也相仿，将抗拉强度至少在 500MPa 以上的钢称为高强度工程用钢。抗拉强度在 700～900MPa 范围内的称为特高强度钢，而 1400～2200MPa 的为超高强度用钢。超高压容器一般都采用抗拉强度在 800MPa 以上的特高强度钢和 1300MPa 以上的超高强度钢。

这些类型的高强钢有一个重要特点，即屈强比高达 0.8～0.9，即钢材一旦屈服后的强化功能不明显，屈服后的强度储备很有限。通常不希望屈强比超过 0.9。

这些类型的高强钢含有较多的碳，约 0.30％～0.40％。碳可作为主要的强化元素之一，但含碳量偏高时容易导致热处理中开裂。其他的强化元素除锰硅之外多选用铬、镍、钼、钒等，甚至还采用钴的。按合金元素的多少和强化原理，这些高强钢大致可分为①低合金超高强度钢；②中合金超高强度钢；③半奥氏体沉淀硬化不锈钢；④马氏体时效钢（属高镍钴的超低碳高合金钢）。国内外这些特高强度与超高强度的超高压容器用钢的大致情况可参见表 5-7 与表 5-8。详细情况可见参考文献［74］的第 7 章。

（二）塑性要求

通常压力容器要求钢材有足够的断后伸长率（δ_5），这是由于首先要满足冷变形塑性加工的需要，同时有足够的塑性储备以防止发生脆性破坏。但超高压容器通常采用锻造法加工，不需要冷加工，因此可适当降低对超高强度钢的塑性要求。事实上抗拉强度超过 1000MPa 的钢，要保证 δ_5＞15％是很困难的，强度愈高对 δ_5 的要求愈不能过高。从使用安全角度仍应对 δ_5 提出要求，但目前尚无统一的最低要求，一般国内外锻造的单层超高压容器要求 δ_5 为 10％～15％。事实上 σ_b 在 2000MPa 左右的钢能保证的 δ_5 还不到 10％。

表 5-7　中国几种典型的超高强度钢

钢种	质量分数/%								回火温度/℃	性能		
	C	Mn	Si	Cr	Mo	V	Ni	其他		σ_b /MPa	δ /%	a_k /(J/cm²)
25Mn2SiMoV	0.21～0.28	2.20～2.80	0.90～1.20	—	0.30～0.40	0.05～0.12	—		200	≥1500	≥10	≥60
32Si2Mn2MoV	0.30～0.34	1.60～1.90	1.45～1.75	—	0.35～0.45	0.10～0.20	—		250	≥1700	≥9	≥50
37SiMnCrMoV	0.34～0.42	0.09～1.20	1.40～1.70	1.00～1.30	0.40～0.55	0.08～0.15	≤0.35		300	2020	9.6	≥60
40SiMnMoVNb	0.37～0.42	0.80～1.20	1.40～1.70	—	0.40～0.60	0.10～0.12	—	Nb0.70～0.15	270	1800～1900	8～10	≥50
40SiMnMoVCu	0.39～0.43	1.60～1.90	1.45～1.85	—	0.50～0.70	0.20～0.30	—	Cu0.30～0.50	270	2100	9～10	≥50
34CrNi3MoA	0.30～0.40	0.50～0.80	0.17～0.37	0.70～1.10	0.25～0.40		2.75～3.25	P≤0.030 S≤0.035		≥900	≥15	≥270

表 5-8　国外某些低合金超高强度钢

钢种	质量分数/%							油淬温度/℃	回火温度/℃	抗拉强度/MPa	屈服强度/MPa	断后伸长率/%
	C	Mn	Si	Cr	Ni	Mo	Co					
En26(英)	0.40	0.60	0.20	0.65	2.50	0.55		860	525	1250	1130	12
En40S(英)	0.25	0.45	0.20	3.27	0.22	0.51		910	625	850	690	20
AISI4340(美) 即 40CrNi2Mo	0.38～0.43	0.6～0.8	0.20～0.35	0.7～0.9	1.65～2.00	0.2～0.3	P、S各0.025	840		1920～2060	1580～1640	δ_5 11～13
4333M4(美)	0.3～0.38	0.7～1.0	0.15～0.35	0.7～0.9	1.65～2.0	0.35～0.45	P、S各0.015			1030～1170	850	16
Maraging	0.027	0.05	0.10		18.00	4.80	7.00	固溶 820	时效 480	1930	1730	横向 7.2 纵向 10.7

（三）韧性要求

钢材的韧性是保证超高压容器安全性的极重要的性能，绝不低于对强度与塑性的要求。尤其是超高强度钢对微缺陷非常敏感，特别是应力集中区再存在微缺陷（如裂纹，或由夹杂物在交变应力下引发的微裂纹）特别容易导致低应力脆断。所以超高压容器用钢往往从两个方面提出韧性要求，一是冲击韧性，另一是断裂韧性。

冲击韧性应采用 V 形缺口夏比冲击试验来获得，用冲击吸收功值 A_{KV} 来衡量材料的冲击韧性。一般要求横向截取冲击试样，即 V 形缺口应平行于最大延伸变形方向。无法横向取样时也允许纵向取样。美国 ASMEⅧ-3“高压容器建造另一规程”中提出的对超高压容器用钢的冲击韧性要求可以作为参考。该规程要求，对屈服强度≤931MPa 的钢，横向冲击试样的三个试样平均值 A_{KV} 不小于 40.7J，其中单个最低值不低于 32.5J；屈服强度>931MPa 的钢，横向三个试样平均冲击功值不小于 47.5J，其中单个最低值不低于 38J。如果因尺寸限制不得已只能取纵向试样时应要求加严：低于 931MPa 钢的三个试样平均冲击功值不小于 67.8J，其中单个试样最低值不低于 54.2J；大于 931MPa 钢的三个试样平均值不低于 81.4J，其中单个不低于 65.1J。

表 5-7 中所列 α_k 系过去曾采用过的冲击韧性指标，是测得的冲击功值除以扣除缺口深度后的试样净截面积所得之值，现已不用，表中之值可供参考。

断裂韧性在ASMEⅧ-3中是作为附加要求提出的。在设计时就对钢材提出这一要求，意在考虑万一有宏观裂纹性缺陷存在而又要保证结构的完整性，即不发生低应力脆断，则必须保证材料有足够的断裂韧性，因此应提出钢材应符合最小的K_{IC}值要求。有关K_{IC}的含义及断裂力学的缺陷评定可以参阅本书第六章的相关章节。参考文献［74］第7章的第四节介绍了几种超高压容器用钢的K_{IC}数据。同时该资料的表7-3也列举了部分超高强度钢的K_{IC}值。

综合以上要求，中国原劳动部于1993年颁布的超高压容器安全监察规程[78]提出了超高压容器钢锻件材料的性能要求是，材料拉伸试验的断后伸长率$\delta_5 \geqslant 12\%$，断面收缩率$\varphi \geqslant 35\%$，夏比（V形缺口）冲击功值$A_{KV} \geqslant 34J$，断裂韧性$K_{IC} \geqslant 120MPa\sqrt{m}$。

（四）对钢的化学成分与冶炼的要求

超高压容器用钢冶炼时除按规定的强化与韧化合金元素成分要求进行严格控制以外，最重要的应是对钢中有害杂质元素（特别是磷硫）、有害微量元素（砷、锡、锑、铅、铋等）和含气（氧、氢、氮）量的控制。这对于提高钢的韧性、横向性能以及防止疲劳破坏的性能有显著影响。磷与硫的存在会在钢中形成多种夹杂物，这些微缺陷愈多愈大，钢的冲击韧性和断裂韧性值将愈低，而且钢的冷脆转变温度会提高，横向性能也比纵向性能更低。在交变载荷作用下夹杂物将是钢材内部引发疲劳裂纹的重要发源地，夹杂物愈小愈少，则诱发疲劳裂纹的机会愈少，疲劳寿命愈长。以AISI4340钢为例，若将P+S的总量减低至0.02%以下，则可显著改善钢的韧性和各向异性的程度。现代冶炼技术可以将P、S含量控制到均为0.02%（质量）以下，甚至再低一个数量级，达到“纯净”的程度。中国劳动部的文件［1993规程5-12］规定P、S含量均应低于0.015%（质量）。

这类超高压容器用钢的冶炼方法应采用碱性电弧炉初炼，钢包精炼炉精炼，再加碱性平炉（或电炉，电炉更优于平炉）及钢包真空处理加喷粉或电渣重熔精炼。这对严格控制成分大有好处。真空脱气处理可以做到严格控制钢中氢氧氮等气体的含量，能显著提高钢的韧性和疲劳寿命。可见超高压容器用钢的这些要求明显严于一般压力容器用钢。

（五）超高压容器钢的热处理

特高或超高强度钢无疑应充分体现强度高的优势，同时又要顾及钢的塑性与韧性，尤其是韧性。因此毫无例外的都要进行调质热处理，以得到优良的综合性能。调质处理时首先进行淬火，可以得到足够的马氏体，强度显著升高，但塑性与韧性差，并存在很大内应力，因此必须再进行回火处理。但不同的回火温度可以得到不同的效果。200多度（℃）的低温回火仍可保持较高的强度，塑性与韧性的变化也不大。500～600℃的高温回火虽可提高塑性与韧性，但强度损失过于明显。中温回火介于其中。因此回火温度的确定十分关键。中低合金含量的超高强度钢一般多采用低温回火，可以得到较高的强度，而韧性与塑性也可以得到较为满意的保证。

对于中低合金的超高强度钢，近年来也有采用一些新的热处理工艺以发挥强度优势和提高韧性与塑性。例如①控制热处理的气氛和真空热处理；②形变热处理，即淬火后使钢材发生低温塑性变形再强化，然后再回火，抗拉强度可提高3%～10%，而韧性与塑性提高更多；③超高温淬火，例如AISI4340钢的淬火温度从870℃提高到1200℃，以得到板条状的低碳马氏体，再作200℃的低温回火，平均断裂韧性值可提高1倍，屈服强度也明显提高；④超细晶粒淬火，即通过多次加热冷却循环相变快速淬火，使其发生多次铁素体→奥氏体→铁素体相变循环，形核率大大增加，最后得到极细微的晶粒组织，使强度与韧性都大大提高。

调质中淬火的尺寸效应必须充分注意。材料的淬透性总是有限度的，过厚的筒体锻体，其壁厚中心的性能必将明显低于壁面性能，材料的潜力得不到充分发挥。与其如此，倒不如做成多层式组合筒体，每一层筒体都可经受充分的淬透，材料得到充分的发挥。

习　　题

1. 高压容器的筒体结构与中低压容器的筒体结构通常有什么区别？

2. 高压容器的封头结构（包括可拆与不可拆的）与中低压容器的封头通常有什么区别？

3. 高压容器的端部法兰及密封结构与中低压容器相比有何区别？

4. 超高压容器自增强处理后对承受交变载荷（内压）的疲劳寿命有什么影响？如果不受交变载荷，作自增强处理会带来什么好处？

5. 一台内压为 30MPa 的高压容器，内盛干燥氮气。内径 $D_i = 500$mm，若采用 20R 材料制筒体，试求出高压圆筒的计算壁厚；若采用 15MnNbR 材料制筒体时，再求出计算壁厚。并回答以下问题：

（1）你认为选用什么材料比较合理？

（2）该容器的长度约 14m，你认为该容器采用什么结构型式（单层卷焊、单层锻焊、整体锻造、多层包扎等）较为合理，说出理由。

注：材料的设计许用应力查附录的附表 1-1。

6. 一台内径为 300mm、壁厚为 40mm 的高压厚壁圆筒，材料为 34CrNi3MoA 锻件，调质处理后的性能达到 $\sigma_b = 950$MPa，$\sigma_y = 780$MPa。做筒体的爆破试验前需预先估算以下几个压力值：（1）内壁开始屈服的压力 p_{si}；（2）外壁也达到屈服时的压力 p_{so}；（3）筒体的爆破压力 p_b。

7. 设计计算一台多层包扎式的氨合成塔筒体。内径 $D_i = 1000$mm，设计的计算压力 $p_c = 32$MPa，设计温度为 200℃。内筒采用 25mm 厚的 15MnNbR 钢板（板材的负公差 $C_{1i} = 0.8$mm，内壁的腐蚀裕量为 1mm)。层板用 6mm 厚的 16MnR 钢板（板厚的负公差为 $C_{2o} = 0.4$mm)。试设计多层包扎式厚壁圆筒的筒节，包括总厚度和层板的层数。已知 25mm 厚 15MnVR 钢板的 $[\sigma]^t = 177$MPa，6mm 厚层板 16MnR 的 $[\sigma]^t = 170$MPa。内筒焊缝作 100％无损检测。层板焊缝只作表面探伤，取 $\varphi = 0.95$。

8. 某高压容器的平顶盖密封处采用金属平垫（实心软铝）密封。容器的内径 $D_i = 600$mm，设计计算压力 $p_c = 22$MPa，设计温度 $t = 200$℃。试确定螺栓直径及个数。平垫片的尺寸如图 5-37。螺栓材料为 35CrMoA（调质），设计温度下的许用应力为 $[\sigma]^t = 218$MPa（M48～80），室温下的许用应力 $[\sigma] = 254$MPa。

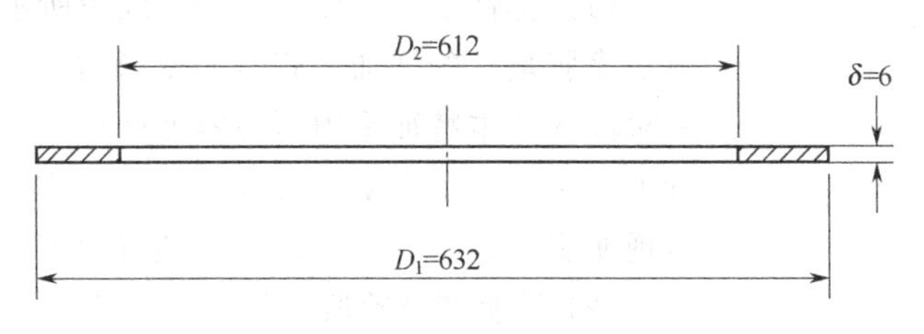

图 5-37　题 8 图

第六章　化工容器设计技术进展

第一节　近代化工容器设计技术进展概述

20 世纪 50 年代以来化工及石油化工的蓬勃发展使化工容器出现了大型化、高参数（高压、高温、低温）及选用高强材料的趋向。因而化工容器在设计、制造与安全管理等方面都出现了一系列的新问题，如疲劳失效、低应力脆断、高温蠕变失效等。这些问题按常规的容器设计方法是无法解决的。这些工程问题的出现大大推动了容器设计理论的发展，其中又由于世界主要工业国家发展核电工业，对核容器的研究大大促进了化工容器设计理论的发展，本章着重对近年来已逐步进入容器设计规范的一些新的设计理论作一介绍。

一、容器的失效模式

容器设计的核心问题是安全。在讨论化工容器设计技术的近代进展时基本的出发点也是安全。容器的安全就是防止容器发生失效。容器的传统设计思想实质上就是防止容器发生"弹性失效"。但是随着技术的发展，遇到的容器失效有各种类型，针对不同的失效形式进而出现了不同的设计准则。在讨论这些设计技术进展之前有必要首先弄清容器的各种形式的失效，尤其最基本的爆破失效过程更需要弄清楚。下面就容器的韧性爆破和脆性爆破过程先作一些阐述。

（一）容器的超压爆破过程

1. 容器的韧性爆破过程

一台受压容器，如果材料的塑性韧性正常，设计正确，制造中也未留下严重的缺陷，那么加压直至爆破的全过程一般都属于韧性爆破过程。韧性爆破的全过程可以用图 6-1 的容器液压爆破曲线 $OABCD$ 来说明，加压的几个阶段如下。

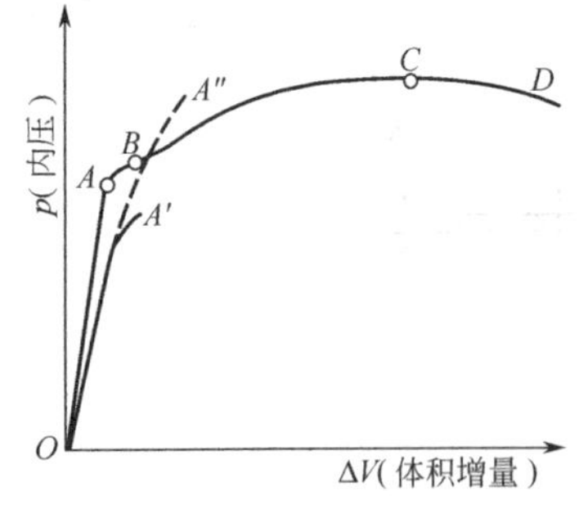

图 6-1　容器的爆破曲线

（1）弹性变形阶段　如 OA 线段所示，随着进液量（即体积膨胀量）的增加，容器的变形增大，内压随之上升。这一阶段的基本特征是内压与容器变形量成正比，呈现出弹性行为。A 点表示内壁应力开始屈服，或表示容器的局部区域出现屈服，整个容器的整体弹性行为到此终止。

（2）屈服变形阶段　如 AB 段所示，这是容器从局部屈服到整体屈服的阶段，或者说是以内壁屈服到外壁也进入屈服的阶段。B 点表示容器已进入整体屈服状态。如果容器的钢材具有屈服平台的特点，那么这阶段也是包含塑性变形逐步越过屈服平台的阶段，因此这是一个包含复杂过程的阶段，不同的容器不同的材料这一阶段的形状与长短不同。

（3）变形强化阶段　如 BC 段所示，这是因材料发生塑性变形而不断强化，容器的承载能力不断提高的过程。但同时又是因体积膨胀而使壁厚不断减薄会使承载能力有所下降的过程。不过这两者中强化影响大于减薄影响，因而强化提高承载能力的行为变成主要的。变形强化是本阶段的主要特征。由于强化的变化率逐渐降低，到达 C 点时这两种影响已经相等，达到总体“塑性失稳”状态，承载能力达到最大即将爆破，此时容器已充分膨胀。

(4) 爆破阶段　在 CD 段是减薄的影响大于强化的影响，容器的承载能力随着容器的大量膨胀而明显下降，壁厚迅速减薄，直至 D 点而爆裂。

C 点所对应的内压力应计为爆破压力，正常的韧性爆破的容器，爆破时的体积膨胀量（即进液量）均在整个容器体积的10%以上，这一量值越高，表示容器的韧性越好，即材料的塑性韧性和制造质量都非常好，当然也预示这样的容器在设计压力下越是安全。从承受的压力来说，爆破压力越高，或者爆破压力与设计压力的比值越大则越安全。

A 点对应的内压是开始屈服的压力，B 点对应的内压是容器全部进入屈服的压力。通常所说的容器屈服压力应指 B 点所对应的压力——整体屈服压力。

从实验所得的爆破曲线上要准确判定 A 点及 B 点是很困难的。美国 ASME Ⅷ-1 的实验应力分析部分给出了一个确定容器屈服压力的方法，即按弹性线（OA）斜率增大一倍画一条通过坐标原点的斜线，与爆破曲线拐弯处的交点，其纵坐标即为屈服压力（可以认为是整体屈服压力）。通常将这一方法简称为二倍斜率法，这在工程上很有用。

对于圆筒形容器，屈服后的大变形以中间部位最为显著，俗称为“鼓肚”现象，“鼓肚”愈大，表示体积膨胀量也愈大。容器最终的爆破一般从鼓肚最大的地方发生。凡是塑性韧性好的材料所制造的容器，爆破时均只裂开一条裂缝，尽管裂缝的张口可以很大，而不会撕裂成碎片飞出。

2. 容器的脆性爆破过程

容器的脆性爆破过程如图 6-1 中的 OA'（或 OA''）曲线所示。这种爆破是指容器在加压过程中没有发生充分的塑性变形鼓胀，甚至尚未达到屈服的时候就发生爆破。爆破时容器尚在弹性变形阶段至多是少量屈服变形阶段。

脆性爆破的容器或是由于材料的脆性（例如低温下的脆性），或是由于有严重的焊接缺陷（例如裂纹）而引起。也可能这两者同时起作用，即既有严重缺陷又遇材料变脆（如焊接热影响区的脆化或容器长期在中高温度下服役致使材料显著脆化）从而引起脆断。

脆性爆破的容器由于体积变形量很小因而其安全裕量很少，是应竭力防止的。万一发生脆断，容器很可能爆裂出碎片飞出，产生极大的危害，带来灾难性的后果。

容器的韧性爆破和脆性爆破是容器爆破的两种最基本的典型的形式。实际容器的失效不一定是爆破，而是有更多的原因和模式，下面将讨论容器的失效模式问题和容器设计应采用的相应的准则。

(二) 容器的失效模式

失效是一个具有广泛涵义的术语，在绪论的第四节中已有论述。曾概括过容器的失效有过度变形失效、断裂失效以及表面损伤失效三个大类。如果细分，并结合失效机理的分析，现代容器的失效模式可作如下分类。

1. 容器常见的失效模式

(1) 过度变形　容器的总体或局部发生了过度变形，包括过量的弹性变形，过量的塑性变形，塑性失稳（增量垮坍），例如总体上的大范围的鼓胀，或局部的鼓胀，此时应认为容器已失效，不能再保障使用的安全。过度变形实质上说明容器在总体上或局部区域发生了塑性失效，已处于十分危险的状态。例如法兰的设计稍薄，在强度上尚可满足要求，但由于刚度不足而易产生永久变形，导致介质泄漏，这也是由于塑性失效的过度变形而导致的失效。

(2) 韧性爆破　容器发生了有充分塑性大变形的破裂失效，这相当于在图 6-1 曲线 *BCD* 阶段情况下的破裂，无疑这属于超载下的爆破，一种可能是超压，另一种可能是本身大面积的壁厚较薄。这是一种经过塑性大变形的塑性失效之后再发展为爆破的失效，亦称为“塑性失稳”(*Plastic collapse*)，爆破后易引起灾难性的后果。

(3) 脆性爆破　这是一种没有经过充分塑性大变形的容器破裂失效。材料的脆性和严重的超标缺陷均会导致这种破裂，或者两种原因兼而有之。脆性爆破时容器可能裂成碎片飞出，也可能仅沿纵向裂开一条缝；材料愈脆，特别是总体上愈脆则愈易形成碎片。如果仅是焊缝或热影响较脆，则易裂开一条缝。形成碎片的脆性爆破特别容易引起灾难性后果。

由严重缺陷（如裂纹）而引起的低应力脆断失效尤应注意，这是指在低于容器屈服压力的低应力状态下即发生的脆断失效，容器发生爆裂时只有少量的变形，故为脆断。在低合金高强度钢制压力容器中，焊接易产生裂纹，高强度钢材对裂纹又较为敏感，这就特别容易发生低应力脆断，这是近代压力容器较易发生的失效。

(4) 疲劳失效　交变载荷最容易使容器的应力集中部位材料发生疲劳损伤，萌生出疲劳裂纹并进而扩展导致疲劳失效。疲劳失效包括材料的疲劳损伤（形成宏观裂纹）并疲劳扩展和结构的疲劳断裂等情况。容器疲劳断裂的最终失效方式一种是发生泄漏，称为“未爆先漏”(LBB)，另一种是爆破，可称为“未漏先爆”。爆裂的方式取决于结构的厚度、材料的韧性，并与缺陷的大小有关。疲劳裂纹的断口上一般会留下肉眼可见的贝壳状的疲劳条纹。但这两种疲劳断裂的失效均无明显的塑形变形，接近脆断时的宏观形态。有交变载荷的作用是发生疲劳失效的必要前提。有应力集中的地方是最容易出现疲劳裂纹的地方。

除压力交变或机械载荷的交变之外，温差的交变也会引起温差应力的交变，从而使容器萌生疲劳裂纹，这应称为热疲劳失效，是疲劳失效的一种特殊情况。容器或管道的热疲劳裂纹往往在宏观上呈现龟裂的形貌特征。

(5) 蠕变失效　化工高温容器由于长期在高温下运行和受载，金属材料会随时间而不断发生蠕变损伤，以至逐步出现明显的鼓胀与减薄，甚至破裂而成事故。即使载荷是恒定的和应力低于该温度下的屈服点也会发生蠕变失效，不同材料在高温下的蠕变行为有所不同。材料高温下的蠕变损伤实质是晶界的弱化和在应力作用下的沿晶界的滑移，晶界上便形成蠕变空洞，时间愈长空洞则愈多愈大，宏观上便出现蠕变变形。当空洞连成片并扩展时即形成蠕变裂纹，再发展下去容器最终会发生蠕变断裂的事故。材料经受蠕变损伤后在性能上会表现出强度下降和韧性降低，这就是蠕变脆化。蠕变失效的宏观表现是过度变形（蠕胀），最终是由蠕变裂纹扩展而断裂（爆破或泄漏）。

(6) 腐蚀失效　这是与环境介质有关的失效形式。化工容器所接触的腐蚀性介质十分复杂，就腐蚀机理来说无非属于两个大类：化学腐蚀与电化学腐蚀。其根本区别在于形成腐蚀化合物过程中是否在原子之间有电荷的转移。就腐蚀失效的形态来说可分为如下几种典型情况：

①全面腐蚀（亦称均匀腐蚀）；②局部腐蚀；③集中腐蚀（即点腐蚀）；④晶间腐蚀；⑤应力腐蚀；⑥缝隙腐蚀；⑦氢腐蚀；⑧选择性腐蚀。

当腐蚀发展到总体强度不足（由全面腐蚀、晶间腐蚀或氢腐蚀引起）或局部强度不足时，便可认为已经腐蚀失效。腐蚀任其发展下去轻者造成泄漏、局部塑性失稳或总体塑性失稳，严重时可导致爆破。由应力腐蚀发展下去便形成宏观裂纹，扩展后也会导致泄漏或低应力脆断。

（7）失稳失效　容器在外压（包括真空）的压应力作用下丧失稳定性而发生的皱折变形称为失稳失效。皱折可以是局部的也可以是总体的。高塔在过大的轴向压力（风载、地震载荷）作用下也会皱折而引起倒塌。容器失稳问题已在第四章中讨论过。

（8）泄漏失效　容器及管道可拆密封部位的密封系统中每一个零部件的失效都会引起泄漏失效。例如法兰的刚性不足导致法兰的过度变形而影响对垫片的压紧，紧固螺栓因设计不当或锈蚀而过度伸长也会导致泄漏，垫片的密封比压不足、垫片老化缺少反弹能力都会引起泄漏失效。系统中每一零部件均会导致泄漏失效，所以密封失效不是一个独立的失效模式，而是综合性的。

2. 容器的交互失效模式

容器在多种因素作用下同时发生多种形式的失效可称为交互失效，容器中易发生的失效主要有以下两种。

（1）腐蚀疲劳　在交变载荷和腐蚀介质交互作用下形成裂纹并扩展的交互失效。由于腐蚀介质的作用而引起抗疲劳性能的降低，在交变载荷作用下首先在表面有应力集中的地方发生疲劳损伤，在连续的腐蚀环境作用下发展为裂纹，最终发生泄漏或断裂。对应力腐蚀敏感与不敏感的材料都可能发生腐蚀疲劳，交变应力和腐蚀介质均加速了这一损伤过程的进程，使容器寿命大为降低。

（2）蠕变疲劳　这是指高温容器既出现了蠕变变形，又同时承受交变载荷作用，而在应力集中的局部区域出现过度膨胀，以至形成裂纹直至破裂。蠕变导致过度变形，载荷的交变导致萌生疲劳裂纹和裂纹扩展。因蠕变和疲劳交互作用失效的容器既有明显宏观变形的特点又有疲劳断口光整的特点。

二、化工容器的设计准则发展

为防止化工容器发生上述各种形式的失效，近代化工容器设计的重要特点就是必须考虑采用相应的设计准则。目前在化工容器已被采用的设计准则有如下几种。

（1）弹性失效设计准则　这是为防止容器总体部位发生屈服变形，因而将总体部位的最大设计应力限制在材料的屈服点以下，保证容器的总体部位始终处于弹性状态而不会发生弹性失效。这是最传统的设计方法，也正是本书前面各章所介绍的方法，这仍然是现今容器设计首先应遵循的准则。

（2）塑性失效设计准则　容器某处（如厚壁筒的内壁）弹性失效后并不意味着容器失去承载能力。将容器总体部位进入整体屈服时的状态或局部区域沿整个壁厚进入全域屈服的状态称为塑性失效状态，若材料符合理想塑性假设，此时载荷不需继续增加，其变形会无限制地发展下去，故称此载荷为极限载荷。将极限载荷作为设计的依据并加以限制，以防止发生总体塑性变形，称为极限设计。这种“极限设计”的准则即为塑性失效设计准则。用塑性力学方法求解结构的极限载荷是这种设计准则的基础。高压容器章中的式（5-18）及式（5-19）即为这种设计准则的应用。

（3）爆破失效设计准则　非理想塑性材料在屈服后尚有增强的能力，对于容器（主要是厚壁的）在整体屈服后仍有继续增强的承载能力，直到容器达到爆破时的载荷才为最大载荷。若以容器爆破作为失效状态，以爆破压力作为设计的依据并加以限制，以防止发生爆破，这就是容器的爆破失效设计准则，高压容器章所介绍的 Faupel 式（5-20）就是这一准则的体现。

（4）弹塑性失效设计准则　如果容器的某一局部区域，一部分材料发生了屈服，而其他大部分区域仍为弹性状态，而弹性部分又能约束着塑性区的塑性流动变形，结构处于这种弹塑性状态可以认为并不一定意味着失效。只有当容器某一局部弹塑性区域内的塑性区中的应力超过了由“安定性原理”确定的许用值时才认为结构丧失了“安定”而发生了弹塑性失效。因此安定性原理便是弹塑性失效的设计准则，亦称为安定性准则。本章第二节将具体介绍这一准则。

(5) 疲劳失效设计准则　为防止容器发生疲劳失效，只有将容器应力集中部位的最大交变应力的应力幅限制在由低周疲劳设计曲线确定的许用应力幅之内时才能保证在规定的循环周次内不发生疲劳失效，这就是疲劳失效设计准则。这是 20 世纪 60 年代由美国发展起来的。

(6) 断裂失效设计准则　由于压力容器中难于避免裂纹，包括制造裂纹（特别是焊接裂纹）和使用中产生或扩展的裂纹（如疲劳裂纹、应力腐蚀裂纹等），为防止因严重缺陷而导致发生低应力脆断，可按断裂力学原理来限制缺陷的尺寸或对材料提出必须达到的韧性指标，这便是防脆断设计。这一断裂失效设计准则是 20 世纪 70 年代初进入核容器设计规范的。防脆断设计并不意味着允许新制造的容器可以存在裂纹，而是对容器使用若干年后的一种安全性估计。对于新制造的容器，设计时是假定容器内产生了一个相当大的可以检测到的裂纹，通过断裂力学方法可以对材料的韧性（主要是指断裂韧性）提出必须保证达到某一要求以使容器不会发生低应力脆断。而对于在役的容器如果检测出裂纹，也可以用断裂力学方法来评价这一裂纹是否足够安全，这就是压力容器的缺陷评定。这些都是基于断裂失效设计准则（或称防脆断失效设计准则）的方法。

(7) 蠕变失效设计准则　设计时将高温容器筒体的蠕变变形量（或按蠕变方程计算出的相应的应力）限制在某一允许的范围之内，便可保证高温容器在规定的使用期内不发生蠕变失效，这就是蠕变失效设计准则。

(8) 失稳失效设计准则　外压容器的失稳皱折需按照稳定性理论进行稳定性校核，这就是失稳失效的设计准则。大型直立设备（如塔设备）在风载与地震载荷下的纵向稳定性校核也属此类。

(9) 刚度失效设计准则　通过对结构的变形分析，将结构中特定点的线位移及角位移限制在允许的范围内，即保证结构有足够的刚度。例如大型板式塔内大直径塔盘很薄，就应限制塔盘板的挠度，不致使液层厚薄不一而引起穿过塔盘气体分布不均和降低板效率。又如法兰设计时除应保证强度外还应采用刚度校核法以限制法兰的偏转变形。

(10) 泄漏失效设计准则　法兰的密封设计及转轴密封设计中更为合理的设计方法应限制介质的泄漏率不得超过允许的泄漏率。由于介质的泄漏率与结构设计、密封材料的性能和紧固件所施加的载荷密切有关，非常复杂，所以泄漏失效设计准则很难建立。大多数国家的设计规范中尚未采用。但欧盟承压设备规范中已在大量研究与试验的基础上建立了泄漏失效的设计准则与方法[70,71]。

以上的设计准则都是近代化工容器中已被采用的，除弹性失效设计准则、塑性失效设计准则、爆破失效设计准则和失稳失效设计准则在 20 世纪 60 年代以前就逐步成熟运用于容器的工程设计之外，弹塑性失效设计准则、疲劳失效设计准则、断裂失效设计准则以及蠕变失效设计准则均是这个年代及以后逐步出现并成熟起来的，这反映出设计理论的进展与突破。

至于腐蚀失效所对应的设计准则比较复杂，它所涉及的不是一个独立的准则。例如全面腐蚀情况下的容器设计是通过增加壁厚的腐蚀裕量来防止发生弹性失效的。局部腐蚀、集中腐蚀情况设计时尚无可用的设计准则；而在役容器的局部腐蚀和集中腐蚀则是通过局部区域的塑性失稳极限载荷来进行强度校核的；晶间腐蚀和应力腐蚀则要通过晶间腐蚀速率和应力腐蚀裂纹扩展速率的实验测定，才能对剩余寿命作出简略的估计。所以各种不同的腐蚀失效形态所对应的设计准则是多种多样的，有些还没有相应的设计准则。

三、容器设计规范的主要进展

近代化工容器设计方法的发展，从总体上看主要是考虑到各种重要的失效模式，不同失效模式的容器应当采用不同的设计方法。在理论研究的基础上结合工程实践的经验，至今已不同程度地发展成相应的设计规范，主要的设计规范的进展反映在以下几个方面。

（一）分析设计规范的出现和应用[43]

近代的大型、高参数及高强材料的化工容器如何设计得更安全而又合理，一方面依靠详细的应力分析，另一方面更为重要的是要正确地估计各种应力对容器失效的不同影响。在此基础上才能正确地将不同类型的应力分别按不同的强度设计准则进行限制。为此 ASME 锅炉及压力容器规范委员会率先在 1955 年专门设立了“评述规范应力基准特别委员会”，专事负责对当时设计规范的许用应力的基准进行研究，以求制订出对不同类型的应力采用不同设计准则的新规范。至 1965 年便形成了 ASME 规范的第Ⅲ卷第一版，首先在核电站的核容器设计中采用了以应力分析为基础的设计方法。这一方法的基本思想是考虑容器中各种各样的应力对容器的失效起着不同的作用。因此这一方法规定：先对容器的危险点进行详细的应力分析，根据各种应力产生的原因和性质对应力进行分类，再根据各类应力对容器失效的危害性的差异采用不同的设计准则加以限制。这就是“以应力分析为基础的设计”，简称“分析设计”（Design by Analysis）。除未列入蠕变设计外，其他的设计准则即弹性失效、塑性失效、弹塑性失效、疲劳失效的设计准则均列入规范。

分析设计规范的出现给化工容器设计带来了很大影响，适应了化工容器大型化发展的需要。1968 年 ASME 规范第Ⅷ卷“压力容器”正式分为两册，第一册（ASMEⅧ-1）为传统的规则设计（Design by Rules）规范[21]，而第二册（ASMEⅧ-2）即为“分析设计”规范[44]，亦称为与规则设计规范相并行的“另一规程”。分析设计法是建立在更为科学的基础上的设计方法，更为合理可靠。

分析设计规范的出现在国际上有很大影响，不但影响到各主要工业国家的核容器的设计，也影响到化工容器的设计。英国从 1976 年开始在 BS 5500 规范中列入了压力容器分析设计的内容。日本的 JIS 8250 规范（即“压力容器构造另一标准”）在 1983 年也正式生效。1993 年日本压力容器规范进行了大调整，其中 JIS 8281 即为“压力容器的应力分析和疲劳分析”。中国的容器分析设计规范也于 1995 年以行业标准的形式正式公布，称为“JB 4732 钢制压力容器—分析设计标准”[4,45]。

（二）疲劳设计规范的制订[48]

在交变载荷作用下容器应力集中区域特别容易发生疲劳失效，压力容器的这种疲劳问题不同于一般的疲劳问题，属于高应变（即在屈服点以上的）低周次的疲劳失效问题，亦称“低周疲劳”。根据大量实验研究和理论分析建立了安全应力幅（S_a）与许用循环周次（N）的低周疲劳设计曲线，即 S_a-N 曲线。该曲线成了压力容器疲劳设计的基础。由于疲劳设计必须以应力分析和应力分类为基础，所以疲劳设计也可以说是压力容器分析设计的重要组成部分。目前各主要工业国家都先后吸收 ASME Ⅷ-2 的方法制订了疲劳设计规范。

(三) 防脆断设计规范的建立[25]

低应力脆断是压力容器的主要失效形式之一，特别是在由较高强度材料制成的厚壁焊接容器中容易发生。在断裂力学取得重要成就的基础上，引入容器设计中来便构成了“防脆断设计”这一内容。美国于1971年率先在ASME第Ⅲ卷的附录G中列入了核容器设计时应考虑的防止因裂纹性缺陷导致压力容器发生低应力脆断的“防脆断设计”内容。在ASME规范第Ⅺ卷附录A中引入了核容器在役检验时如何用断裂力学方法对裂纹缺陷进行安全评定的内容[55]，这一方法现已应用于其他压力容器。

(四) 高温容器蠕变设计的发展

高温容器常规的设计方法仅体现在许用应力按高温蠕变强度或持久强度选取，不足以体现高温容器的寿命设计问题。高温蠕变失效问题的深入研究，将高温下蠕变的变形速率及变形量作为高温容器寿命设计的主要内容，形成了近代高温容器设计的新准则。由于高温问题的复杂性，这一设计方法目前尚未进入规范。

(五) 欧盟EN 13445标准的问世

美国ASME的锅炉压力容器规范在世界各国产生了近一个世纪的重大影响。绪论中已经提到，欧洲标准化组织（CEN）所制订的EN 13445非直接火压力容器标准已于2002年问世，在内容上不仅涵盖了0.05MPa表压以上压力容器的常规设计方法、应力分类法、分析设计法与疲劳设计法，而且提出了许多设计的新概念及新设计方法。针对防止密封失效所提出的限定各种泄漏率的密封设计方法是非常有特色的。以致在世界压力容器技术标准方面形成了美国ASME和欧盟13445两大体系的新格局。这些都非常值得重视和深入研究。

四、近代设计方法的应用

(一) 数值分析法

现代压力容器的分析设计、疲劳设计等，其中必然要涉及到对容器各种特殊部位的详细应力分析，现成的理论解毕竟是有限的，大部分情况将必须依靠现代的数值计算方法并借助电子计算机来完成。最常用的数值计算方法是有限元素法。有限元素法是将连续的结构体离散为有限个单元，单元与单元之间仅靠节点相连，以此种有限数量的单元组合体来代替原有的连续体。然后对这种单元组合体建立起在外载荷作用下的支配方程，这是个大型联立方程组，可编成计算机程序，由计算机完成全部计算。这可以用来解决杆系、板、壳、轴对称与非轴对称结构的节点位移、应变与应力的计算。只要隔离体及边界条件、载荷条件设定正确合理，单元选取合适，单元划分愈细，数值解就愈能逼近真实。有限元法可求解静态应力、热应力以及稳定问题和振动问题。另外可求解弹性问题，也可求解弹塑性、蠕变和大挠度问题，还可求解结构发生塑性失效的极限载荷。国际上有许多高水平的著名的结构分析的有限元程序，如ANSYS等。但涉及结构型性大变形等非线性问题时，选用ABAQUS/Standard模块更显优越。

除有限元法还有边界元和体积力法更有效的数值分析方法。

(二) 计算机辅助设计

将容器设计的标准计算方法编制成计算机程序代替人工设计并用计算机完成绘图，这就是现代的计算机辅助设计（CAD）。如果将容器计算规范的全部内容编制成一个大型程序，贮存在软盘中，这个软件便成为可包罗容器设计计算全部内容的“软件包”。设计时只需输入必要的信息和指令，便可自动调用软件包中的任意一章或数章，由计算机完成该容器的全部计算工作，计算结果也可全部打印出来。另外，还可由计算机完成绘图工作，显然这可以大大提高设计工作的效率。用计算机代替人工绘图是采用编制好的化工容器及化工设备绘图软件，根据设计人员的指令进行总图与零部件图的绘制。中国已具有这方面的较为成熟的商品软件，许多专业设计院所已正式采用。

（三）优化设计与专家系统

压力容器的优化设计就是有进行综合决策功能的设计。设计时有三方面的参数需作处理：

① 结构的独立设计参数（即设计参量），如材料性能、设备尺寸、设计压力与温度等；

② 结构状态参数（中间变量），如应力、形变、压力降等，这些需经计算分析后才能获得；

③ 结构性能参数，如成本、利润、重量、容积、效率、功率或精度等，这些是设计追求优化的目标，因而称为目标函数。

优化设计是通过优化方法反复迭代演算，终结时得到能符合优化目标的明确的最优结果。显然优化设计必须依靠计算机进行，核心问题是选择适当的优化方法。

通常像压力容器领域中的许多现实问题需要由拥有这一领域知识、熟知其规律和方法的专家才能解决，如果建立一计算机软件系统，使其拥有像人类专家一样的分析、推理、学习、综合判断与决策的能力，可以得到和专家相同的结论，起到专家的作用，这就是人工智能技术中的专家系统。一般软件只是用计算机直接搜索现存的答案，而专家系统中贮存的是进行逻辑推理的能力、必要的知识库和数据库，容器专家系统可在设计决策、运行管理、故障分析等方面发挥特殊作用。

第二节　化工容器的应力分析设计

一、分析设计法概述[4,25,44,65,66]

以上各章所述的容器设计方法都基于弹性失效设计准则，是将容器中某一最大应力限制在弹性范围内就认为可保证安全。这种“规则设计”方法对设计的容器基本上是安全的，主要着眼于限制容器中的最大薄膜应力或其他由机械载荷直接产生的弯曲应力及剪应力等。这种方法仍是现今设计规范的主流。但应当看到，这种设计方法对容器中的某些应力，例如结构不连续应力，开孔接管部位的集中应力等并不逐一进行强度校核，特别是当载荷（压力或温度）有交变可能引起结构的疲劳失效时也未对这些应力进行安全性校核。

随着技术的发展，核容器和大型化的高参数化工容器的广泛使用，工程师们逐步认识到各种不同的应力对容器的失效有不同的影响。感到应从产生应力的原因、作用的部位以及对失效的影响几个方面将容器中的应力进行合理的分类，从而形成了“应力分类”的概念和相应的工程设计方法。其次按不同类别的应力可能引起的失效模式建立起弹性失效、塑性失效、弹塑性失效及疲劳失效的设计与校核方法，并给出不同的应力限制条件。这就是应力分析设计的总体思想。但这套方法的基础首先要对容器中关键部位逐一进行应力分析，然后才能进行应力分类。下面首先介绍应力分析中的若干基本概念。

（一）容器的载荷与应力

前述各章均分别讨论过容器在各种载荷下的应力，这里再从应力产生的原因、求解的基本方法及应力的分布范围来进行归纳讨论。

（1）由压力载荷引起的应力　这是指由内外介质均布压力载荷在回转壳体中产生的应力。可依靠外载荷与内力的平衡关系求解。在薄壁壳体中这种应力即为沿壁厚均匀分布的薄膜应力，并在容器的总体范围内存在。厚壁容器中的应力是沿壁厚呈非线性分布状态，其中可以分解为均布分量和非均布分量。

（2）由机械载荷引起的应力　这主要指由压力以外的其他机械载荷（如重力、支座反力、管道的推力）直接产生的应力。这种应力虽求解复杂，但也是符合外载荷与内力平衡关系的。这类载荷引起的应力往往仅存在于容器的局部，亦可称为局部应力。风载与地震载荷也是压力载荷以外的其他机械载荷，也满足载荷与内力的平衡关系，但作用范围不是局部的，而且与时间有关，作为静载荷处理时遍及容器整体，是非均布非轴对称的载荷。

（3）由不连续效应引起的不连续应力　这在第二章的总体不连续分析中已经讨论过。以下三种情况均会产生不连续应力：

① 几何不连续（如曲率半径有突变）；

② 载荷不连续；

③ 材质不连续。

例如夹套反应釜的内筒在与夹套相焊接的地方就同时存在几何不连续与载荷不连续（实际上还有轴向温度的不连续）。应该注意，结构不连续应力不是由压力载荷直接引起的，而是由结构的变形协调引起的，其在壳体上的分布范围较大，可称为总体不连续应力。其沿壁厚的分布有的是线性分布有的也呈均布的。

（4）由温差产生的热应力　由于壳壁温度沿经向（轴向）或径向（厚度方向）存在温差，在这些方向便引起热膨胀差，通过变形的约束与协调便产生应力，这就是温差应力或称热应力。引起热应力的“载荷”是温差，温差表明该类载荷的强弱，故称为热载荷，以区别于机械载荷。热应力在壳体上的分布取决于温差在壳体上的作用范围，有的属于总体范围，有的是局部范围。温差应力沿壁厚方向的分布可能是线性的或非线性的，有些则可能是均布的。

（5）由应力集中引起的集中应力　容器上的开孔边缘、接管根部、小圆角过渡处因应力集中而形成的集中应力，其峰值可能比基本应力高出数倍。数值虽大，但分布范围很小。应力集中问题的求解一般不涉及壳体中性面的总体不连续问题，主要是局部结构不连续问题，并依靠弹性力学方法求解。但实际很难求得理论的弹性解，常用实验方法测定或采用数值解求得。

（二）应力分析设计中的名词术语

（1）薄膜应力（Membrane stress）　是沿截面厚度均匀分布的应力成分，等于沿所考虑截面厚度的应力平均值。

（2）弯曲应力（Bending stress）　是法向应力沿截面厚度上的变化分量。沿厚度的变化可以是线性的，也可以不是线性的。其最大值发生在容器的表面处，设计时取最大值。分析设计的弯曲应力是指线性的。

（3）法向应力（Normal stress）　是垂直于所考虑截面的应力分量，也称为正应力。通常法向应力沿部件厚度的分布是不均匀的，此时可将法向应力视为由两种成分组成，一是均匀分布的成分，其值是该截面厚度应力的平均值（此即为薄膜应力）；另一是沿截面厚度各点而变化的成分，可能是线性的，也可能是非线性的。

（4）切应力（Shear stress）　是与所考虑截面相切的应力成分。

（5）应力强度（Stress intensity）　某处的应力若系三向或二向应力时，其组合应力基于第三强度理论的当量强度。规定为给定点处最大剪应力的两倍，即给定点处最大主应力与最小主应力的代数值（拉应力为正值，压应力为负值）之差。

（6）总体结构不连续（Gross structural discontinuity） 系指几何形状或材料不连续，使结构在较大范围内的应力或应变发生变化，对结构总的应力分布与变形产生显著影响。

总体结构不连续的实例，如封头、法兰、接管、支座等与壳体的连接处，以及不等直径或不等壁厚、或弹性模量不等的壳体的连接处。

（7）局部结构不连续（Local structural discontinuity） 系指几何形状和材料的不连续，但其仅使结构在很小范围内的应力或应变发生变化，对结构总的应力分布和变形无显著影响。例如小的过渡圆角处，壳体与小附件连接处，以及未全熔透的焊缝处。

（三）各种应力对容器失效的影响

上述各种应力对容器失效的影响各不相同，或者说引起容器失效的形式各不相同，这便成了应力分类的重要依据。

可以分析这样例子，一台圆筒形容器，两端各有一封头，在做超压爆破实验时，众所周知，如无特殊原因（如缺陷）一般爆破总是发生在远离封头的圆筒体中部，并从中央向两头撕裂。封头与筒体连接处虽存在较大的不连续应力，但爆破不从这里开始。可见不同的应力引起容器失效的形式不同。

上述各种应力对容器失效的影响大体可归纳如下。

内压这种载荷产生的应力可以使容器在总体范围内发生弹性失效或塑性失效，即膜应力可使筒体屈服变形，以致发生爆破。外压则引起总体刚性失稳，即形状失稳。

由其他机械载荷产生的局部应力可使容器发生局部范围内弹性失效或塑性失效。

总体结构不连续应力，由于相邻部位存在相互约束，有可能使部分材料屈服进入弹塑性状态，可造成弹塑性失效。

总体热应力也会造成容器的弹塑性失效。

应力集中（局部结构不连续）及局部热应力可使局部材料屈服，虽然也可以造成弹塑性失效，但只涉及到范围极小的局部，不会造成容器的过度变形。但在交变载荷作用下，这种应力再叠加上压力载荷的应力及不连续应力会使容器出现疲劳裂纹，因此主要危害是导致疲劳失效。

（四）以应力分析为基础的设计方法

既然容器上存在不同载荷及不同的应力，而且对容器失效的影响又各不相同，因此就应当更为科学地将应力进行分类，并按不同的失效形式和设计准则进行应力强度校核。这就是应力分析设计的指导思想。

按这种设计思想进行容器设计时必先进行详细的应力分析，将各种外载荷或变形约束产生的应力分别计算出来，然后进行应力分类，再按不同的设计准则来限制，保证容器在使用期内不发生各种形式的失效，这就是以应力分析为基础的设计方法，或称分析设计法。

本节专门叙述分析设计法中的应力分类方法以及有关的设计准则。

二、容器的应力分类[4,44]

化工容器中的应力进行分类的基本原则是：①应力产生的原因，是外载荷直接产生的还是在变形协调过程中产生的；②应力的分布，是总体范围还是局部范围的，沿壁厚的分布是均匀的还是线性的或非线性的；③对失效的影响，即是否会造成结构过度的变形，及是否导致疲劳、韧性失效。

应力分类法将容器中的应力分为三大类：①一次应力；②二次应力；③峰值应力。下面分别讨论。

(一) *一次应力* P (Primary stress)

一次应力 P 亦称基本应力，是为平衡压力和其他机械载荷所必需的法向应力或剪应力，可由与外载荷的平衡关系求得，由此一次应力必然直接随外载荷的增加而增加。对于理想塑性材料，载荷达到极限状态时即使载荷不再增加，仍会产生不可限制的塑性流动，直至破坏，这就是一次应力的“非自限性”特征。

一次应力还可以再分为如下三种。

1. 一次总体薄膜应力 P_m (General primary membrane stress)

这是指在容器总体范围内存在的一次薄膜应力，在达到极限状态的塑性流动过程中其不会发生重新分布。沿壁厚（截面）均匀分布的法向应力即指薄膜应力，或者指沿壁厚截面法向应力的平均值。一次总体薄膜应力的实例有：圆筒形壳体及任何回转壳体的封头在远离结构不连续部位的由压力引起的薄膜应力、厚壁圆筒由内压产生的轴向应力以及周向应力沿壁厚的平均值。

2. 一次弯曲应力 P_b (Primary bending stress)

是由内压或其他机械载荷作用产生的沿壁厚成线性分布的法向应力。例如平板封头远离结构不连续区的中央部位在压力作用下产生的弯曲应力。一次弯曲应力与一次总体薄膜应力的不同之处，仅在于沿壁厚的分布是线性的而不是均布的。对受弯的板，当两个表面的应力达到屈服强度时，内部材料仍处于弹性状态，可以继续承载，此时应力沿壁厚的分布将重新调整。因此这种应力不像总体薄膜应力那样容易使壳体失效，允许有较高的许用应力。对一次弯曲应力可以用极限分析方法作强度校核。

3. 一次局部薄膜应力 P_L (Primary local membrane stress)

这是指由内压或其他机械载荷在结构不连续区产生的薄膜应力（一次的）和结构不连续效应产生的薄膜应力（二次的）的统称，从保守考虑将此种应力划为一次局部薄膜应力。例如圆筒中由压力产生的薄膜应力在远离不连续区的地方称一次总体薄膜应力（P_m），而在不连续区则称为一次局部薄膜应力（P_L）。又如由总体不连续效应在壳体的边缘区域产生的周向薄膜应力，虽然具有二次应力的性质，但从方便和稳妥考虑仍保守地视为一次性质应力。永久性支座或接管给予壳体的局部力与力矩而产生的薄膜应力也是一次局部薄膜应力。

“局部”与“总体”是按经线方向的作用区域来划分的，如果应力强度超过 $1.1[\sigma]$ 的区域沿经线方向的延伸距离小于 $1.0\sqrt{Rt}$，或者两个超过 $1.1[\sigma]$ 的一次局部薄膜应力区在经线方向的距离不小于 $2.5\sqrt{Rt}$，都可以认为是局部的，否则划为总体的。此处 R 为壳体的第二曲率半径，t 为壁厚；若为两个相邻壳体，则 $R=0.5(R_1+R_2)$，$t=0.5(t_1+t_2)$。

当结构局部发生塑性流动时，这类应力将重新分布。若不加限制，则当载荷从结构的某一部分（高应力区）传递到另一部分（低应力区）时，会引起过度的塑性变形而失效。

(二) *二次应力* Q (Secondary stress)

二次应力 Q 是指由相邻部件的约束或结构的自身约束所引起的法向应力或切应力，基本特征是具有自限性。

筒体与端盖的连接部位存在“相邻部件”的约束，厚壁容器内外壁存在温差时就形成

“自身约束”。二次应力不是由外载荷直接产生的，即不是为平衡外载荷所必需的，而是在受载时在变形协调中产生的。当约束部位发生局部的屈服和小量的塑性流动使变形得到协调，产生这种应力的原因（变形差）便得到满足与缓和。亦即应力和变形也受到结构自身的抑制而不发展，这就是自限性。

二次应力的例子有：①总体结构不连续部位，如筒体与封头、筒体或封头与法兰连接处的不连续应力中的弯曲应力属二次应力；②总体热应力，如圆筒壳中轴向温度梯度所引起的热应力，由接管和与之相接壳体间的温差所引起的热应力，由壳壁径向温差引起的热应力的当量线性分量（见图 6-3）以及厚壁容器由压力产生的应力梯度，这些都属于二次应力。

（三）峰值应力 F（Peak stress）

峰值应力 F 是由局部结构不连续和局部热应力的影响而叠加到一次加二次应力之上的应力增量。峰值应力最主要的特点是高度的局部性，因而不引起任何明显的变形。其有害性仅是可能引起疲劳裂纹或脆性断裂。

局部结构不连续是指几何形状或材料在很小区域内的不连续，只在很小范围内引起应力和应变增大，即应力集中，但对结构总体应力分布和变形没有重大影响。结构上的小半径过渡圆角、部分未焊透及咬边、裂纹等缺陷处均有应力集中，均存在附加在一次与二次应力之上的峰值应力。以平板开孔为例，均匀拉伸膜应力为 σ，应力集中系数为 K_t，则 $F=\sigma\ (K_t-1)$。

局部热应力是指结构的局部热膨胀差几乎完全被限制的那种热应力，不可能引起结构有显著变形。例如结构上的小热点处（加热蛇管与容器壳壁连接处）的热应力；碳钢容器内壁奥氏体堆焊层中的热应力，堆焊层中的热应力的分布从经线方向看无疑是均布的，但沿厚度方向却是局部的。另外厚壁容器径向温差引起的热应力，其中非线性分量也是峰值应力（见图 6-3），从厚度上看，其分布是局部的，同时也是非均布的。

以上的应力分类方法可以用摘自中国 JB 4732[4] 中的表 4-1 说明，列入表 6-1。

表 6-1　压力容器典型零部件中的应力分类

序号	零部件名称	位　置	应力的起因	应　力　分　类	符号
1	圆筒形或球形壳体	远离不连续处的壳壁	内压	一次总体薄膜应力	P_m
				沿壁厚的应力梯度(如厚壁筒)	Q
			轴向温度梯度	薄膜应力	Q
				弯曲应力	Q
		与封头或法兰的连接处	内压	局部薄膜应力	P_L
				弯曲应力	Q
2	任何筒体或封头	沿整个容器的任何截面	外部载荷或力矩,或内压	沿整个截面平均的总体薄膜应力 应力分量垂直于横截面	P_m
			外部载荷或力矩	沿整个截面的弯曲应力 应力分量垂直于横截面	P_m
		在接管或其他开孔的附近	外部载荷或力矩,或内压	局部薄膜应力	P_L
				弯曲应力	Q
				峰值应力	F
		任何位置	壳体和封头间的温差	薄膜应力	Q
				弯曲应力	Q

续表

序号	零部件名称	位　置	应力的起因	应　力　分　类	符号
3	碟形封头或锥形封头	顶部	内压	一次总体薄膜应力 一次弯曲应力	P_m P_b
		过渡区或与壳体连接处	内压	局部薄膜应力 弯曲应力	P_L Q
4	平封头	中央区	内压	一次总体薄膜应力 一次弯曲应力	P_m P_b
		与壳体连接处	内压	局部薄膜应力 弯曲应力	P_L Q
5	多孔的封头或筒体	均匀布置的典型管孔带	压力	薄膜应力(沿横截面平均) 弯曲应力(沿管孔带的宽度平均,但沿壁厚有应力梯度) 峰值应力	P_m P_b F
		分离的或非典型的孔带	压力	薄膜应力 弯曲应力 峰值应力	Q F F
6	接管	垂直于接管轴线的横截面	内压或外部载荷或力矩	总体薄膜应力(沿整个截面平均) 应力分量与截面垂直	P_m
			外部载荷或力矩	沿接管截面的弯曲应力	P_m
		接管壁	内压	一次总体薄膜应力 局部薄膜应力 弯曲应力 峰值应力	P_m P_L Q F
			膨胀差	薄膜应力 弯曲应力 峰值应力	Q Q F
7	复层	任意	膨胀差	薄膜应力 弯曲应力	F F
8	任意	任意	径向温度梯度	当量线性应力 应力分布的非线性部分	Q F
9	任意	任意	任意	应力集中(缺口效应)	F

下面再举例说明压力容器的应力分类方法。如图6-2所示的高压容器，外载荷有：①内压 p；②端部法兰的螺栓力 T 及力矩 M_0 和推力 Q_0；③沿壁厚的径向温差 Δt。现分析 A、B、C 三个部位的应力并加以分类。

(1) 部位 A　属远离结构不连续的区域，受内压及径向温差载荷。由内压产生的应力分两种情况：当筒体尚属薄壁容器时其应力为一次总体薄膜应力（P_m）；当属厚壁容器时，内外壁应力的平均值为一次总体薄膜应力（P_m），而沿壁厚的应力梯度划为二次应力（Q）。这就是表6-1的序号1中内压引起的应力所指的两条应力分类情况。

由径向温差引起的温差应力沿壁厚呈非线性分布，如图6-3所示，近壁面（例如内壁）温差应力的梯度很大，局部区域虽有应力陡增但不会引起壳体发生显著变形。因此将非线性分布的温差应力作等效的线性化处理，即按对 Or 线净弯矩等效的原则作处理可得到等效的线性分布的温差应力，这就是表6-1序号8中的当量线性应力，该分类为二次应力 Q。另外，将线性与非线性间的差值（即表6-1序号8中的应力分布的非线性部分）应分类为峰值应力 F，图6-3中标出的2个 F 就是这种应力。

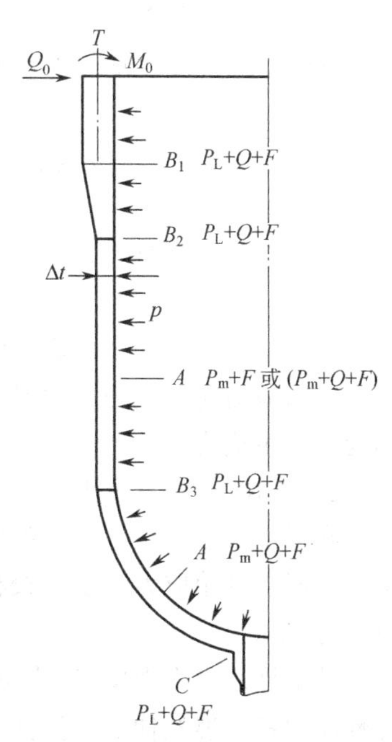

图6-2 容器各部位应力的分类

（2）部位 B 包括 B_1、B_2 及 B_3 3个几何不连续部位，均存在由内压产生的应力，但因处于不连续区，该应力沿壁厚的平均值应划为一次局部薄膜应力（P_L），应力沿壁厚的梯度为二次应力（Q）。由总体不连续效应产生的弯曲应力也为二次应力（Q），而不连续效应的周向薄膜应力应偏保守地划为一次局部薄膜应力（P_L）。表6-1序号1第5行所指的 P_L 就是包含这里所分析的这两个 P_L。另外由径向温差产生的温差应力已如部位 A 所述，作线性化处理后分为二次应力和峰值应力（$Q+F$）。因此 B_1、B_2 和 B_3 各部位的应力分类为（P_L+Q+F）。

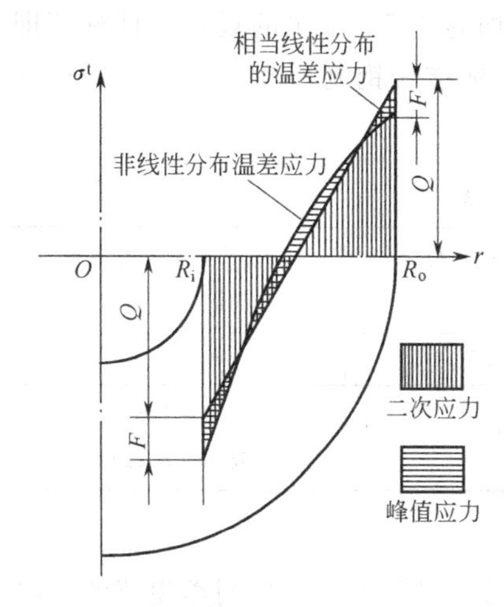

图6-3 厚壁筒温差应力的分类

（3）部位 C 这里既有由内压在球壳与接管中产生的应力（P_L+Q）；也有球壳与接管总体不连续效应产生的应力（P_L+Q）；还有因径向温差产生的温差应力（$Q+F$）；另外再有因小圆角（局部不连续）应力集中产生的峰值应力（F）。总计应为（P_L+Q+F）。这里的分析可对照表6-1序号6中膨胀差引起的应力情况。由于部位 C 未涉及管端的外加弯矩，管子横截面中的一次弯曲应力 P_b 便不存在。又由于部位 C 为拐角处，内压引起的薄膜应力不应划分总体薄膜应力 P_m，应分类为一次局部薄膜应力 P_L。图6-2的例子就讨论到此。

另外，表6-1序号7的复层是指容器内壁的衬里层，例如加氢反应器及尿素合成塔内壁的奥氏体不锈钢堆焊层，由沿壁厚方向的温差引起的膨胀差或由于复层与基层之间热膨胀系数差异引起的膨胀差，所形成的温差应力对于很薄的复层来说可以视为薄膜应力，但它对很厚的基层来说几乎丝毫不会引起基层壳体的任何变形，因此应划为峰值应力 F。

三、分析设计法对各类应力强度的限制

在对容器进行应力分析及应力分类之后，分析设计法将采用一系列的合适的设计准则对各类应力强度进行限制，以保证容器的安全。

（一）应力强度及基本许用应力强度

1. 应力强度 S

应力分类中的 P（P_m、P_b、P_L）、Q 及 F 每一符号均代表6个应力分量（三个正应力和三个切应力），而压力容器中的三个正应力就是三向主应力。分析设计法应将各类应力中的各向

应力分别进行代数叠加，将叠加后的三向应力按第三强度理论计算出最大切应力再乘 2 称为“应力强度”，再按有关的设计准则进行强度校核。应力强度 S 取下列三者中绝对值最大者：

$$\text{应力强度 } S=2\tau_{\max}=\begin{cases}(\sigma_1-\sigma_2)\\(\sigma_2-\sigma_3)\text{三者中绝对值最大者}\\(\sigma_3-\sigma_1)\end{cases}$$

强度条件应满足：

$$S\leqslant(1\sim3.0)S_m$$

式中，σ_1、σ_2、σ_3 为某一校核点上的三向主应力。在大多数压力容器中按 r、θ、z 方向选定三向应力时，其切应力要么为 0，要么相对很小，可以忽略。因此上述选定的三向应力即为三向主应力。

2. 基本许用应力强度 S_m

在强度校核中应力强度的容许值为许用应力强度。由于分析设计中对不同类别的应力应采用不同的许用应力强度来校核，而其最基本的许用应力强度基准称为基本许用应力强度，符号为 S_m。

基本许用应力强度 S_m 是按材料的短时拉伸性能除以相应的安全系数而得。这些短期拉伸性能包括常温拉伸的抗拉强度 σ_b 及屈服强度 σ_y，高温下的抗拉强度 σ_b^t 和屈服强度 σ_y^t，相应的安全系数分为 n_b、n_y、n_b^t、n_y^t。这里重要的是安全系数的选取。分析设计规程中上述各安全系数可以取得与规则设计相同，也可以不同（一般取得低些）。ASMEⅧ-2（1986 年版开始）取 $n_b=3.0$，而 ASMEⅧ-1 原取 $n_b=4.0$，但 n_y 均为 1.5。中国的规则设计规范即 GB《钢制压力容器》中取 $n_b=3.0$[3]，而分析设计的行业标准《钢制压力容器—分析设计标准》中取 $n_b=2.6$（详见表6-2）[4]。

表 6-2　基本许用应力强度极限的安全系数[4]

材　　料	对常温下的最低抗拉强度，σ_b	对常温下的最低屈服强度，σ_y	对设计温度下的最低屈服强度，σ_y^t
碳素钢、低合金钢	$n_b=2.6$	$n_y=1.5$	$n_y=1.5$
奥氏体不锈钢	$n_b=2.6$	$n_y=1.5$	$n_y=1.5$ 或 $n_y=1.11$①

① 用于允许可有较大变形的容器部件。

中国分析设计规程中取 $n_b=2.6$ 是在调研了以往的使用情况和参考国外同类规范的情况下确定的[45]。在采用 σ_y/n_y 的同时再参考 σ_b/n_b 来确定许用应力，反映了防止发生拉伸断裂的意图。将 n_b 从 3.0 下降到 2.6，意味着基本许用应力强度值的提高，容器按分析设计方法设计的厚度也将可能减薄。由于分析设计有详尽的理论计算，有较严格的材料、制造、检验和验收规程，所以将安全系数适量降低是合理的。

对于奥氏体不锈钢，因无明显的屈服点，其条件屈服点 $\sigma_{0.2}$ 是根据残余应变为 0.2%时的应力值来确定的。当其变形量高达 4%时，其条件屈服点可提高 30%，此时仍有良好的塑性和韧性。因此对于那些可以允许出现较大变形的奥氏体不锈钢部件可以给予较高的许用应力强度，即采用 $n_y=1.15$ 来确定 S_m，这几乎达到 $0.9\sigma_y$。

3. 应力强度的限制条件

一次总体薄膜应力（P_m）在容器内呈总体分布，且无自限性，只要一点屈服即意味着整个截面以至总体范围屈服，并将引起显著的总体变形。因此应与规则设计一样采用弹性失效设计准则，即以基本许用应力强度 S_m 作为一次总体薄膜应力强度的限制条件：

$$P_m \leqslant S_m \tag{6-1}$$

一次局部薄膜应力（P_L），其中有一次应力的成分（例如总体不连续区内由压力直接引起的薄膜应力），也有二次应力的成分（如不连续效应引起的周向薄膜应力）。它既有局部性，有的还有二次应力的自限性，因此不应限制过严，可比 P_m 放宽。但另一方面局部薄膜应力过大，会使局部材料发生塑性流动，引起局部薄膜应力的重新分布，即把载荷从结构的高应力区向低应力区转移。若不加限制将导致过量的塑性变形而失效。ASEM Ⅷ-2 认为只要满足

$$P_L \leqslant 1.5S_m \tag{6-2}$$

即可保证安全。但该 1.5 值不是从严格的理论推导得来的。

除 P_m 及 P_L 应单独作应力强度的校核外，压力容器中的二次应力（Q）和峰值应力（F）以及一次弯曲应力（P_b）一般不单独存在，而是常与 P_m（或 P_L）组合存在。组合应力完全可能大到使材料发生局部屈服，但即使如此也不一定导致破坏。若此时仍按弹性失效设计准则加以限制必定过于保守，故改用塑性失效等其他设计准则来导出限制条件。这便是分析设计的主要特点。对组合应力强度的限制条件计有：

$$\begin{gathered} P_L + P_b \leqslant 1.5S_m \\ P_L + P_b + Q \leqslant 3S_m \\ P_L + P_b + Q + F \leqslant 2S_a \end{gathered} \tag{6-3}$$

该三项限制条件是以首先满足 $P_m \leqslant S_m$ 及 $P_L \leqslant 1.5S_m$ 为前提的。上述三式左端的应力分析均可采用弹性应力分析方法，而可不用塑性应力分析方法。叠加后的组合应力超过材料屈服强度值时称为弹性的“虚拟应力”，或称名义应力。然后右端的限制值的确定则是采用塑性分析方法或疲劳分析方法等导出的。下面再逐一讨论。

（二）极限载荷设计准则[46]

这是塑性分析中常用的强度设计准则。假设材料具有理想塑性材料的行为（即无应变硬化），在某一载荷下进入整体屈服或局部区域的全域屈服后，变形将无限制地增大，从而失去承载能力，这种状态即为塑性失效的极限状态，这一载荷即为塑性失效时的极限载荷。用这种塑性极限载荷即可以确定容器组合应力强度的极限控制条件。

极限载荷有许多求解方法，这里以最简单的矩形截面梁受弯曲直至出现“塑性铰”时的极限载荷求法来说明。

1. 纯弯曲的矩形截面梁

这种梁在弹性情况下的截面应力是线性分布，中性层为 0，表面层为最大。弯矩载荷 M 所对应的最大应力为：

$$\sigma_{max} = \frac{M}{W} = \pm\frac{6M}{bh^2} \tag{a}$$

当 $\sigma_{max} = \sigma_y$，即表层材料屈服时所对应的载荷为最大弹性承载能力：

$$M = \sigma_y \frac{bh^2}{6} \tag{b}$$

此时梁刚达到弹性失效状态。但从塑性失效观点来看，此梁除上下表层材料屈服外，其余材料仍处于弹性状态，还可继续加载。

如果假设容器的材料为理想塑性材料，如图 6-4 所示，继续加载后屈服层增加，弹性层减少。当外加弯矩增大到使梁的整个截面都屈服时梁的承载能力便达到了极限，不需再增加载荷也可使梁的变形无限地增大，即形成了“塑性铰”形式的塑性失效。此时的载荷 M' 即为极限载荷：

$$M'=\left[\sigma_y\left(b\,\frac{h}{2}\right)\frac{h}{4}\right]\times 2=\sigma_y\,\frac{bh^2}{4} \tag{c}$$

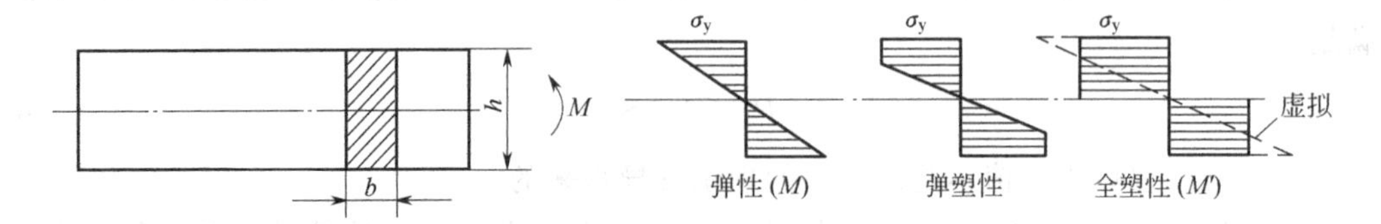

图 6-4　纯弯曲矩形截面梁的极限分析

此式与前式（b）相比可见 $M'=1.5M$，即塑性失效时的极限载荷比弹性失效时的载荷增大到 1.5 倍。为了便于与弹性分布的应力相比，若将极限载荷下的应力视为虚拟的线性分布的（图 6-4 中的虚线），则可计算出极限载荷下的虚拟弹性应为：

$$\sigma_{max}'=\frac{M'}{W}=\frac{\frac{1}{4}\sigma_y bh^2}{\frac{bh^2}{6}}=1.5\sigma_y \tag{d}$$

若仍用 1.5 倍的安全系数，便可得到极限载荷法的纯弯曲矩形截面梁的应力限制条件：

$$\sigma_{max}\leqslant\frac{\sigma_{max}'}{1.5}=\frac{1.5\sigma_y}{1.5}=1.5S_m$$

2. 拉弯组合的矩形截面梁

如图 6-5 所示的梁同时承受弯矩和拉伸载荷，截面上的应力可进行拉弯叠加。与纯弯曲相比，其中性层发生了偏离，偏离值 y 取决于拉伸载荷 P 的大小。

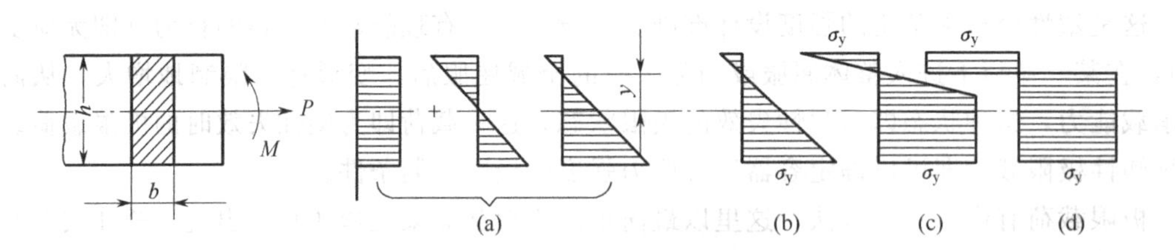

图 6-5　拉弯组合矩形截面梁的极限分析

当载荷增加时（可增加 P 或 M，也可两者同时增加）梁表面层应力达到屈服态，此时仍可继续加载，使屈服层增厚，直至整个截面的应力均达到屈服状态。此时的载荷（包括 P 和 M）便为该状态的极限载荷，该状态也为出现了“塑性铰”的塑性失效状态。图 6-5 中的图（b）→图（d）反映了 P 保持不变仅增加 M 时的情况。与纯弯曲相比，由于 P 的存在，中性层就会偏离。

在极限载荷下，利用力的静平衡关系可以导出偏心值 y：

$$b\left(\frac{h}{2}+y\right)\sigma_y-b\left(\frac{h}{2}-y\right)\sigma_y=P$$

$$y=\frac{P}{2b\sigma_y} \tag{e}$$

拉伸载荷 P 愈大，则 y 也愈大，当 $P=0$ 时，$y=0$，即为纯弯曲。

再利用力矩平衡关系可导出极限载荷与虚拟应力值：

$$Py+M=b\left(\frac{h}{2}+y\right)\sigma_y\times\frac{1}{2}\left(\frac{h}{2}+y\right)+b\left(\frac{h}{2}-y\right)\sigma_y\times\frac{1}{2}\left(\frac{h}{2}-y\right)$$

得

$$M=\frac{1}{4}bh^2\sigma_y-\frac{1}{4}\frac{P^2}{b\sigma_y} \tag{f}$$

变换上式，各项均乘以$\frac{6}{bh^2\sigma_y}$，并以$\sigma_t=\frac{P}{bh}$及$\sigma_b=\frac{M}{W}=\frac{6M}{bh^2}$分别代表拉伸应力和弯曲应力代入上式，则得到：

$$\frac{\sigma_b}{\sigma_y}=\frac{3}{2}\left[1-\left(\frac{\sigma_t}{\sigma_y}\right)^2\right] \tag{6-4}$$

如果此式中的 σ_t 代表一次薄膜应力 P_L，σ_b 代表一次弯曲应力 P_b，则该式便是 P_L+P_b 组合应力强度在达到塑性失效极限载荷时应满足的关系。若将上式两端均加一项$\frac{\sigma_t}{\sigma_y}$：

$$\frac{\sigma_b+\sigma_t}{\sigma_y}=\frac{3}{2}\left[1+\frac{2}{3}\left(\frac{\sigma_t}{\sigma_y}\right)-\left(\frac{\sigma_t}{\sigma_y}\right)^2\right] \tag{6-5}$$

此式可标绘成图 6-6 的曲线。纵坐标$\frac{\sigma_b+\sigma_t}{\sigma_y}$相当于一次薄膜应力加一次弯曲应力与屈服强度的比值，横坐标$\frac{\sigma_t}{\sigma_y}$相当于一次薄膜应力与屈服强度之比。曲线 ABC 即为式（6-5）所表示的拉弯组合应力强度达到极限载荷时发生塑性失效的极限曲线。A 点表示纯弯曲时的极限载荷状态，B 点表示纯拉伸时的极限载荷状态，AB 曲线则为各种拉弯组合时达到极限载荷状态。

设计时的允许值可以这样确定：以极限载荷曲线为基础给予 1.5 的安全系数。为简便起见以直线 DE 作为纯弯曲及拉弯组合时的共同限制条件。DE 线所代表的正是 $\sigma_t+\sigma_b=1.0\sigma_y$，相当于 $\sigma_t+\sigma_b=1.5\left(\frac{\sigma_y}{1.5}\right)=1.5S_m$。对于一次薄膜应力 σ_t 仍应以 S_m 为限制条件，相当于$\frac{\sigma_t}{\sigma_y}=\frac{1}{1.5}=0.67$，相当于图中 EF 线所给予的限制。因此在 $ODEF$ 方框内均为设计允许的安全区。

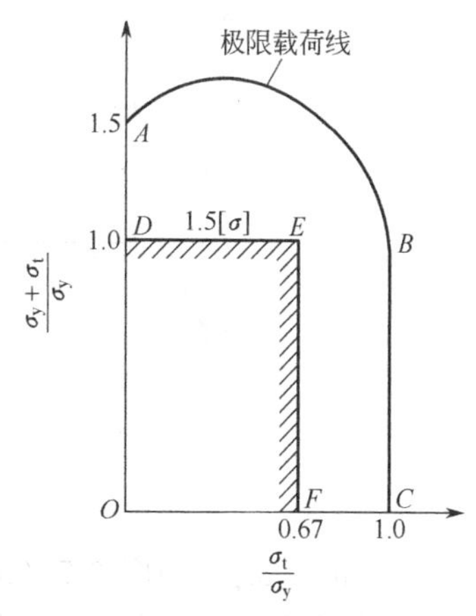

图 6-6 拉伸与弯曲组合作用时塑性失效极限载荷线与设计允许范围

以上便是由极限载荷设计准则导出 $P_L+P_b\leqslant1.5S_m$ 的概况。应当指出，该结论是由矩形截面梁导出的，当为圆形截面的梁时则为 $1.7S_m$，而不再是 $1.5S_m$。另外，以矩形截面直梁出现塑性铰作为极限状态导出的判据，可近似地用于板壳结构的压力容器拉弯组合应力强度的校核，而且是偏于安全的。因为对于梁来说，一旦出现一个塑性铰其变形就会无限地发展下去，而压力容器上只有出现多个塑性铰时才会进入塑性失效状态，因而采用 $1.5S_m$ 是偏于安全的。

（三）安定性准则[46]

含二次应力（Q）的组合应力强度若仍采用由极限载荷准则导出的 $1.5S_m$ 来限制，则显得很保守。这是由于二次应力具有自限性，只要首先满足对一次应力强度的限制条件（$P_m \leqslant S_m$ 及 $P_L + P_b \leqslant 1.5S_m$），则二次应力的高低对结构承载能力并无很显著的影响。在初始几次加载卸载循环中产生少量塑性变形，在以后的加载卸载循环中即可呈现弹性行为，即结构呈安定状态。但若载荷过大，在多次循环加载时可能导致结构失去安定。丧失安定后的结构并不立即破坏，而是在反复加载卸载中引起塑性交变变形，材料遭致塑性损伤而引起塑性疲劳。此时结构在循环应力作用下会产生逐次递增的非弹性变形，称为“棘轮现象”（Ratcheting）。

因此“安定性”（Shakedown）的含义是，结构在初始阶段少数几个载荷循环中产生一定的塑性变形外，在继续施加的循环外载荷作用下不再发生新的塑性变形，即不会发生塑性疲劳，此时结构处于安定状态。

作为强度限制条件可以采用安定性准则。下面分析结构保持安定的条件，即导出安定性设计准则。

当某处包含二次应力在内的组合应力（$P_L + P_b + Q$）超过屈服强度后用弹性虚拟应力表示。现用图 6-7 进行安定性准则分析。

（1）$\sigma_y < \sigma_1 < 2\sigma_y$　如图 6-7（a）所示，第一次加载时，局部塑性区内的应力应变按 OAB 线变化，按虚拟应力 σ_1 计的应力应变线为 OAB'。卸载时则沿 BC 线下降。由于结构不连续区周围存在弹性约束，卸载时有可能使塑性变形回复到 O，此时必产生残余压应力，压应力的大小由 OC 线段代表。第二次加载卸载循环将沿 BC 线变化，这时不再发生新的塑性变形，结构表现出新的弹性行为，亦即进入安定状态。

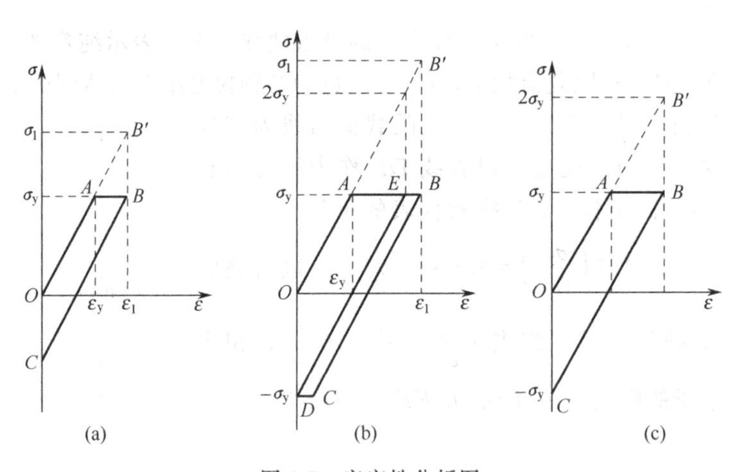

图 6-7　安定性分析图

（2）$\sigma_1 > 2\sigma_y$　如图 6-7（b）所示，塑性区内的虚拟弹性应力超过两倍屈服强度值后，卸载时从 B 点沿 BC 线下降，此时可能由于约束而产生反向压缩屈服而达到 D 点。于是第二次加载卸载循环则沿 $DEBCD$ 回线变化。如此多次循环，反复出现拉伸屈服和压缩屈服，则可能引起塑性疲劳，结构便处于不安定状态。

（3）$\sigma_1 = 2\sigma_y$　如图 6-7（c）所示，这是安定与不安定的界限。第一次加载卸载的应力应变回线为 $OABC$，这是不出现反向屈服的最大回线，以后的加载卸载的应力应变循环均沿一条最长的 BC 线变化，不再出现新的塑性变形，表现出最大的弹性行为，即达到安定状态。与此对应的虚拟应力 σ_1 正好为 $2\sigma_y$，因此 $\sigma_1 \leqslant 2\sigma_y$ 即为出现安定的条件。

已如前述，只要能保持安定，二次应力的存在并不影响结构的承载能力，因此作为安定性设计准则并不需要再给安全系数。由于 $2\sigma_y=2\times1.5S_m=3S_m$，故用安定性准则来限制含二次应力的组合应力强度的表达式为：

$$P_L+P_b+Q\leqslant 3S_m$$

满足这一条件结构就会安定，结构便靠自身的自限能力来限制不连续区或温差应力作用区的变形。

由于实际材料并非理想塑性材料，屈服后还有强化能力，因此上面导出的安定性条件 $\sigma_1\leqslant 2\sigma_y$ 是偏于保守的，使结构增加了一定的安全裕度。

（四）疲劳准则

含峰值应力（F）的组合应力强度应根据疲劳失效的设计准则来加以限制。这是由于峰值应力不会引起结构的显著变形。只要首先满足了对一次应力强度及一次加二次应力强度的限制条件，峰值应力不会引起结构在静载荷下过度变形而破坏，因此静载荷下（包括循环次数有限的交变载荷）对峰值应力可不予考虑。但在交变载荷下存在峰值应力的地方就会出现疲劳失效，即萌生出疲劳裂纹以致扩展后造成疲劳断裂。按疲劳失效设计准则，含峰值应力的组合应力强度应限制在由低周疲劳设计曲线决定的安全应力幅值 S_a 的 2 倍之内，即

$$P_L+P_b+Q+F\leqslant 2S_a$$

本准则在第三节中将进一步讨论。

以上讨论了对各类应力在不同组合情况下的强度设计准则，这些将成为压力容器应力分析设计的重要依据。

除此之外，严重的缺陷（如裂纹）将产生严重的应力集中，会导致低应力脆断，这应按以断裂力学为基础的断裂失效准则来限制缺陷的尺寸、控制应力或改善材料的韧性。断裂失效问题目前尚未成为分析设计中必须考虑的问题。有关断裂失效准则将在本章第四节中讨论。

四、应力分析设计的程序及应用

（一）应力分析设计的一般程序

压力容器应力分析设计的一般程序如下。

（1）结构分析　详细考虑压力容器结构中有哪些部位需要按分析设计方法进行强度分析，这些部位大体上有哪些应力作用，可能产生什么形式的失效。

（2）应力分析　分析设计方法是按弹性应力分析方法计算各部位的应力，因此需正确确定各分析部位所受的载荷（压力的、机械的与热的）以及边界力学条件，并明确区别设计条件和实际的操作条件。计算方法可以用解析法，无法解析时可以用数值方法。国内外的分析设计标准都规定可以采用弹性方法进行应力分析。当结构中局部区域的应力超出材料的屈服点时，允许采用弹性虚拟应力概念并可进行叠加。

（3）应力分类　各部位在各种载荷作用下的应力作分析之后，便可将所得应力按 P（P_m、P_L、P_b）、Q 及 F 进行分类。注意，这里的 P、Q、F 和图 6-8 中的 P、Q、F 所代表的是应力分类的类别符号，不只表示一个量，每类应力各有 6 个应力分量（其中有的应力分量亦可以为零），每一校核点的应力均应为三个法向应力（σ_x、σ_θ、σ_z）和三个切应力（$\tau_{x\theta}$、$\tau_{\theta z}$、τ_{zx}）为一组的 6 个应力分量。而叠加是指同种应力分量的向量叠加。应力分类时是针对每组应力分量的，然后按各类同种应力进行叠加。如果按容器的 r、θ、z 取向，基本上可将剪应力忽略不计，剩下的三个法向应力即为主应力。但特殊情况例外。

（4）计算应力强度　将应力按各向叠加和分类后的应力分量求得组合后的最大主应力和

最小主应力，然后按第三强度理论求出各校核部位的最大应力强度，或称组合应力强度（S），以待进行强度校核。

（5）应力强度校核　按图 6-8 所示的程序进行各个单项及组合应力强度 S 的校核，即 P_m 的应力强度 $S_{\mathrm{I}} \leqslant KS_m$，$P_L$ 的 $S_{\mathrm{II}} \leqslant 1.5KS_m$，$P_L + P_b$ 的 $S_{\mathrm{III}} \leqslant 1.5KS_m$。这一步的校核均采用设计载荷计算应力和应力强度。而下一步需按图 6-8 中的虚线程序进行校核，即 $P_L + P_b + Q$ 的 $S_{\mathrm{IV}} \leqslant 3S_m$，以及 $P_L + P_b + Q + F$ 的 $S_{\mathrm{V}} \leqslant S_a$。这里的 K 为载荷的组合系数，即根据压力、自重、内物料、配件重、风载、地震载荷不同组合情况的组合，按文献［4］表 3-3 的方法取 K 值，S_m 为基本应力强度，S_a 为由疲劳设计曲线得到的应力循环下的允许应力幅（若以全幅应力循环计时，则允许的峰值应力强度应为 $2S_a$）。应注意，按虚线所示程序校核含二次应力及峰值应力的组合应力强度时应采用操作载荷计算，而若按设计载荷计算时则过于保守。

应力种类	一次应力			二次应力	峰值应力
	总体薄膜	局部薄膜	弯　曲		
说明（例子见表 6-1）	沿实心截面的平均一次应力 不包括不连续和应力集中 仅由机械载荷引起的	沿任意实心截面的平均应力 考虑不连续但不包括应力集中 仅由机械载荷引起的	和离实心截面形心的距离成正比的一次应力分量。不包括不连续和应力集中 仅由机械载荷引起的	为满足结构连续所需要的自平衡应力 发生在结构的不连续处，可以由机械载荷或热膨胀差引起的 不包括局部应力集中	（1）因应力集中（缺口）而加到一次或二次应力上的增量 （2）能引起疲劳但不引起容器形状变化的某些热应力
符号	P_m	P_L	P_b	Q	F
应力分量的组合和应力强度的许用极限	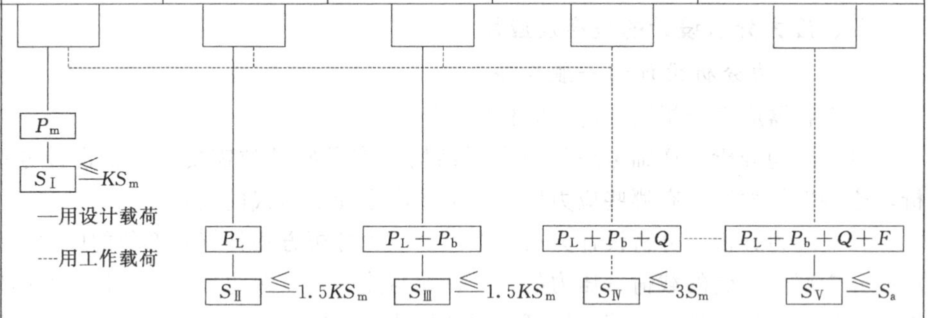 P_m $S_{\mathrm{I}} \leqslant KS_m$ —用设计载荷 ---用工作载荷	P_L $S_{\mathrm{II}} \leqslant 1.5KS_m$	$P_L + P_b$ $S_{\mathrm{III}} \leqslant 1.5KS_m$	$P_L + P_b + Q$ $S_{\mathrm{IV}} \leqslant 3S_m$	$P_L + P_b + Q + F$ $S_{\mathrm{V}} \leqslant S_a$

图 6-8　各类应力强度的校核程序及限制值

（二）关于应力分析与设计准则的讨论

（1）关于应力分析方法　对结构中校核点的应力分析是进行分析设计的必要前提，这是个繁复的工作，有时甚至是很困难的。虽然允许作弹性分析也相当复杂。中国 JB 4732 标准[4]的附录 A 对一些典型的回转壳体均给出了有力矩的解析解，也给出了各种不同的回转壳体相互连接部位的不连续效应的解析解。在没有解析解时，可以采用有限元法等数值解方法，也可以采用文献［4］中附录 B 的实验应力分析方法。

在 JB 4732 标准发行时，同时可提供相应的应力分析解析法和数值法的计算机软件，将有助于分析设计法的工程应用。

（2）关于塑性设计准则的应用　采用弹性方法进行应力分析计算，而采用塑性的设计准则校核（除对 P_m 外），这是现行分析设计的一般方法。当应力超过屈服强度以后仍用弹性方法计算应力，并对这种虚拟的弹性应力用塑性的设计准则来限制，其结果是偏安全和保守的。因此分析设计规范中一般都有说明，即如果采用塑性分析方法（包括假定材料为理想塑性材料或应变硬化材料）来求解出给定载荷下结构的应力应变状态，此时对强度的限制条件可以作某些放松。假如还能运用极限分析方法计算出具体板壳结构的压力容器发生塑性失效时的极限载荷（可用解析法、也可用数值分析或实验测试方法），则可将限制条件放松到给定载荷不超过该极限载荷的 2/3。这相当于对极限载荷所取的安全系数为 1.5。

关于实际结构塑性失效的极限载荷是很难求解的。压力容器是由板与壳组成的各种组合结构，往往需求解的又是不连续部位发生塑性失效时的极限载荷，这更增添了困难。有些情况可以利用塑性极限分析理论中的上限定理或下限定理，所得的极限载荷可逼近真实的极限载荷，但这种求解方法毕竟是复杂的[46]。

塑性极限分析还可采用实验分析法，即参考文献［4］中附录 B5 推荐的实验方法确定极限载荷。

（3）与分析设计法相适应的材料、制造与检验保证[59]　分析设计法不只是在计算方法上与规则设计法有所不同，而在材料、制造与检验上也必须有特殊的更加严格的要求，否则就不能保证可取较低的安全系数与较高的许用应力。

在材料方面，中国分析设计的标准中规定采用技术要求较高的 YB（T）40 标准，而不是 GB 150 标准中采用的 GB 6654 标准。相比之下 YB（T）40 标准中要求钢板的磷硫含量、抗拉强度范围、常温冲击功（A_{KV}）指标等方面有较高的要求；对 20mm 以上的钢板可提出高温屈服强度保证值的要求；分析设计标准对 20R、16MnR 和 15MnVR 钢板需在正火条件下使用的规定更加严格，即规定厚度大于 25mm 的 20R 和 16MnR，厚度大于 16mm 的 15MnVR 钢板就必须在正火状态使用（GB 150 中大于 38mm 的 20R、大于 30mm 的 16MnR、25mm 以上的 15MnVR 才要求在正火状态下使用）。对 15CrMoV 钢板只允许在正火加回火状态下使用，取消了 GB 150 中可在退火及回火状态下使用的规定。分析设计标准对钢板的超声波检验要求也有所加严，一律要求 20mm 以上的钢板均需逐张进行超声波检验。对于用于－20℃的 16MnR 正火钢板的厚度范围由 GB 150 的 6～50mm 扩大到 6～100mm，这一放宽是完全能保证低温冲击性能的，并适应了工程要求。分析设计规定不采用那些技术要求较低的非压力容器用钢的碳素钢板，也不允许采用沸腾钢板。

在容器的制造与检验要求方面，中国分析设计标准也有所提高和更为严格。例如在封头形状偏差的检验方面要采用比 GB 150 更大尺寸的样板，封头直边的纵向皱折深度控制得更小。焊缝对口的错边，焊缝接头的余高，焊接引弧部位，筒体组焊后的直线度等方面的要求均严于 GB 150 的要求。对需作焊后热处理的容器明确提出了进、出炉的最高炉温，升温与降温的速度和炉温均匀性的要求。在制作焊接试样方面规定每台容器均需至少制作一块，而不是 20mm 厚度以上或 $\sigma_b>540$MPa 以上才做试板。焊缝的无损检测也提高了要求，所有对接焊缝以及厚度大于 65mm 的填角焊缝均应作 100%射线或超声波探伤，而不允许仅作 20%的局部检测。焊接工艺规程和施焊记录、热处理记录的保存期由 7 年提高到 10 年。

以上这些要求无疑提高了钢材的质量，特别是韧性得到了更好的保证，也提高了容器的各种制造质量，从而容器的安全可以得到更为可靠的保证。在这种前提下通过对应力的详细分析、分类、校核，当然就可以采用更高一些的基本许用应力（S_m）。采用这一方法设计的容器其壁厚较薄，重量较轻，但可靠性更高。

（三）分析设计法的工程应用

分析设计法的计算工作无疑十分繁复，在参考文献［59］及［66］中提供了两个具体的算例可供参考。当然采用分析设计规范时必须要有相应的计算机软件，以便进行应力分析、极限载荷计算以及分类与强度校核。

压力容器的分析设计标准是与规则设计法标准（如 GB 150）相平行的另一标准。由于分析设计法的设计成本和容器制造过程严格，不是所有容器都需要进行分析设计的。一般是对大型容器而且是结构复杂和运行参数较高情况下才采用，特别是容器承受交变载荷有可能造成疲劳失效的重要容器必须采用分析设计。但分析设计法中的许多重要观点在近年来的规则设计标准中也得了部分应用，例如对具有二次应力属性的热应力的校核以及仅在局部作用的一些局部应力的校核，其限制条件已被放宽。

第三节　容器的疲劳设计

结构在交变载荷下会发生疲劳破坏，这是 19 世纪末被已被重视的问题，并早就形成了疲劳设计的方法[47]。但由于受压容器的疲劳破坏特别容易发生在像接管根部等出现塑性应变的高应变区，并且破坏的循环周次都很低，因此被称为“低循环疲劳”。低循环疲劳有其特殊的规律，因此也形成了不同于高循环情况的容器防低循环破坏的设计方法。由于疲劳设计需进行详细的应力分析，并必须采用应力分类的方法进行设计，因此容器的疲劳设计也是分析设计法的一个重要组成部分。

本节主要讨论：①容器低循环疲劳破坏的规律；②容器疲劳设计的依据——低周疲劳曲线及影响寿命的因素；③容器疲劳设计方法。

一、容器的低循环疲劳破坏[47,48,96,25]

化工容器的交变载荷来自压力的波动、开工停工的压力交变；温度的交变形成温差应力的交变；外加载荷的交变以及强迫振动等。另一方面容器结构上存在局部结构不连续而引起应力集中，尤其当形成局部塑性区时，该区域往往是萌生疲劳裂纹和引起容器疲劳破坏的源区。

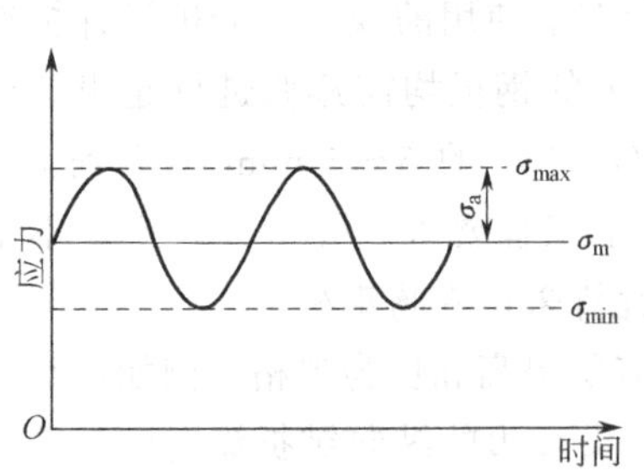

图 6-9　应力循环曲线

由于局部塑性区内存的高应变，在交变载荷下局部将发生交变的塑性应变，因此容器疲劳破坏时的循环周次都很低。循环数在 $10^2 \sim 10^5$ 次发生破坏的称为低循环疲劳，10^5 次以上的则称为高循环疲劳。

交变应力的特征参量一般有最大应力值 σ_{max}、最小应力值 σ_{min}，平均应力 σ_m 及交变应力幅值 σ_a 等，其一般含意如图 6-9 所示。并且有：$\sigma_m=\dfrac{1}{2}(\sigma_{max}+\sigma_{min})$；$\sigma_a=\dfrac{1}{2}(\sigma_{max}-\sigma_{min})$；$\sigma_{max}=\sigma_m+\sigma_a$。另外定义应力比为 $R=\sigma_{min}/\sigma_{max}$，当 $R=-1$ 即 $\sigma_m=0$ 时为对称循环；当 $R=0$ 时为卸载后应力为 0 的交变循环，即脉动循环；而 $R=+1$ 时表示为静载。

（一）高循环疲劳曲线

采用标准圆截面光滑试样作疲劳试验，当交变应力 σ_{max} 低于屈服强度 σ_y 时，对称循环

($\sigma_m=0$) 试验可得到一系列不同 σ_a-N_f（破坏循环数）数据，并可绘出 σ_a-N_f 曲线，即一般的高循环疲劳曲线（如图 6-10 所示）。由图可见当应力幅 σ_a 低到一定数值时曲线趋向于一水平线，表示在该应力幅下经无限次循环（10^7 次以上）也不会发生疲劳破坏。因此将此渐近值称为材料的疲劳持久极限 σ_{-1}——材料经无限次循环而不发生疲劳破坏的最大应力。σ_{-1}值一般为材料抗拉强度 σ_b 的一半左右。一般回转机械或往复机械将最大的应力幅值 σ_a 限制在 σ_{-1}以内则可获得近于无限寿命，因此这类机械的疲劳问题称为高循环疲劳问题（或称高周疲劳）。

（二）低循环疲劳曲线

低循环破坏时的应力值一般大于材料屈服强度，实验证明，只有采用应变值作为疲劳试验的控制变量以代替高循环疲劳试验中的应力变量，这样才能得到有规律的结果。用光滑的圆棒试样模拟局部高应变区的应变作应变控制的低周疲劳试验，为在整理数据时与高循环疲劳曲线相一致，仍可将总应变范围 ε_t 按弹性规律换算成“虚拟应力幅” σ_a，即

$$\sigma_a=\frac{1}{2}E\varepsilon_t \tag{6-6}$$

对奥氏体不锈钢所做的低周疲劳试验得到的低周疲劳试验曲线如图 6-11 所示。这些试验均是在平均应力 $\sigma_m=0$ 的情况下得到的。其他材料的试验曲线基本相似，基本上反映了疲劳寿命随虚拟应力幅增加而降低的趋势。

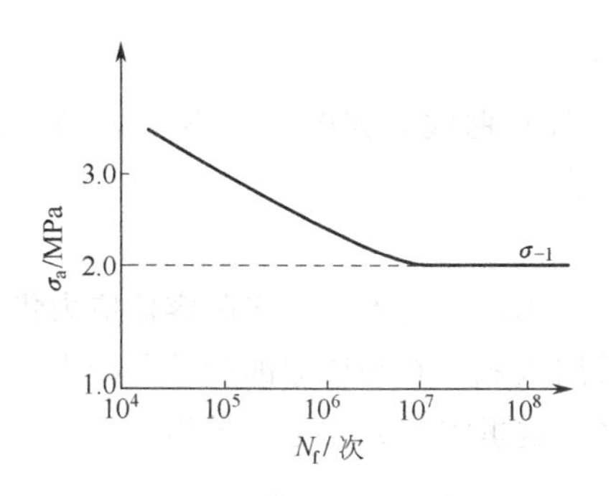

图 6-10　高循环疲劳曲线

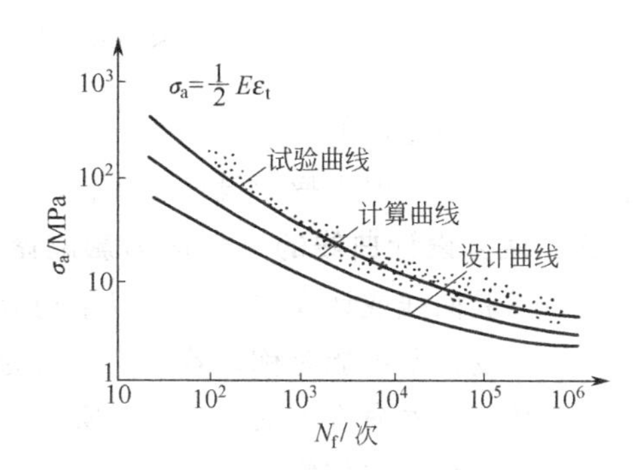

图 6-11　低循环疲劳曲线

二、低循环设计疲劳曲线的确定方法

（一）试验法的设计疲劳曲线

将类似于图 6-11 中的低循环疲劳试验曲线给以适当的安全系数，便可得到低循环疲劳设计曲线。按 ASMEⅧ-2 的方法将应力幅 σ_a 改为应力强度幅值 S_a，若对应力幅取安全系数 2，对寿命取安全系数为 20（英国 BS 5500 取寿命安全系数为 15），由各点的最小值连线所构成的曲线即为设计低循环疲劳曲线，亦称 S_a-N_f 曲线。当已知应力幅（包括一次加二次加峰值应力）时由曲线可求出安全寿命，或已知所需寿命便可求出安全的应力幅。设计曲线形状如图 6-11 所示。铁素体类的碳钢、低合金钢与高强钢的设计疲劳曲线见图 6-17。

由于疲劳试验数据分散，寿命安全系数一般都取得较大（15～20）。

（二）用计算法获得疲劳设计曲线

疲劳试验费时耗资，也可设法用计算法推导出近似的估算方程。

在应变控制的低循环疲劳试验中，Coffin 对许多材料总结出塑性应变量 ε_p 和疲劳寿命 N_f 有如下经验关系：

$$\sqrt{N_f}\varepsilon_p = C \tag{6-7}$$

常数 C 一般为材料拉伸试验中断裂时的真应变之半，即 $C=\frac{1}{2}\varepsilon_f$。利用塑性变形时体积不变的规律可以推出 ε_f 与断裂时的断面收缩率 ψ 的关系为 $\varepsilon_f=\ln\frac{100}{100-\psi}$。于是 $C=\frac{1}{2}\ln\frac{100}{100-\psi}$。

另外，疲劳试验中的总应变 ε_t 应为塑性应变 ε_p 与弹性应变 ε_e 之和，即 $\varepsilon_t=\varepsilon_p+\varepsilon_e$。当有塑性应变时应力可用虚拟应力 σ' 表示，即 $\sigma'=E\varepsilon_t$。此时虚拟应力幅（或虚拟应力强度的幅值）为：

$$S_a=\frac{1}{2}\sigma'=\frac{1}{2}E\varepsilon_t=\frac{E}{2}(\varepsilon_p+\varepsilon_e)$$

将式（6-7）代入，且 $\frac{1}{2}E\varepsilon_e=\sigma_e$，即对应于弹性应变 ε_e 的交变应力幅：

$$S_a=\frac{E}{4\sqrt{N_f}}\ln\frac{100}{100-\psi}+\sigma_e$$

从上式可推断，当 $N_f\to\infty$ 时，$S_a=\sigma_e$，即只有当应力幅很低时才会有无穷寿命，成为高循环疲劳问题，此时 $S_a=\sigma_{-1}$（持久限）。于是上式改为：

$$S_a=\frac{1}{4\sqrt{N_f}}\ln\frac{100}{100-\psi}+\sigma_{-1} \tag{6-8}$$

按此方程所绘制的 S_a-N_f 曲线即为低循环疲劳的计算曲线，如图 6-11 所示，与试验曲线很接近。一般情况下疲劳设计曲线仍由试验曲线得到。

三、疲劳设计曲线的平均应力影响修正

疲劳试验曲线或计算曲线均是以平均应力为零的对称循环得到的。实际容器应力集中区的应力应变变化不可能对称，若平均应力为正值，采用以 $\sigma_m=0$ 为依据的设计曲线来估算容器的低循环疲劳寿命将不安全，那时实际寿命将下降。这里需研究在考虑平均应力影响时如何对 S_a-N_f 设计曲线作修正。

（一）平均应力的调整过程

当最大应力（$\sigma_{max}=\sigma_a+\sigma_m$）大于或小于屈服强度时平均应力是否发生自行调整，可分下述三种情况分析。分析中当最大应力超过屈服强度时采用“虚拟应力”来阐述。

（1）$\sigma_a+\sigma_m<\sigma_y$　此时不论平均应力多大，只要符合最大值低于 σ_y，应力循环中各种参量，包括 σ_m、σ_a 等不发生任何变化，此时 σ_m 越大，寿命越低。

（2）$\sigma_y<\sigma_a+\sigma_m<2\sigma_y$　压力容器中应力应变集中部位常遇到这种情况。这里的（$\sigma_a+\sigma_m$）是按虚拟应力计算的。假设材料为理想塑性，用图 6-12（a）可分析经几次循环后，应力应变的变化关系就保持在 BC 线所示的弹性响应状态，但在最大应力区外围必须是弹性状态的。显然此时实际的平均应力由 σ_m 下降到 σ_m'，最大最小应力均相应发生了调整：

$$\left.\begin{aligned}&\sigma_{max}=\sigma_y, \qquad \sigma_{min}=-(\sigma'-\sigma_y)\\&\sigma_a=\frac{\sigma_y+(\sigma'-\sigma_y)}{2}=\frac{\sigma'}{2},\ \sigma_m'=\frac{\sigma_y-(\sigma_y'-\sigma_y)}{2}=\sigma_y-\sigma_a\end{aligned}\right\} \tag{6-9}$$

（3）$\sigma_a+\sigma_m>2\sigma_y$　此时经几次初始循环后应力应变仍不能呈线性响应状态，每次循环中均不断发生拉伸与压缩屈服。各种参量的变化如下：

$$\sigma_{max}=\sigma_y,\ \sigma_{min}=-\sigma_y,\ \sigma_m'=0 \tag{6-10}$$

这说明当 $\sigma'\geqslant 2\sigma_y$ 时，平均应力自行调整为零即可不计平均应力影响了。

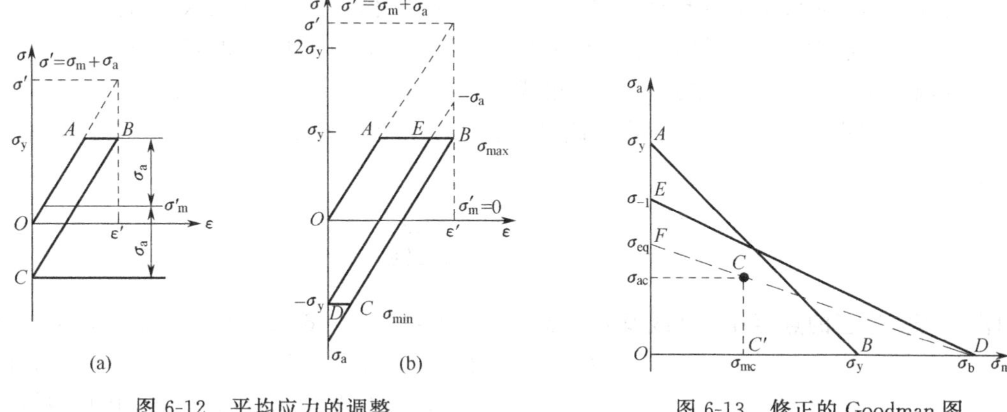

图 6-12　平均应力的调整

图 6-13　修正的 Goodman 图

综上所述，相对于 $R=-1$ 的对称循环来说，平均应力的调整变化及对疲劳寿命的影响为：

①当 $\sigma_a+\sigma_m<\sigma_y$ 时，平均应力不发生变化，此时随着平均应力的增加，疲劳寿命将下降。

②当 $\sigma_y<\sigma_a+\sigma_m<2\sigma_y$ 时（实际上 $\sigma_a<\sigma_y$），平均应力调整后下降为 $\sigma_m=\sigma_y-\sigma_a$，而且随着 σ_a 增加，越接近 σ_y，平均应力就越小，即平均应力对疲劳寿命的影响越趋减少。

③当 $\sigma_a+\sigma_m\geqslant 2\sigma_y$ 时，平均应力调整到 $\sigma_m=0$，平均应力对疲劳寿命的影响就不复存在。

因此平均应力的影响应重点研究第①、第②种情况。

（二）平均应力影响的修正方法

上述第①、第②两种情况平均应力均会对疲劳寿命发生影响，如果仍用平均应力为零的 S_a-N_f 曲线来作工程设计和确定寿命，就应当将交变应力幅加大到某一程度，把平均应力不等于零的交变应力折算到相当于平均应力为零的一个当量交变应力 σ_{eq}，折算的原则是使疲劳寿命相同。Langer1962 年提出的修正的 Goodman 直线方法是现今疲劳设计规范所采用的方法，叙述如下。

图 6-13 是等寿命线图，以交变应力幅 σ_a 为纵坐标，以平均应力 σ_m 为横坐标，在图中作 ED 及 AB 两条线。

ED 线右端是材料的抗拉强度 σ_b，左端为平均应力为 0 的材料持久强度 σ_{-1}。ED 线表示随平均应力增加而疲劳持久强度下降的近似关系，即高循环下的 Goodman 线。

AB 线的两端均为 σ_y 值。当交变应力的两个分量之和 $\sigma_m+\sigma_a$ 等于屈服强度时就位于 AB 线上（即 $\sigma_m+\sigma_a=\sigma_y$），故 AB 线是可保持不屈服的上限线。

由此可见，在 ED 线以下可以不发生疲劳破坏，在 AB 线以下可以不屈服。现在讨论利用该图求解平均应力不为零时当量交变应力 σ_{eq} 的方法。

（1）$\sigma_m+\sigma_a<\sigma_y$　在 AB 线以下的任一点均符合此情况。如 C 点的平均应力为 σ_{mc}，应力幅为 σ_{ac}，由于 $\sigma_{mc}+\sigma_{ac}<\sigma_y$，平均应力不会自行调整。按 Langer 提出的方法，σ_{mc} 不等于零时将交变循环应力幅 σ_{ac} 放大到平均应力幅为零的当量应力幅 σ_{eq}（即 OF），就可获得相当的疲劳寿命。由此按几何相似关系：

$$\frac{\sigma_{eq}}{\sigma_{ac}}=\frac{\sigma_b}{\sigma_b-\sigma_{mc}}，\sigma_{eq}=\frac{\sigma_{ac}}{1-\dfrac{\sigma_{mc}}{\sigma_b}} \tag{6-11}$$

这种修正情况实际上是针对高循环疲劳的，即应力水平在材料的屈服强度以下的情况。

(2) $\sigma_y<\sigma_m+\sigma_a<2\sigma_y$ 这种情况是在 AB 线以上了。如图 6-14 上的点 G (σ_{mG}，σ_{aG})，平均应力将调整为 σ'_m，G 点调整到 G' 点。按式 (6-9) 知，$\sigma'_m=\sigma_y-\sigma_{aG}$，在图 6-14 上，因 $gB=G'g=\sigma_{aG}$，所以 $Og=\sigma_y-\sigma_{aG}=\sigma'_m$。此时连接 DG' 并延长至 F 点，得 σ_{eq}。按几何相似关系可得：

$$\frac{\sigma_{eq}}{\sigma_{aG}}=\frac{\sigma_b}{\sigma_b-\sigma'_m}，\sigma_{eq}=\frac{\sigma_{aG}}{1-\dfrac{\sigma'_m}{\sigma_b}} \tag{6-12}$$

同样，若需修正的点落在 AB 线及 ED 线之外，也可用式 (6-12) 来进行修正。例如点 H，只要它的 $(\sigma_m+\sigma_a)_H\leqslant 2\sigma_y$，其实际平均应力也将遵守式 (6-9) 而会自动调整到 AB 线上的 H' 点，然后连接 DH' 并延长到与 σ_a 轴相交，同样利用式 (6-12) 也可求出当量的交变应力幅。

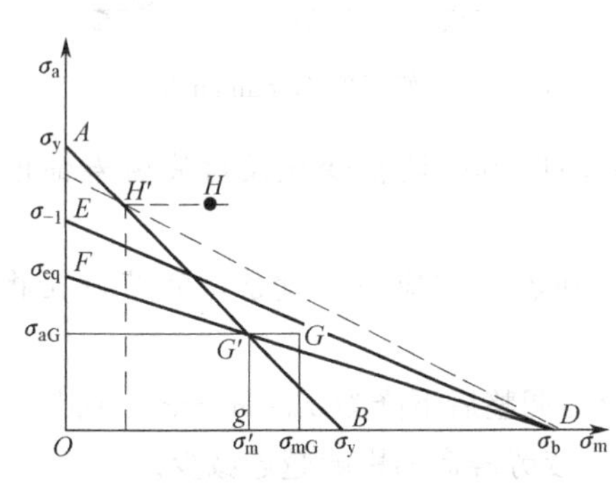

图 6-14 $\sigma_y<(\sigma_m+\sigma_a)<2\sigma_y$ 时的平均应力修正

(3) $\sigma_m+\sigma_a\geqslant 2\sigma_y$ 实际平均应力将自动调整为零，不再需要修正。

（三）低循环疲劳设计曲线的修正

利用低循环疲劳设计曲线估算安全寿命，并作平均应力修正时，对应于每一个应力幅 S_a 可能有无数个平均应力 σ_m，若对每一 σ_m 分别作修正将非常麻烦。如果可以找到无论 σ_a 多大，而只有一个对寿命有最大影响的平均应力，则按此平均应力来修正，工程上将既方便又安全。

对疲劳寿命有最大影响的平均应力可以这样来分析。从图 6-14 可知，以 GG' 线为例，在 GG' 线及其两端的延长线上可以有任意个交变应力状态 (σ_a，σ_m)，当处于 G' 点左侧时，不论平均应力多大，总不会引起屈服，而其最大的平均应力必然只能是 AB 线上 G' 点的横坐标；当处于 G' 点右侧时，由于受式 (6-9) 控制总会在初始的几次循环后自动地调整而移至 AB 线上的 G' 点。GG' 延长线以外的其他应力循环时也是如此。由此可见，AB 线上各点的平均应力值代表着对疲劳寿命有最大影响的平均应力。由此，对低循环疲劳设计曲线的修正方法如下。

图 6-15 的 AB 线代表对疲劳的最大影响线。若在 $\sigma_m=0$ 的纵轴上有一点 C，在 $R=-1$ 的 S_a-N_f 设计曲线上有一对应的寿命 N_{fc}。CD 代表不同平均应力下有等同寿命的线（即 Goodman 线）。与 AB 的交点 E，在 CE 上所有的交变应力状态中以 E 点的平均应力 σ'_{mE} 为最大，E 点的应力幅 σ_{aeq} 为最小。因此可推断，在有平均应力存在时，与 C 点具有相同疲劳寿命的交变应力幅（可以是虚拟的）不可能再低于 E 点的应力幅，即 σ_{aeq}。

因此在 $R=-1$ 的 S_a-N_f 曲线上考虑平均应力最大影响应这样来修正，对某一个寿命下，其应力幅均应降为由 AB 线决定的最低应力幅 σ_{eq}。由△OCD 可知：

$$\frac{\sigma_{aeq}}{\sigma_{ac}}=\frac{\sigma_b-\sigma'_{mE}}{\sigma_b}=\frac{\sigma_b-\sigma'_{mE}-\sigma_{aeq}}{\sigma_b-\sigma_{ac}}=\frac{\sigma_b-\sigma_y}{\sigma_b-\sigma_{ac}}$$

或
$$\sigma_{eq}=\sigma_{ac}\left(\frac{\sigma_b-\sigma_y}{\sigma_b-\sigma_{ac}}\right) \tag{6-13}$$

由此，对称循环的 S_a-N_f 设计曲线上，对每一寿命下的许用应力幅均应按式（6-13）从 σ_{ac} 降为 σ_{eq}。此式只对 $S_a<\sigma_y$ 适用，当 $S_a\geqslant\sigma_y$ 时，亦即 $2S_a\geqslant2\sigma_y$ 时平均应力会自行调整而降低为零，便不存在平均应力修正的问题，即 $R=-1$ 的 S_a-N_f 曲线上 $S_a\geqslant\sigma_y$ 的纵坐标经逐点修正后的 S_a-N_f 曲线如图 6-16 所示。

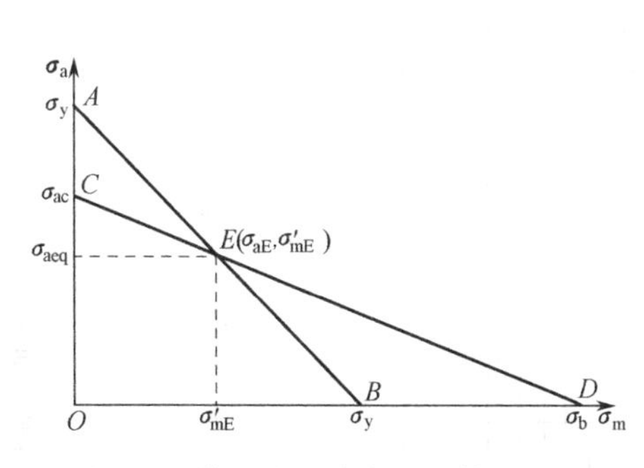

图 6-15　按最大平均应力的修正方法

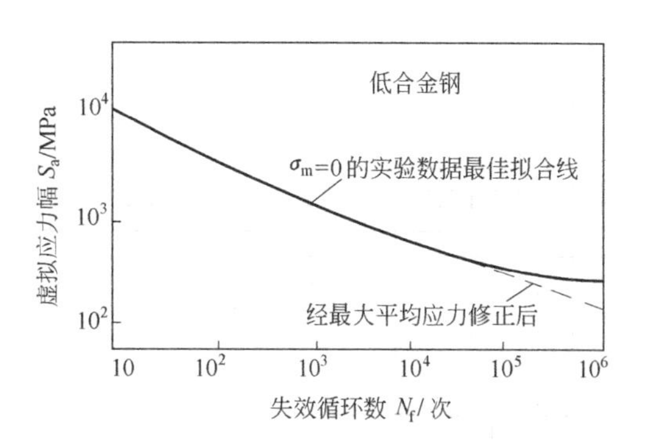

图 6-16　疲劳曲线按平均应力的修正

由试验曲线的修正线所决定的疲劳设计曲线使用时将是方便而又偏安全的。

（四）压力容器的设计疲劳曲线

国际上最早由 ASME Ⅲ 及 ASME Ⅷ-2[44] 提供了压力容器设计疲劳曲线，中国 JB 4732[4] 及日本 JIS B8281 均推荐采用与 ASME 相同的设计疲劳曲线。

中国规范提供了以下几种设计疲劳曲线。

① 抗拉强度 $\sigma_b\leqslant552$MPa 以及 793～896MPa 的两种强度级别的碳钢、低合金钢及高强钢在 $N\leqslant10^6$ 次以内的设计疲劳曲线。使用温度低于 375℃。曲线见图 6-17。

② 奥氏体钢的 10～10^6 次的设计疲劳曲线，应力幅 $S_a>194$MPa 及使用温度低于 425℃。

③ 奥氏体钢的 10^6～10^{11} 次的设计疲劳曲线，应力幅 $S_a\leqslant194$MPa 及使用温度低于 420℃。

④ 高强度钢螺栓的 10^6 次以内的设计疲劳曲线。使用温度低于 370℃。

这些曲线均根据应变控制的光滑试样的低循环疲劳（奥氏体钢 $S_a\leqslant194$MPa 除外）试验曲线得到，曲线经平均应力修正过。已如前述对应力幅的安全系数取 2，对循环次数的安全系数取 20（20 是三项系数的乘积：数据分散度系数 2×尺寸因素 2.5×表面粗糙度及环境因素 4)，然后取各点两种应力幅的较小值连接而得。

这些曲线均不涉及蠕变疲劳及腐蚀疲劳问题。图 6-17 中介于两种强度之间的材料可以内插。

ASME 的设计疲劳曲线是用经精加工的母材的光滑试样（无应力集中的）得到的，而压力容器为焊接件，焊接接头处最容易出现疲劳损伤以致最终失效。焊接区的各种缺陷往往是疲劳失效源，它不像光滑试样那样需要很长的萌生疲劳裂纹阶段，其疲劳寿命无疑要短于光滑试样的。为此英国 BS 5500 不采用光滑的母材试样，而是采用四周磨去因施焊加强部分的焊接接头试样，这样更符合压力容器实际。而设计疲劳曲线的应力幅安全系数取 2.2，寿命安全系数取 15。但 BS 5500 没有按钢材的强度级别提供不同的设计曲线。与 ASME 的曲线相比，BS 5500 的曲线略低，说明它基本反映了容器焊接缺陷的影响。

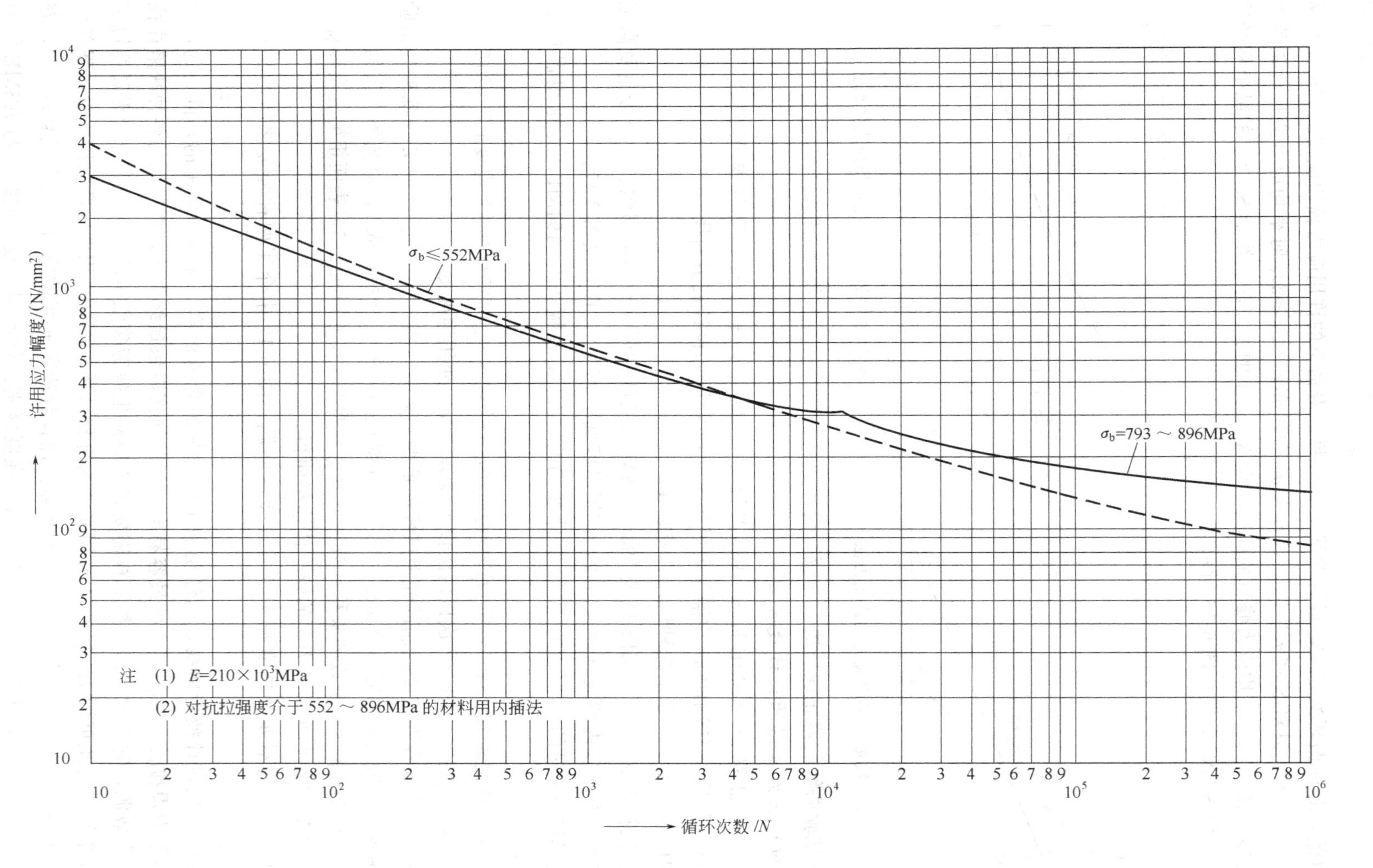

图 6-17 温度低于 375℃的碳钢、低合金钢、高强钢的设计疲劳曲线

四、容器疲劳设计中的应力分析

容器应力集中部位（如接管根部）是影响疲劳寿命的关键部位，因而是作疲劳寿命分析的重点部位。适当地估算这些指定点的包括峰值应力（F）在内的应力以确定循环应力幅，则是疲劳设计的重要内容。

应力集中点的应力分析，除少数情况可采用理论的解析法之外，一般有以下几种方法。

（一）有限元计算法

这是疲劳设计中对复杂结构进行应力分析的最常用的方法，可以得出比较符合实际和较为可靠的应力分析结果。计算的可靠程度首先取决于对载荷的正确分析，包括确定外载的形式、量级、作用区域和波动范围。应将操作条件下的载荷谱（即载荷随时间的变化曲线）作为基本依据，此外还应包括压力、温度、外载荷的载荷谱。其次是所拟定的结构力学模型的合理程度，即根据结构的几何参数、载荷类型与分析部位来建立合理的简化计算模型。模型的合理与否，除几何、载荷因素之外，正确地设定边界约束条件是很关键的。

有限元计算可以采用弹性分析程序，因为在疲劳设计中规定可以采用弹性虚拟应力概念，即按应力集中区可能产生的应变 ε（可包括塑性应变）按弹性方法确定出虚拟应力（$\sigma=E\varepsilon$）。但计算软件应为国内外公认的结构分析软件。有限元计算的精度还取决于结构离散化的程度，因此必须要有足够小的单元网格，特别是应力集中点的网格。网格越小，单元数就多，因而要求计算机的容量和速度均应能满足要求。

对有限元计算出的应力分量，必须按应力分类原理进行合理的应力分类，这才能作为进一步计算相应的应力强度、应力强度幅值以及分门别类进行强度校核的依据。

（二）应力指数法

应力指数法源于 ASMEⅧ-2[44]规定性附录 4～6 节。其定义是：

$$I=\frac{\text{按弹性计算的指定点最大应力（包括峰值应力在内）}\sigma_{max}}{\text{容器无应力集中区的总体薄膜应力强度 }S_o}$$

应力指数的概念在第三章中已述及，它与通常的应力集中系数 K_t 的概念十分相似。其区别在于在计算 K_t 时的分子部分仅指某一存在最大应力的点，不包括其他任意的指定点，因此 K_t 具有表征该结构的力学特征参量的含义。而 I 的分子部分可以是多个指定点，而不局限于该结构中应力值最大的惟一特定点。另外，分母部分的 S_o 实质上是按第三强度理论计算的应力强度，对一般薄壁容器就是周向薄膜应力，对圆筒体 $S_o=\frac{pD_i}{2\delta_e}$；对球壳 $S_o=\frac{pD_i}{4\delta_e}$。更严格地计算应将内径 D_i 改为中径（即内外壁的平均直径）。

中国钢制压力容器分析设计标准[4]也推荐了这一简单易行的工程计算方法，各应力指数 I 是来源于大量的数值分析和实验分析的资料，下面介绍一些应力指数的实例，对于开孔区的应力指数应按图 6-18 所示来定义各应力，指数 I 如表 6-3 所示。

文献[4]还推荐了斜向接管在承受内压和接管承受弯矩载荷时各个不同指定点上的应力指数 I 与应力强度 S。

图 6-18 及表 6-3 中的符号是指：

σ_n——指定点的垂直于截面的法向应力分量；

σ_t——指定点的在截面内的且平行于截面边界的应力分量；

σ_r——垂直于截面边界的应力分量；

S——指定点的组合各应力分量的应力强度，$S=\sigma_1-\sigma_3$；

δ_e——壳体的有效厚度；

σ——指定点的应力分量。

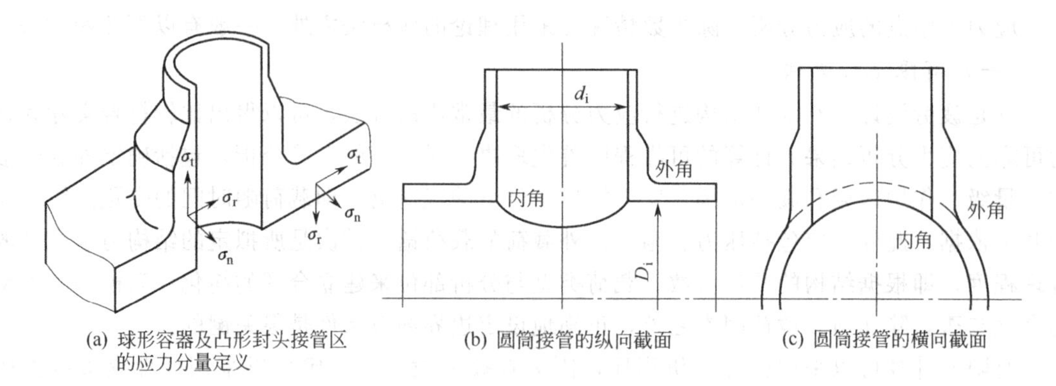

(a) 球形容器及凸形封头接管区的应力分量定义　(b) 圆筒接管的纵向截面　(c) 圆筒接管的横向截面

图 6-18　单个接管区的应力分量定义及计算应力指数的位置

表 6-3　容器应力指数 I 示例

部　件	球壳和成形封头接管		圆筒形壳体接管			
位置 / 应力	内角	外角	纵向截面		横向截面	
			内角	外角	内角	外角
σ_n	2.0	2.0	3.1	1.2	1.0	2.1
σ_t	−0.2	2.0	−0.2	1.0	−0.2	2.6
σ_r	$-2\delta/R$	0	$-2\delta/D$	0	$-2\delta/D$	0
S	2.2	2.0	3.3	1.2	1.2	2.6
定义	σ（或 S）$=I\dfrac{pD_i}{4\delta_e}$		σ（或 S）$=I\dfrac{pD_i}{2\delta_e}$			

用应力指数法求指定点的最大应力及最大应力幅（或应力强度），很适合于工程设计中作疲劳分析用，但应注意下列问题。

① 仅适合于单个的、孤立的开孔与接管。

② 由压力以外的载荷，如温度差、外力矩等引起的应力可以与压力引起的应力相叠加，但必须注意所在部位和应力的方向。

③ 该法不得用于接管区非整体补强及异种钢组成的补强结构。

④ 内角半径 r_1 和外角半径 r_2 等不得小于规范[4]中规定的范围。

（三）实验应力分析法

ASMEⅧ-2 及中国 JB 4732 的附录 B 均提出，当理论应力分析不适当或无可用的设计公式与数据时，可以采用实验应力分析的方法来确定指定点的控制应力，这一方法对整个以应力分析为基础的设计（包括疲劳设计）均适用。实验方法需采用相似的模型，用应变片电测或光弹性试验来进行，实验法的规定可详见文献[4]的附录 B。

（四）疲劳设计中应力分析的注意事项

不论采用上述哪种方法进行应力分析，其目的主要是确定交变应力强度的幅值（S_{alt}），以便对容器的疲劳强度或疲劳寿命用设计疲劳曲线来校核，应注意以下几个问题。

① 疲劳设计中的应力分析应包含各种对疲劳寿命有影响的应力，即整个应力循环中与时间相对应的总体结构不连续应力、局部结构不连续应力和热应力。按上一节应力分类法概念，就是包含了一次局部薄膜应力 P_L、一次弯曲应力 P_b、二次应力 Q 及峰值应力 F。在计算 S_{alt} 幅值时应是它们的总和而不是只计算峰值应力 F。值得提出，只是在作疲劳强度校核之前需要应力分类，并按分析设计的程序先行用图 6-8 的程序逐项作强度校核，最后一步才是用 P_L+P_b+Q+F 作疲劳强度校核。

② 在载荷循环中应区分主应力方向不变和有变化两种情况。后一种情况是指如压力循环和温度循环所造成的主应力方向可能不一致，或者外加弯矩造成的主应力与压力、温差的主应力方向不一致。因此当主应力方向有变化时所有应力分析应该计及六个应力分量（σ_t、σ_n、σ_r、τ_{tn}、τ_{nr}、τ_{rt}）。具体如何应用这些分量计算出主应力和波动范围，可参见 JB 4732 的附录 C[4]。

五、疲劳强度减弱系数

从设计疲劳曲线来看，在规定的疲劳寿命期内容器所能承受的最大交变应力幅就是疲劳强度。结构的疲劳强度又与结构本身的应力集中程度密切有关。图 6-17 的设计疲劳曲线是用光滑试件做疲劳试验获得的，如果不是光滑试样，例如含缺口的有应力集中的试样，得到的疲劳强度就会明显下降。

化工容器接管根部的结构对疲劳强度有明显的影响，例如采用补强圈补强的接管，其疲劳强度明显低于整体补强的接管。接管根部未焊透的（见图 6-19）疲劳强度低于根部焊透的结构。平齐式接管的疲劳强度低于内插式的，切向接管与斜交接管（见图 6-20）的疲劳强度低于正交式（径向式）接管的，凡此种种都说明结构对疲劳强度的影响。

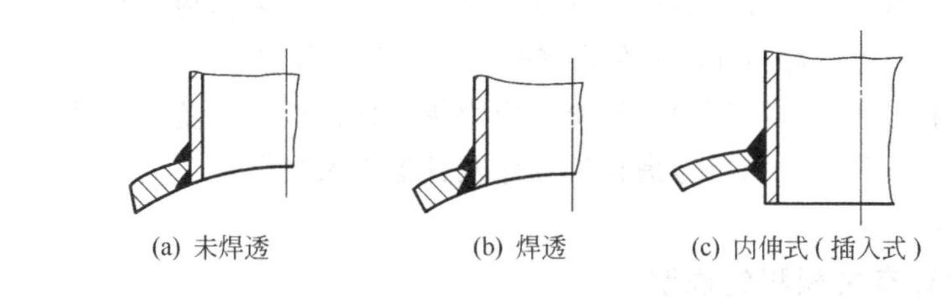

图 6-19　平齐式和内伸式接管

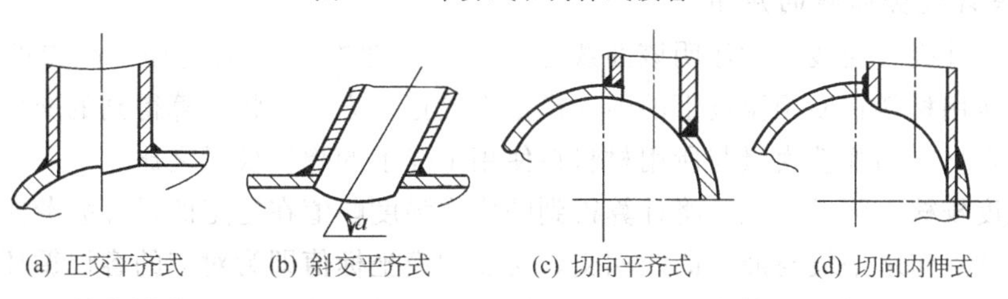

图 6-20　几种接管型式

为此，除采用应力指数法之外疲劳设计规范中也推荐采用“疲劳强度减弱系数”（K_f），来表示结构抗疲劳失效的能力。K_f 的定义如下：

$$K_f=\frac{\text{光滑试样在 } N_f \text{ 次寿命时的虚拟应力幅}}{\text{含缺口试样在 } N_f \text{ 次寿命时的名义应力幅}} \tag{6-14}$$

这实际上是指具有同样疲劳寿命（N_f）的光滑试样与缺口试样（包括带接管的压力容器）两者的疲劳强度之比。试验表明光滑试样与缺口试样（若干相同缺口的试样）在不同 N_f 时获得的名义应力幅的比值（K_f），几乎是恒定的，因此 K_f 可以视为是一种反映结构疲劳特性的参量，对于容器而言，K_f 系数正是表征了容器局部应力集中导致疲劳承载能力降低的程度。在无法获得结构应力指数（I）的情况下，也可以用 K_f 系数进行疲劳设计，此时只要从设计疲劳曲线上由设计的寿命获得容许的交变应力幅之后，再将该应力幅除以疲劳强度减弱系数 K_f，所得到的即为该结构的容许应力幅。

K_f 是不大于 5 的数值（除裂纹类缺陷情况外），角焊缝的 K_f 可取 4.0，螺纹的 K_f 在计算时不得小于 4.0（但也无需取大于 5 的值）。在没有可参考的 K_f 值时，如有必要也可用实验方法求出所需结构的疲劳强度减弱系数，这在 ASMEⅧ-2 中的及中国 JB 4732 附录 C7 中均有详细的试验规定。

六、变幅载荷与疲劳积累损伤

压力容器的交变载荷幅度有时是不恒定的，若总按最大幅值来计算交变应力幅就太保守，一种近似的工程处理方法，就是用线性疲劳积累损伤准则。

若一容器前后所受的各种应力幅为 S_{a1}、S_{a2}、S_{a3}……，对应的交变循环次数为 n_1、n_2、n_3……但其中 S_{a1} 单独作用时的疲劳寿命为 N_1，其他应力幅下相应的寿命为 N_2、N_3……，S_{a1} 作用了 n_1 次，对结构所造成的损伤程度为 n_1/N_1，其他应力幅所造成的损伤程度为 n_2/N_2、n_3/N_3……

线性疲劳积累损伤准则认为各应力幅造成的损伤程度累计叠加不应超过 1，即

$$\sum\frac{n_i}{N_i}=\frac{n_1}{N_1}+\frac{n_2}{N_2}+\frac{n_3}{N_3}+\cdots\leqslant 1 \tag{6-15}$$

不同应力幅作用的顺序对损伤程度有明显影响，例如高应力幅作用在前，造成缺口局部屈服，这时卸载半周造成一定的残余压应力和屈服硬化，这将使以后的低应力幅的交变循环损伤程度下降。这个因素在线性积累损伤准则中没有考虑。反之低应力幅在前，高应力幅在后，积累损伤度实际上可以超过 1，这在式（6-15）中也未考虑。

但实际上很难事先准确预测压力容器交变应力幅的作用顺序，鉴于线性积累损伤准则计算方便，工程上仍大量采用。如果考虑作用顺序及其他因素的影响，问题则复杂得多，目前尚无成熟的理论和方法。

七、对疲劳设计有关规程的说明

（一）设计疲劳曲线的应用

提供的设计疲劳曲线，均注明该曲线是在特定弹性模量 E 的前提下获得的，因此在设计时必须按所用材料在使用温度下的弹性模量作校正。方法是将计算得到的交变应力幅，乘以曲线中给定材料的弹性模量与所用材料在使用工况下的弹性模量之比。

疲劳强度校核实际做法是，将计算得到的应力强度幅值在选定的设计疲劳曲线纵坐标上取该值，过此点作水平线与疲劳曲线相交，交点的横坐标值即为对应的容许循环周次，即安全寿命。如果该周次不能满足所需设计寿命的要求，则必须重新调整所设计的结构，或加大厚度，或增大过渡圆弧半径，或作更为有利于减少应力集中峰值应力的结构调整，然后再作应力分析和疲劳强度校核，直到满足寿命要求为止。

应当注意，在应力循环中某些应力不变量不应计入应力幅之中，因为这些不变量应划为平均应力，而设计疲劳曲线中已计入最大平均应力的影响。

由于疲劳曲线坐标精度较差，规范上还常提供曲线的数据表格，可用内插法得到相应的循环次数，规范也给出了按对数坐标的内插计算式，当应力幅为变值时则应按积累损伤准则

进行验算。

（二）容器不需作疲劳分析的规定

疲劳分析是在应力分析基础上才能进行的，设计成本较高，因此不是所有承受交变载荷的容器都需作疲劳分析。ASMEⅧ-2（AD160-2 节）[44]及中国疲劳设计规范[4]都从很保守的角度作出具体规定，例如对材料抗拉强度不超过 550MPa 的容器，若下列四条中的总循环数对于容器整体部分（包括整体补强的接管）不超过 1000 次，对于非整体结构的部件（例如带补强板的接管）不超过 400 次时，可以不作疲劳分析。

① 压力全幅度循环的预期（设计）次数，包括起动和停车。

② 压力变化幅度超过设计压力的 20%的循环次数，大气压波动的影响不需考虑。

③ 容器上包括接管的任何相邻两点间温度差的变化的有效次数，这里的有效次数是指金属温度差变化的次数乘以从下表查得相应系数值之积的和。

金属温度差波动/℃	25 以下	26～50	51～100	101～150	151～200	201～250	250 以上
因数	0	1	2	4	8	12	20

④当构件是由膨胀系数不同的材料焊接而成时，则应计及当温度升高 ΔT 的 $(\alpha_1-\alpha_2)\Delta T$ 值超过 0.00034 时的温度循环次数，此条件不适用于复合材料，α_1 及 α_2 为两种材料在平均温度下的线膨胀系数。

这四种情况的总循环次数不超过 1000 次（或 400 次）是绝不会发生疲劳损坏的，这样计算已是很保守的了，例如它是假设结构的应力集中系数 $K_t=6$ 作为分析前提的。这些条件的进一步解释可参考文献［48］的第八章。

（三）疲劳分析的其他问题

（1）棘轮效应　平均应力和交变载荷联合作用时，每次循环可能使容器产生一个不可逆的塑性应变增量，当塑性应变值递增至材料塑性被耗尽时，就会发生断裂。这种断裂与一般的疲劳破坏不同，一般的疲劳虽也伴有局部的反复塑性变形，但不引起容器外形尺寸有宏观变化。棘轮效应却伴有应变的单向增量，引起容器直径逐步增大鼓胀。压力过大的波动会引起机械棘轮效应，热应力波动循环过大会引起热应力棘轮效应。在疲劳分析规范中给出了防止发生热应力棘轮效应的许可的最大循环热应力极限值计算方法[44,4]。

（2）容器的高循环疲劳问题　一般认为容器的疲劳问题是高应变下的低循环疲劳问题，但近代容器设计已意识到容器同样存在低应力的高循环疲劳破坏问题。例如高速气流及运动装置引起的振动，往往会引起高频率的高循环周次的疲劳破坏。现行规范仅能提供奥氏体不锈钢的 10^6～10^{11} 次循环内的疲劳设计曲线[4,44,48]。

（3）疲劳裂纹扩展问题　现有的压力容器疲劳分析方法是以无缺陷的光滑试样疲劳试验为基础的，其总寿命包括裂纹萌生和扩展直至断裂的各个阶段。实际构件很可能已存在初始微小裂纹或宏观裂纹，其寿命仅指疲劳裂纹扩展部分，原有的疲劳曲线方法就不适用。断裂力学在疲劳裂纹扩展中的应用为此提供了有效的方法，其寿命主要取决于疲劳裂纹扩展速率 da/dN（a 为裂纹尺寸）和断裂的临界裂纹尺寸 a_c。

（4）复杂的疲劳问题　热疲劳是很复杂的疲劳问题，过大的热应力交变会使容器从表面开始发生龟裂。蠕变疲劳是在高温下蠕变和交变应力相互作用时发生的，蠕变与应变疲劳都是一种非弹性的应变，这两者交织在一起就更为复杂。此外还有腐蚀疲劳与中子辐射下的疲劳问题，都比较复杂，而且都未形成规范的设计方法。进一步了解可参见文献［48］的第5章。

（四）容器疲劳设计中需考虑的问题

容器作疲劳设计时绝不仅仅是个计算问题，同时还涉及到结构设计、材料和制造、检验的问题，因为要防止疲劳失效最要紧的是降低局部结构不连续效应所带来的应力集中，应减少峰值应力在交变状态下的破坏性作用，因此必须注意以下几个方面的问题。

1. 材料要求

需作疲劳分析的容器，其材料的要求应有别于规则设计中的材料要求，可参见本章第二节中“四”所述的应力分析设计法的材料要求。

2. 容器在结构设计方面的要求

针对防止疲劳失效，结构设计的总要求是避免过大的应力集中以降低峰值应力。因此应尽量避免采用以下结构，使其不会成为疲劳裂纹源区：

① 用补强板补强的非整体连接件；

② 管螺纹连接件，特别是直径超过 70mm 的接管；

③ 部分熔透的焊缝，如垫板不拆除的焊缝，以及一些角焊缝；

④ 相邻元件厚度差过大的结构；

⑤ 接管及开孔补强处易造成未焊透缺陷的焊接结构。

3. 制造方面的要求

① 焊缝余高要予以打磨平滑，以减小应力集中；

② 几何不连续处尽可能采用圆滑过渡，填角焊缝处需打磨至所要求的过渡圆弧，并经磁粉检测合格。

4. 检验方面的要求

① 焊缝均需作 100％的无损检测，因此在结构设计时应避免采用非对接的焊接接头；

② 容器组装焊后，应进行适当温度下的消除焊接残余应力热处理；

③ 用高强度低合金钢制作的容器，宜在焊后立即进行 200～300℃的消氢热处理，以避免产生延迟裂纹；

④ 不允许强力组装，检验时应严格控制错边量；

⑤ 钢板边缘、开孔边缘及坡口面在焊前应作渗透液检测；

⑥ 不得采用硬印作材料和焊工标记。

第四节　容器的防脆断设计及缺陷评定

一、容器的低应力脆断问题

不少容器，在制造厂水压试验时就发生破坏，或者在投入运行若干年后在工作压力下发生破坏，而检查其设计则完全符合规范要求。这些容器的破坏大体具有如下一些特点。

一般在工作压力附近破坏，破坏压力基本上低于容器的整体屈服压力，更明显低于理论计算的爆破压力，因此属低应力破坏；破坏前容器未发生明显的塑性变形，也就是在容器尚未加压到发生整体屈服变形的情况下就破坏，破坏时可能只沿焊缝裂开一条不太宽的缝，也可能裂成一些碎片飞出，因此从爆破性态（即断裂前宏观变形量的大小）上说呈现脆性破坏的特征，因此习惯上将这种破坏称为“低应力脆断”。

压力容器发生低应力脆断的原因，主要是因为焊缝中存在明显的宏观缺陷，缺陷的来源一般有以下几种情况。

① 制造中形成的焊接缺陷，特别是裂纹性缺陷。包括焊接中因预热不当而产生的裂纹、氢致裂纹、或因拘束过大由焊接残余应力影响而形成的裂纹。材料强度级别越高，或厚度越厚，越易产生焊接裂纹。

② 使用中形成的裂纹，包括腐蚀裂纹，特别是应力腐蚀裂纹，还有由交变载荷导致出现的疲劳裂纹等。虽然疲劳问题是属于另一范畴的问题，但疲劳裂纹发展到一定尺寸时就会发生低应力脆断。

由此可见，裂纹是导致压力容器发生低应力脆断的重要原因。未焊透缺陷是一种裂纹性缺陷，也会引起低应力脆断。

低应力脆断不仅在压力容器上发生，在船只、桥梁及其他焊接结构上也大量发生过低应力脆断事故，这引起工程界与科学界的重视。20 世纪 50 年代开始逐渐形成了一个新的学科，即专门研究裂纹与断裂的断裂学科。这个新学科的最重要的分支便是断裂力学。它可很好地解释含裂纹结构发生断裂的条件，可建立裂纹尺寸-载荷-材料韧性三者之间的关联式，能很好地用于低应力脆断问题的分析。这是传统强度设计理论所无法解决的，传统强度设计理论总是以材料连续性为前提，无法考虑裂纹的存在。

20 世纪 70 年代开始，一些主要工业国家已将断裂力学方法引进到压力容器的断裂分析中来，相继出现了许多规范。这种规范大体上有两种情况：一是在设计时就考虑有可能出现的裂纹，从而制定出“防脆断设计”规范；二是针对在役容器的缺陷如何作安全性评价的“缺陷评定”。显然这两种方法都涉及到断裂力学的基本理论，这里首先介绍断裂力学中的几种主要理论，即线弹性断裂力学和弹塑性断裂力学，然后介绍如何应用这些理论来解决压力容器的防脆断设计和缺陷评定问题。

二、断裂力学的基本理论[49,50]

常规强度设计中要求设计的应力低于所用材料的屈服强度或拉伸强度所决定的许用应力，就可保证结构的安全。而含裂纹的结构，因在裂纹尖端附近存在严重的应力集中，常规强度设计方法是无法被采用的。断裂力学首先是研究裂纹尖端附近的高度集中的应力场和应变场，从而导出裂纹体在受载条件下裂纹尖端附近应力应变场的特征量，同时与材料某种性能参量相关联，建立裂纹体断裂的判别条件。这就是断裂学科所要解决的主要问题。

下面将对线弹性断裂理论和弹塑性断裂理论作一介绍。

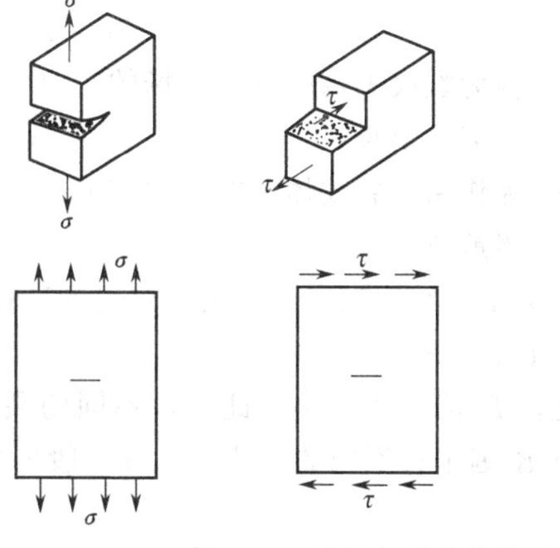

图 6-21 裂纹加载基本类型

（一）线弹性断裂理论

带裂纹的结构根据所受载荷的情况可以区分为三种基本加载形式，如图 6-21 所示共有Ⅰ、Ⅱ、Ⅲ型三种裂纹类型，即张开型、剪切型和撕开型。最常见的是Ⅰ型即张开型裂纹。线弹性断裂理论是假定材料只符合弹性行为（胡克定律），不会出现屈服现象。其中最重要的是应力强度因子理论。

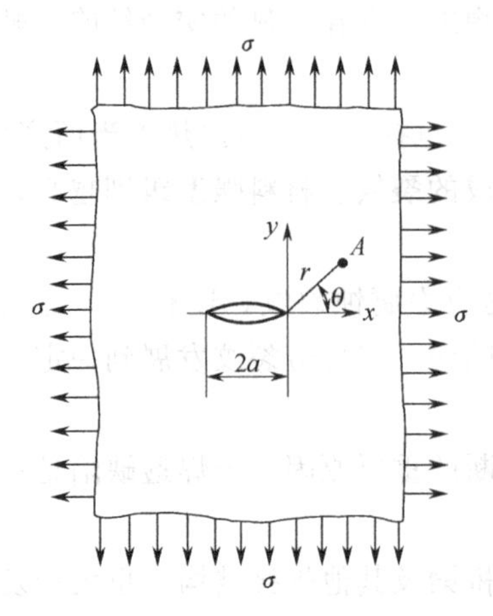

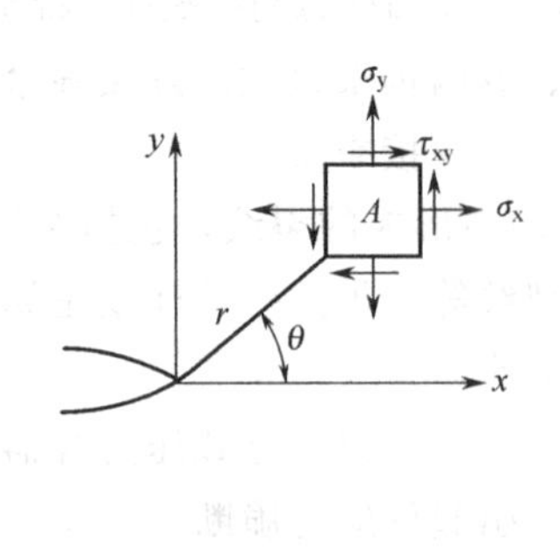

图 6-22 无限板穿透裂纹Ⅰ型加载

1. 应力强度因子 K_{I}

现在研究如图 6-22 所示的无限板穿透裂纹（长为 $2a$）Ⅰ型加载条件下裂纹尖端附近的应力场。假定材料符合线性弹性的基本规律。利用弹性力学方法可以求出裂纹尖端附近任意点 A（极坐标 r，θ）在双向拉伸时的各应力分量的近似解：

$$\left.\begin{aligned}\sigma_{\mathrm{x}}&=\frac{\sigma\sqrt{\pi a}}{\sqrt{2\pi r}}\cos\frac{\theta}{2}\left(1-\sin\frac{\theta}{2}\sin\frac{3\theta}{2}\right)\\\sigma_{\mathrm{y}}&=\frac{\sigma\sqrt{\pi a}}{\sqrt{2\pi r}}\cos\frac{\theta}{2}\left(1+\sin\frac{\theta}{2}\sin\frac{3\theta}{2}\right)\\\tau_{\mathrm{xy}}&=\frac{\sigma\sqrt{\pi a}}{\sqrt{2\pi r}}\cos\frac{\theta}{2}\sin\frac{\theta}{2}\cos\frac{3\theta}{2}\end{aligned}\right\}\tag{6-16}$$

该应力场表达式说明，各应力分量均与 $\sigma\sqrt{\pi a}$ 有关，其余则与几何坐标有关。该应力场的强弱程度惟一地取决于 $\sigma\sqrt{\pi a}$ 参量，因此令：

$$K_{\mathrm{I}}=\sigma\sqrt{\pi a}\tag{6-17}$$

式中 K_{I}——称为裂纹尖端附近应力场的“应力强度因子”，下标Ⅰ表示为Ⅰ型；

a——为裂纹半长；

σ——为作用在裂纹体上的外加应力，或当裂纹不存在时裂纹尖端处的应力，亦称当地应力。

K 因子是表征裂纹尖端附近应力场强度的特征量，是线弹性断裂力学中最重要的参量。常用单位为 $\mathrm{MPa/m^{1/2}}$（即 $\mathrm{MN/m^{3/2}}$），$1\mathrm{MPa/m^{1/2}}=3.23\mathrm{kgf/mm^{3/2}}$。外加应力 σ 和裂纹尺寸 a 同时决定着 K 因子的大小。此外，不同的裂纹体几何形状，其 K_{I} 也不同。各种几何及受载情况下 K 因子有不同的表达式，其一般表达形式为：

$$K_{\mathrm{I}}=Y\sigma\sqrt{\pi a}\tag{6-18}$$

无限板穿透裂纹单向及双向均匀受拉伸时，$Y=1$，其他情况可查阅“应力强度因子手册”[51]。

由式（6-16）可知，在裂纹尖端 $r=0$ 处，各应力分量为无穷大，这在数学上称为“奇异性”。这意味着线弹性断裂力学的 K 因子表示的是有奇异场特点的应力场强度。

2. 断裂韧性

当裂纹尺寸一定时，K_{I} 值随载荷应力 σ 的增大而增大。当 K_{I} 增大到某一程度时，裂纹开裂，进入随应力增大而裂纹继续扩展的稳定扩展阶段。最终将发生突然的不可控制的快速断裂，即失稳断裂。实验证明每一种材料均有自己的发生裂纹失稳断裂的 K_{I} 最低值，称为“临界应力强度因子 K_{Ic}”，它是材料抗裂纹断裂韧性的反映，亦称为材料的“断裂韧性”。材料的 K_{Ic}值越高说明抗断裂的韧性越好，越不容易发生低应力脆断。因此断裂韧性便成为衡量材料韧性与脆性的重要力学性能新指标。例如 14MnMoNbB 的 K_{Ic}值约为 66～82MPa/$m^{1/2}$（215～265kgf/$mm^{3/2}$）。对每种材料而言，K_{Ic}还与热处理状态有关。中国已制订测试 K_{Ic} 的国家标准[52]。

应当注意 K_{I} 与 K_{Ic}的区别，前者是裂纹尖端附应力强度参量，与材料无关，而后者是材料的性能。但当 $K_{\mathrm{I}}=K_{\mathrm{Ic}}$时意味着要发生失稳断裂。

3. 线弹性的脆断判据

如果裂纹体的 K_{I} 值达到材料的 K_{Ic}值时，说明裂纹体（即带裂纹的结构）达到了断裂的临界状态，即断裂判据为：

$$K_{\mathrm{I}}=Y\sigma\sqrt{\pi a}=K_{\mathrm{Ic}} \tag{6-19}$$

利用断裂力学所建立的 σ-a-K_{Ic}的这种关系，可以导出相应的临界应力 σ_c 或临界裂纹尺寸 a_c：

$$\sigma_c=K_{\mathrm{Ic}}/Y\sqrt{\pi a} \quad 或 \quad a_c=\frac{1}{\pi}\left(\frac{K_{\mathrm{Ic}}}{Y\sigma}\right)^2 \tag{6-20}$$

式（6-20）就是利用断裂力学方法建立起的供工程上判别带裂纹结构是否会发生低应力脆断的依据。因此结构的安全除了符合常规强度设计中的设计应力 $\sigma\leqslant[\sigma]$ 的要求以外，从防脆断的观点还应符合 $\sigma<\sigma_c$ 或 $a<a_c$ 的要求。

由式（6-20）可知，材料的断裂韧性 K_{Ic}值越高，发生脆断的应力也越高，或发生脆断的裂纹尺寸可越大。一般说材料强度级别越高，则 K_{Ic}值越低，发生脆断的可能性越大。必要时情愿选用强度低一些的材料，以保证材料的韧性较好，从而提高防脆断的安全性。用热处理的方法调整材料的强度与韧性也可满足这些要求。

4. 线弹性断裂理论的适用范围

式（6-16）是只适合于裂纹尖端附近很小区域的近似解。由于材料有塑性变形能力，裂纹尖端附近总会有一定大小的塑性区。当所受载荷或裂纹尺寸越大时，这个塑性区也就越大，因而实际应力场与式（6-16）解的偏差也越大。如果裂尖塑性区的尺寸大到超过近似解适用的区域尺寸时，显然偏差将会大到工程上不能接受的程度。这个塑性区的尺寸大体上只是裂纹半长 a 的 1/10。符合这个条件的称为“小范围屈服”。因此线弹性断裂力学的适用范围就是“小范围屈服”条件。中低强度钢的屈服强度低，受载时容易产生较大的塑性区，反之高强度钢受载时塑性区就比较小。可以导出对塑性区尺寸的限制，实质上就是对 σ/σ_y（即应力与屈服强度之比）的限制。一般认为，要求塑性区尺寸小于 $a/10$，大体上相当于要求应力水平$\sigma/\sigma_y<0.5$。如果试件的受力状态接近于平面应力时，这时数值还要低些。

断裂韧性 K_{Ic}测试时也应满足小范围屈服的要求。对于屈服点很低的钢材，要保证满足小范围屈服条件，就必须加大试样的尺寸，以增大试样对裂尖变形的约束使屈服区减小。因此提出试样的尺寸应达到“平面应变”状态的要求。中低强度钢试样要达到这一要求时，其尺寸甚至达到数吨之重，变得无法实现。但对高强度钢而言，满足平面应变要求时的试样尺寸就很小。

以上情况使得线弹性断裂理论的适用范围变得很小。为了解决这一问题而发展了弹塑性断裂理论。

（二）弹塑性断裂理论

1. 裂纹张开位移（COD）理论

在外载荷作用下裂纹尖端将会屈服钝化，便出现了尖端张开位移（如图 6-23 所示），符号为 δ，即 COD 之值。

COD 理论不研究裂纹尖端应力场问题，只设法导出 COD 的解也就是建立外载荷-裂纹尺寸-COD 之间的关联式。

(1) D-M 模型解　对于无限板中长为 $2a$ 的穿透裂纹，在单向均匀受拉及平面应力条件下，COD 解可借助于图 6-24 所示的 D-M 模型求解。

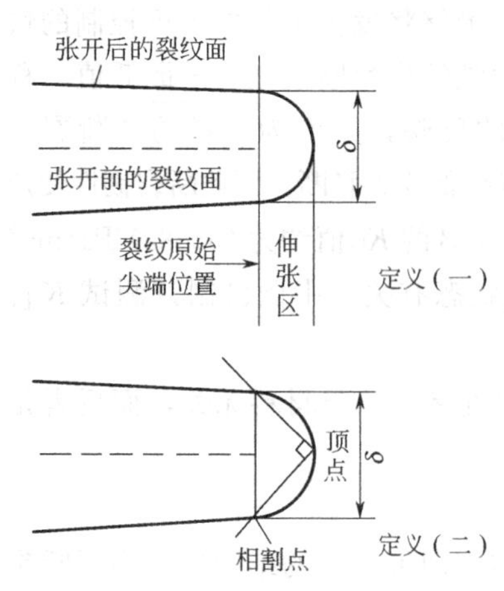

图 6-23　裂纹尖端张开位移的二种定义

此模型假设裂纹尖端的塑性区为窄条状，材料符合理想塑性规律（无屈服硬化）；再假定条状塑性区挖去而代之以屈服应力 σ_y 均布作用在塑性区边界上，以代替塑性区的作用使裂纹闭合。这样 $2a$ 的裂纹变成了 $2c$ 的假定裂纹，将有助于求解 COD 值 δ。这就是 D-M 模型。由 D-M 模型导出的在 $x=\pm a$ 处沿 y 方向裂纹尖端张开位移 δ 为：

$$\delta=\frac{8\sigma_y a}{\pi E}\ln\left(\sec\frac{\pi\sigma}{2\sigma_y}\right) \tag{6-21}$$

该式是目前广为应用的 COD 理论的基本公式，反映了裂纹张开位移 δ 与裂纹尺寸 a（半长）、外加应力 σ 以及材料的弹性模量 E 与屈服强度 σ_y 的基本关系。

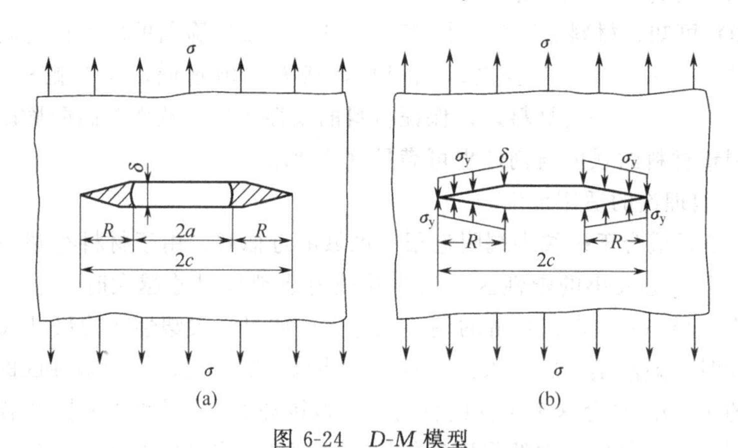

图 6-24　D-M 模型

该式当 $\frac{\sigma}{\sigma_y}=1$ 时的 σ 值达到无穷大，显然是不合理的。这主要是推导时假定了材料无屈服强化能力而引起的。因此式（6-21）的适用范围必须限制在 $\frac{\sigma}{\sigma_y}<1$ 的条件下，不少研究认为在应力水平 $\frac{\sigma}{\sigma_y}\leqslant 0.5$ 时该式是适用的，这依然是在小范围屈服条件下适用。

COD 理论还无法导出埋藏裂纹和表面裂纹的公认的张开位移理论解。

(2) COD 的临界值 δ_c　实验证实，当裂纹尖端张开位移达到某一数值时裂纹便开始扩展（起裂）。实验还证实，每一种材料的裂纹起裂张开位移值是一个较为稳定的常数，称为临界裂纹张开位移，符号为 δ_c。这是材料的另一种断裂韧性指标，中国已制订了临界 COD 的测试标准[53]。

δ_c 值以起裂作为临界值时是稳定的，而失稳值是不稳定的。δ_c 测定时不要求试样满足平面应变条件，基本上取与实际结构厚度相等的试样即可，这样，常用的中低强度钢就可用小试样完成测试。

16MnR 的 δ_c 值约 0.10～0.16mm，与板材的热处理状态有一定的关系。

(3) COD 断裂判据　如果裂纹体裂纹尖端张开位移值达到材料的临界 COD 值 δ_c 时，裂纹就开始断裂。由此建立的断裂判据为：

$$\delta=\delta_c \tag{6-22}$$

利用式 (6-21) 及式 (6-22) 即可求出带裂纹结构发生断裂的临界应力或在某应力水平下的临界裂纹尺寸。

(4) δ 与 K_{I} 的关系　如果裂纹体处在小范围屈服状态下，裂纹尖端的应力强度因子 K_{I} 与裂纹张开位移 δ 之间是否存在某种转换关系？这可以由式 (6-21) 导出。当 $\left(\frac{\pi\sigma}{2\sigma_y}\right)<1$ 时（也就是符合小范围屈服条件时），函数 sec (x) 及 ln [sec (x)] 均可用级数展开，当 $x<1$ 时只需取前面 1～2 项，即可得到足够精确的近似拟合。这样式 (6-21) 便可简化为：

$$\delta=\pi\frac{\sigma_y}{E}a\left(\frac{\sigma}{\sigma_y}\right)^2=\pi e_y a\left(\frac{\sigma}{\sigma_y}\right)^2 \tag{6-23}$$

利用 $K_{\mathrm{I}}=\sigma\sqrt{\pi a}$，则上式便可化为：

$$\frac{\delta}{e_y}=\left(\frac{K_{\mathrm{I}}}{\sigma_y}\right)^2 \tag{6-24}$$

严格说，上式只在低应力水平即小范围屈服条件下成立，可用于 δ 与 K_{I} 两个参量的换算。

2. J 积分方法

在解决弹塑性断裂问题时，也就是解决从线弹性断裂、小范围屈服断裂以至大范围屈服断裂问题时，还有一种 J 积分的方法。裂纹体在受载时每一点都产生应力与应变，由应力与应变可以计算每一处的应变能。如果环绕裂纹沿图 6-25 所示的沿任意逆时针回路 (Γ) 进行能量的线积分，这个积分值与回路上各点的应变能密度 W、回路微段 ds 上的内力矢量 T 及位移矢量 u 之间的关系可用下式表达，即线路积分定义式：

$$J=\int_\Gamma\left(W\mathrm{d}y-T\frac{\partial u}{\partial x}\mathrm{d}s\right) \tag{6-25}$$

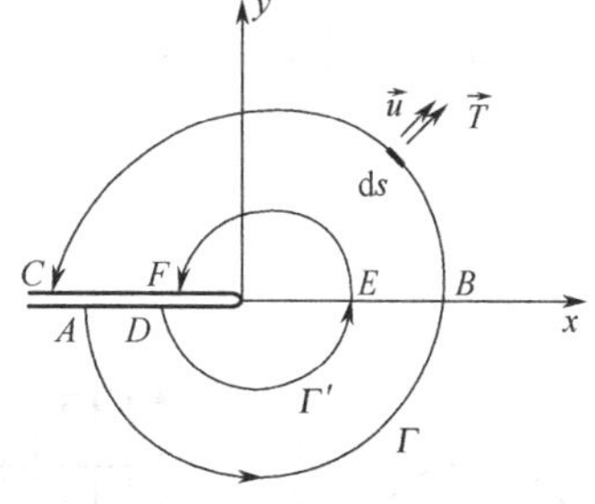

图 6-25　J 积分回路

该积分称之为 J 积分。用数学力学方法可以严格证明，裂纹体在某一受载情况下沿任意回路的 J 积分值都相等，即与积分路径无关，这就叫 J 积分的线路无关性。正由于此，J 积分可以成为裂纹体应力应变场的特征量。在线弹性与小范围屈服的条件下，J 积分与 K 因子同样都可以描绘裂纹尖端附近的应力应变场，都是描述这个奇异场的参量。但 J 积分比 K 因子的应用条件更加广泛，在大范围屈服时（只要符合小应变条件）J 积分都是严格成立的。即使裂纹体达到全面屈服时，虽不能从理论上严格证明，但数值计算及实验分析都验证了 J 积分的线路无关性仍近似成立，J 积分仍是有效参量。

J 积分还有另一表达式，称为 J 积分的形变功率表达式：

$$J=-\frac{\partial u}{\partial a} \tag{6-26}$$

式中，u 为试件的总形变能（可用实验测出），a 为裂纹尺寸。该式与式（6-25）等价。这一定义使 J 积分通过标准试样进行实验测定成为可能。实验还证实，裂纹发生起裂时的 J 积分临界值对每一材料均为一常数，因此这个临界值 $J_{\mathrm{I}c}$ 便成为材料的另一种断裂韧性指标。中国已制订了 $J_{\mathrm{I}c}$ 的测试标准[54]。

裂纹体断裂的 J 积分判据即为：

$$J=J_{\mathrm{I}c} \tag{6-27}$$

可以证明，在线弹性与小范围屈服条件下，J 与 K_{I} 以及 $J_{\mathrm{I}c}$ 与 $K_{\mathrm{I}c}$ 之间有如下关系：

$$J=K_{\mathrm{I}}^2/E' \qquad J_{\mathrm{I}c}=\frac{K_{\mathrm{I}c}^2}{E'} \tag{6-28}$$

式中，$E'=E$（平面应力时），E 为材料的弹性模量；$E'=E(1-\mu^2)$（平面应变时），μ 为泊松比。

J 及 $J_{\mathrm{I}c}$ 的常用单位为 N/mm（1N/mm＝0.102kgf/mm）。

J 积分理论的定义明确，理论严密，适用范围广泛，比 K 因子及 COD 理论更为优越，20 世纪 70 年代末已成为断裂力学发展的主要趋向，而且在工程应用上也有很好的前景。

3. 全面屈服条件下的 COD 表达式

当裂纹处于小范围屈服条件时，裂纹尖端的塑性区被周围广大的弹性区所包围。工程上还有这种情况，例如压力容器的接管区由于应力集中而出现局部塑性区，如果在塑性区存在裂纹，则裂纹被塑性区所包围，如图 6-26 所示。这称为全面屈服条件下裂纹的断裂问题。对这类问题由于理论分析上的困难，目前较多还是应用 COD 方法进行实验研究。采用如图 6-27 所示的宽板试验方法可以得出如下的经验方程（称 Wells 方程）：

$$\delta=2\pi ea \tag{6-29}$$

式中 δ——裂纹尖端张开位移，mm；

e——垂直于裂纹方向的试板的平均应变；

a——裂纹尺寸，mm。

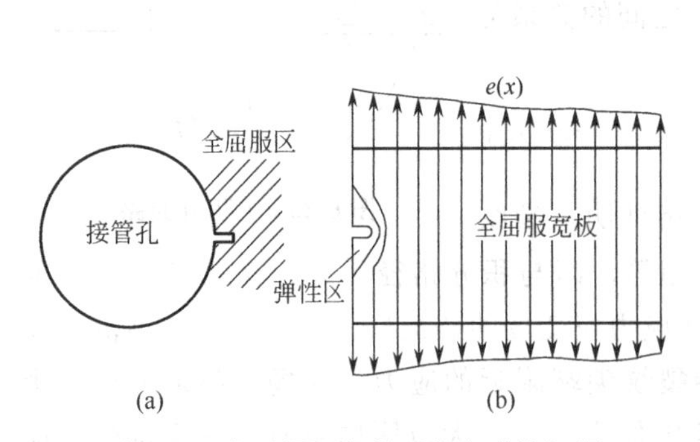

图 6-26 全面屈服条件下的小裂纹问题

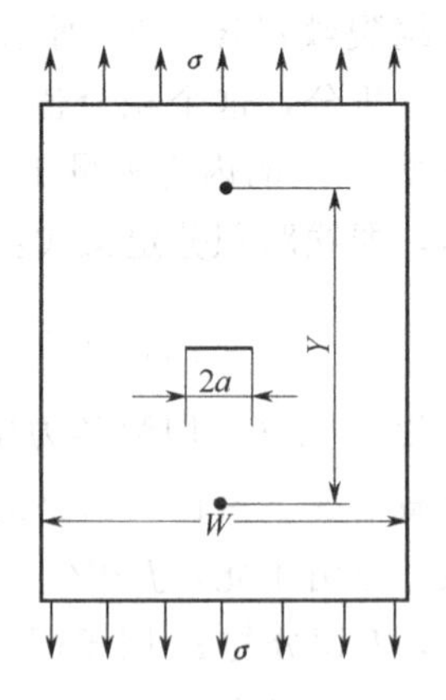

图 6-27 可作全面屈服断裂试验的宽板试件

该式已包含了 2～2.5 以上的安全系数，当该式的 $\delta=\delta_c$ 时并不意味着断裂，而表示此时的 e 或 a 是可以接受的应变或裂纹。很多研究认为式（6-29）非常保守，经修正后得下式（Burdekin 式）：

$$\delta=2\pi a(e-0.25e_y) \tag{6-30}$$

式中，e_y 为材料屈服点的应变值。该式曾在工程中获得应用。

三、压力容器的防脆断设计方法

1971 年 ASME“锅炉及压力容器规范”第Ⅲ卷[25]率先将线弹性断裂力学引入核电站压力容器设计规范，在第三卷的附录 G 中提出了对核容器中可能存在的裂纹，如何用应力强度因子理论来进行安全性评定的方法，这开创了将断裂力学用于结构防脆断设计的先例。

(1) 假设的裂纹　首先假设容器中存在一个深为 1/4 壁厚长为 1.5 倍壁厚的表面裂纹(如果壁厚为 300mm 时，该假想裂纹深为 75mm，长为 450mm)，并是纵向的与最大主应力相垂直。

(2) 材料的断裂韧性　针对核容器专用材料 A533B-1 和 A508 提供了断裂韧性与温度的曲线。由于核容器材料的强度不很高，按 $K_{\mathrm{I}c}$测试标准需很大的试样才行，所以直接测 $K_{\mathrm{I}c}$是办不到的。因而规范提出了采用参考断裂韧性 K_{IR}的方法。如图 6-28 所示是 K_{IR}与温度的关系。横坐标为 (T-RT_{NDT})，T 为工作温度或试验温度；RT_{NDT}是参考温度，是通过夏比冲击试验来确定的，首先用落锤试验得到无塑性转变温度 T_{NDT}，然后在比 T_{NDT}高 60℉的温度下作夏比冲击试验，要求冲击试样的横向膨胀量达 0.04in 或仅 0.035in，而吸收能必须大于 50tf·1b。如果试验达不到这个要求，就应当提高试验温度，直到满足冲击试验要求，此时的温度即为可保证足够韧性的参考温度 RT_{NDT}。因此 RT_{NDT}温度至少比无塑性转变温度高 60℉。

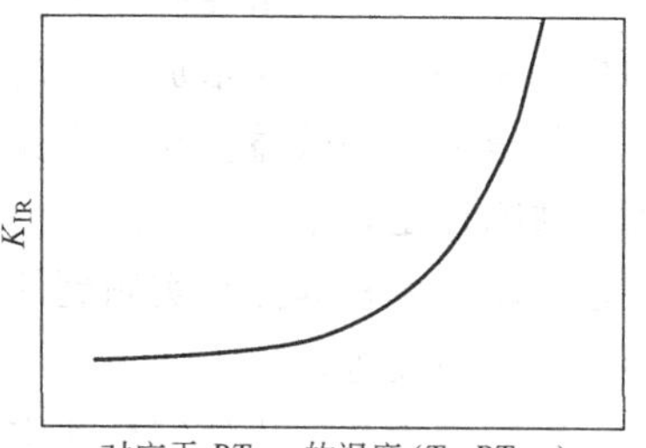

图 6-28　ASMEⅢ附录 G 的 K_{IR}曲线

将上述核容器钢材的断裂韧性最低值与温度参数建立的曲线，即为 K_{IR} (T-RT_{NDT}) 曲线。没有任何断裂韧性值会落在曲线的下方。因此根据 T-RT_{NDT}参量查得的 K_{IR}便是很安全的。

(3) 应力分析和应力强度因子计算　先要求出评定部位截面应力，然后按沿截面的分布，近似地分解为薄膜应力 σ_{m} 及弯曲应力 σ_{b}，然后计算表面裂纹的应力强度因子 K_{Im} 及K_{Ib}：

$$K_{\mathrm{Im}}=M_{\mathrm{m}}\sigma_{\mathrm{m}},\ K_{\mathrm{Ib}}=M_{\mathrm{b}}\sigma_{\mathrm{b}} \tag{6-31}$$

式中，M_{m}，M_{b} 的特定形状表面裂纹的应力强度因子计算系数，它与壁厚及应力水平有关，附录 G 提供了专门的曲线可查出 M_{m}，而 $M_{\mathrm{b}}=\dfrac{2}{3}M_{\mathrm{m}}$。

知道壁面温差 F，也可按下式计算温差应力的应力强度因子 K_{It}：

$$K_{\mathrm{It}}=M_{\mathrm{t}}F \tag{6-32}$$

系数 M_{t} 也可由专门的曲线查得。

对一次应力和二次应力的应力强度因子都可按式 (6-31) 计算。

(4) 评定　将计算出来的应力强度因子给予一定的安全系数后，必须小于该温度下的材料的 K_{IR}。一次应力的安全系数为 2，二次应力的安全系数为 1。这些评定条件是：只有一次薄膜应力和温差应力时：

$$2K_{\mathrm{Im}}+K_{\mathrm{It}}<K_{\mathrm{IR}} \tag{6-33}$$

有一次应力及结构不连续的二次应力时：

$$2(K_{\mathrm{Im}}+K_{\mathrm{Ib}})_{一次}+(K_{\mathrm{Im}}+K_{\mathrm{Ib}})_{二次}<K_{\mathrm{IR}} \tag{6-34}$$

水压试验条件下：

$$1.5(K_{\mathrm{I\,m}}+K_{\mathrm{I\,b}})_{一次}+(K_{\mathrm{I\,m}}+K_{\mathrm{I\,b}})_{二次}<K_{\mathrm{I\,R}} \tag{6-35}$$

采用防脆断设计方法并不意味着实际结构在设计与制造时就允许有裂纹存在，而是意味着对于重要结构，必须考虑到万一有裂纹时（漏检的或使用若干年后产生的）要保证不发生脆断事故。这实质上意味着材料必须保证有足够的断裂韧性，或者当确定对 $K_{\mathrm{I\,R}}$ 的要求后按图 6-28 便可确定（T-RT_{NDT}），从而可确定材料的工作温度，必须在 RT_{NDT} 以上多少温度下工作，因为当工作温度 T 比参考温度 RT_{NDT} 愈高时，材料的韧性 $K_{\mathrm{I\,R}}$ 值则愈大。

四、在役容器的缺陷评定

按容器制造标准（即质量控制标准）一般不许存在裂纹，但对在役使用的容器一旦发现了裂纹，若均按质量控制标准立即报废或动火修补焊接，往往带来巨大的直接或间接的经济损失，修补不当反而增加新的潜在危险。只有采用断裂力学方法作安全评定，既保证安全又可获得很大经济效益。在役容器的缺陷评定与防脆断设计的基本原理相同，不同的是在役容器的缺陷评定，不是针对假想的裂纹来对材料的韧性提出要求，或对无损检测的灵敏度提出要求，而是要根据探伤实测到的缺陷形状与尺寸来评定是否可继续使用，或降压使用、修补后使用、报废等。

用断裂力学方法作安全评定，一般是针对裂纹性缺陷的，例如裂纹、未焊透及未熔合等平面型缺陷。

目前国际上已出现了许多在役容器缺陷评定的规范，这些规范相对于质量控制标准来说称为“合乎使用”标准。就其理论基础大体上可分为以线弹性断裂力学 K 因子理论为主的，以 COD 理论为主的，还有以 J 积分理论为主的。

ASME 锅炉压力容器规范第十一卷附录 A[55] 关于在役核容器缺陷评定的方法，是采用线弹性断裂力学 K 因子的方法，基本内容与第三卷附录 G 相似。不同的是规定了对检出的任意形状缺陷如何进行规则化处理的方法等。

以 COD 为基础的缺陷评定规范或指导性文件 80 年代在国际上是最多的，国际焊接学会（IIW）、英国标准学会（BSI）、日本焊接协会（WES），前联邦德国焊接协会（DVS）都先后制订了各自规范，其中以英国“BSI PD6493 焊接缺陷验收标准若干方法指南”具有代表性，下面略加介绍[56]。

（一）BSI PD 6493 的评定方法

该方法以 COD 理论为主要依据，由 IIW 方法演变而来。该方法将评定分为小范围屈服与大范围及全面屈服两大部分。前者以 D-M 模型为基础，后者以 Burdekin 式为基础。

（1）当 $\dfrac{\sigma}{\sigma_{\mathrm{y}}}<0.5$ 时　采用 D-M 的简化式（6-23）

$$\bar{a}=\delta\pi e_{\mathrm{y}}\left(\frac{\sigma}{\sigma_{\mathrm{y}}}\right)^2$$

当 $\delta=\delta_{\mathrm{c}}$ 时，$\bar{a}$ 为临界值 $\bar{a}_c$，但对 δ_{c} 取 2 的安全系数时便得到容许的裂纹尺寸 $\bar{a}_{\mathrm{m}}$，即

$$\bar{a}_{\mathrm{m}}=\delta_{\mathrm{c}}/\left[2\pi e_{\mathrm{y}}\left(\frac{\sigma}{\sigma_{\mathrm{y}}}\right)^2\right] 或 \bar{a}_{\mathrm{m}}=\delta_{\mathrm{c}}/\left[2\pi e_{\mathrm{y}}\left(\frac{e}{e_{\mathrm{y}}}\right)^2\right] \tag{6-36}$$

令 $C=1/2\pi\left(\dfrac{e}{e_{\mathrm{y}}}\right)^2$，则得：　(6-37)

$$\bar{a}_{\mathrm{m}}=C\frac{\delta_{\mathrm{c}}}{e_{\mathrm{y}}} \tag{6-38}$$

（2）当$\frac{\sigma}{\sigma_y}>0.5$时　采用式（6-30）所示的Burdekin式，先化为$\delta=2\pi a e_y\left(\frac{e}{e_y}-0.25\right)$，然后令：

$$C=1/\left[2\pi\left(\frac{e}{e_y}-0.25\right)\right] \tag{6-39}$$

便得容许裂纹尺寸

$$\bar{a}_m=C\cdot\frac{\delta}{e_y} \tag{6-40}$$

该式与式（6-38）完全相同，只是C的内容不相同。应当注意，Burdekin式原已包含了安全系数（2～2.5以上），故由式（6-40）求得的即为容许裂纹尺寸$\bar{a}_m$。

（3）COD设计曲线　在$\frac{\sigma}{\sigma_y}\left(或\frac{e}{e_y}\right)$小于0.5及大于0.5的两个范围有不同的$C$表达式，从IIW的规范开始直到BSI的PD 6493，都将系数C在双对数坐标上绘制成如图6-29所示的C曲线，并称为"COD设计曲线"。两个C曲线的交点即在$\frac{e}{e_y}=0.5$处。评定时只要根据应力水平$\frac{\sigma}{\sigma_y}$或$\frac{e}{e_y}$在C曲线上找出C值，然后按$\frac{e}{e_y}$的范围代入式（6-38）或式（6-40），便可求出容许的裂纹尺寸$\bar{a}_m$。

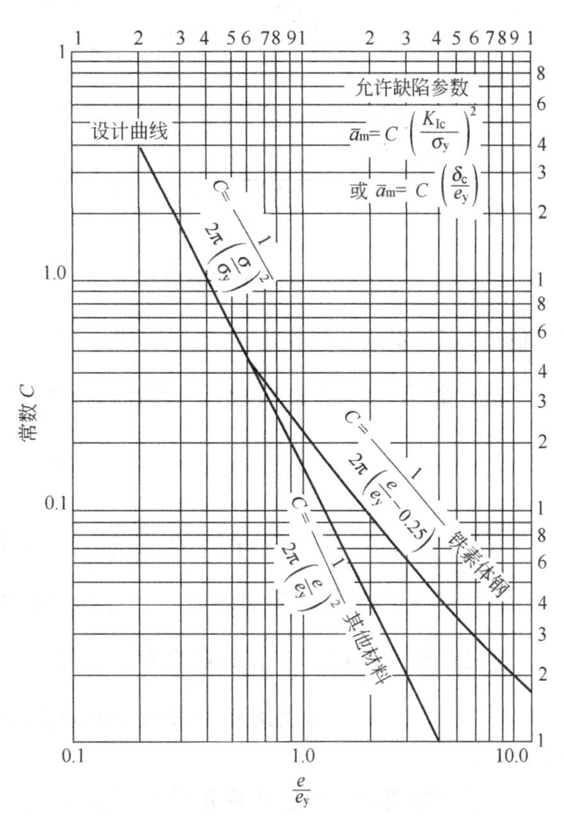

图6-29　BSI PD 6493的COD设计曲线

（4）等效裂纹尺寸$\bar{a}$　由于D-M式或Burdekin式均以薄平板的中心穿透裂纹（$2a$）为研究对象，但埋藏裂纹及表面裂纹没有δ值的表达式，此时采用COD法就发生困难。为此IIW及PD 6493采用了"等K换算"方法。如果内部埋藏的椭圆裂纹的应力强度因子$K_{\rm I}$值与另一个长度为$2a$的中心穿透裂纹的$K_{\rm I}$值相等，那么这个穿透裂纹就是该埋藏裂纹的等效裂纹，因此半长a就是埋藏裂纹的等效尺寸$\bar{a}$。对于半椭圆形的表面裂纹也可按等K换算的方法求出等效尺寸$\bar{a}$。因此式（6-38）及式（6-40）中的$\bar{a}_m$均为等效的穿透裂纹半长。IIW的方法和PD 6493中均给出了进行等效换算的具体方法和曲线。PD 6493中允许在$\frac{\sigma}{\sigma_y}<1$的情况下也可以用应力强度因子法。

（二）CVDA方法

中国压力容器学会与化工机械学会于1984年颁发"压力容器缺陷评定规范"，简称"CVDA-84"[57]。该方法也是以COD为基础，并比PD 6493有了改进，同时在$\frac{\sigma}{\sigma_y}\leqslant1$的条件下也允许采用$K$因子法。

（1）COD的脆性断裂评定曲线与方程　如果将式（6-23）及式（6-30）改成用无因次

COD 参量 ϕ（令 $\phi=\frac{\delta}{2\pi a e_y}$）及 $\frac{\sigma}{\sigma_y}$ $\left(或\frac{e}{e_y}\right)$表示，此时上述两方程可改写如下形式：

$$\left.\begin{aligned}&当\frac{\sigma}{\sigma_y}=\frac{e}{e_y}<0.5\ 时\quad \phi=\left(\frac{e}{e_y}\right)^2\\&当\frac{e}{e_y}>0.5\ 时\quad \phi=\frac{e}{e_y}-0.25\end{aligned}\right\}\tag{6-41a}$$

将式（6-41a）在 ϕ-$\frac{e}{e_y}$图上绘成曲线便得图 6-30。PD 6493 线在$\frac{e}{e_y}<0.5$ 的线段是由 D-M 导出的，$\frac{e}{e_y}>0.5$ 后是 Burdekin 线。国内外普遍认为 Burdekin 仍较保守，实际的安全系数远大于 2～2.5，$\frac{e}{e_y}$越大时越是保守。国内在制订 CVDA 规范时所做的许多宽板试验及容器试验还表明，PD 6493 线虽然在$\frac{e}{e_y}$较大时显得保守，却在$\frac{e}{e_y}=0.5\sim1.5$附近显得不够安全，许多试验的起裂点位置位于 PD 6493 线之上。

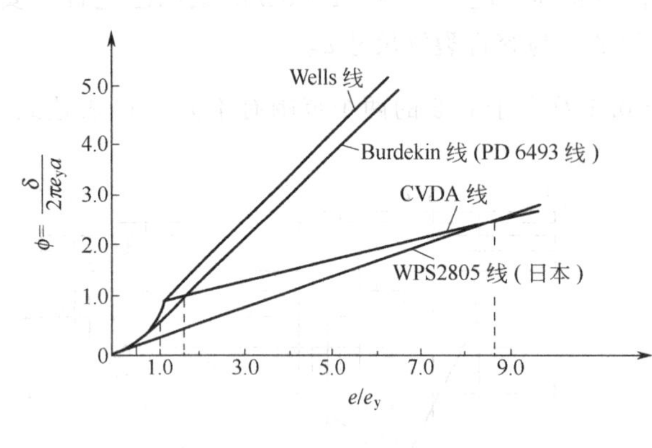

图 6-30　评定曲线的比较

为确保评定的安全，以实验为依据将第一段的二次曲线［即式（6-41a）的第一式］延长到$\frac{e}{e_y}=1$处；将第二段直线的起始点抬高而斜率降低，于是：

$$\left.\begin{aligned}&\frac{e}{e_y}\leqslant1\ 时\quad \phi=\left(\frac{e}{e_y}\right)^2\ 或\ \bar{a}_m=\delta_c/\left[2\pi e_y\left(\frac{e}{e_y}\right)^2\right]\\&\frac{e}{e_y}>1\ 时\quad \phi=\frac{1}{2}\left(\frac{e}{e_y}+1\right)或\ \bar{a}_m=\delta_c/[\pi(e+e_y)]\end{aligned}\right\}\tag{6-41b}$$

这就是 CVDA 的两段评定曲线方程，并标绘在图 6-30 中。

评定时如果评定点［由缺陷的 $\phi=\delta_c/(2\pi a e_y)$ 及$\frac{e}{e_y}$决定的点］落在曲线之上方为安全，下方不安全。这是因为当落在上方时表示 ϕ 值偏高，也即意味着裂纹的缺陷（a 值）较小，可以接受。

对评定曲线所作的上述修正是 CVDA 最主要和重要的特点。

(2) K 因子评定法　由于应力强度因子 K_{I} 的适用范围虽受到小范围屈服条件的限制，但 K_{I} 有许多现成的解，并汇编成册，工程使用方便。因此 CVDA 规范中仍保留了 K 因子法，规定在$\frac{\sigma}{\sigma_y}<1$ 的情况下使用。对以下三类裂纹的 K_{I} 因子表达式为（同时见图 6-31）：

$$\left.\begin{aligned}&穿透裂纹\qquad K_{\mathrm{I}}=\sigma\sqrt{\pi a}\\&埋藏裂纹\qquad K_{\mathrm{I}}=\frac{\Omega}{\psi}\sigma\sqrt{\pi a}\\&表面裂纹\qquad K_{\mathrm{I}}=\frac{F}{\psi}\sigma\sqrt{\pi a}\end{aligned}\right\}\tag{6-42}$$

式中　a，c——裂纹尺寸，见图 6-31；

σ——应力，应为裂纹尖端处当裂纹不存在时的应力；

ψ——第二类椭圆积分值，可根据椭圆轴比$\frac{a}{c}$在数学手册上查得；

Ω——根据埋藏裂纹与壁面距离P而确定；

F——根据表面裂纹轴比$\frac{a}{c}$及$\frac{a}{t}$而确定的修正系数，可查表，t为壁厚。

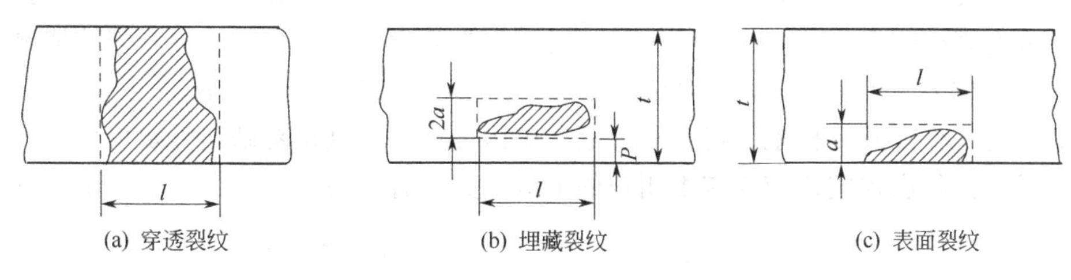

图 6-31　裂纹类型及尺寸符号（$l=2c$）

应用K因子作缺陷评定时要求

$$K_{\mathrm{I}}\leqslant 0.06K_{\mathrm{Ic}} \tag{6-43}$$

这相当于对材料的K_{Ic}取的安全系数为≤1.67，考虑到$K_{\mathrm{I}}=\sigma\sqrt{\pi a}$，相当于对裂纹尺寸的安全系数为$1.67^2=2.8$。

（3）等效裂纹尺寸$\bar{a}$　采用COD法时因对埋藏裂纹和表面裂纹难以计算出COD值，与PD 6493法相似，也采用等K换算的方法求出等效的穿透裂纹尺寸$\bar{a}$。

因为表面裂纹的$K_{\mathrm{I}}=\frac{\Omega}{\psi}\sigma\sqrt{\pi a}$，现令$\frac{\Omega}{\psi}\sigma\sqrt{\pi a}=\sigma\sqrt{\pi\bar{a}}$，则埋藏裂纹的等效裂纹尺寸$\bar{a}$为：

$$\bar{a}=a\left(\frac{\Omega}{\psi}\right)^2 \tag{6-44a}$$

同理表面裂纹的等效裂纹尺寸$\bar{a}$为：

$$\bar{a}=a\left(\frac{F}{\psi}\right)^2 \tag{6-44b}$$

CVDA中所用的Ω及F系数比PD 6493的精度更高。

（4）缺陷的规则化处理　由于实际缺陷不像断裂力学研究中的椭圆状或半椭圆状裂纹那样规则，需进行规则化处理，方法与ASME规范第Ⅺ卷及PD 6493等相似。对于非穿透性裂纹一般用外接矩形作为化成椭圆形埋藏裂纹或半椭圆表面裂纹的界限，如图6-32所示。

容器上穿透性裂纹一般是不允许存在的，但当表面裂纹的深度$a>0.7t$时应视为穿透裂纹来评定。

规则化处理还包括缺陷群的处理，即共面的或非共面的缺陷相互间的距离小到一定程度时，应将两个互相影响着的缺陷合并而视为一个大缺陷。这在CVDA-84中均有详细而具体的规定。

（5）断裂韧性　评定中所需要的材料力学性能，特别是断裂韧性值K_{Ic}及δ_c，原则上应以实样在最低工作温度条件下测试为准，实际上又难以办到。此时允许采用代用数据，但在选取断裂韧性值时，应结合容器的实际情况，充分考虑材料化学成分、冶金和工艺状态及常规力学性能、试样几何和试验条件等因素对断裂韧性的影响。

（6）评定的一般程序　一般程序有以下五点：

① 用无损检测或用其他方法求得缺陷几何和计算尺寸；

② 确定缺陷部位（在缺陷不存在时）的应力和应变；

③ 确定缺陷部位有关材料性能的数据；

④ 计算最大允许缺陷尺寸；

⑤ 评定缺陷是否允许或是否需要返修。

以上均指脆断评定的内容，用断裂力学方法还可对现有裂纹在交变载荷下是否会发生疲劳扩展、尚有多少剩余疲劳寿命进行评定。对其他失效形式，如高韧性材料裂纹情况下的塑性失稳失效、应力腐蚀失效等，CVDA 也给出了评定方法或指导性原则。

缺陷评定工作涉及到权威、经验和体制。中国劳动部门规定对缺陷评定单位及人员须经严格审查批准。每次评定之前均应由用户的上级机关向省市劳动部门提出书面申请以备案。

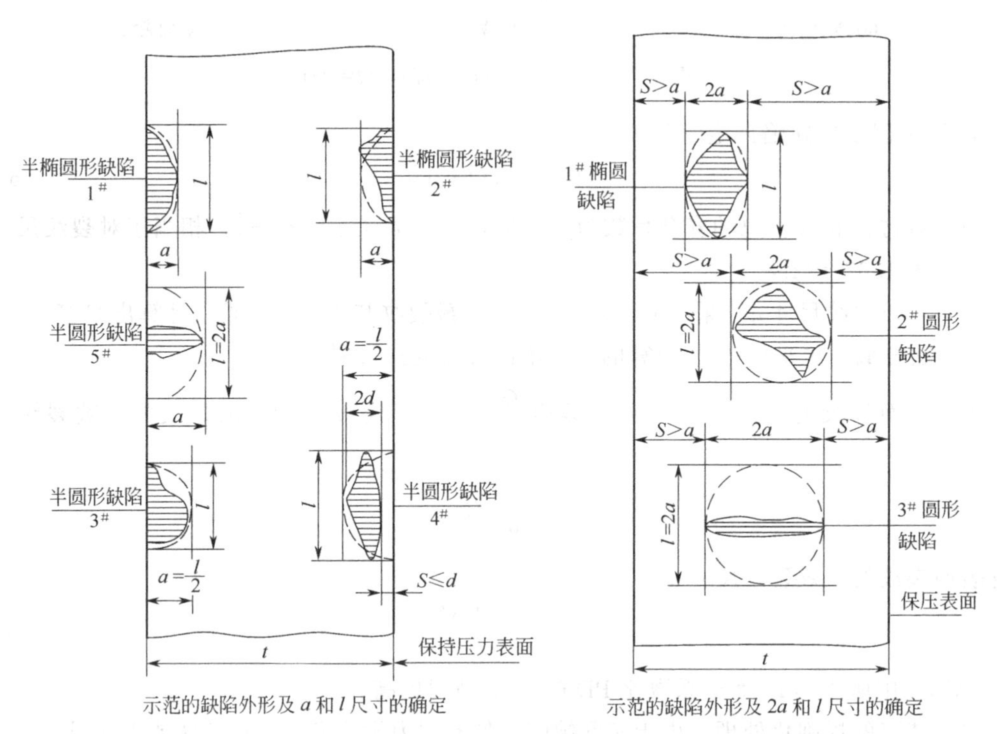

图 6-32　裂纹形状的规则化处理（$l=2c$）

（三）缺陷评定规范的发展

进入 20 世纪 80 年代之后，断裂力学的发展出现了显著的变化。J 积分以其理论的严密性而确立了其地位。进一步由美国电力研究院（EPRI）将原来以线积分表达的 J 参量通过数值模拟方法近似地表达成幂函数方程，从而实现了 J 积分计算的工程化，并普遍为工程界所接受。

另一方面，英国中央电力局（CEGB）在 20 世纪 70 年代就倡导发展了失效评定图（*FAD*）技术，当时是以 COD 理论的 *D-M* 模型解［式（6-21）］为基础导出了失效评定曲线（FAC），后来将 EPRI 的 J 积分工程解再进行简化，从而导出了以 J 积分理论为基础的失效评定图（*J-FAD*），并编制成为缺陷评定的新规程，这一成果集中体现在英国伯克莱核电研究所编制的 R6 第三版规程中[60]，这在国际上被公认为是一种先进的工程规范，*FAD* 见图 6-33。

EPRI 的成果和 R6 第三版的出现，迅速引起了中国学术界的重视，并进行了大量的研

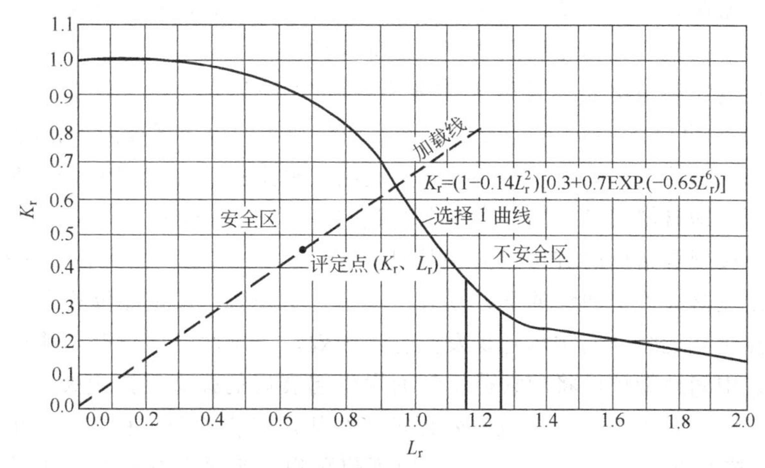

图 6-33 英国 R6 规程的失效评定图（*FAD*）和通用失效评定曲线（选择 1）

究[61]，在中国“八五”计划期间，劳动部在国家科委立项作为国家重点科技攻关课题，专门组织专家进行研究，确定了中国进行压力容器缺陷评定可以采用的失效评定曲线[62,63]，并编制了新的缺陷评定规程，最后在 2004 年批准为国家标准[108]。

近年来在缺陷评定方法与规范方面又有了新的发展，特别是 2000 年前后颁布了两个全新的规范，即欧洲工业结构完整性评定方法（SINTAP）和美国石油学会的合乎使用实施方法（API 579），均在世界上产生了重要影响。SINTAP 是欧洲国家统一的缺陷评定标准，后来英国 R6 第 4 版 BS 7910（前身为 PD 6493）等均采用 SINTAP 的主要成果，尤其是失效评定曲线的修改和焊缝材料强度不匹配情况下的缺陷评定方法。API 579 更多地反映了石油化工的需要，它不仅包括缺陷的断裂评定和疲劳评定，还首次以规范形式给出了高温评定、点腐蚀评定、氢鼓泡分层评定、火灾烧伤设备的评定及环境导致材料损伤的安全评定等方法。实际上从 20 世纪 80 年代以来已把焊接结的缺陷评定，以及各种损伤问题的评定，都称之为“结构完整性评定”（structure integrity assessment），在学术界和工程界都被广泛应用。

虽然断裂力学的成就可以用来对裂纹类的缺陷进行安全性评价，但国内外均不允许新设计制造的压力容器存在裂纹性缺陷，一旦发现均应消除。只有对在役的压力容器进行定期检验中发现的裂纹，而且裂纹又一时难以消除或无法在短期内进行更换的重要容器，才允许采用断裂力学的评定规程进行缺陷评定。评定时还必须遵守两条原则：一是必须向省市级劳动监察部门事先申报；二是必须由国家劳动监察部门认可的研究部门及专家来承担这一评定工作。

最后还要说明，带裂纹的容器的失效模式并非一定是最终发生脆断。一般有以下三种失效模式。

（1）脆断　是在缺陷较大同时材料韧性又不高的情况下容易发生，这用断裂力学甚至是线弹性断裂力学可以很好地进行评定。

（2）弹塑性撕裂断裂　这是裂纹在加载时首先发生起裂，若载荷不断增大，则裂纹继续发生稳定扩展，即发生撕裂，最后在裂纹变得很大时容器发生破裂（即失稳断裂）。韧性与塑性较好的材料，缺陷较大的容器容易发生这种弹塑性撕裂；

（3）塑性失稳　这是含裂纹的容器其材料韧性塑性特别好，而缺陷相对又不大，加载时裂纹尚未起裂而净截面已发生屈服，即达到极限载荷状态，按理想塑性材料的假设，此时结构的变形将会无限制地沿裂纹所在的净截面发展下去而失效，故称塑性失稳。这一情况显然已不属于断裂力学的范畴，而是极限载荷控制的问题。

以上所讨论的三种情况如果采用 J 积分为基础的失效评定图，均可正确地和简便地作出评定。图 6-33 的纵坐标 $K_r=K_{\mathrm{I}}/K_{\mathrm{I}c}$，表示用线弹性的应力强度因子相对于临界值 $K_{\mathrm{I}c}$（或 K_c）的状态，越接近 1 则表示越接近发生脆断。横坐标 $L_r=P/P_L$，即结构所受载荷 P 离开其极限载荷（即含缺陷结构的极限载荷）P_L 的程度，越接近 1 则表示已很接近极限载荷。评定时可以按规程给出的方法很方便地计算出 K_r 和 L_r 值，即可在图中确定出评定点的位置。该评定点落在评定曲线的下方则表示不会发生失效。评定点位置离坐标原点越近则越安全。评定点越靠近纵轴则预示越易发生脆断失效，而靠横坐标越近，预示结构越易发生塑性失稳失效。中间地带预示将随载荷增加而发生起裂后的弹塑性撕裂失效。采用 *FAD* 技术不需要在评定时计算 J 积分，但该失效评定曲线却是按 J 积分工程方法导出的。

采用 *FAD* 技术可以作出高级的评定，即不仅可以对容器的裂纹作出起裂状态的评定，还可以对起裂后的整个裂纹扩展过程作出定量分析，加载多少其扩展量大致为多少，直至估算出裂纹最终的失稳载荷。这种高级评定法可用于上述第二种情况，即弹塑性撕裂失效的全过程评定。

第五节　化工容器的高温蠕变

一、金属材料的高温蠕变

大量的化工容器是在高于室温的条件下工作的。金属材料的强度随温度而发生变化。这里首先要指出，对所谓高温压力容器要区别两种不同的情况。第一种是工作温度在容器材料的蠕变温度以下，设计时是以该材料在工作温度下的机械强度为基准，按通常的安全系数选取许用应力。第二种是工作温度在容器材料的蠕变温度以上，此时必须考虑材料的蠕变特性，按照容器的设计寿命来确定许用的应力水平。本节要讨论的是第二种情况。

蠕变温度指材料开始呈现蠕变现象的温度，对各种不同材料是不同的。一般金属材料的蠕变温度 T_c 为：

$$T_c>(0.25\sim0.35)T_m \quad \mathrm{K}$$

式中，T_m 为金属材料的熔点（K）。实际上，每种具体钢号或金属牌号都有不同的蠕变温度。大体上：

碳钢　　　　>350℃

低合金钢　　>400～450℃

耐热合金钢　>600℃

有色金属及其合金的蠕变温度较低，如铅及钛等在室温时受载就会发生蠕变。

当金属材料在高于蠕变温度的温度下工作时，会产生两种现象：蠕变变形与蠕变断裂。在这里不作金属学的探讨，而从工程应用的观点作现象学的分析。为了叙述简便，下面把“高于蠕变起始温度”简称为“高温”。

（一）蠕变变形

金属材料在高温与应力的共同作用下，会产生缓慢的不可回复的变形，称为蠕变变形，如以应变表述，即为蠕变应变 ε_c。

在光滑试样单向拉伸试验条件下，在恒定温度与恒定应力作用下，试样的应变-时间关系如图 6-34 所示。由图可见，蠕变变形有三个阶段，第一阶段（01）为降速阶段，第二阶段（12）为恒速阶段，第三阶段（23）为加速阶段，到点 3 发生断裂。

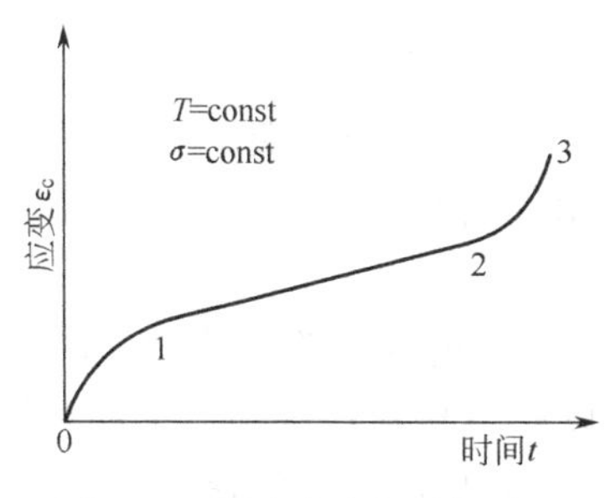

图 6-34　蠕变应变与时间关系

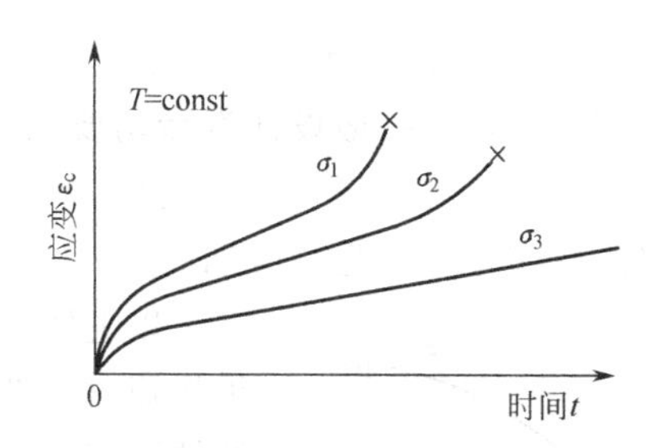

图 6-35　不同应力下的蠕变应变与时间关系

在恒定温度与不同应力下测试时，可以得到一组曲线，如图 6-35 所示。图中 $\sigma_1 > \sigma_2 > \sigma_3$。可见，应力越小则应变越小，相应地，应变速率越小。

通常要在 8 个以上的不同应力水平做试验，从而归纳出蠕变应变与应力，时间的关系式。这种关系式的一般形式是：

$$\varepsilon_c = f(T, \sigma, t)$$

如果温度 T 保持恒定，则

$$\varepsilon_c = f'(\sigma, t)$$

工程习惯上，为了计算方便，常忽略第一阶段与第三阶段，仅取第二阶段，即恒速阶段。此时，蠕变的应变速率可以用下式表达：

$$\dot{\varepsilon}_c = \frac{d\varepsilon_c}{dt} = \frac{\varepsilon_c}{t} = A\sigma^N \tag{6-45}$$

或

$$\dot{\varepsilon}_c = A\sigma^N \tag{6-46}$$

这就是有名的 Norton-Bailey 公式，沿用了几十年。但应当指出，它是一个粗略的公式，不能满足按分析设计的要求。

（二）蠕变断裂

在高温和应力的长时间作用下，金属材料到一定时间就会断裂，这从上面两张图上就可以看出。蠕变断裂寿命 t_R（小时）随应力的降低而延长。通常用光滑试样在恒定应力和恒定温度下作试验。在一定应力下的蠕变断裂时间称为该应力下的蠕变断裂寿命，反过来，在一定时间下产生蠕变断裂的应力称为该时间内的“持久强度”。由多个试样在不同应力水平下进行试验，得到材料的持久强度与蠕变断裂寿命的关系曲线如图 6-36 所示。对多数钢材，应力-寿命曲线上有一个转折点 F，标志着断裂机制的转变。当应力高于 F 点时，断裂是穿晶的，断口基本为韧窝状，在纵断面上可观察到晶粒的拉长。当应力低于 F 点时，断裂机制为沿晶界面的断裂（沿晶断裂），晶界上由于孔穴或微裂纹的积聚连贯而最终导致沿晶的宏观裂纹扩展，引向断裂。

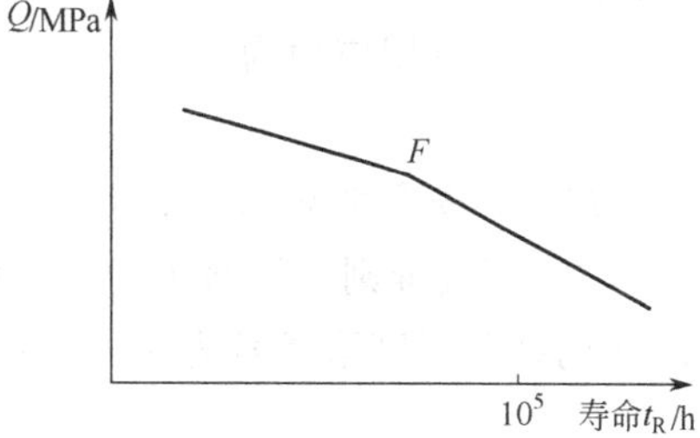

图 6-36　蠕变的应力-寿命图

必须指出，蠕变与持久试验中数据的分散性很大，要在相当多的试样的基础上才能得到一条代表性的平均曲线。如果曲线的两段均可近似地看作直线，则 σ 与 t_R 的关系可用下式表述：

$$t_R = B\sigma^m \tag{6-47}$$

式中，指数 m 为负值。显然，对二段曲线，B 与 m 的值是不同的。

工程上，由于一般设计寿命均要求长，总在 10^5h 以上，所以 σ 较低，在此情况下，由于是沿晶断裂，且总应变量比较小，所以失效时呈现“脆性断裂”的特征，但实际上这与通常意义上的脆性断裂是有区别的。

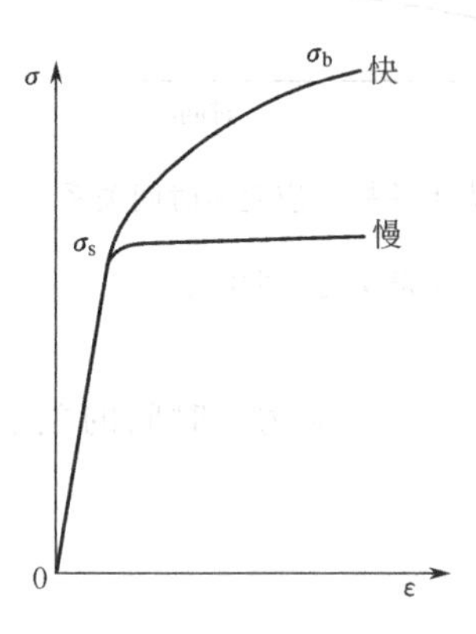

图 6-37 高温短时拉伸曲线

以上所说的都是在高温下作长时间试验的情况。在高温下如果作短时拉伸试验，仍然可以获得材料在该温度下的屈服点 σ_y、抗拉强度 σ_b 与塑性形变曲线。但是，试验的速度相对地要快一些。如果试验速度慢于高应力下的蠕变速度，则会出现应力平台，此时应力上不去而应变不断增加。图 6-37 是高温下短时拉伸试验的示意图。高温短时拉伸曲线（快速拉伸）有时对计算应力集中部位初始加载时的变形量有用。

二、化工容器的高温设计

对于在蠕变温度以上工作的化工容器，失效的判据与一般压力容器不同，通常考虑两种失效形式：第一种是由于蠕变而产生过大的永久变形，导致部件的失效，对此，应设定在设计寿命范围的允许变形量；第二种是由于在恒应力作用下，材料达到了蠕变断裂寿命而开裂，对此应根据容器的设计寿命找出相应的持久强度值，并限制工作应力小于持久强度。

（一）高温压力容器的常规设计

常规设计的基本思路是对重要部位的最大主应力加以限制。在中国规范中，针对上述两种失效形式，规定了高温下许用应力的设定方法。

(1) 变形准则　按照 100000h 后应变不超过 1%（0.01）的限制，从蠕变数据中找到应变速率为：

$$\dot{\varepsilon} = \frac{0.01}{100000} = 10^{-7} \tag{6-48}$$

时的应力，称之为材料的蠕变强度，代号为 $\sigma_{10^{-7}}$。蠕变试验数据的温度应与容器工作温度相同。

此时，许用应力为：

$$[\sigma] = \sigma_{10^{-7}} / n_n \tag{6-49}$$

式中，安全系数 $n_n = 1.0$。

(2) 断裂准则　按照 100000h 的持久强度为基准，保证材料在工作 10^5h 后不发生断裂。10^5h 的持久强度取代号为 σ_{10^5}，则许用应力为：

$$[\sigma] = \sigma_{10^5} / n_D \tag{6-50}$$

式中，安全系数 n_D 取为 1.5～1.6。

实际设计的许用应力取两者之小值。

可以讨论的是，对压力容器与管道而言，产生一点永久变形并无多少妨碍；再说，1%的变形量似乎也限制得太严了一点。所以近年来的英国规范已取消了按变形准则设计。在有些国家的规范上尚未取消，只是由于保留传统做法而已。世界各国已普遍认识到，对于高温压力容器，真正危险的是蠕变断裂。

再一方面，10^5h 的设计寿命对有些重要装置来说又显得不够。现代的化工、石油、动力等装备趋向大型化，尺寸越来越大，设备成本很高，要求使用寿命长。不少国家的锅炉行业已经把设计寿命定为 20a 或 2×10^5h，核电站趋向于更高。这一趋势带来的问题是蠕变数据缺少，因为做蠕变与持久试验是很花钱很费时的，而数据外推的方法的可靠性总还是要一定数量的实时数据来验证。蠕变数据的积累需要广泛的国际合作，这种合作已经进行了若干年了。

（二）高温压力容器分析设计的思路

美国规范 ASMEⅧ-1 是常规设计，它的范围包含了高温压力容器设计，具体的处理就是在给定材料的许用应力时当工作温度超过蠕变温度，就以蠕变极限或持久强度为基准。ASME Ⅷ-2 是分析设计，它在适用范围中明确规定不涉及有蠕变的压力容器，在给定许用应力时也只限于在蠕变温度以下。ASMEⅢ与 ASME Ⅷ-2 相同，但是在实际应用时碰到了一个问题，即某些核反应堆是在蠕变温度以上工作的。为此，ASME 在 20 世纪 70 年代后期编写了一份《规范案例 N-47》，作为高温压力容器分析设计的依据，并期望在使用若干年后编入 ASMEⅢ的本文。N-47 同样也适用于非核压力容器。在石油化工和煤化工行业中近代的大型加氢反应器严格讲也应属于按分析设计的重大设备，近年来国外已经在作这方面的尝试。

对高温压力容器进行分析设计，涉及许多理论和实际经验问题，也涉及到更周到的材料性能试验问题。这里仅能提及一些重要的考虑因素。

（1）蠕变计算方法　必须考虑到容器部件总是处在多向应力状态下，而蠕变的基础数据是在单向拉伸下获得的 [$\varepsilon_c = f(T, \sigma, t)$]。如何选择适当的当量流变应力使之有可能利用基础数据是一个应力分析中首先要解决的问题。其次，实际构件中的多向应力又往往是沿厚度变化或不均匀分布的，随着时间的进程，各点上的蠕变应变是不一样的，由此就引起了“蠕变应力再分布”。简言之，不仅要研究初始应力分布，而且要分析应力历史。

（2）蠕变断裂寿命估算　在多向应力下，如何利用单向拉伸的应力-寿命数据，这是一个在科学研究中尚未解决的问题，设计者须选择一种合理的假设。再者，从上一段所述，应当考虑应力历史对寿命的影响，亦即采用一种合适的累积寿命规律。

（3）蠕变与疲劳交互作用　当高温压力容器要求作疲劳设计时，必须考虑蠕变与疲劳的交互作用。这种作用对不同的材料是不同的，而且与应力水平、应力幅、应变速率等因素都有关系。这时需要有足够的实验数据，并且考虑到单向拉压试件与实际结构的多向应力状态之间如何联系起来。

（4）松弛问题　对高温容器的螺栓连接，要作松弛分析。在初安装时，应力和应变量是一定的，而这应变是弹性应变。在工作时，总应变量保持不变，而由于蠕变的关系，蠕变应变一步步取代弹性应变，这样螺栓中的应力就会下降。应采取措施使密封处保持不漏，或者估算出定期再上紧螺栓的时间间隔。

以上简要地提了一些应考虑的项目，真正要进行按分析设计需要相当深入的专题学习和研究。

三、高温压力容器的残余寿命

高温压力容器的研究目前还很不充分，而其在工业上的应用却已有几十年的历史，以前设计并投产的高温压力容器大多数是保守的，所以现在工业界面对着大量的“超期服役”的高温压力容器，其使用期远超过 10^5h，这些压力容器能否继续安全服役，是工业界普遍关心的问题。另一方面，也有一些较新的容器，虽然设计寿命未到，但在定期检查中发现了裂纹，在此情况下，还能有多少残余寿命，是否需要焊补，也是工程师关心的问题。

残余寿命问题可分为两类：第一类是未发现宏观裂纹，但材料已经过长期使用（高温和应力下），还能用多久；第二类是发现了宏观裂纹，问题在于裂纹的扩展速率如何，还有多少时间会达到临界尺寸。

（一）未发现宏观裂纹的材料

对这种材料，无损检测是无能为力的。表面金相也未必能代表整个材料的内部情况，因此，往往必须取样分析。取样以后，一般说最老实的办法就是重新做蠕变或持久试验。但是，这种试验旷日持久，往往解决不了工程上迫切需要决策的问题，例如，要决定下一次大修中要不要换下。工程上很早就采用加速试验法，即提高试验温度和应力水平，然后外推到工作温度和工作应力水平。最早获得广泛应用的是 20 世纪 50 年代 Larson-Miller 提出的参数外推公式：

$$T(C+\lg t_R)=P(\sigma)$$

式中　T——试验温度，K；

t_R——断裂寿命，h；

C——一个常数，随材料而异，对碳钢及低合金钢 $C\approx 20$；

$P(\sigma)$——应力有关的参数。

如是在较高温度下与较高应力下做实验，得到 $P(\sigma)$ 与 σ 的关系曲线，就可外推到较低温度与较低应力下，计算出 t_R。

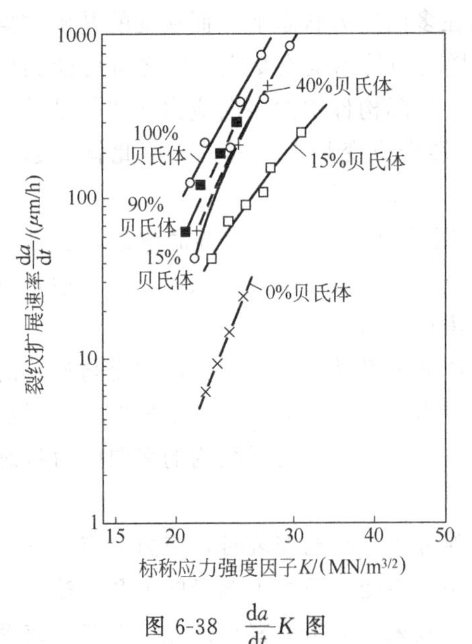

图 6-38　$\frac{da}{dt}$-K 图

由于 Larson-Miller 法不尽完善，近三十年来有相当多的学者发展了各种不同的参数外推法，总的目标是要通过加速试验来外推需要长时间试验，才能得到的实际工作温度与工作应力下的寿命数据，对已使用过的材料，这就是残余寿命估计。关于这些方法，可参考专门文献。

除参数外推法外，还有一些其他的估计残余寿命的方法，如"蠕变内应力法"等。

（二）发现宏观裂纹的情况

如果在容器或管道的某些部位经探伤发现了宏观裂纹，这时问题的性质已起了变化，进入了高温断裂力学的范畴。

首先是要了解蠕变裂纹的扩展速率，并且把它与一个合适的断裂力学参数联系起来。

最初是在 20 世纪 70 年代初，英国针对电站中发生的由蠕变裂纹扩展而造成的事故以及查出大量的裂纹存在，用同样的材料进行了蠕变裂纹扩展的测试。Siverns 和 Price 提出用应力强度因子 K 来归纳数据，其公式为：

$$\frac{da}{dt}=AK^n \qquad (6\text{-}51)$$

式中，A 为常数；n 为指数，对铬钼钢 $n\approx 6$。当时利用这些研究结果，认定 90% 的裂纹可不必返修。

其后的研究表明，用 K 来归纳蠕变裂纹扩展数据，分散带很宽，（见图 6-38），并且指数（$n\approx6$，常大于 6）很高，影响外推的准确性。从理论上说，在蠕变状态下，材料具有很高的塑性和韧性，用线弹性断裂力学参数 K 并不合理。

1976 年 Landes 和 Begley 提出了一个新的参数，命名为 C^*，数据归纳公式为：

$$\frac{da}{dt}=BC^{*\phi} \tag{6-52}$$

式中，指数 ϕ 值对铬钼钢约为 0.82。

C^* 的提出有一定的理论背景，近十几年来有相当多的人通过研究对 C^* 得到较好的评价。从试件结果来看，用 C^* 参数有两个明显的优点，一是数据分散性明显减小，二是指数 ϕ（约 0.8）较低，有利于外推。然而 C^* 在应用上碰到一个大问题，即实际结构中实际裂纹的 C^* 值如何算法，这方面的研究还刚开始。对比之下，结构裂纹的 K 值计算却有大量文献可以参考。

目前的状况是，用 K 不合理、不完善，但工程上可以应付一下急迫的问题；用 C^* 合理，数据归纳较有规律，但工程上应用相当困难，相信在今后几年或十几年中会有新的进展。

第六节　化工低温压力容器

设计温度低于或等于－20℃的碳素钢和低合金钢制造的压力容器，属于“低温压力容器”。化工厂中有不少容器的工作条件处于低温下，例如液化乙烯、液化天然气、液氮等的贮罐，石油化工装置中的低温分离系统等。有一些容器虽不属于低温操作，但由于环境温度影响，壳体的金属温度可能达到低于或等于－20℃（例如中国北方地区的室外的无保温的容器），也应当按照低温压力容器处理（奥氏体高合金钢制低温容器在设计温度高于或等于－196℃时，可不作为低温压力容器处理）。

钢材随着使用温度的降低，会由延性状态转变为脆性状态，抗冲击性能会有很大的降低。当存在难以避免的缺陷时，在低于脆性转变温度下受力，会导致脆断，脆断的发源点往往在应力高度集中的部位，因此对低温压力容器在设计时应给予特别的重视。

低温压力容器的强度设计与常温容器相同，但是在选材及其力学性能检验、结构设计和制造要求等方面有更严格的规定。

GB 150《钢制压力容器》附录 C“低温压力容器”，即为现行的低温压力容器设计、制造、检验与验收规程。

一、低温容器的材料选用

（一）低温容器材料的韧性

韧性是压力容器用钢的重要指标，更是低温压力容器用钢严格控制的指标。材料的韧性是强度与塑性的综合反映，衡量钢材韧性的指标有多种，目前世界各国都采用标准的 V 形缺口夏比试样，用冲击试验机测得冲击吸收功值 A_{KV}，其单位为 J（焦耳）。

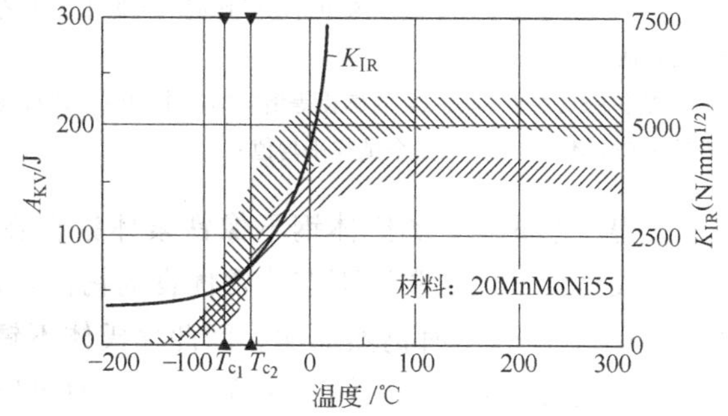

图 6-39　钢的脆性转变示意图

低温容器用钢之所以对冲击功值有更为严格的要求，是因为随着温度的降低，一些钢（主要指铁素体钢）的韧性会有所下降。图 6-39 为钢材的冲击功值随温度变化的示意图，从图中可看出，存在一个转变温度 T_c（常称为“脆性转变温度”）。在此温度以下，冲击功之值突然降低，断裂韧性值 K_{IR} 也明显降低，标志着钢材进入了脆性状态。因此钢材的使用温度必须高于其脆性转变温度。同时，钢材的低温冲击功值 A_{KV} 还必须大于某一个数值，才能确保有足够的韧性，避免发生脆断。

GB 150 规定了常用低温容器钢板的最低冲击试验温度（参见表 6-4）。这些温度实际上就是这些钢板的允许的最低使用温度。GB 150 还给出了不同强度等级钢的低温冲击时最低冲击功的规定值（可参见表 6-5）。低温容器钢板复验时必须要做低温冲击试验，冲击试验温度必须低于或等于容器或其受压元件的最低设计温度，其冲击功值必须满足表 6-5 的要求。

表 6-4　压力容器钢板最低冲击试验温度

钢　　号	使　用　状　态	厚度/mm	最低冲击试验温度/℃
16MnR	热轧	6～25	－20
	正火	6～120	
07MnCrMoVR	调质	16～50	－20
16MnDR	正火	6～36	－40
		＞36～100	－30
07MnNiCrMoVDR	调质	16～50	－40
15MnNiDR	正火，正火加回火	6～60	－45
09MnNiDR	正火，正火加回火	6～60	－70

表 6-5　低温夏比（V 形缺口）冲击试验最低冲击功规定值

钢材标准抗拉强度下限值 σ_b/MPa	三个试样的冲击功平均值 A_{KV}/J
≤450	18
＞450～515	20
＞515～650	27
奥氏体钢焊缝金属	31

注：1. 试验温度下三个试样的冲击功平均值不得低于表中的规定；其中单个试样的冲击功可小于平均值，但不得小于平均值的 70%。

2. 抗拉强度大于 655MPa 的螺栓等钢材的冲击功值，按抗拉强度下限值等于 655MPa 钢材的要求，但 40CrNiMo 的低温冲击功应不小于 31J（三个试样平均值）。

值得注意的是，奥氏体钢不像铁素体钢存在有低温下的韧性降低和脆性转变温度的问题。奥氏体钢不仅在常温下有非常优良的韧性，而且随着温度的降低其韧性几乎保持不变。当温度降到－196℃时仍然如此。因此奥氏体不锈钢是优良的低温容器用钢，只是其价格远高于常用铁素体类低温用钢。对到－196℃时奥氏体不锈钢几乎是惟一可以选用的低温容器用钢，任何铁素体类钢无法代替。

有色金属铝和铜也是具有优良低温塑性和韧性的金属材料。近年来大型空气分离装置低温部分的容器大量采用铝材制造，价格也较便宜。铜（紫铜和黄铜）因其资源不多和价格较高，也已逐渐不用于制造低温容器。而且铝、铜等有色金属的强度也较低，不大适合制造大型低温容器。

（二）低温容器用钢

中国《钢制压力容器》（GB 150）采用了《低温压力容器用低合金钢厚钢板技术条件》（GB 3531）中4种铁素体型低温容器用钢：16MnDR、07MnNiCrMoVDR、15MnNiDR、09MnNiDR。均属于无镍或节镍的低温用钢。而对于−20℃的容器推荐采用20R或16MnR，因而构成了表6-4中所列的6种低温用钢。钢号中的DR是汉语拼音“低容”的代号，其中20R是属于抗拉强度σ_b<450MPa等级的碳素低温（≥−20℃）用钢。而其余皆为强度等级为>450～≤515MPa的低温用钢。在设计钢种时，−70℃级以下的低温钢所追求的不在于提高强度，而在于保证低温下能达到对韧性的要求。

作为低温容器用钢与普通的压力容器用钢相比，低温容器用钢有其较高的冶炼与检验要求。主要有如下几点。

在化学成分要求上，低温容器用钢的含碳量都更低，添加少量的韧化元素锰和镍，对各元素成分分析的偏差控制加严，允许的磷、硫含量严于一般压力容器用钢，GB 3531中规定低温钢的磷含量不得超过0.025%、硫不得超过0.015%，而GB 6654压力容器用钢中要求不超过0.035%。

在供货的热处理状态上，低温容器用钢不允许以轧制状态交货，必须是正火状态或调质状态，这都为了确保材料的韧性。

在力学性能上低温钢略为降低了对强度（σ_b、σ_y）的要求，体现了宁可放弃些强度而要确保韧性的思想。

在冲击功值上由于要求在低温下做冲击试验，如果仍以常温的A_{KV}值来要求将显得过于苛求，这里采用了国际上通用的要求：对σ_b在>450～<515MPa的低温钢，均要求A_{KV}≥20J，而20R由于强度等级低，故要求在18J以上即可。低温容器制造厂必须进行低温冲击功的复验。

另外，用于低温容器壳体钢板的厚度大于20mm时，还应逐张进行超声波探伤，以剔除分层缺陷超标的钢板。

中国的低温钢种曾因考虑资源而采用无镍的铁素体钢，而国际上则较多采用含镍的铁素体钢，如2.5%镍钢、3.5%镍钢，而用于−100℃时则采用低碳含镍的马氏体9%镍钢，直至采用奥氏体不锈钢。中国常用的低温压力容器用钢如表6-6所示。归纳起来大体可以分为

表6-6 常用低温钢的力学性能（常温态）

钢号	热处理	板厚	σ_s/MPa	σ_b/MPa	δ_5/%	冷弯180°不裂
			不小于			
16MnDR	正火	6～20	320	500～630	21	$d=2a$
		21～38	300	480～610	19	$d=3d$
09Mn2VDR	正火	6～20	330	470～600	21	$D=2a$
09MnTiCuXtDR	正火	6～26	320	450～580	21	$d=2a$
		27～40	300	430～560		
06MnNbDR	正火	6～16	300	400～530	21	$d=2a$
10Ni3(Ni2.5)	正火	≤50	260	460～600	23 *	
10Ni4(Ni3.5)	正火	≤50	280	490～630	21	
Ni9(9Ni)	水淬加回火	<50	600	700～840	20	
1Cr18Ni9	固溶	≤60	200	500	40	
15Mn26Al4	固溶	≤30	200	500	21	$d=2a$

三类。第一类属铁素体类低温钢，仅用于－40～－70℃范围，包括 GB 3531 中列入的 16MnDR、15MnNbDR、09Mn2VDR、09MnNbDR 等 4 种。但 GB 150 标准中于 2002 年 7 月修改，已不再推荐 09Mn2VDR，此外还推荐了 06MnNbDR（用于－90℃）和强度较高的 07MnNiCrMoVDR（－40℃）。第二类为低碳含镍马氏体钢，如 Ni9 钢，适用于－100～－120℃，常用于建造大型液化天然气贮罐，其钢板厚度不超过 50mm 的焊接时可不预热，焊后也可不需做热处理。但由于 Ni9 钢焊接时易形成热裂纹，因而常用于高镍焊条焊接。第三类低温钢是低镍奥氏体钢，主要用 1Cr18Ni9（－196℃）和 15Mn26Al4（－253℃），一般在固溶化状态使用。

二、低温容器设计、制造中需注意的问题

（一）结构设计与制造中需注意的问题

在低温压力容器的结构设计方面，原则上应当尽力避免会造成局部高应力的结构因素，GB 150 指出：

(i) 结构应尽量简单，减少约束；

(ii) 避免产生过大的温度梯度；

(iii) 应尽量避免结构形状的突然变化，以减小局部高应力；接管端部应打磨成圆角，使圆滑过渡；

(iv) 不应使用不连续的或点焊连接焊缝；

(v) 容器的支座或支腿需设置垫板，不得直接焊在壳体上。

对容器的焊接接头的设计亦应特别注意。焊缝应采用对接，即使接管根部的角焊缝也应采用可以全焊透的结构。

在制造和检验方面，特别要注意焊接和热处理问题，焊接材料要选用高韧性的与母材匹配的材料，对焊接工艺的评定要着重评定焊缝和热影响区的低温冲击功 A_{KV}值，焊接接头厚度大于 16mm 的碳素钢和低合金钢制低温压力容器或元件，应进行焊后热处理。对焊缝的探伤要求也比一般常温压力容器高。

（二）关于“低温低应力工况”容器

“低温低应力工况”系指容器或受压元件的设计温度虽然低于－20℃，属于低温的范畴，但其环向薄膜应力（或其他一次应力）小于或等于钢材标准常温屈服点的$\frac{1}{6}$，且不大于 50MPa 的低应力工况，在这种情况下虽遇低温，但由于应力低，即使结构存在局部的应力集中，其最大应力（包括一次、二次和峰值应力）也达不到名义应力的六倍，因此达不到材料的屈服应力，也就是在峰值应力作用点上材料不会发生屈服和弹性失效。

对于“低温低应力工况”下的低温容器，若设计温度加 50℃后高于－20℃，则不必按低温容器的规程进行设计制造。

对于“低温低应力工况”下的低温容器，若设计温度加 50℃后仍低于－20℃，则钢材的冲击试验温度须低于或等于最低设计温度加 50℃。要求的冲击功值仍应满足表 6-5 的要求。其他的材料要求、设计要求与制造要求均按低温容器规程执行。

（三）关于低温容器的其他受压元件

与低温容器配用的接管、螺栓螺母及锻件等受压元件，设计时也应采用与壳体板材相对应的钢材。锻件材料的低温冲击试验要求可参见 GB 150—1998 的 4.4.3 款。配用的无缝钢管如无相应的低温钢管时允许采用一些优质低碳钢和低合金钢无缝管，但必须在规定的低温下做钢材的冲击试验。具体的规定和要求可参见 GB 150—1998 的附录 C。

附　　录

一、钢制压力容器材料的许用应力（GB 150—1998）

附表 1-1　钢板许用应力

钢号	钢板标准	使用状态	厚度/mm	常温强度指标		在下列温度（℃）下的许用应力/MPa																注
				σ_b/MPa	σ_s/MPa	≤20	100	150	200	250	300	350	400	425	450	475	500	525	550	575	600	
碳素钢钢板																						
Q235-B	GB 912	热轧	3～4	375	235	113	113	113	105	94	86	77	—	—	—	—	—	—	—	—	—	(1)
	GB 3274		4.5～16	375	235	113	113	113	105	94	86	77	—	—	—	—	—	—	—	—	—	(1)
			＞16～40	375	225	113	113	107	99	91	83	75	—	—	—	—	—	—	—	—	—	(1)
Q235-C	GB 912	热轧	3～4	375	235	125	125	125	116	104	95	86	79	—	—	—	—	—	—	—	—	
	GB 3274		4.5～16	375	235	125	125	125	116	104	95	86	79	—	—	—	—	—	—	—	—	
			＞16～40	375	225	125	125	119	110	101	92	83	77	—	—	—	—	—	—	—	—	
20R	GB 6654	热轧，正火	6～16	400	245	133	133	132	123	110	101	92	86	83	61	41	—	—	—	—	—	
			＞16～36	400	235	133	132	126	116	104	95	86	79	78	61	41	—	—	—	—	—	
			＞36～60	400	225	133	126	119	110	101	92	83	77	75	61	41	—	—	—	—	—	
			＞60～100	390	205	128	115	110	103	92	84	77	71	68	61	41	—	—	—	—	—	
低合金钢钢板																						
16MnR	GB 6654	热轧，正火	6～16	510	345	170	170	170	170	156	144	134	125	93	66	43	—	—	—	—	—	
			＞16～36	490	325	163	163	163	159	147	134	125	119	93	66	43	—	—	—	—	—	
			＞36～60	470	305	157	157	157	150	138	125	116	109	93	66	43	—	—	—	—	—	

续表

钢号	钢板标准	使用状态	厚度/mm	常温强度指标 σ_b/MPa	常温强度指标 σ_s/MPa	在下列温度（℃）下的许用应力/MPa ≤20	100	150	200	250	300	350	400	425	450	475	500	525	550	575	600	注
低合金钢钢板																						
16MnR	GB 6654	热轧，正火	>60～100	460	285	153	153	150	141	128	116	109	103	93	66	43	—	—	—	—	—	
			>100～120	450	275	150	150	147	138	125	113	106	100	93	66	43	—	—	—	—	—	
15MnNbR	GB 6654	正火	10～16	530	370	177	177	177	177	177	169	159	—	—	—	—	—	—	—	—	—	
			>16～36	530	360	177	177	177	177	172	163	153	—	—	—	—	—	—	—	—	—	
			>36～60	520	350	173	173	173	173	169	159	150	—	—	—	—	—	—	—	—	—	
15MnVR	GB 6654	热轧，正火	6～8	550	390	183	183	183	183	183	172	159	147	—	—	—	—	—	—	—	—	(2)
			6～16	530	390	177	177	177	177	177	172	159	147	—	—	—	—	—	—	—	—	
			>16～36	510	370	170	170	170	170	170	163	150	138	—	—	—	—	—	—	—	—	
			>36～60	490	350	163	163	163	163	163	153	141	131	—	—	—	—	—	—	—	—	
18MnMoNbR	GB 6654	正火加回火	30～60	590	440	197	197	197	197	197	197	197	197	197	177	117	—	—	—	—	—	
			>60～100	570	410	190	190	190	190	190	190	190	190	190	177	117	—	—	—	—	—	
13MnNiMoNbR	GB 6654	正火加回火	30～100	570	390	190	190	190	190	190	190	190	190	—	—	—	—	—	—	—	—	
			>100～120	570	380	190	190	190	190	190	190	190	188	—	—	—	—	—	—	—	—	
07MnCrMoVR	—	调质	16～50	610	490	203	203	203	203	203	203	203	—	—	—	—	—	—	—	—	—	(3)
16MnDR	GB 3531	正火	6～16	490	315	163	163	163	156	144	131	122	—	—	—	—	—	—	—	—	—	
			>16～36	470	295	157	157	156	147	134	122	113	—	—	—	—	—	—	—	—	—	
			>36～60	450	275	150	150	147	138	125	113	106	—	—	—	—	—	—	—	—	—	
			>60～100	450	255	150	147	138	128	116	106	100	—	—	—	—	—	—	—	—	—	
07MnNiCrMoVDR	—	调质	16～50	610	490	203	203	203	203	203	203	203	—	—	—	—	—	—	—	—	—	(3)

钢号	钢板标准	使用状态	厚度/mm	常温强度指标		在下列温度（℃）下的许用应力/MPa																注
				σ_b/MPa	σ_s/MPa	≤20	100	150	200	250	300	350	400	425	450	475	500	525	550	575	600	
低合金钢钢板																						
15MnNiDR	GB 3531	正火，正火加回火	6～16	490	325	163	163	—	—	—	—	—	—	—	—	—	—	—	—	—	—	
			>16～36	470	305	157	157	—	—	—	—	—	—	—	—	—	—	—	—	—	—	
			>36～60	460	290	153	153	—	—	—	—	—	—	—	—	—	—	—	—	—	—	
09MnNiDR	GB 3531	正火，正火加回火	6～16	440	300	147	147	147	147	147	147	138	—	—	—	—	—	—	—	—	—	
			>16～36	430	280	143	143	143	143	143	138	128	—	—	—	—	—	—	—	—	—	
			>36～100	430	260	143	143	143	141	134	128	119	—	—	—	—	—	—	—	—	—	
15CrMoR	GB 6654	正火加回火	6～40	450	295	150	150	150	150	141	131	125	118	115	112	110	88	58	37	—	—	
			>60～100	450	275	150	150	147	138	131	123	116	110	107	104	103	88	58	37	—	—	
14Cr1MoR	—	正火加回火	16～120	515	310	172	172	169	159	153	144	138	131	127	122	116	88	58	37	—	—	(3)

钢号	钢板标准	使用状态	厚度/mm	在下列温度（℃）下的许用应力/MPa																				注
				≤20	100	150	200	250	300	350	400	425	450	475	500	525	550	575	600	625	650	675	700	
高合金钢钢板																								
0Cr13Al	GB 4237	退火	2～15	118	105	101	100	99	97	95	90	87	—	—	—	—	—	—	—	—	—	—	—	
0Cr13	GB 4237	退火	2～60	137	126	123	120	119	117	112	109	105	100	89	72	53	38	26	16	—	—	—	—	
0Cr18Ni9	GB 4237	固溶	2～60	137	137	137	130	122	114	111	107	105	103	101	100	98	91	79	64	52	42	32	27	(4)
				137	114	103	96	90	85	82	79	78	76	75	74	73	71	67	62	52	42	32	27	
0Cr18Ni10Ti 高合金钢钢板	GB 4237	固溶，稳定化	2～60	137	137	137	130	122	114	111	108	106	105	104	103	101	83	58	44	33	25	18	13	(4)
				137	114	103	96	90	85	82	80	79	78	77	76	75	74	58	44	33	25	18	13	
0Cr17Ni12Mo2	GB 4237	固溶	2～60	137	137	137	134	125	118	113	111	110	109	108	107	106	105	96	81	65	50	38	30	(4)
				137	117	107	99	93	87	84	82	81	81	80	79	78	78	76	73	65	50	38	30	

续表

钢号	钢板标准	使用状态	厚度/mm	在下列温度（℃）下的许用应力/MPa																				注
				≤20	100	150	200	250	300	350	400	425	450	475	500	525	550	575	600	625	650	675	700	
高合金钢钢板																								
0Cr18Ni12Mo2Ti	GB 4237	固溶	2～60	137	137	137	134	125	118	113	111	110	109	108	107	—	—	—	—	—	—	—	—	(4)
				137	117	107	99	93	87	84	82	81	81	80	79	—	—	—	—	—	—	—	—	
0Cr19Ni13Mo3	GB 4237	固溶	2～60	137	137	137	134	125	118	113	111	110	109	108	107	106	105	96	81	65	50	38	30	(4)
				137	117	107	99	93	87	84	82	81	81	80	79	78	78	76	73	65	50	38	30	
00Cr19Ni10	GB 4237	固溶	2～60	118	118	118	110	103	98	94	91	89	—	—	—	—	—	—	—	—	—	—	—	(4)
				118	97	87	81	76	73	69	67	66	—	—	—	—	—	—	—	—	—	—	—	
00Cr17Ni14Mo2	GB 4237	固溶	2～60	118	118	117	108	100	95	90	86	85	84	—	—	—	—	—	—	—	—	—	—	(4)
				118	97	87	80	74	70	67	64	63	62	—	—	—	—	—	—	—	—	—	—	
00Cr19Ni13Mo3	GB 4237	固溶	2～60	118	118	118	118	118	118	113	111	110	109	—	—	—	—	—	—	—	—	—	—	(4)
				118	117	107	99	93	87	84	82	81	81	—	—	—	—	—	—	—	—	—	—	
00Cr18Ni5Mo3Si2	GB 4237	固溶	2～25	197	197	190	173	167	163	—	—	—	—	—	—	—	—	—	—	—	—	—	—	

注：中间温度的许用应力，可按本表的数值用内插法求得。
(1) 所列许用应力，已乘质量系数 0.9。
(2) 该行许用应力仅适用于多层包扎压力容器的层板。
(3) 该钢板技术要求见附录 A（标准的附录）。
(4) 该行许用应力仅适用于允许产生微量永久变形之元件，对于法兰或其他有微量永久变形就引起泄漏或故障的场合不能采用。

附表 1-2 钢管许用应力

钢号	钢管标准	壁厚/mm	常温强度指标		在下列温度（℃）下的许用应力/MPa																注
			σ_b/MPa	σ_s/MPa	≤20	100	150	200	250	300	350	400	425	450	475	500	525	550	575	600	
碳素钢钢管																					
10	GB 8163	≤10	335	205	112	112	108	101	92	83	77	71	69	61	41	—	—	—	—	—	
10	GB 9948	≤16	335	205	112	112	108	101	92	83	77	71	69	61	41	—	—	—	—	—	
10	GB 6479	≤16	335	205	112	112	108	101	92	83	77	71	69	61	41	—	—	—	—	—	
		17～40	335	195	112	110	104	98	89	79	74	68	66	61	41	—	—	—	—	—	

续表

钢号	钢管标准	壁厚/mm	常温强度指标		在下列温度（℃）下的许用应力/MPa																注
			σ_b /MPa	σ_s /MPa	≤20	100	150	200	250	300	350	400	425	450	475	500	525	550	575	600	
碳素钢钢管																					
20	GB 8163	≤10	390	245	130	130	130	123	110	101	92	86	83	61	41	—	—	—	—	—	
20	GB 9948	≤16	410	245	137	137	132	123	110	101	92	86	83	61	41	—	—	—	—	—	
20G	GB 6479	≤16	410	245	137	137	132	123	110	101	92	86	83	61	41	—	—	—	—	—	
		17～40	410	235	137	132	126	116	104	95	86	79	78	61	41	—	—	—	—	—	
低合金钢钢管																					
16Mn	GB 6479	≤16	490	320	163	163	163	159	147	135	126	119	93	66	43	—	—	—	—	—	
		17～40	490	310	163	163	163	153	111	129	119	116	93	66	43	—	—	—	—	—	
15MnV	GB 6479	≤16	510	350	170	170	170	170	166	153	141	129	—	—	—	—	—	—	—	—	
		17～40	510	340	170	170	170	170	159	147	135	126	—	—	—	—	—	—	—	—	
09MnD	—	≤16	400	240	133	133	128	119	106	97	88	—	—	—	—	—	—	—	—	—	(1)
12CrMo	GB 9948	≤16	410	205	128	113	108	101	95	89	83	77	75	74	72	71	50	—	—	—	
12CrMo	GB 6479	≤16	410	205	128	113	108	101	95	89	83	77	75	74	72	71	50	—	—	—	
		17～40	410	195	122	110	104	98	92	86	79	74	72	71	69	68	50	—	—	—	
15CrMo	GB 9948	≤16	440	235	147	132	123	116	110	101	95	89	87	86	81	83	58	37	—	—	
15CrMo	GB 6479	≤16	440	235	147	132	123	116	110	101	95	89	87	86	81	83	58	37	—	—	
15CrMo	GB 6479	17～40	440	225	141	126	116	110	104	95	89	86	84	83	81	79	58	37	—	—	
12Cr1MoVG	GB 5310	≤16	470	255	147	144	135	126	119	110	104	98	96	95	92	89	82	57	35	—	
10MoWVNb	GB 6479	≤16	470	295	157	157	157	156	153	147	141	135	130	126	121	97	—	—	—	—	
		17～40	470	285	157	157	156	150	147	141	135	129	124	119	111	97	—	—	—	—	
12Cr2Mo	GB 6479	≤16	450	280	150	150	150	147	144	141	138	134	131	128	119	89	61	46	37	—	
		17～40	450	270	150	150	147	141	138	134	131	128	126	123	119	89	61	46	37	—	
1Cr5Mo	GB 6479	≤16	390	195	122	110	104	101	98	95	92	89	87	86	83	62	46	35	26	18	
		17～40	390	185	116	104	98	95	92	89	86	83	81	79	78	62	46	35	26	18	

续表

钢号	钢管标准	壁厚/mm	在下列温度（℃）下的许用应力/MPa																				注
			≤20	100	150	200	250	300	350	400	425	450	475	500	525	550	575	600	625	650	675	700	
高合金钢钢管																							
0Cr13	GB/T 14976	≤18	137	126	123	120	119	117	112	109	105	100	89	72	53	38	26	16	—	—	—	—	
0Cr18Ni9	GB 13296	≤13	137	137	137	130	122	114	111	107	105	103	101	100	98	91	79	64	52	42	32	27	(2)
	GB/T 14976	≤18	137	114	103	96	90	85	82	79	78	76	75	74	73	71	67	62	52	42	32	27	
0Cr18Ni10Ti	GB 13296	≤13	137	137	137	130	122	114	111	108	106	105	104	103	101	83	58	44	33	25	18	13	(2)
	GB/T 14976	≤18	137	114	103	96	90	85	82	80	79	78	77	76	75	74	58	44	33	25	18	13	
0Cr17Ni12Mo2	GB 13296	≤13	137	137	137	134	125	118	113	111	110	109	108	107	106	105	96	81	65	50	38	30	(2)
	GB/T 14976	≤18	137	117	107	99	93	87	84	82	81	81	80	79	78	78	76	73	65	50	38	30	
0Cr18Ni12Mo2Ti	GB 13296	≤13	137	137	137	134	125	118	113	111	110	109	108	107	—	—	—	—	—	—	—	—	(2)
	GB/T 14976	≤18	137	117	107	99	93	87	84	82	81	81	80	79	—	—	—	—	—	—	—	—	
0Cr19Ni13Mo3	GB 13296	≤13	137	137	137	134	125	118	113	111	110	109	108	107	106	105	96	81	65	50	38	30	(2)
	GB/T 14976	≤18	137	117	107	99	93	87	84	82	81	81	80	79	78	78	76	73	65	50	38	30	
00Cr19Ni10	GB 13296	≤13	118	118	118	110	103	98	94	91	89	—	—	—	—	—	—	—	—	—	—	—	(2)
	GB/T 14976	≤18	118	97	87	81	76	73	69	67	66	—	—	—	—	—	—	—	—	—	—	—	
00Cr17Ni14Mo2	GB 13296	≤13	118	118	117	108	100	95	90	86	85	84	—	—	—	—	—	—	—	—	—	—	(2)
	GB/T 14976	≤18	118	97	87	80	74	70	67	64	63	62	—	—	—	—	—	—	—	—	—	—	
00Cr19Ni13Mo3	GB 13296	≤13	118	118	118	118	118	118	113	111	110	109	—	—	—	—	—	—	—	—	—	—	(2)
	GB/T 14976	≤18	118	117	107	99	93	87	84	82	81	81	—	—	—	—	—	—	—	—	—	—	

注：中间温度的许用应力，可按本表的数值用内插法求得。

（1）该钢管技术要求见 GB 150—1998 附录 A。

（2）该行许用应力仅适用于允许产生微量永久变形之元件。

附表 1-3 锻件许用应力

钢号	锻件标准	公称厚度/mm	常温强度指标		在下列温度(℃)下的许用应力/MPa																注
			σ_b/MPa	σ_s/MPa	≤20	100	150	200	250	300	350	400	425	450	475	500	525	550	575	660	
碳素钢锻件																					
20	JB 4726	≤100	370	215	123	119	113	104	95	86	79	74	72	61	41	—	—	—	—	—	
35	JB 4726	≤100	510	265	166	147	141	129	116	108	98	92	85	61	41	—	—	—	—	—	(1)
		>100～300	490	255	159	144	138	126	113	104	95	89	85	61	41	—	—	—	—	—	
低合金钢锻件																					
16Mn	JB 4726	≤300	450	275	150	150	147	135	129	116	110	104	93	66	43	—	—	—	—	—	
15MnV	JB 4726	≤300	470	315	157	157	157	156	147	135	126	113	—	—	—	—	—	—	—	—	
20MnMo	JB 4726	≤300	530	370	177	177	177	177	177	177	171	163	156	131	84	49	—	—	—	—	
		>300～500	510	355	170	170	170	170	170	169	163	153	147	131	84	49	—	—	—	—	
		>500～700	490	340	163	163	163	163	163	163	159	150	144	131	84	49	—	—	—	—	
20MnMoNb	JB 4726	≤300	620	470	207	207	207	207	207	207	207	207	207	177	177	—	—	—	—	—	
		>300～500	610	460	203	203	203	203	203	203	203	203	203	177	177	—	—	—	—	—	
16MnD	JB 4727	≤300	450	275	150	150	147	135	129	116	110	—	—	—	—	—	—	—	—	—	
09Mn2VD	JB 4727	≤200	420	260	140	140	—	—	—	—	—	—	—	—	—	—	—	—	—	—	
09MnNiD	JB 4727	≤300	420	260	140	140	140	140	134	128	119	—	—	—	—	—	—	—	—	—	
16MnMoD	JB 4727	≤300	510	355	170	170	170	170	170	169	163	—	—	—	—	—	—	—	—	—	
20MnMoD	JB 4727	≤300	530	370	177	177	177	177	177	177	171	—	—	—	—	—	—	—	—	—	
		>300～500	510	355	170	170	170	170	170	169	163	—	—	—	—	—	—	—	—	—	
		>500～700	490	340	163	163	163	163	163	163	159	—	—	—	—	—	—	—	—	—	
08MnNiCrMoVD	JB 4727	≤300	600	480	200	200	200	200	200	200	200	—	—	—	—	—	—	—	—	—	
10Ni3MoVD	JB 4727	≤300	610	490	203	203	—	—	—	—	—	—	—	—	—	—	—	—	—	—	
15CrMo	JB 4726	≤300	440	275	147	147	147	138	132	123	116	110	107	104	103	88	58	37	—	—	
		>300～500	430	255	143	143	135	126	119	110	104	98	96	95	93	88	58	37	—	—	

续表

钢号	锻件标准	公称厚度/mm	常温强度指标		在下列温度(℃)下的许用应力/MPa																注
			σ_b/MPa	σ_s/MPa	≤20	100	150	200	250	300	350	400	425	450	475	500	525	550	575	660	
低合金钢锻件																					
35CrMo	JB 4726	≤300	620	440	207	207	207	207	207	207	207	200	194	150	111	79	50	—	—	—	(1)
		>300～500	610	430	203	203	203	203	203	203	203	200	194	150	111	79	50	—	—	—	
12Cr1MoV	JB 4726	≤300	440	255	147	144	135	126	119	110	104	98	96	95	92	89	82	57	35	—	
		>300～500	430	245	143	141	131	126	119	110	104	98	96	95	92	89	82	57	35	—	
12Cr2Mo1	JB 4726	≤300	510	310	170	170	169	163	159	156	153	150	147	144	119	89	61	46	37	—	
		>300～500	500	300	167	167	166	159	156	153	150	147	144	141	119	89	61	46	37	—	
1Cr5Mo	JB 4726	≤500	590	390	197	197	197	197	197	197	197	190	136	107	83	62	46	35	26	18	

钢号	锻件标准	公称厚度/mm	在下列温度(℃)下的许用应力/MPa																				注
			≤20	100	150	200	250	300	350	400	425	450	475	500	525	550	575	600	625	650	675	700	
高合金钢锻件																							
0Cr13	JB 4728	≤100	137	126	123	120	119	117	112	109	105	100	89	72	53	38	26	16	—	—	—	—	
0Cr18Ni9	JB 4728	≤200	137	137	137	130	122	114	111	107	105	103	101	100	98	91	79	64	52	42	32	27	(2)
			137	114	103	96	90	85	82	79	78	76	75	74	73	71	67	62	52	42	32	27	
0Cr18Ni10Ti	JB 4728	≤200	137	137	137	130	122	114	111	108	106	105	104	103	101	83	58	44	33	25	18	13	(2)
			137	114	103	96	90	85	82	80	79	78	77	76	75	74	58	44	33	25	18	13	
0Cr17Ni12Mo2	JB 4728	≤200	137	137	137	134	125	118	113	111	110	109	108	107	106	105	96	81	65	50	38	30	(2)
			137	117	107	99	93	87	84	82	81	81	80	79	78	78	76	73	65	50	38	30	
00Cr19Ni10	JB 4728	≤200	117	117	117	110	103	98	94	91	89	—	—	—	—	—	—	—	—	—	—	—	(2)
			117	97	87	81	76	73	69	67	66	—	—	—	—	—	—	—	—	—	—	—	
00Cr17Ni14Mo2	JB 4728	≤200	117	117	117	108	100	95	90	86	85	84	—	—	—	—	—	—	—	—	—	—	(2)
			117	97	87	80	74	70	67	64	63	62	—	—	—	—	—	—	—	—	—	—	
00Cr18Ni5Mo3Si2	JB 4728	≤100	197	197	178	163	156	153	—	—	—	—	—	—	—	—	—	—	—	—	—	—	

注：中间温度的许用应力，可按本表的数值用内插法求得。

(1) 该锻件不得用于焊接结构。

(2) 该行许用应力仅适用于允许产生微量永久变形之元件，对于法兰或其他有微量永久变形就引起泄漏或故障的场合不能采用。

附表 1-4　螺柱许用应力

钢　号	钢材标准	使用状态	螺柱规格/mm	常温强度指标		在下列温度(℃)下的许用应力/MPa															
				σ_b/MPa	σ_s/MPa	≤20	100	150	200	250	300	350	400	425	450	475	500	525	550	575	600
碳素钢螺柱																					
Q235-A	GB 700	热轧	≤M20	375	235	87	78	74	69	62	56	—	—	—	—	—	—	—	—	—	—
35	GB 699	正火	≤M22	530	315	117	105	98	91	82	74	69	—	—	—	—	—	—	—	—	—
			M24～M27	510	295	118	106	100	92	84	76	70	—	—	—	—	—	—	—	—	—
低合金钢螺柱																					
40MnB	GB 3077	调质	≤M22	805	685	196	176	171	165	162	154	143	126	—	—	—	—	—	—	—	—
			M24～M36	765	635	212	189	183	180	176	167	154	137	—	—	—	—	—	—	—	—
40MnVB	GB 3077	调质	≤M22	835	735	210	190	185	179	176	168	157	140	—	—	—	—	—	—	—	—
			M24～M36	805	685	228	206	199	196	193	183	170	154	—	—	—	—	—	—	—	—
40Cr	GB 3077	调质	≤M22	805	685	196	176	171	165	162	157	148	134	—	—	—	—	—	—	—	—
			M24～M36	765	635	212	189	183	180	176	170	160	147	—	—	—	—	—	—	—	—
30CrMoA	GB 3077	调质	≤M22	700	550	157	141	137	134	131	129	124	116	111	107	103	79	—	—	—	—
			M24～M48	660	500	167	150	145	142	140	137	132	123	118	113	108	79	—	—	—	—
			M52～M56	660	500	185	167	161	157	156	152	146	137	131	126	111	79	—	—	—	—
35CrMoA	GB 3077	调质	≤M22	835	735	210	190	185	179	176	174	165	154	147	140	111	79	—	—	—	—
			M24～M48	805	685	228	206	199	196	193	189	180	170	162	150	111	79	—	—	—	—
			M52～M80	805	685	254	229	221	218	214	210	200	189	180	150	111	79	—	—	—	—
			M85～M105	735	590	219	196	189	185	181	178	171	160	153	145	111	79	—	—	—	—
35CrMoVA	GB 3077	调质	M52～M105	835	735	272	247	240	232	229	225	218	207	201	—	—	—	—	—	—	—
			M110～M140	785	665	246	221	214	210	207	203	196	189	183	—	—	—	—	—	—	—

续表

钢号	钢材标准	使用状态	螺柱规格/mm	常温强度指标		在下列温度(℃)下的许用应力/MPa															
				σ_b/MPa	σ_s/MPa	≤20	100	150	200	250	300	350	400	425	450	475	500	525	550	575	600
低合金钢螺柱																					
25Cr2MoVA	GB 3077	调质	≤M22	835	735	210	190	185	179	176	174	168	160	156	151	111	131	72	39	—	—
			M24～M48	835	735	245	222	216	209	206	203	196	186	181	176	168	131	72	39	—	—
			M52～M105	805	685	254	229	221	218	214	210	203	196	191	185	176	131	72	39	—	—
			M110～M140	735	590	219	196	189	185	181	178	174	167	164	160	153	131	72	39	—	—
40CrNiMoA	GB 3077	调质	M52～M140	930	825	306	291	281	274	267	257	244	—	—	—	—	—	—	—	—	—
1Cr5Mo	GB 1221	调质	≤M22	590	390	111	101	97	94	92	91	90	87	84	81	77	62	46	35	26	18
			M24～M48	590	390	130	118	113	109	108	106	105	101	98	95	83	62	46	35	26	18

钢号	钢材标准	使用状态	螺柱规格/mm	在下列温度(℃)下的许用应力/MPa																	
				≤20	100	150	200	250	300	350	400	450	500	525	550	575	600	625	650	675	700
高合金钢螺柱																					
2Cr13	GB 1220	调质	≤M22	126	117	111	106	103	100	97	91	—	—	—	—	—	—	—	—	—	—
			M24～M27	147	137	130	123	120	117	113	107	—	—	—	—	—	—	—	—	—	—
0Cr18Ni9	GB 1220	固溶	≤M22	129	107	97	90	84	79	77	74	71	69	68	66	63	58	52	42	32	27
			M24～M48	137	114	103	96	90	85	82	79	76	74	73	71	67	62	52	42	32	27
0Cr18Ni10Ti	GB 1220	固溶	≤M22	129	107	97	90	84	79	77	75	73	71	70	69	58	44	33	25	18	13
			M24～M48	137	114	103	96	90	85	82	80	78	76	75	74	58	44	33	25	18	13
0Cr17Ni12Mo2	GB 1220	固溶	≤M22	129	109	101	93	87	82	79	77	76	75	74	73	71	68	65	50	38	30
			M24～M48	137	117	107	99	93	87	84	82	81	79	78	78	76	73	65	50	38	30

注：中间温度的许用应力，可按本表的数值用内插法求得。

二、常用单位的换算

附表 2-1 力

(SI) 牛顿[N] [m·kg·s^{-2}]	达因 [dyn]	公斤(力) [kg(f)]	磅(力) [lb(f)]	磅达 [pdl]
1	1.00000×10^{5}	1.01972×10^{-1}	2.24809×10^{-1}	7.23301
1.00000×10^{-5}	1	1.01972×10^{-6}	2.24809×10^{-5}	7.23301×10^{-1}
9.80665	9.80665×10^{5}	1	2.20462	7.09316×10
4.44822	4.44822×10^{5}	4.53592×10^{-1}	1	3.21740×10
1.38255×10^{-1}	1.38255×10^{4}	1.40981×10^{-2}	3.10810×10^{-2}	1

附表 2-2 压力、应力

(SI) 帕斯卡[Pa] [N/m^2] [m^{-1}·kg·s^{-2}]	达因/平方厘米 [dyn/cm^2]	公斤(力)/平方厘米(工程大气压) [kg(f)/cm^2]	大气压(标准大气压) [atm]	磅(力)/平方英尺 [lb(f)/ft^2]	磅(力)/平方英寸 [lb(f)/in^2]	汞柱(0℃)		水柱(15.5℃)		巴
						毫米 (Torr) [mmHg]	英寸 [inHg]	米 [mH$_2$O]	英寸 [inH$_2$O]	bar
1	1.00000×10	1.01972×10^{-5}	9.86923×10^{-6}	2.08853×10^{-3}	1.45038×10^{-4}	7.50062×10^{-3}	2.95300×10^{-4}	1.02134×10^{-4}	4.01943×10^{-3}	1.00000×10^{-5}
1.00000×10^{-1}	1	1.020×10^{-6}	9.869×10^{-7}	2.08853×10^{-3}	1.450×10^{-5}	7.50062×10^{-4}	2.95300×10^{-5}	1.02134×10^{-5}	4.01943×10^{-4}	1.00000×10^{-6}
9.80665×10^{4}	9.80665×10^{5}	1	9.67841×10^{-1}	2.048×10^{3}	1.42234×10	7.356×10^{2}	2.896×10	1.001×10	3.941×10^{2}	9.80665×10^{-1}
1.01325×10^{5}	1.01325×10^{6}	1.03323	1	2.117×10^{3}	1.46960×10	7.600×10^{2}	2.992×10	1.034×10	4.071×10^{2}	1.01325
4.78803×10	4.78803×10^{2}	4.882×10^{-4}	4.725×10^{-4}	1	6.944×10^{-3}	3.59131×10^{-1}	1.41390×10^{-2}	4.887×10^{-3}	1.924×10^{-1}	4.78803×10^{-4}
6.89476×10^{3}	6.89476×10^{4}	7.03069×10^{-2}	6.80460×10^{-2}	1.440×10^{2}	1	5.171×10	2.036	7.036×10^{-1}	2.770×10	6.89476×10^{-2}
1.33322×10^{2}	1.33322×10^{3}	1.360×10^{-3}	1.316×10^{-3}	2.78450	1.934×10^{-2}	1	3.93701×10^{-2}	1.361×10^{-2}	5.358×10^{-1}	1.33322×10^{-3}
3.38639×10^{3}	3.38639×10^{4}	3.453×10^{-2}	3.342×10^{-2}	7.07267×10	4.912×10^{-1}	2.540×10	1	3.456×10^{-1}	1.361×10	3.38639×10^{-2}
9.791×10^{3}	9.791×10^{4}	1.000×10^{-1}	9.677×10^{-2}	2.046×10^{2}	1.422	7.343×10	2.893	1	3.937×10	9.791×10^{-2}
2.4884×10^{2}	2.4884×10^{3}	2.538×10^{-3}	2.456×10^{-3}	5.198	3.610×10^{-2}	1.866	7.350×10^{-2}	2.540×10^{-2}	1	2.4884×10^{-2}
1.00000×10^{5}	1.00000×10^{6}	1.01972×10^{5}	9.86923×10^{-1}	2.089853×10^{3}	1.45038×10	7.501×10	2.953×10	1.021×10	4.01943×10^{2}	1

注：1MPa=10^{6}Pa=10.1972kg(f)/cm^2=9.86923atm=1N/mm^2。

附表 2-3 能、冲击功

(SI) 焦耳 [J][N·m]	公斤(力)·米 [kg(f)·m]	英尺·磅(力) [ft·ib(f)]
1	1.01972×10^{-1}	7.376×10^{-1}
9.80665	1	7.233
1.356	1.383×10^{-1}	1

附表 2-4 冲击值

(SI) 牛顿·米/米^2 [N·m/m^2]	公斤(力)·米/厘米^2 [kg(f)·m/cm^2]	英尺·磅(力)/英寸^2 [ft·ib(f)/in^2]
1	1.01972×10^{-3}	4.75869
98066.5	1	4.66644×10
2.10180	2.14656	1

附表 2-5 应力强度因子

兆牛顿/米$^{3/2}$ [MN/m$^{3/2}$] [MPa/m$^{1/2}$]	公斤(力)/mm$^{3/2}$ [kg(f)/mm$^{3/2}$]	千磅(力)/英尺$^{3/2}$ [kib(f)/ft$^{3/2}$]
1	3.23	0.910
0.310	1	0.282
1.10	3.544	1

参 考 文 献

1 R. W. Nichols. “Pressure Vessel Codes and Standards. Developments in Pressure Vessels Technology-5”. Elsevier Applied Science Publisbers. 1987

2 “1988 International Design Criferia of Boilers and Pressure Vessels，ICPVT-6”. Beijing：Sept 1988. ASME PVP-Vol. 152

3 GB 150—1998 钢制压力容器．北京：国家技术监督局

4 中华人民共和国行业标准，JB 4732—95 钢制压力容器—分析设计标准．1995

5 国家质量技术监督局．压力容器安全技术监察规程．北京：中国劳动社会保障出版社，1999

6 约翰．F. 哈维著．刘汉槎等译．压力容器部件结构—设计与材料．北京：化学工业出版社，1985

7 徐芝纶编．弹性力学．北京：人民教育出版社，1979

8 H. H. Bednar. “Pressure Vessel Design Handbook”. Van Nostrand Reinhold Co，1981

9 赵正修编．石油化工压力容器设计．北京：石油工业出版社，1985

10 W. Flügge. “Stresses in shells”. 2ed. Springer-Verlag Berlag Heidelberg，1973

11 陈铣云，陈伯真编．弹性薄壳力学．武汉：华中工学院出版社，1983

12 E. H. Baker etc. “Structure Analysis of Shells”. Mcgraw Hill Book Co，1972

13 黄克智等编．板壳理论．北京：清华大学出版社，1987

14 杨耀乾编．平板理论．北京：中国铁道出版社，1980

15 S. 铁摩辛柯著．板壳理论．北京：科学出版社，1977

16 徐灏编著．安全系数和许用应力．北京：机械工业出版社，1981

17 M. H. Jawad. J. R. Farr. “Structural Analysis and Design of Process Equipment”. John Wilev & Sons. Inc，1984

18 S. S. 吉尔等主编．压力容器及其部件的应力分析．北京：原子能出版社，1970

19 H. D. Raut，G. F. Leon. Report on Gasket Factor Tests. WRC Bull. 233，1971

20 A. Bazergui，L. Marchand. PVRC Milestone Test-First Results. WRC Bull. 292，1984

21 “ASME Boiler & Pressure Vessel Code. Saction Ⅷ. Unfired Pressure Vessel”. Division 1，2004

22 蔡仁良，顾伯勤，宋鹏云编著．过程装备密封技术．北京：化学工业出版社，2002

23 L. E. 勃郎奈尔，E. H. 杨著．琚定一，谢端绶译．化工容器设计．上海：上海科技出版社，1964

24 ［日］西田正孝著．李安定等译．应力集中．北京：机械工业出版社，1986

25 “ASME Boiler & Pressure Vessel Code，Section Ⅲ，Nuclear Power Plant Components”，2004

26 “BS 5500：Specification for unfire fusion Welded Pressure Vessels”，BSI，London，1985.

27 化工设备设计全书编辑委员会．化工设备设计全书—高压容器设计．上海：上海科学技术出版社，1986

28 L. P. Zick. Stresses in Large Horizontal Cylindrical Pressure Vessels on Two Saddle Supports. Welding Journal Research Supplement. Sept，1951

29 L. P. Zick，“Stresses in Large Horizontal Cylindrical Pressure Vessels on Saddle Supports，Pressure Vessel and PiPing-Design and Analysis-A Decade of Progress. ASME 1972. p959～970.

30 K. R. Wichman，A. G. Hopper，J. L. Mershon. WRC Bulletin. No. 107. 1972

31 J. L. Mershen，K. Mekhtarian，G. V. Ranjan，E. C. Rodabaugh. WRC Bulletin. No. 297. 1984

32 王仁东主编．化工机械力学基础．第二版．北京：化学工业出版社，1988

33 S. P. Timoshenko，J. M. Gere. “Theory of Elastic Stability”. McGraw-Hill Book Co. Inc，1961

34 王俊奎，张志民编．钣壳的弯曲与稳定．北京：国防工业出版社，1980

35 陈国理主编．压力容器及化工设备．广州：华南工学院出版社，1986

36 华东化工学院，浙江大学合编．化工容器设计．武汉：湖北科学技术出版社，1985

37 天津大学等院校合编．化工容器及设备．北京：化学工业出版社，1980
38 范钦珊．轴对称应力分析．北京：高等教育出版社，1985
39 中国石油化工总公司，化学工业部，机械工业部．钢制石油化工压力容器设计规定．全国压力容器标准化技术委员会，1985
40 中国石油化工总公司，化学工业部，机械工业部．钢制石油化工压力容器设计规定，一九八五版编制说明．全国压力容器标准化技术委员会，1985
41 全国化工与炼油机械行业技术情报网．高压容器——国外化工与炼油设备发展概况之二．兰州石油机械研究所，1971
42 范钦珊．压力容器的应力分析与强度设计．北京：原子能出版社，1979
43 谢端绶，琚定一．国外压力容器规范标准近况．石油化工设备，1985 年第 4、5 期
44 “ASME Boiler & Pressure Vessel Code，Section Ⅷ，Ruler for Construction of Pressnre Vessels，Division 2——Alternativi Rules”，2004
45 顾振铭．中国压力容器标准化技术工作现状与前景（三）——以应力分析为基础的中国《钢制压力容器—另一规程》概论．压力容器，1988，5（5）
46 徐秉业，陈森灿编著．塑性理论简明教程．北京：清华大学出版社，1981
47 ［英］T. V. 达根 J. 伯恩著．雷慰宗，刘元镛译．疲劳设计准则．北京：国防工业出版社，1982
48 李培宁．《疲劳分析及其在压力容器中的应用》——化工工程师（设计）继续教育教材．中国化工学会教育工作委员会，1987
49 洪起超编著．工程断裂力学基础．上海：上海交通大学出版社，1987
50 H. L. Ewalds and R. J. H. Wanhill. “fracture Machanics”. Co-Pubication of Edward Arnold Ltd and Delftse Uitgevers Maatschappij b. V，1984
51 中国航空研究院主编．应力强度因子手册．北京：科学出版社，1981
52 GB 4161—80 金属材料平面应变断裂韧度 K_{IC} 试验方法
53 GB 2358—80 裂纹张开位移（COD）试验方法
54 GB 2038—80 利用 J_R 阻力曲线确定金属材料延性断裂韧性
55 “ASME Boiler & Pressure Vessel Code，Section Ⅺ，Rules for Inservice Inspection of Nuclear Power Plant Components”，1983
56 荆树峰等译．国外压力容器缺陷评定标准（1975—1980）．北京：劳动出版社，1982
57 压力容器学会，化工机械与自动化学会．压力容器缺陷评定规范（CVDA—1984）．压力容器，1985，2（1）
58 李泽震等编．压力容器安全评定．北京：劳动人事出版社，1987
59 贺匡国编著．压力容器分析设计基础．北京：机械工业出版社，1995
60 英国中央电力局．有缺陷结构完整性的评定标准—R/H/R6—第三版．1986 年 5 月．华东化工学院化工机械研究所译．化学工业部设备设计技术中心站，1988 年 6 月
61 ［英］R. W. 尼柯尔斯主编．压力容器技术进展—1，缺陷分析．北京：机械工业出版社，1991
62 李培宁．我国压力容器面型缺陷安全评估技术的进展．压力容器，1996. 11（3）：228～223
63 王志文等．我国压力容器缺陷评定的通用失效评定曲线．第四届全国压力容器学术会议论文集．无锡．1997 年 4 月
64 ［美］James R. Farr Maan H. Jawad 著．郑津洋，徐平，方晓斌等译．ASME 压力容器设计指南（第二版）．北京：化学工业出版社，2003
65 丁伯民著．美国压力容器规范分析——ASME Ⅷ-1 和Ⅷ-2．上海：华东理工大学出版社，1995
66 李建国编著．压力容器设计的力学基础及其标准应用．北京：机械工业出版社，2004
67 苏文献，郑津洋等．内压厚壁筒体最大允许内外壁温差的研究（上）、（下）．石油机械，30（2002）10，11
68 苏文献，郑津洋，陈志平．欧盟压力容器分析设计标准简介．压力容器，2002，19（7）：1～3，34
69 EUROPEAN STANDARD．EN13445 Unfired pressure vessels（English version）．European Committee

for Standardization. May 2002
70 J. Payne. Bolted joint improvements through gasket performance test. 1992 NPRA Maintenance conference，May 1992：19～22
71 蔡仁良. EN1591 法兰计算标准简介（一），（二）. 压力容器，2003，20（10）（11）
72 周承倜. 弹性稳定理论. 成都：四川人民出版社，1981
73 化工设备设计全书编委会. 丁伯民，黄正林等编. 高压容器. 北京：化学工业出版社，2003
74 化工设备设计全书编委会. 邵国华，魏兆灿等编. 超高压容器. 北京：化学工业出版社，2002
75 黄载生. 超高压容器爆破压力计算. 压力容器，1992，9（3）
76 朱学政，陈国理. 高压容器爆破压力计算. 石油化工设备技术，1995，（1）
77 马福康. 等静压技术. 北京：冶金工业出版社，1992
78 劳动部. 超高压容器安全监察规程（试行）及编写说明. 劳动部锅炉压力容器安全杂志社，1993
79 郑津洋，黄载生. 超高压容器安全监察规程若干问题分析（一）. 化工设备技术，1994，15（5）
80 中石化上海设备失效分析及预防研究中心. 超高压用无缝合金钢管技术条件.1998
81 乔治山等. 国产超高压钢管材料 G4333V 钢的研究. 第四届全国压力容器学术会议论文集，1997
82 高家驹. 超高压水晶釜破坏事故中出现的问题的防止措施. 压力容器，1993，10（4）
83 王琪. 超高压容器用钢及其生产工艺. 压力容器，1994，11（5）
84 ASME 锅炉及压力容器委员会压力容器分委员会编著. 中国《ASME 规范产品》协作网（CACI）翻译. ASME 锅炉及压力容器规范——国际标准规范——第Ⅷ卷第三册 高压容器建造另一规则 2001 版. 北京：中国石化出版社，2002
85 H. L. I. D. Pugh. High Pressure Engineering，1977
86 John F. Harvey and Donald M. Fryer. High Pressure Vessels. In ternational Thomson Published (ITP) Thomson Science，1998
87 W. R. D. Manning. Uetra-high Pressure Vessel Design. Chemical and Process Engineering. 1969，48，3～4
88 N. L. Svensson. The Bursting Pressure of Cylindrical and spherical Vessels. Journal of Applied Mechanics，1958，25
89 陈国理，陈柏暖，王作池编著. 超高压容器设计. 北京：化学工业出版社，1997
90 王宽福编著. 压力容器焊接结构工程分析. 北京：化学工业出版社，1998
91 章燕谋. 锅炉与压力容器用钢（第二版）. 西安：西安交通大学出版社，1997
92 秦晓钟. GB 6654—1996《压力容器用钢板》标准简介. 压力容器，1997，14（1）1～4，23
93 柳曾典. 压力容器用钢的纯净化. 第四届全国压力容器学术会议专题报告集. 1997
94 肖纪美编著. 金属的韧性与韧化. 上海：上海科学技术出版社，1982
95 [美] 马恩. H. 贾瓦特，詹姆斯. R. 法著. 化工设备结构分析与设计. 琚定一等译校. 北京：中国石化出版社，1991
96 李培宁. 当代压力容器疲劳设计规范评述. 压力容器，1989，6（4）：1～10
97 李培宁. 世界各国缺陷评定规范的发展. 第五届全国压力容器学术会议大会报告文集，南京，2001
98 涂善东著. 高温结构完整性原理. 北京：科学出版社，2003
99 蔡仁良主编. 化工容器设计例题、习题集. 北京：化学工业出版社，1996
100 郑津洋，董其伍，桑芝富主编. 过程设备设计（第二版）. 化学工业出版社，2005
101 郑津洋，孙国有，陈志伟等译. 欧盟承压设备实用指南. 北京：化学工业出版社，2005
102 贺匡国主编. 化工容器及设备简明设计手册（第二版）. 北京：化学工业出版社，2002
103 《化工设备设计全书》编委会. 王非，林英编. 化工设备用钢. 北京：化学工业出版社，2004
104 《化工设备设计全书》编委会. 徐英，杨一凡，朱萍等编. 球罐和大型储罐. 化学工业出版社，2005
105 化工设备指导性技术文件 TCED 41001—2000：ASME 压力容器规范实施导则. 上海：全国化工设备设计技术中心站，2000

内 容 提 要

化工容器（几乎包括所有压力容器）在国民经济的各个部门被广泛采用，受到国家有关法规的严格管理。本书主要阐述化工压力容器的设计原理和方法。面向化工容器工程设计的需要，编写了如下各章。第一章概论介绍了化工容器设计的基本概念，包括设计的基本要求、材料特点、失效与安全、有关规程与法规。第二章中低压容器设计，中低压薄壁壳体承压后的无力矩理论（薄膜理论）、有力矩理论与边缘应力、圆平板理论、中低压容器的工程设计计算方法、法兰密封与法兰计算。第三章容器整体问题，阐述各部件组接成容器整体后出现的各种局部应力问题，如开孔与补强、卧式容器支座处的应力计算与支座设计、壳体上的局部应力、容器的结构设计原则等。第四章外压容器，阐述外压壳体的稳定性问题、外压薄壁筒体、外压凸形封头、外压法兰的设计计算。第五章高压及超高压容器设计，阐述厚壁筒的应力分析与强度设计、高压密封结构、高压与超高压容器选材的特殊性、超高压容器的自增强处理。第六章化工容器设计技术进展，主要介绍了近代压力容器设计技术的进展，包括应力分析设计方法的基本理论、容器的疲劳设计方法、以断裂力学理论为基础的防脆断设计与缺陷评定、化工高温容器与低温容器的设计。本书曾作为全国化工机械（现称过程装备与控制工程）专业的通用教材应用了十余年，也可作为从事压力容器设计、安全管理技术人员的主要参考书，还可供相关专业研究生作参考。